U0215856

中国古代名著全本译注丛书

齐民要术译注

上

[北朝] 贾思勰 著

缪启愉 缪桂龙 译注

图书在版编目(CIP)数据

齐民要术译注/(北朝)贾思勰著;缪启愉,缪桂龙译注.—上海:上海古籍出版社,2021.3
(中国古代名著全本译注丛书)
ISBN 978-7-5325-9903-5

Ⅰ.①齐… Ⅱ.①贾… ②缪… ③缪… Ⅲ.①农学-中国-北魏 ②《齐民要术》—译文 ③《齐民要术》—注释 Ⅳ.①S-092.392

中国版本图书馆CIP数据核字(2021)第047464号

中国古代名著全本译注丛书

齐民要术译注

(全二册)

[北朝]贾思勰 著

缪启愉 缪桂龙 译注

上海古籍出版社出版发行

(上海瑞金二路272号 邮政编码200020)

(1)网址:www. guji. com. cn

(2)E-mail:guji1@guji. com. cn

(3)易文网网址:www. ewen. co

江阴市机关印刷服务有限公司印刷

开本 890×1240 1/32 印张 28.625 插页 10 字数 625,000

2021年3月第1版 2021年3月第1次印刷

印数:1—2,100

ISBN 978-7-5325-9903-5

N·22 定价:128.00元

前 言

一

《齐民要术》(以下简称《要术》)是中国现存最早最完整保存下来的古代农学名著,也是世界农学史上最早最有价值的名著之一。书中的"齐民",意思就是平民百姓,"要术"是指谋生的重要方法,四字合起来说,就是民众从事生活资料生产的重要技术知识。

作者贾思勰(xié),是南北朝时的后魏人,到晚年,后魏灭亡,跨入东魏时期,东魏只存在十多年,所以他主要生活在后魏期间,人们仍称"后魏贾思勰"。

贾思勰,史书中没有他的传记,别的文献也没有关于他的只言片语,他的一生事迹,可说是一纸空白。现在唯一确凿的"信史"只有十个字,那就是原书原刻本的卷首作者的署名,题称"后魏高阳太守贾思勰撰"。遗憾的是,就是这点信息也还存在着分歧,因为那时后魏有两个高阳郡:一个在河北,郡治在今河北高阳境内;一个在山东,郡治在今山东桓台东。究竟贾氏在哪个高阳郡任太守,从清代到今天,中外学者做了不少考证,各主一说。虽然各有理由,毕竟史证缺乏,推测的意见说服力不强,不能取得一致认识,所以现在还难以作出定论。

一般说法是,贾思勰是山东益都人。益都旧治在今山东寿光南。他的书成于公元六世纪三十年代到四十年代之间。

贾思勰除山东故乡外,到过今山西、河南、河北等省,足迹遍及黄河中下游。他书中反映的农业地区,主要是黄河中下游地区,而以山东地区为重心。这一地区的气候、土壤等条件基本相似,就耕作栽培特点来说,同属于北方旱作农业地区。书中常提到"中国",指的是后魏的疆域,主要指汉水、淮河以北,不包括江淮以南。书中也提到“漠北寒乡”和“吴中”，一个在沙漠以北，一个在江南，这只是举例说那里有那种情况，不在《要术》所述农业经营的范围之内。这些是必须注意分清的。

《要术》全书十卷，九十二篇，共约十一万五千余字。其中贾氏自序后、卷一前的《杂说》，非贾氏本文，是后人插进去的。《杂说》在北宋最早的刻本中已有，作者以善于经营农业生产自负，大概是唐代的一个经营者，为了流传他的经营方法而夹带进名著。今人援引《要术》往往把《杂说》当作贾氏本文引录，是很不妥当的。书中有很多小字注文，基本上是贾氏自注，但引《汉书》却出现了唐代颜师古的注文，自然是后人的乱插。另外，最初的写书形式，注文往往以单行小字接写在正文下面，这样，在传抄过程中很容易将单行小字误写为大字，就变成了正文。这种原应是注文而后来以正文的形式出现的情况，在今本《要术》中还是不少的。

《要术》世称“难读”，这是历史原因造成的。主要有两种情况：一是书里面确实有不少不能用常规意义来解释的词语，大都是那时的民间“土语”和生产“术语”。由于时代久了，方言又有地区性的局限，所以后人对这些词语就感到陌生而难以理解。但是，经过细心探索、论证和比较研究，还是可以理解的。二是《要术》在长期流传的过程中，抄刻不可避免地产生错、脱、窜、衍，更增添了阅读的困难。这种人为的错乱，是《要术》难读的主要方面。廓清了这种种错乱，《要术》的行文还是浅近平易，不雕琢，“不尚浮辞”，清楚明快的。

《要术》自宋代以后到近代，相继有20多种版本，版本好坏相差很大。

北宋天圣（1023—1031）年间由皇家藏书馆“崇文院”校刊的《要术》本子，是《要术》脱离手抄阶段的最早刻本（本书简称“院刻”），是最好的本子。可惜该本在我国早已散失，现在唯一的孤本在日本，但十卷已丢失八卷，只残存第五、第八两卷。1838年有日人小岛尚质曾就该两卷原刻细心工整地影摹下来。此影摹本后为杨守敬（1839—1915）所得，现存北京中国农业科学院图书馆。1914年罗振玉（1866—1940）曾借得该影摹本，用珂罗版影印，编入《吉石盦丛书》，国内才有院刻影印本流传。本书所用院刻就是这两个本子。

北宋本的抄本，现存有日人依据崇文院刻本的抄本再抄的卷子本（抄好后装裱成卷轴，未装订成册），抄成于1274年，原藏于日本金泽文库，通称“金泽文库抄本”（本书简称“金抄”）。但现在已非完帙，缺第三卷，只存九卷。1948年日本有这九卷的影印本，量少，在我国能得到该影印本的很少。本书所用即此影印本。虽然抄写粗疏，错脱满纸，但由于它源出崇文院刻本，在不错不脱的地方，具有相当高的正确性，仍不失为一较好之本。

继北宋崇文院官刻本之后，经过110多年，才有第一次的私家刻本，就是南宋绍兴十四年（1144）的张辚刻本。但原本早已亡佚，现在保存下来的只有残缺不全的校宋本（就是以某一部《要术》作底本，再拿张辚原本来校对，把原本上不同的内容校录在这个底本上）。校宋本有两个：一个是黄丕烈（荛圃）（1763—1825）所得的校宋本，一个是劳格（季言）所得的校宋本，但都没有校完全书，黄本只校录了前面的六卷半，劳本更少，只校录到卷五的第五页。校录时容易发生错校和漏校，所以校宋本只是第二手资料，不及原本。本书所用为黄校本；劳校本未见，参考日译本（见下）所校。

明代有根据南宋刻本抄的抄本（本书简称“明抄”）。1922年商务印书馆将该抄本影印，编入《四部丛刊》中，有线装本和平装缩印本两种。十卷完整不缺，为残缺不全的院刻、金抄、校宋本所不及。抄写精好，影印清晰，没有脱页和错页，没有一处涂抹和勾乙，虽然也有些错字脱文，质量还是相当好的。明抄与院刻、金抄，在《要术》版本中可谓鼎足而三，用三本参校，取长舍短，作用就大，能解决不少问题。

明抄主要有1524年马直卿刻于湖湘的湖湘本、1603年胡震亨刊刻的《秘册汇函》本和1630年毛晋的《津逮秘书》本。胡震亨将《秘册汇函》（以下简称《秘册》）原版转让给毛晋，毛晋编入他的《津逮秘书》（本书简称“《津逮》本”）中，所以这两个本子实际是同一个版本（虽然毛晋作了少量的改动）。明代刻本是最差的，湖湘本已经开始变差，出自湖湘本的《秘册》—《津逮》本更差，它错字、脱空、墨钉、错简、脱页很多，还有臆改、删削的严重弊病，不堪卒读。胡立初评为“疮痍满目”，杨守敬斥责说：“卤莽如此，真所谓刊刻之功，不蔽其僭妄之罪。”（见《日本访书志》卷七）但该本名气大，财力足，销路广，印数最多，流传最广，长期占着《要术》流传的统治地位。

清代乾嘉间开始对《要术》明代坏本进行校勘，1804年始有张海鹏刊印的《学津讨原》本（本书简称“《学津》本”）。《秘册》—《津逮》坏本独占《要术》市场长达200年之久的局面才告结束。90多年之后，又有1896年袁昶刊印的《渐西村舍丛刊》本（本书简称“《渐西》本”）。这两本都是经过反复校勘的比较好的本子。

从嘉庆到清末，对《要术》进行校勘的人很多，主要有黄廷鉴（出版了“《学津》本”）、刘寿曾、刘富曾（出版了“《渐西》本”）、吾点、张定均、张步瀛、丁国钧、黄麓森等，但吾点以下各人所校的稿本都没有出版。吾点所校极为精审，黄麓森所校也不错，二张所校也有可观，丁国钧则平平。各人所校，本书择善采录之。

现代的整理本，成绩超过任何旧本，有石声汉的《齐民要术今释》（本书简称“《今释》”），四册，1957年至1958年科学出版社出版；有日本西山武一、熊代幸雄合写的《校订译注齐民要术》（删去卷十不译注，本书简称“日译本”），上下两册，1957年至1959年日本农林省农业综合研究所出版，以后以合订本一册重印；有缪启愉的《齐民要术校释》，精装一册，1982年农业出版社出版，1985年荣获农牧渔业部科学技术进步二等奖，1992年荣获国家新闻出版署全国首届古籍整理图书评比二等奖，1995年获国家教委会全国首届人文社科优秀成果二等奖。

二

《要术》的资料来源，《自序》中清楚地揭示来自四个方面，那就

是“采捃(jùn,摘取)经传,爰及歌谣,询之老成,验之行事”。用现代的话来说,就是:

(一)尊重历史发展:有选择地摘录古人有关农业政策和农业生产的文献,尊重历史的延续性和在延续基础上的发展,作为当前的精神激励和生产上的借鉴。

(二)采收农业谚语:农谚是活跃在群众中的生产经验总结,是经过长期考验,具有旺盛生命力的活教材,也是高度概括的科学技术格言,必须重视。

(三)采访群众经验:向富有经验的老农和内行请教,吸收当时广大群众的宝贵经验,把理论建立在丰富扎实的基础上。

(四)注重亲身验证:来自各方面的生产经验,究竟是否完全正确合理,最后通过亲身实践加以验证和提高。

四个方面除农业文献来自书本外,其他三个方面都建立在实践的基础上,说明贾思勰非常重视实践,实践的经验通过思考验证加以总结提高,升华为农业科学技术的精华,作为农业生产的指南,因而深受历代群众的欢迎和赞扬。

《要术》所涉及的农业地区范围很广,记述的生产项目很多,包括农、林、牧、渔、副“大农业”的全部,即从植物栽培、动物饲养一直到农副产品加工,如酿造酒、醋、酱、豆豉,制饴糖,做各种饼饵和荤素菜肴,制作文化用品,以及介绍南方热带亚热带植物,等等。凡是人们生产上生活上所需要的项目,无不记载下来,几乎囊括了古代农家经营活动的所有事项,以百科全书式的全面性结构展现在我们面前。如此规模巨大、内容庞杂的全面性大农书,始创于《要术》,不是以前的任何农书可比的。《要术》以前的农书,现存只有西汉的《氾胜之书》和东汉的《四民月令》两种,而且都不是原书,都因后人的引录而保存其主要内容的,两书都只有三千多字,比起《要术》十一万多字的巨著来相差太远了。

所以,《要术》的写作没有任何先例可循,它的宏观规划、布局、体裁,完全是独创的,自出心裁的。《要术》本身虽然没有先例可循,却给后代农书开创了总体规划的范例,后代综合性的大型农书,无不以《要术》的编写体例为典范。

《要术》十卷的主次安排，层次分明，有条不紊。前六卷是种植业和养殖业，是主要的。谷类作物历来是我国人民的主食，《要术》在《耕田》、《收种》的总论之后最先加以记述（卷一及卷二）；主食不能没有佐餐的副食，所以接着记述蔬菜（卷三）；水果丰富了食物品种，但不是像粮食、蔬菜那样每顿少不了的，所以果树次于蔬菜之后（卷四）；前四卷都是讲吃的，讲过了再讲衣着和建造林木，所以栽桑养蚕和栽树列在卷五；肉类也是重要的副食，不过属于动物，其中大家畜不以育肥宰杀为目的，而是供役用的，是另一种属性，所以动物饲养（牧、渔）列在卷六。如此安排，无疑是经过作者深思熟虑后形成的体系，层次井然，也是具有代表性的传统农业概念和范畴。以后的农书往往把它作为仿效的榜样。

卷七、八、九是属于农副产品加工的副业生产和保藏，看似次要，其实有着很重要的技术内容和史料价值，荤素菜肴是我国最早的“中国菜谱”。最后一卷是南方热带亚热带植物资源，虽然是引录文献资料，却是我国最早的“南方植物志”（旧题晋代嵇含写的《南方草木状》是伪书），具有特别重要的意义，而且引录南方植物的各书现在几乎全都失传，故尤其值得珍视。

《要术》收集采访前代和当代劳动大众创造的生产技能，融会贯通于观察和实践中，通过分析研究，系统地写成一部农业科技知识的集成书。但是贾思勰为什么要写这样集大成的全面性农书？为什么从前的人没有写，而贾思勰第一个写了？首先是因为他重视农业生产，将它视为“资生之业”。他在自序中明白揭示了预定的写作目标，就是“资生之业，靡不毕书”。在传统的小农经济条件下，所谓资生之业的经济构成是农、林、牧、渔、副，都和家庭生活息息相关。谋生技能，就全社会来说，不能偏废哪一方面，现在叫做“多种经营”，实质上《要术》所写就是具有中国特色的传统的多种经营方式，所以面面俱到。

其次，决定于作者的思想认识，而思想认识决定于当时的社会现实。贾思勰生活在后魏末年到东魏的大动乱年代，当时政治上腐败黑暗，战乱由边境向内地蔓延，经济上破坏严重，土地荒芜，生产凋敝，战火和饥荒吞噬了千千万万勤劳善良的劳动民众，面临的问题比氾胜之、崔寔那时的“承平世界”严峻得多。这一切，贾思勰都是亲身经历、耳闻目睹的，感到问题的严重性，故他从“国以民为本，民以食为天”的传统“农本”观念出发，强调振兴农业的急迫性，专心研究发展农业生产的方法，为“农本”提供科学技术“装备”。但谋生方法多种多样，考虑问题不能不全面，眼光不能不放大放远，局限于种庄稼的“小农”经济是远远不够的，于是他产生全方位编写农书的想法。他目睹当前饥荒的悲惨景象，十分重视救荒植物的生产和利用，从而构成了《要术》包含多方面谋生技能的写作框架。

谋生技能，各展所长，“行行出状元”，农、林、牧、渔、副各个方面都有发家致富的可能。《要术》在这些方面反映得很多，诸如区种粮食，种蔬菜，种染料作物，都可以致富；种果树，则是“木奴千，无凶年”；种树木，卖木料也可以致富；养母畜，收买驴、马、牛、羊等怀孕将产的母畜，以及养鱼，同样可以致富，包括农、林、牧、渔四个方面。酿造副业，虽然没有提到出卖赚钱，但像小酒坊、小酱坊，技术精细合理，产高质优，也足以鼓舞人心仿效着去做。总之，他所写都具有一种激励人们奋发前进的魅力，诱导人们在所提供的多种渠道中各就所爱，各展所长，从而通往改善生活以至富裕的康庄大道，充分体现了他拯救人民于水火之中的拳拳之忱。

贾思勰在自序中明确表示：“舍本逐末，贤哲所非，日富岁贫，饥寒之渐，故商贾之事，阙而不录。”可是，《要术》卷七有引录《汉书·货殖传》的《货殖》一篇，讲的全是生产交易发家致富的事，因此有人怀疑这篇东西是假的，为后人加添。其实不然，这是没有深切理解贾氏书中“货殖”和“商贾”两个词的含义而造成的误解。

贾氏认为，“货殖”是以生产为基础的生财之道，“货”从生产中出来，没有脱离农业和副业生产，买卖是以“自产自销”的方式进行，与空头“商贾”根本不同。行商坐贾是脱离生产，专门贩卖别人的产品并以此为生的人，他们一天可以暴富，也可以终年贫穷，用现在的话来说，等于投机倒把，买空卖空，随时有破产的可能。这种人丢掉“农本”,专搞买卖或投机,“舍本逐末”,才是贾氏极力反对的。

《要术》中讲的谷物、蔬菜、木材、牲畜等等的交易换钱,都是自己生产的农产品,钱从“农”出来,又回到“农”中去(用于再生产),根本没有离开“务本”,根基是扎扎实实的,贾氏认为这样做是农家分内之事,也是农家应有的“货殖”项目,与《汉书》的“货殖”完全符合,但与舍本逐末的“商贾”行径大相径庭。

进一步来说,《汉书·货殖传》记录的富“与千户侯等”的生产经营者,正是包罗着农、林、牧、渔、副五个方面,这和《要术》开展的这五个方面的多种经营规模完全吻合,所以它加以采录,作为自己多种经营的格局的衬托,也起到了相得益彰的作用。从事农业和副业生产致富,历来是农本政策的高标准要求,所以司马迁首创《史记·货殖列传》,对这种不探测市场,不异地贩运而是专靠就地生产、就地经营致富的“素封”平民,不但不斥为“商贾”,而且还加以赞赏。贾思勰的“货殖”观点,正和司马迁一脉相承,所以《货殖》篇是《要术》书中应有的组成部分,不是什么“冒牌货”。

贾思勰从传统的“农本”观念出发,目睹当时战乱、灾荒、生产凋敝的社会现实,经过深入思考,最后形成他关于农业生产的思想体系。这在全书中得到明显的反映,主要如下:(一)“农本”的思想根源;(二)革新前进,反对保守的历史观;(三)朴素的辩证观点;(四)必须尊重自然规律办事;(五)“人定胜天”,发挥人的主观能动作用;(六)强调实践,强调积极劳动;(七)强调节俭,强调防荒备荒。这些思想认识,构成他指导和发展农业生产的完整体系。

《要术》的科学成就,表现在如下若干方面:(一)华北旱作农业以保墒防旱为中心的精细技术措施;(二)种子处理和选种育种,包括晒种,选种,对桃、梨、板栗和瓜子的特殊处理,浸种,催芽,种子的鉴别和测试,良种培育等;(三)播种技术、轮作和间混套种,包括播种期,播种量,播种深度和均匀度,多种合理的轮作方式,豆科作物作为绿肥加入轮作,桑、树木和谷物蔬菜的间作、混种的特殊技术,独具匠心的胁使桑柘主干挺直上长的技术措施等;(四)动植物的保护和饲养,包括防治杂草猖獗,多种方法防治病虫害,防止鸟、畜破坏，重视作物品种的抗逆性，预防霜冻，家畜的安全越冬问题，仔猪肥育法，养鸡速肥法等；（五）对生物的鉴别和对遗传变异的认识，包括对植物性别和种类的鉴别，对马、牛体形的鉴别，以及选留植物种子、繁殖材料，选留种畜、种禽，乃至人工杂交，作物成熟早晚、抗逆性、适应性、寿命长短等等方面，都反映着生物体的遗传性和变异性问题；（六）第七、八、九卷副业生产是有关微生物学、生物化学的广阔领域，涉及微生物所产生的酶的广泛利用，包括酒化酶、醋酸菌、蛋白酶、乳酸菌和淀粉酶的利用，产品繁多，广及各种酒，各种醋，各种豆酱、肉酱，各种菹菜，酸的、咸的、素的、肉的，各种鱼肉鲊，各种饴糖等。这些不见于以前农书，也不见于以前任何文献，《要术》独树一帜地对这些饮食工艺作了集中的记载。

本书原为“中国古代科技名著译注丛书”之一种，出版十余年来，受到了读者的广泛喜爱，于2020年9月修订再版。为方便更多读者了解、学习中国古代农业技术，特将其收入本套丛书，作为“中国古代名著全本译注丛书”之新品种，与读者见面。

2020年12月

校译体例

一、《要术》没有一个本子可作校勘底本，所以不遵循"常规"以某本为底本，而采用各本汇校方式，择善而从。

二、汇校之本以院刻本、金抄本、明抄本为主，校宋本、《学津》本、《渐西》本次之，湖湘本、《津逮》本等又次之。院刻、金抄合称北宋本，明抄、校宋本合称南宋本，此四本合称两宋本，其他各本合称明清刻本。

三、清代嘉庆以后校勘《要术》较精而未出版的稿本，如吾点稿本、黄麓森稿本等，以及今人整理本，本书亦用以参校。

四、《要术》本书以外之书用以参考者，农书有唐代韩鄂《四时纂要》，元代官撰的《农桑辑要》(元刻本和殿本两种，简称《辑要》)，元代王祯《东鲁王氏农书》(简称《王氏农书》)，明代徐光启《农政全书》，以及今人《氾胜之书》、《四民月令》整理本等。其他书有隋代杜台卿《玉烛宝典》，隋代虞世南《北堂书钞》，唐代欧阳询《艺文类聚》(简称《类聚》)，徐坚等《初学记》，段公路《北户录》，北宋李昉等《太平御览》(中华书局影印本和清代鲍崇城刻本，简称《御览》)，北宋吴淑《事类赋》，以及各种本草书等。

五、原文一字异写者很多，本书一律改用当今规范字，但不能改者仍其旧，故酌情保留了异体字、古字等。原文注中又有小字注，用圆括号"(　)"标出之。

六、原文尽可能保存原样不改，但显误则改之，争取最少。对校、本校、他校一无可据之误文，偶以"理校"出之，争取最少。

七、原文各卷卷首均列有该卷篇目，今书前已做总目录，故各卷前目录均予删去，以免重复。

八、译文改字、补字之处，或篇名、书名误题必须改正者，均加六角括号"〔　〕"标明；其原意未尽或欠明晰必须加以申说时，亦加

〔　〕号标出其所加字。

九、原文有颠倒、错简之处，译文中加圆括号“(　)”标明，其可调整者调整之。

一〇、译文中尽可能不用现代科技术语，但有时用一术语可以省去不少注解者，控制极少量用之。

一一、原文存在问题，但不予改动照样译出者，在译文后加问号“?”存疑，其说明见注释。

目　录

齐民要术卷第一

齐民要术卷第二

齐民要术卷第三

齐民要术卷第四

齐民要术卷第五

齐民要术卷第六

齐民要术卷第七

齐民要术卷第八

齐民要术卷第九

齐民要术卷第十

附录

齐民要术序

后魏高阳太守贾思勰撰

《史记》曰:“齐民无盖藏。”〔1〕如淳注曰:“齐,无贵贱,故谓之‘齐民’者,若今言平民也。”

盖神农为耒耜〔2〕,以利天下;尧命四子〔3〕,敬授民时;舜命后稷〔4〕,食为政首;禹制土田〔5〕,万国作乂〔6〕;殷周之盛,《诗》、《书》所述,要在安民,富而教之。

《管子》曰:“一农不耕,民有饥者;一女不织,民有寒者。”〔7〕“仓廪实,知礼节;衣食足,知荣辱。”丈人曰:“四体不勤,五谷不分,孰为夫子?”〔8〕《传》曰:“人生在勤,勤则不匮。”〔9〕古语曰:“力能胜贫,谨能胜祸。”盖言勤力可以不贫,谨身可以避祸。故李悝为魏文侯作尽地力之教〔10〕,国以富强;秦孝公用商君急耕战之赏〔11〕,倾夺邻国而雄诸侯。

【注释】

〔1〕见《史记·平准书》。这是贾思勰引来解释书名“齐民”的。

〔2〕神农:传说中创始农业的人。　　耒耜:原始的翻土农具。

〔3〕尧：传说中的上古帝王。　　四位大臣：羲仲、羲叔、和仲、和叔，传说是尧时掌管天象四时、制订历法的官吏。

〔4〕舜：传说中的上古帝王，尧让位给他。　　后稷：相传是周的始祖，善于种植粮食，在尧舜时做农官。

〔5〕禹：相传舜让位给他。他建立起我国历史上第一个父子传位的王朝——夏朝。相传他治好洪水之后，第一件大事就是规划土地田亩和尽力于开挖沟洫通到大川（灌排渠系），作为经理和发展农业生产的基本保证。

〔6〕作乂(yì)：安定。

〔7〕见《管子·揆度》，又见《轻重甲》，文字稍异。下条见《管子·牧民》，二“知”字上均多“则”字。

〔8〕这是《论语·微子》篇中荷蓧丈人讥诮孔子的话。

〔9〕见《左传·宣公十二年》，“人”作“民”。《要术》作“人”，唐人避李世民讳改。

〔10〕李悝(kuī)(前455—前395)：战国初年的政治家，任魏文侯的相。他帮助魏文侯施行“尽地力之教”，就是地尽其利的政策。办法是鼓励开荒，奖励努力耕作，使粮食大量增产，农业很快得到发展。终于使魏国成为战国初期最强的国家。

〔11〕商君：即商鞅(约前390—前338)，战国时著名政治改革家。秦国国君秦孝公任用他主持变法，厉行法治，极力奖励农耕和英勇作战，招诱邻国农民参加农业生产，并开拓领土，使秦国成为战国后期最强的国家，最后终于统一了六国。

【译文】

《史记》说：“齐民是没有储藏的。”如淳解释说：“齐，就是没有贵贱，所以所谓‘齐民’，好像现在叫平民一样。”

相传神农制作了〔翻土农具〕耒耜，有利于天下人民耕作；尧命令四位大臣，认真地将农事季节颁布给老百姓；舜指示后稷，要把粮食问题作为施政中的首要问题；禹规划了土地和田亩制度，全国各地才得以安定下来生产；商代和周代之所以昌盛，据《诗经》和《尚书》的记载，重要的就在于使人民生活安定，衣食丰足了，然后教化他们。

《管子》说：“一个农民不耕种，百姓就会有挨饿的；一个妇女不织布，百姓就会有受冻的。”“粮仓满了，人们才会讲礼节；衣食丰足了，人们才会追求光荣，不干耻辱的事。”有个老丈〔讥诮孔子〕说：“四肢不劳动，五谷分不清，算什么夫子！”《左传》上说：“人生全靠勤劳，勤劳就不会贫乏。”古话说：“力能胜贫，谨能胜祸。”这就是说，勤力劳动可以克服贫穷，谨慎做人可以避免灾祸。所以李悝帮助魏文侯制订了地尽其利的政策，魏国因此富强起来；秦孝公采用了商鞅积极奖励农耕和作战的策略，使秦国在同邻国的竞争中取得压倒的优势，从而称雄于诸侯。

《淮南子》曰〔1〕：“圣人不耻身之贱也，愧道之不行也；不忧命之长短，而忧百姓之穷。是故禹为治水，以身解于阳盱之河〔2〕；汤由苦旱〔3〕，以身祷于桑林之祭。”“神农憔悴，尧瘦癯，舜黎黑，禹胼胝〔4〕。由此观之，则圣人之忧劳百姓亦甚矣。故自天子以下，至于庶人，四肢不勤，思虑不用，而事治求赡者，未之闻也。”“故田者不强，囷仓不盈〔5〕；将相不强，功烈不成。”

【注释】

〔1〕下面三条引文，均出自《淮南子·修务训》。因系节引，故不用省略号，分条加引号。其引他书有类似情形时，亦仿此例。

〔2〕阳盱（xū）之河：即阳盱河，《淮南子》高诱注：“在秦地。”

〔3〕汤：商朝的开国君王。传说汤时有连续七年的旱灾。

〔4〕胼（pián）胝（zhī）：因长期劳作，手掌脚底长出的茧子。

〔5〕囷（qūn）仓：粮仓。

【译文】

《淮南子》说：“圣人并不因为自身地位的低贱感到可耻，而是为自己的政治抱负不能实行感到羞愧；他们不担心个人寿命的长短，而是忧虑百姓的贫穷。所以禹为了根治洪水，在阳盱河上不惜献身，为解除洪害祈祷；汤由于遇到了连年的旱灾，甘愿牺牲自己在桑林之旁，祈求上天降雨。”“神农的脸色憔悴，尧的身体消瘦，舜的皮肤晒黑，禹的手脚都长着老茧。从这些事情中可以看到，圣人为百姓真是操劳到极点了。所以从帝王以下，一直到老百姓，如果四肢不劳动，又不开动脑筋，要想办好事情，衣食又得到满足，这是从来没有听到过的。”“因此，种田的人不努力耕作，谷仓里不会有充足的粮食；文官武将不竭力尽职，不可能建立丰功伟绩。”

《仲长子》曰〔1〕：“天为之时，而我不农，谷亦不可得而取之。青春至焉，时雨降焉，始之耕田，终之簠簋〔2〕，惰者釜之，勤者钟之。矧夫不为，而尚乎食也哉？”《谯子》曰〔3〕：“朝发而夕异宿，勤则菜盈倾筐〔4〕。且苟无羽毛〔5〕，不织不衣；不能茹草饮水，不耕不食。安可以不自力哉？”

【注释】

〔1〕《仲长子》：东汉末仲长统（180—220）的著作，今已失传。仲长，复姓。《隋书·经籍志三》著录有《仲长子昌言》十二卷，所谓《仲长子》即其书《昌言》。据《后汉书·仲长统传》说其书十余万言，并采录一小部分。唐代魏徵等《群书治要》中收有“《仲长子昌言》”，与崔寔《政论》合成一卷，亦极简略。《要术》所引《仲长子》各条，均不为以上二书所采录。

〔2〕簠（fǔ）簋（guǐ）：簠和簋，古代盛放黍稷稻粱的礼器。

〔3〕《谯子》：已失传。可能是三国时蜀人谯周（201—270）的著作。

〔4〕倾筐：即“顷筐”（“倾”的本字为“顷”）。《诗经·周南·卷耳》：“采采卷耳，不盈顷筐。”顷筐为斜口之筐，前低后高，像现在的敞口筲箕之类。

〔5〕“无”，各本均作“有”，仅殿本《农桑辑要》（以下简称《辑要》）引《要术》作“无”，可能是《四库全书》编者改的，但改得对。因为“不织不衣”，循下句“不耕不食”例，应作“不织布就没有衣穿”解释，不作“可以不织布不穿衣”解释，故字宜作“无”。

【译文】

《仲长子》说：“天安排了时令，到时候我们不去耕种，粮食也不可能得到。春天到了，时雨也下了，从耕种开始，到最后的收获，懒惰的人只收到‘六斗四升’，勤快的人却收到‘六石四斗’。何况根本不劳动，还想有得吃吗？”《谯子》说：“人们早上同时出发，〔走得快的和走得慢的〕晚上投宿的地方不相同，〔同样道理，比方挑菜，〕也只有勤快的人才能挑到满筐的野菜。况且〔人不是禽兽，〕身上不长羽毛，不纺织就没有衣穿；人不能靠吃草喝水过日子，不耕种就没有饭吃。这样看来，怎么可以不自己努力生产呢！”

晁错曰〔1〕：“圣王在上，而民不冻不饥者，非能耕而食之，织而衣之，为开其资财之道也。”“夫寒之于衣，不待轻暖；饥之于食，不待甘旨。饥寒至身，不顾廉耻。一日不再食则饥，终岁不制衣则寒。夫腹饥不得食，体寒不得衣，慈母不能保其子，君亦安能以有民？”“夫珠、玉、金、银，饥不可食，寒不可衣。……粟、米、布、帛……一日不得而饥寒至。是故明君贵五谷而贱金玉。”〔2〕刘陶曰〔3〕：“民可百年无货，不可一朝有饥，故食为至急。”〔4〕陈思王曰〔5〕：“寒者不贪尺玉而思短褐〔6〕，饥者不愿千金而美一食。千金、尺玉至贵，而不若一食、短褐之恶者，物时有所急也。”诚哉言乎！

【注释】

〔1〕晁错（前200—前154）：西汉初期著名政治家。汉景帝时任御史大夫。他持重农抑商政策，重视粮食生产，强调发展农业为国家根本之计。其政论《论贵粟疏》为后世所称誉。

〔2〕以上三段晁错的话节引自《汉书·食货志上》，文句无甚差别。

〔3〕刘陶：东汉后期人。汉灵帝时多次上书，要求改革内政，反对宦官专权。后为宦官所害。《后汉书》有传。

〔4〕刘陶语见《后汉书·刘陶传》，文同。

〔5〕陈思王：即曹植（192—232），三国时著名诗人，字子建，曹操第

三子。封陈王，思是谥号，世称陈思王。《隋书·经籍志》著录有《曹植集》三十卷。今传本《曹子建集》十卷，是后人辑集之本，则散佚者已多。今集不载此条。《艺文类聚》（以下简称《类聚》）卷五“寒”引到此条，文句稍异，并有脱文。

〔6〕短褐（hè）：粗布短衣。

【译文】

晁错说：“贤明的帝王当政，百姓能够不受冻不挨饿，并不是帝王种出粮食来给大家吃，织出布来给大家穿，只不过是替百姓开辟了创造财富的门路罢了。”“受冻的人对于衣服，不会挑剔质地的轻软；挨饿的人对于食物，不会讲究味道的鲜美。冻着饿着的人，顾不得廉耻。一天只吃一顿饭，人就会饥饿；整年不添一件衣服，人就会受冻。肚子饿了没得吃，身体冻着没得穿，就连亲娘也保不住自己的儿子会怎样，国君又怎能保得住民心归顺呢？”“珍珠、宝玉、金子、银子，饿了不能当饭吃，冷了不能当衣穿。……小米、大米、麻布、绸子……那是一天没有就会饥寒交迫的。所以贤明的君王重视五谷而轻视金玉。”刘陶说：“百姓可以一百年没有财宝，可不能有一天挨饿，所以粮食是最最急需的。”陈思王说：“受冻的人不贪图一尺长的宝玉，而只想得到一件粗布衣服；挨饿的人不想得到千斤黄金，而只想吃到一顿饭就很美了。千斤黄金和一尺宝玉是极其珍贵的，反而不如轻微的一顿饭和一件粗布衣服，这是因为在那样的时候这两种东西是最迫切需要的。”这些话真是讲得很有道理啊！

神农、仓颉〔1〕，圣人者也；其于事也，有所不能矣。故赵过始为牛耕〔2〕，实胜耒耜之利；蔡伦立意造纸〔3〕，岂方缣、牍之烦？且耿寿昌之常平仓〔4〕，桑弘羊之均输法〔5〕，益国利民，不朽之术也。谚曰：“智如禹汤，不如尝更。”是以樊迟请学稼〔6〕，孔子答曰：“吾不如老农。”〔7〕然则圣贤之智，犹有所未达，而况于凡庸者乎？

【注释】

〔1〕仓颉：相传是黄帝时的史官，汉字的创造者。

〔2〕赵过：汉武帝时任"搜粟都尉"（中央高级农官），曾总结前人经验创制三脚耧和"代田法"，促进了当时的农业生产。但牛耕不是从赵过开始的，至迟在春秋时已经知道牛耕。

〔3〕蔡伦（？—121）：东汉和帝、安帝时宦官。他总结西汉以来造纸经验，改进造纸方法，使造纸技术前进一大步。

〔4〕耿寿昌：西汉宣帝时中央农官。他建议在西北边郡建置"常平仓"，谷贱时以高价收进，谷贵时以低价卖出，以调节和平抑粮价，为后世"义仓"、"社仓"、"惠民仓"等的滥觞。

〔5〕桑弘羊（前152—前80）：汉武帝时中央高级农官。他创立的"均输法"：一种利用物价的差异进行异地运输来调节和平抑物价的措施，借以防止商人投机倒把，而增加政府收入。

〔6〕樊迟（前515—？）：孔子学生，一名须。他不专心读书，要学种庄稼种菜，孔子感叹道："小人哉！樊须也。"

〔7〕樊迟的故事和孔子的话，见《论语·子路》。孔子原意是说老农之事为细事，非治国治人之学问，非我所宜从事者，贾氏引之，则谓不如老农之能治农事，反其意而用之也。

【译文】

神农、仓颉，都是圣人，然而对于某些事情来说，他们仍然有办不到的。所以说，赵过开始用牛耕地，它的功效就超过神农的耒耜；蔡伦积极想办法造出纸来，比起古代用细绢和木片写字就省事多了。再说，耿寿昌的常平仓，桑弘羊的均输法，都是有利于国家和人民的不朽方法。俗话说："即使有禹和汤那样的智慧，终不如亲身实践得来的知识高明。"所以樊迟请教孔子怎样种庄稼时，孔子（因为没有实践经验，）便老实答道："我不如老农。"那么，凭着圣贤那样的智慧，尚且还有不知道的地方，更何况一般人呢？

猗顿〔1〕，鲁穷士，闻陶朱公富〔2〕，问术焉。告之曰："欲速富，畜五牸。"乃畜牛羊，子息万计。九真、庐江，不知牛耕，每致困乏。任延、王景〔3〕，乃令铸作田器，教之垦辟，岁岁开广，百姓充给。敦煌不晓作耧犁；及种，人牛功力既费，而收谷更少。皇甫隆乃教作耧犁[4]，所省庸力过半，得谷加五。又敦煌俗，妇女作裙，挛缩如羊肠，用布一匹。隆又禁改之，所省复不赀。茨充为桂阳令[5]，俗不种桑，无蚕织丝麻之利，类皆以麻枲头贮衣[6]。民惰窳羊主切[7]，少粗履，足多剖裂血出，盛冬皆然火燎炙。充教民益种桑、柘，养蚕，织履，复令种纻麻。数年之间，大赖其利，衣履温暖。今江南知桑蚕织履[8]，皆充之教也。五原土宜麻枲，而俗不知织绩；民冬月无衣，积细草，卧其中，见吏则衣草而出。崔寔为作纺绩织纴之具以教[9]，民得以免寒苦。安在不教乎？

黄霸为颍川[10]，使邮亭、乡官皆畜鸡、豚，以赡鳏、寡、贫穷者；及务耕桑，节用，殖财，种树。鳏、寡、孤、独有死无以葬者，乡部书言，霸具为区处：某所大木，可以为棺；某亭豚子，可以祭。吏往皆如言。龚遂为渤海[11]，劝民务农桑，令口种一树榆，百本薤，五十本葱，一畦韭；家二母彘[12]，五鸡。民有带持刀剑者，使卖剑买牛，卖刀买犊，曰："何为带牛佩犊？"春夏不得不趣田亩；秋冬课收敛，益蓄果实、菱、芡。吏民皆富实。召信臣为南阳[13]，好为民兴利，务在富之。躬劝耕农，出入阡陌，止舍离乡亭，稀有安居。时行视郡中水泉，开通沟渎，起水门、提阏[14]，凡数十处，以广溉灌。民得其利，蓄积有余。禁止嫁娶送终奢靡，务出于俭约。郡中莫不耕稼力田。吏民亲爱信臣，号曰"召父"。僮种为不其令[15]，率民养一猪，雌鸡四头，以供祭祀，死买棺木。颜斐为京兆[16]，乃令整阡陌，树桑果；又课以闲月取材，使得转相教匠作车；又课民无牛者，令畜猪，投贵时卖，以买牛。始者，民以为烦；一二年间，家有丁车、大牛，整顿丰足。王丹家累千金[17]，好施与，周人之急。每岁时农收后，察其强力收多者，辄历载酒肴，从而劳之，便于田头树下，饮食劝勉之，因留其余肴而去；其惰懒者，独不见劳，各自耻不能致丹，其后无不力田者。聚落以至殷富。杜畿为河东[18]，课民畜牸牛、草马，下逮鸡豚，皆有章程，家家丰实。此等岂好为烦扰而轻费损哉？盖以庸人之性，率之则自力，纵之则惰窳耳。

【注释】

〔1〕猗顿：春秋时鲁国人，在猗氏（今山西临猗南）牧养牛羊致富。以邑为姓，故名猗顿。

〔2〕陶朱公：即范蠡，春秋末人。曾帮助越国灭吴国。后游齐国，又到陶（今山东定陶西北），改名陶朱公，以经商致巨富。

〔3〕任延：东汉光武帝时任九真太守。　王景：东汉章帝时任庐江太守，他还是著名的水利专家。　九真：汉郡名，在今越南北边地方。　庐江：汉郡名，今安徽庐江等地。

〔4〕皇甫隆：三国时魏人，魏嘉平（249—253）中任敦煌太守。他不仅向当地引进播种器，还改进了耕作和灌溉技术，所以粮食得到增产。　敦煌：郡名，今甘肃敦煌等地。

〔5〕茨充：东汉人，姓茨名充，光武帝时任桂阳太守（据《东观汉记》及《后汉书·茨充传》）。《要术》说任“桂阳令”，与本传不同，疑“令”是衍文。　桂阳郡：今湖南郴州等地。

〔6〕麻枲（xǐ）：即麻。

〔7〕惰窳（yǔ）：懈怠，懒惰。

〔8〕今：现在。此处为《东观汉记》原文，非贾氏语，“今”指写《茨充传》的时代，非指贾思勰的时代。

〔9〕崔寔（？—170）：东汉桓帝时任五原太守，著有《四民月令》、《政论》等书。　五原：汉郡名，今内蒙古的河套一带地方。

〔10〕黄霸（？—前51）：西汉大臣。汉宣帝时两次出任颍川太守，先后

8年,提倡农业和栽桑养蚕。　颍川:汉郡名,今河南禹州等地。

〔11〕龚遂:西汉宣帝时年七十余,初任渤海太守,政绩卓著。他和黄霸,世称“良吏”,并称“龚黄”。　渤海:汉郡名,约有今河北的沿渤海地区。

〔12〕彘(zhì):猪。

〔13〕召信臣:西汉元帝时任南阳太守,很重视农田水利,兴建灌溉陂渠多处,受益田亩“三万顷”。　南阳:汉郡名,今河南南阳等地。

〔14〕提(dī)阏(è):水闸。

〔15〕僮种:东汉时人。　不其(jī):今山东即墨。

〔16〕颜斐:三国魏文帝时任京兆太守。汉代的京兆,魏改为京兆郡,郡治在今西安附近。“颜斐”,各本均作“颜裴”,《辑要》各本引《要术》同,《册府元龟》卷六七八所载亦同,“裴”是形似之误,而沿误已久。《三国志·魏书·仓慈传》作“京兆太守济北颜斐”,南朝宋裴松之注引《魏略》称:“颜斐,字文林。……黄初(220—226)初,转为黄门侍郎,后为京兆太守。……”下文叙事与《要术》相同。宋郑樵《通志》卷一一五下所载亦作“颜斐”。颜字“文林”,其名亦应为“斐”。今据《魏略》等改为“斐”。

〔17〕王丹:西汉末东汉初人,做过地方官,后隐居。

〔18〕杜畿:东汉末魏初人,任河东太守16年。　河东:郡名,今山西西南隅地。

【译文】

猗顿,鲁国的一个穷士人,听说陶朱公很富,便去请教他致富的方法。陶朱公告诉他说:“要想很快致富,该养多种母畜。”猗顿听了,就去多养母牛、母羊,后来就繁殖到数以万计的牲口。九真、庐江地方不知道用牛耕田,常使人民生活贫困。经过任延、王景在当地教老百姓铸造铁犁农具,教他们开垦荒地,从此耕地面积一年年扩大,百姓的生活也充裕起来。敦煌地方不知道用耧车播种;种的时候,要花费很大的人工牛力,而且粮食产量特别低。皇甫隆在那里教给大家制作耧车播种,省去劳力一半多,粮食产量却提高了五成还多。此外,敦煌有个风俗,妇女做裙子,要打很多的褶叠,像羊肠般绉缩着,一条裙子要用去成匹的布。皇甫隆又下令禁止,并加以改正,节省了很多布匹。茨充任桂阳县令(?),当地习俗不种桑树,得不到养蚕织丝、绩麻织布的好处,一般人都用乱麻脚塞进夹衣里御寒。老百姓平时懒惰，连草鞋也是少有的，脚都冻得皲裂出血，寒冬腊月都只有烧火烘烤来取暖。茨充就教导百姓多种桑树、柘树，养蚕，打麻鞋，又叫大家种苎麻。几年之后，大获其利，大家都有了衣服鞋子，穿得暖暖的。现在江南人懂得种桑、养蚕、打鞋，都是茨充教导的结果。五原的土地宜于种大麻，但当地人不知道绩麻织布；百姓冬天没有衣服穿，就堆些细草睡在草里面，官吏来了，就裹着草出来相见。崔寔到那里做官，帮他们制造了绩麻、纺缕、织布的工具，并教会他们使用，老百姓才免除了受冻的苦楚。由此看来，怎么可以不教会百姓去做呢？

黄霸任颍川太守，规定驿站和乡官等下级官吏，都要养上鸡和猪，用来资助鳏夫、寡妇和穷苦的人；还要他们努力种田种桑，节约费用，增殖财富，种植树木。鳏夫、寡妇、孤儿、孤老头中有人死了没法安葬的，由乡里送上书面报告，黄霸都一一给予分别处置，指出：某处有大树，可以用来做棺材；某驿站上有生猪，可以用来祭祀。承办人员到那里去，果然都符合黄霸所指出的，就照着办理了。龚遂任渤海太守，劝督百姓努力种田栽桑，规定每人种一棵榆树，一百窠薤，五十窠葱，一畦韭菜；每家养两头母猪，五只鸡。百姓中有拿刀带剑的，就叫他们卖掉剑买牛，卖掉刀买小牛，并且开导说："为什么把牛带在腰间，把小牛拿在手里？"这样，到了春夏，老百姓不得不赶紧到田里去劳动；到了秋冬，他就检查评比收获蓄积的多少，使得老百姓更加多多收蓄果实、菱角、芡实之类的食物。因此，地方上的官吏和老百姓都富足起来了。召信臣任南阳太守时，热心为人民兴利办好事，力求使大家富裕起来。为此，他亲自劝督农业生产，往来深入田间，遍历各乡各村，到哪村就在哪村住宿，很少有安定的住处。又经常巡行勘查郡中的水道和泉源，开通灌溉沟渠，兴建了几十处水闸和堤堰，从而开广了灌溉面积。人们得到了农田水利的利益，大家都有余粮积蓄着。他还禁止婚丧喜事的铺张浪费，厉行省俭节约。由此，一郡的人无不尽力耕种。官吏和大众都亲近、爱戴召信臣，敬称他为"召父"。僮种当不其县令，倡导每家养一头猪，四只母鸡，平时供祭祀之用，有人死了用来买棺木。颜斐当京兆太守，命令农家整治田亩，种植桑树和果树；又督促大家必须做到：农闲时采伐木材，让大家以能者为师，转相传授制造车辆的技术，家里没有牛的要养猪，到猪价贵的时候把猪卖掉，买回来牛。开始大家都嫌烦乱；不过一两年的工夫，家家都有了好车和壮牛。这样整顿以后，农民生活都丰足了。王丹家有千金之富，做人乐善好施，救人急难。每年农家收获后，察访知道哪家劳动努力而收获多的，总是载着酒菜一家家去慰劳，就在田头树下请他们喝酒吃菜，奖励他们，离开时还把多余的菜肴留下来；唯独那懒惰的人得不到慰劳，个个都为没能让王丹来慰劳自己而感到羞愧，从这以后，再没有一个不努力种庄稼的了。因此整个村落终于殷实富裕起来。杜畿任河东太守，督促老百姓养母牛、母马，直到养鸡养小猪，都有规定指标，所以家家都丰衣足食。上面说的这些人，难道是喜欢麻烦搅扰百姓而轻率地耗费财物吗？只是因为一般人的常情，有人去引导他们，就会努力去干，让他们放任自流，那就不免偷懒散漫了。

故《仲长子》曰："丛林之下，为仓庾之坻[1]；鱼鳖之堀[2]，为耕稼之场者，此君长所用心也。是以太公封而斥卤播嘉谷[3]，郑、白成而关中无饥年[4]。盖食鱼鳖而薮泽之形可见，观草木而肥垸之势可知[5]。"又曰："稼穑不修，桑果不茂，畜产不肥，鞭之可也；杝落不完[6]，垣墙不牢，扫除不净，笞之可也[7]。"此督课之方也。且天子亲耕，皇后亲蚕[8]，况夫田父而怀窳惰乎？

李衡于武陵龙阳泛洲上作宅[9]，种甘橘千树。临死敕儿曰："吾州里有千头木奴[10]，不责汝衣食，岁上一匹绢，亦可足用矣。"吴末，甘橘成，岁得绢数千匹。恒称太史公所谓"江陵千树橘，与千户侯等"者也[11]。樊重欲作器物[12]，先种梓、漆[13]，时人嗤之。然积以岁月，皆得其用，向之笑者，咸求假焉。此种植之不可已已也。谚曰："一年之计，莫如树谷；十年之计，莫如树木。"此之谓也。

《书》曰："稼穑之艰难。"[14]《孝经》曰："用天之道，因地之利，谨身节用，以养父母。”〔15〕《论语》曰：“百姓不足，君孰与足？”〔16〕汉文帝曰〔17〕：“朕为天下守财矣，安敢妄用哉？”〔18〕孔子曰：“居家理，治可移于官。”〔19〕然则家犹国，国犹家，是以“家贫则思良妻，国乱则思良相”，其义一也。

【注释】

〔1〕仓庾：贮藏粮食的仓库。　坻（chí）：原指水中高地。这里形容谷堆。

〔2〕堀（kū）：通“窟”。穴。

〔3〕太公：姜姓，吕氏，名尚，一说字子牙。相传周文王见到他时对他说：“吾太公望子久矣！”因又号“太公望”，俗称姜太公。助周灭商，封于齐，是齐国始祖。

〔4〕郑：郑国渠，在陕西关中地区，是秦王政时韩国水工郑国主持开凿的大型渠道，故以人名名渠。　白：白渠，汉武帝时白公建议在郑国渠南开凿的渠道，因以“白”为名。二渠开成后，大大改善了灌溉条件，粮食获得了大面积的高产。

〔5〕肥墝（qiāo）：土地肥沃或贫瘠。

〔6〕杝（lí）落：篱笆。

〔7〕笞（chī）：用鞭子、竹板等打人。

〔8〕古代天子和皇后在春耕前和养蚕月份分别举行亲自推犁耕地和亲临蚕事的典礼，象征性地劳动一下，表示重视和倡率农蚕生产。

〔9〕李衡：三国吴时人，曾任丹阳太守。曾派奴仆在武陵郡龙阳县（今湖南汉寿）的洞庭湖冲积沙洲上建造住宅，并种了千株柑橘。吴末柑橘长成，家道殷富。

〔10〕木奴：这里指柑橘。后世扩而展之，也泛称果树乃至树木为“木奴”。

〔11〕太史公：即《史记》的作者司马迁。　江陵：今湖北江陵一带。　千户侯：食邑千户（提供千户农户的赋税和力役）的侯。太史公语见《史记·货殖列传》。

〔12〕樊重：东汉初人，善于经营生产，家累巨富。

〔13〕梓：梓树。作为家具木材，栽种十年以后可用。　漆：漆树。

土地条件较好的栽培漆树，八九年后可以割漆。

〔14〕见《尚书·无逸》。

〔15〕见《孝经·庶人章》。

〔16〕见《论语·颜渊》。

〔17〕汉文帝：即刘恒（前202—前157），西汉第三个皇帝。执行“与民休息”政策，减轻地税、赋役和刑狱，厉行节俭，使农业生产有所恢复和发展。汉景帝继行其制，史称“文景之治”。

〔18〕汉文帝语，《史记》、《汉书·文帝纪》及《汉书·食货志》等未见，出处未详。

〔19〕孔子语出《孝经·广扬名章》。

【译文】

所以《仲长子》上说：“丛林底下可以成为囤储粮食的地方，鱼鳖的潭穴可以变成浇灌庄稼的源泉：这都是君王长官该用心策划的事。因此，姜太公封在齐国，改造了盐碱地，种出了好庄稼；郑国渠和白渠开成之后，关中再没有饥荒的年岁。这就是说，吃到鱼鳖，可以想见沼泽的水利；看到草木，可以知道地力的肥瘦。”又说：“庄稼种不好，桑树果木不茂盛，牲畜不肥壮，可以用鞭子打他；篱笆不完整，围墙不牢固，打扫不干净，可以用竹板揍他。”这是督促责罚的方法。况且天子还要亲自耕地，皇后还要亲自养蚕，庄稼人怎么可以存心偷懒呢？

李衡在武陵郡龙阳县的大沙洲上盖了宅院，种上一千棵柑橘。临死时，嘱咐儿子说：“我村庄上有一千个‘木奴’，它们不向你要吃要穿的，一个的收入等于每年向你献上一匹绢，也尽够你花销了。”到三国吴时末年，柑橘长成结果了，每年可以收得几千匹绢的利益。〔这就是李衡〕经常称道的太史公的“江陵的千株柑橘，跟千户侯的收益相等”那句话的意思了。樊重要做家用器具，先种梓树和漆树，当时人都嘲笑他。然而日积月累，〔十几年之后，〕都派上了用场，过去嘲笑他的人，反而都向他来求借了。这说明种植树木是无论如何不能放松的。俗话说：“一年的计划，总不如种谷；十年的计划，总不如种木。”正是这个道理。

《尚书》说：“庄稼从种到收是艰难的。”《孝经》说：“遵循自然界的规律，凭借土地的利益，〔从事生产，〕保重身体，省吃俭用，用来供养父母。”《论语》说:“百姓不富足,君主又怎能富足?”汉文帝说:“我替天下看管财物罢了,怎么敢随便乱花呢?”孔子说:“家务管理得好,可以移用它的办法来治理国家。”这样看来,家就像是国,国就像是家,所以“家穷了想得到一位贤妻,国家乱了想得到一位贤宰相”,道理是一样的。

夫财货之生,既艰难矣,用之又无节;凡人之性,好懒惰矣,率之又不笃;加以政令失所,水旱为灾,一谷不登,胔腐相继〔1〕。古今同患,所不能止也,嗟乎!且饥者有过甚之愿,渴者有兼量之情。既饱而后轻食,既暖而后轻衣。或由年谷丰穰,而忽于蓄积;或由布帛优赡,而轻于施与:穷窘之来,所由有渐。故《管子》曰〔2〕:“桀有天下而用不足〔3〕,汤有七十二里而用有余,天非独为汤雨菽粟也。”盖言用之以节。

【注释】

〔1〕胔(zì)腐:指腐尸。

〔2〕节引自《管子·地数》。

〔3〕桀:夏代的末代君王,有名的暴君,被汤(商代的创建者)所灭。

【译文】

物质财富的生产已是艰难,花费又没有节制;人的习性是喜逸恶劳的,上面又不认真去组织引导;加上政策法令的不适当,水涝干旱的灾害,只要有一季粮食没有收成,便会有接踵而来的饿死发臭的尸体。这是从古代到现在同样存在的祸患,不能防止,真是可叹啊!而且饿着的人想吃过量的食物,口渴的人想喝成倍的水。然而,饱了又会不爱惜食物,暖了又会不爱惜衣服。或是由于粮食丰收,而忽视了储蓄;或是由于布帛充裕,因而随便赠送人家。这是说,穷困的到来,总是由于平时不注意节约而逐渐造成的。所以《管子》说:“桀占有天下的疆土，费用反而不够；汤只有七十里的地方，开支却有余。老天并没有独独为汤落下豆子和谷物呀！”这讲的就是费用要节俭。

《仲长子》曰：“鲍鱼之肆，不自以气为臭；四夷之人，不自以食为异：生习使之然也。居积习之中，见生然之事，夫孰自知非者也？”斯何异蓼中之虫，而不知蓝之甘乎？〔1〕

【注释】

〔1〕这段话插在这里好像很特别，跟上下文没有什么联系。其实不然。这是在全序中铺开论述勤力农耕、强调节俭以及列举大量发展农业生产的历史事迹之后，到这里用简短的几句话急速煞住，运用比喻的手法过渡到所以要写这本书的宗旨上来，而语言是婉转含蓄的。意思是说，虽然农业生产很重要，勤俭也很重要，但没有发展生产的进步技术是不行的。可是人们习以为常，往往忽视新技术，一方面是官吏的昏庸无能，安于现状，根本没有促进生产的心思和技能，好像吃惯了蓼叶的虫，只知道蓼的辣味，不知道还有蓝是不辣的，也可以吃；另一方面是一般农民对生产技术的因循守旧，只知老一套，好像腌鱼店里的人一样，不觉得自己店里的气味是臭的，不去换换新鲜味儿。经过这样一搭桥援引，下面就很自然地过渡到要为革新农业技术和发展农业生产而写《要术》了。蓼，一年生草本植物，蓼科，茎叶有辣味。蓝，指蓼蓝，一年生草本植物，蓼科，没有辣味，可制蓝靛。

【译文】

《仲长子》说：“腌鱼店里的人，并不感到自己店里的气味是臭的；少数民族的人，并不觉得自己的食物有什么特别：这都是长期的生活习惯使他们如此的。所以，生活在已经习惯了的环境中，看到的都是一向就是这样的事，有谁能自觉地知道里面还有不对的地方呢？”这个道理，跟专吃蓼的虫子只知道蓼的辣味，而不知道还有蓝是甜的，又有什么两样呢？

今采捃经传，爰及歌谣，询之老成，验之行事；起自耕农，终于醯醢[1]，资生之业，靡不毕书，号曰《齐民要术》。凡九十二篇，束为十卷[2]。卷首皆有目录[3]，于文虽烦，寻览差易。其有五谷、果蓏非中国所殖者[4]，存其名目而已；种莳之法，盖无闻焉。舍本逐末，贤哲所非；日富岁贫，饥寒之渐，故商贾之事，阙而不录。花草之流，可以悦目，徒有春花，而无秋实，匹诸浮伪，盖不足存。

鄙意晓示家童，未敢闻之有识，故丁宁周至，言提其耳，每事指斥，不尚浮辞。览者无或嗤焉。[5]

【注释】

〔1〕醯（xī）醢（hǎi）：用鱼肉等制成的酱，制酱需用盐醋等作料。醯，醋。醢，酱。

〔2〕“束”，日本金泽文库抄北宋本（简称金抄）如字，他本作“分”。“束”谓卷束。那时写书卷束成圆轴，以一轴为一卷，还没有分页装订成册。

〔3〕按，原书每卷卷首均有目录，今书前已做目录，故各卷前之目录均予删削，以免重复。

〔4〕果蓏（luǒ）：瓜果的总称。蓏，瓜类的果实。

〔5〕这最后一段落实到写书，揭明写书的基本原则和态度：（一）取材准则：（1）尊重历史，选录有关农业文献，阐明农业发展的历史继承性，同时作为补充说明和充实农业设施；（2）尊重现实，吸收民间从实践形成的富有生命力的谚语；（3）向富有经验的老农和内行请教，群众经验是最可宝贵的技术源泉；（4）亲自去做，通过亲身实践加以验证和提高。（二）写作范围：从农耕、畜牧到农产品加工利用以至菜肴、糕点等等，都写在里面。另外，采录了有食用价值的不是“中国”（后魏疆域）的南方植物。（三）摒弃对象：丢掉农业根本去追求空头买卖赚钱的事，好看不管用的花花草草，一概不录。（四）写作态度：不以辞藻炫耀自己，力求朴素无华，切切实实交代清楚该怎样做和说明问题，做到如说家常，使人人易懂，不厌其详，说透道理。

【译文】

现在我采摘了文献资料，搜集了民间的谚语，请教了有经验的老行家，并亲身加以实践和验证，从耕作栽培起，到制醋造酱等的方法为止，凡是对生产和生活有帮助的事项，无不统统写在里面。书名题为《齐民要术》，一共九十二篇，卷束为十卷。每卷的开头都有目录，虽然烦琐了点，但查看起来却比较方便。至于那些不是“中国”所产的五谷、瓜果，只是录存其名目而已，栽培的方法，却没有听到过。丢掉农业的根本去追逐投机买卖，这是贤明的人所反对的；投机买卖可以一天赚了大钱暴富起来，但脱离农业生产，终究是终年贫困的根源，挨饿受冻就渐渐跟着来了，所以做买卖的事情，本书一概不录。花草之类，虽然好看，但是徒有春花，没有秋实，好比浮华虚伪的东西，没有录存的价值。

我写这本书是教导家中生产劳动的人的，不是给有学识的人看的，所以详尽地反复嘱咐，恳切地关照他们，每件事都是直截了当地说明，不崇尚浮华的辞句。希望读者们不要见笑。

杂说*

夫治生之道，不仕则农；若昧于田畴，则多匮乏。只如稼穑之力，虽未逮于老农；规画之间，窃自同于“后稷”[1]。所为之术，条列后行。

凡人家营田，须量己力，宁可少好，不可多恶。假如一具牛[2]，总营得小亩三顷——据齐地大亩，一顷三十五亩也。每年一易，必莫频种。其杂田地，即是来年谷资。

欲善其事，先利其器。悦以使人，人忘其劳。且须调习器械，务令快利；秣饲牛畜，事须肥健；抚恤其人，常遣欢悦。

观其地势，干湿得所，禾秋收了，先耕荞麦地[3]，次耕余地。务遣深细，不得趁多。看干湿，随时盖磨着切[4]。见世人耕了，仰着土块，并待孟春盖，若冬乏水雪，连夏亢阳，徒道秋耕不堪下种！无问耕得多少，皆须旋盖磨如法。

---

* 启愉按：《要术》卷三已另有《杂说》一篇，这一插在《序》和卷前之间的《杂说》，并非贾思勰原作，已为研究《要术》者所公认。据文内名物和用词，疑是唐代人所伪托。

【注释】

〔1〕后稷：这里不是指后稷这个人，也许是当时流传着的托名后稷的农书，或者是农业生产的方法，如《氾胜之书》（简称《氾书》）提到的“后稷法”。

〔2〕一具牛：具，通“犋”，北方耕地使用畜力的能量单位。通常以两牛或两牛以上共拉一犁为“一犋”；大牲畜一头能拉动一张犁，也可叫一犋。

〔3〕先耕荞麦地：指荞麦收割后的地，非指准备种荞麦的地，因为下文明说阴历五月耕翻种荞麦的地，立秋前后播种。荞麦从种到收大约两个月，如果七月立秋播种，到九月可收，与收粟黍类作物先后临近，所以安排在收谷后先耕收割后的荞麦地。如果是秋耕播种荞麦地，到翌年立秋下种，那片地要休闲一年，坐失地利，《杂说》的作者以善于规划自负，那算什么经营能手？

〔4〕“切”，各本相同，作密切解释。但《东鲁王氏农书》（简称《王氏农书》）《耙劳篇》引《要术》作“窃”，似是王祯改的，则连下句读。

【译文】

谋生的方法，不做官便是当农民；种田如果糊里糊涂不懂得怎样经营，那就往往会贫乏。我种庄稼的体力，虽然比不上老农，但在经营规划方面，自己觉得同“后稷”没有两样。经营的方法，分条列在下面。

凡是庄户人家经营田地，必须衡量一下自己的能力，宁可种得少些好些，不可贪多带来恶果。比如拿一犋牛来说，总共管得小亩三顷的地——折算成齐地的大亩，一共是一顷又三十五亩〔不可贪多超过负荷〕。〔谷子地〕要每年更换一次，一定不能连种。这样，其他杂项作物的地，就可作为明年的谷田。

要想工作做得好，一定要先有精良的工具。用人要使人心里畅快，就会忘记疲劳。并且一定要把农具调试得好，务必使之快利；饲养耕畜，一定要做到体肥力壮；安慰体恤下面的人，常常使他们高高兴兴。

察看地里的情况，干湿合适，秋谷收割之后，先耕荞麦地，再耕其余的地。务须耕得深耕得细，不得贪多图快。再看干湿情况，随即耢盖着使贴切。我看到一般人秋耕的地，总是仰着土块暴露着，一直到正月里才耢盖，要是冬天雨雪稀少，入夏又碰上连续干旱，白白地埋怨秋耕之地不好播种！所以无论耕得多少，都必须随时依法耢盖好。

如一具牛，两个月秋耕，计得小亩三顷。经冬加料喂。至十二月内，即须排比农具使足。一入正月初，未开阳气上，即更盖所耕得地一遍。

凡田地中有良有薄者，即须加粪粪之。

其踏粪法：凡人家秋收治田后，场上所有穰、谷䅌等[1]，并须收贮一处。每日布牛脚下，三寸厚；每平旦收聚堆积之；还依前布之，经宿即堆聚。计经冬一具牛，踏成三十车粪。至十二月、正月之间，即载粪粪地。计小亩亩别用五车，计粪得六亩。匀摊，耕，盖着，未须转起[2]。

自地亢后，但所耕地，随饷盖之；待一段总转了，即横盖一遍。计正月、二月两个月，又转一遍。

然后看地宜纳粟：先种黑地、微带下地，即种糙种[3]；然后种高壤白地。其白地，候寒食后榆荚盛时纳种[4]。以次种大豆、油麻等田。

然后转所粪得地，耕五六遍。每耕一遍，盖两遍，最后盖三遍；还纵横盖之。候昏房、心中[5]，下黍种无问。

谷，小亩一升下子，则稀概得所。

候黍、粟苗未与垅齐，即锄一遍。黍经五日，更报锄第二遍。候未蚕老毕，报锄第三遍。如无力，即止；如有余力，秀后更锄第四遍。油麻、大豆，并锄两遍止；亦不厌早锄。谷，第一遍便科定，每科只留两茎，更不得留多。每科相去一尺。两垅头空，务欲深细。第一遍锄，未可全深；第二遍，唯深是求；第三遍，较浅于第二遍；第四遍较浅。

凡荞麦，五月耕；经二十五日，草烂得转；并种，耕三遍。立秋前后，皆十日内种之。假如耕地三遍，即三重着子〔6〕。下两重子黑，上头一重子白，皆是白汁，满似如浓，即须收刈之。但对梢相答铺之，其白者日渐尽变为黑〔7〕，如此乃为得所。若待上头总黑，半已下黑子，尽总落矣。

其所粪种黍地，亦刈黍了，即耕两遍，熟盖，下糠麦〔8〕。至春，锄三遍止。

凡种小麦地，以五月内耕一遍，看干湿转之，耕三遍为度。亦秋社后即种〔9〕。至春，能锄得两遍最好。

凡种麻地，须耕五六遍，倍盖之。以夏至前十日下子。亦锄两遍。仍须用心细意抽拔全稠闹细弱不堪留者，即去却。

一切但依此法，除虫灾外，小小旱，不至全损。何者？缘盖磨数多故也。又锄耨以时。谚曰："锄头三寸泽。"此之谓也。尧汤旱涝之年，则不敢保。虽然，此乃常式。古人云："耕锄不以水旱息功，必获丰年之收。"

【注释】

〔1〕谷䅪(yì)：谷糠。

〔2〕转起："转"是农耕术语，即再耕、第二次耕。《要术》有"再转"，是第三次耕。

〔3〕种糙种：按：《广雅·释诂一》："造……始也。"造，念cāo，即糙字，是糙有"早"义，今河南仍称早麦子为"糙麦"。这里"糙种"即指谷子的早熟品种。

〔4〕寒食：旧时时节名，在清明前一日或两日。

〔5〕房、心：星宿名，各为二十八宿之一。我国古代以观测二十八宿的某一星宿在黄昏或破晓时运行到正南方的节候而定某种作物的播种

期。房、心二宿也可总名“大火”。“大火”黄昏中在南方，一般说在阴历四月。

〔6〕三重着子：结三层的子。荞麦根系纤细，必须精细整地，才能有利于出苗、生长和发育。整地精细或粗放，无论植株高度、分枝数以及单株结实率等，都相差悬殊。这里所谓结三层的子，当是指整地较细，出现有三级分枝，但结子的层数与耕地遍数不可能有相应的关系。

〔7〕其白者日渐尽变为黑：这只是强调及早收割而已。这里种的是秋荞，北方立秋后种，容易遭到早霜之害，趁早收割，还有避免霜害的作用。所谓青子灌满了白浆（原文“白汁”，即乳白色的稠汁），实际只能是即将成熟的子粒，后熟作用可以使之变黑，但最上层的幼嫩子粒是不能跟着变黑的，万一遭到早霜，也只能变成黑褐色的瘪壳。下文说的一半黑子便会掉尽，这倒是千真万确的。

〔8〕“糠”，各本同，无可解释，疑“穬”之误。穬麦即裸大麦，亦称元麦。

〔9〕秋社：古代祭祀土神的日子，在立秋后第五个戊日，在秋分前或秋分后。

【译文】

比如一犋牛，安排两个月秋耕，共耕得小亩三顷的地。过冬要加精料喂养。到十二月里，就该安排整治好农具使充足。一到正月初，土面还没有升温化冻的时候，就把秋耕的地顶凌耢盖一遍。

凡田地中有肥有瘦的，瘦地必须上粪粪过。

踏粪的方法：庄户人家在大田秋收后，打谷场上的所有秸秆、壳秕等等，都必须收聚起来堆贮在一处。每天拿它来铺垫在牛圈里牛脚底下，铺上三寸厚；第二天清早，耙出来堆积在另外的地方；又照样铺进去，过一夜又耙出来堆聚着。这样经过一冬的积聚，一犋牛可以踏成三十车的厩肥。到十二月、正月之间，就把粪载运出去粪地。每一小亩载上五车粪，一共可以粪六亩地。把粪均匀地摊开来，将地耕翻，耢盖着，无须急着再次耕翻。

地显得有些干燥之后，只要是再耕的地，都要随时〔纵向〕拖耢盖过；等到一段地都再耕完了，随即再横向盖一遍。正月、二月两个月，又再耕翻一遍。

然后看土地所宜，种下谷子：先种黑土的地和稍微低下的地，就种早谷子；之后，种高田白土的地。这白土地，等寒食节后榆荚旺盛时下种。接下来依次种大豆、油麻等地。

然后再耕翻上过踏粪的地，要耕五六遍。每耕一遍，盖两遍，最后一次耕，盖三遍；都要一纵一横地盖过。候看到黄昏时房星、心星运行到正南方的节候，就种黍子，切勿迟疑。

谷子，每一小亩下一升种子，稀密正合适。

候到黍、粟苗还没有与垅沟齐平的时候，就锄第一遍。黍，五天之后，回头锄第二遍。到蚕还没上簇时，再锄第三遍。如果人力不足，就停止不锄；倘若还有余力，孕穗后再锄第四遍。油麻、大豆，都锄两遍停止；也不嫌早锄。谷子，锄第一遍时便间苗留定，每窠只留两株，再不能多留。窠间相距一尺。两垅之间的空余土壤，须要锄得深细些〔，以利扎根〕。第一遍锄，还不能过深；第二遍锄，尽量深些；第三遍，比第二遍浅些；第四遍，又比较浅。

种荞麦，五月耕地；耕后二十五天，草腐烂了，可以耕第二遍；连种前耕一遍，共耕三遍。都是在立秋前后的十天内下种。假如地耕得三遍，荞麦便会结三层的子。到下面两层的子已经黑熟了，上面一层还是青的，里面灌满着白浆，像脓一样，这时便该收割。割下来只要梢对梢地搭铺起来，过几天青子渐渐地全会变黑，这样才是合规矩的收获。如果等到上面的子全黑了才收，那下面的黑子有一半便会掉落尽了。

至于那上过基肥种黍的地，一到黍收割完了，就耕两遍，纵横反复地盖过，种下〔穬〕麦。到来年春天，锄过三遍停止。

种小麦的地，五月里耕一遍，看干湿合适时，再耕第二遍，要耕三遍才合适。到秋社后就下种。到了春天，能锄两遍最好。

种大麻的地，须要耕五六遍，盖的遍数要加倍。在夏至前十天下种。以后也是锄两遍。照样要细心地拔出那些极为稠密细弱、不堪留养的苗，都给丢掉。

一切只要依照上面的办法去做，除去虫灾之外，小小的干旱，不至于全部失收。什么道理呢？就因为盖糖的次数多，加之锄草松土又及时。农谚说："锄头自有三寸泽。"说的就是这个道理。除非遇上尧时的大水，汤时的大旱，那就不敢保证。不过话得说回来，在平常的年景下，这样的常规法则是不能丢的。古人说："耕田锄地不因水旱灾害而松懈，定能获得丰年的收成。"

如去城郭近，务须多种瓜、菜、茄子等，且得供家，有余出卖。只如十亩之地，灼然良沃者，选得五亩，二亩半种葱，二亩半种诸杂菜；似校平者种瓜、萝卜〔1〕。其菜每至春二月内〔2〕，选良沃地二亩熟，种葵、莴苣。作畦，栽蔓菁，收子〔3〕。至五月、六月，拔诸菜先熟者，并须盛裹〔4〕，亦收子讫。应空闲地种蔓菁、莴苣、萝卜等〔5〕，看稀稠锄其科。至七月六日、十四日〔6〕，如有车牛，尽割卖之；如自无车牛，输与人。即取地种秋菜。

葱，四月种。萝卜及葵，六月种。蔓菁，七月种。芥，八月种。瓜，二月种；如拟种瓜四亩，留四月种〔7〕；并锄十遍。蔓菁、芥子，并锄两遍。葵、萝卜，锄三遍。葱，但培锄四遍。白豆、小豆〔8〕，一时种，齐熟，且免摘角。但能依此方法，即万不失一。

【注释】

〔1〕“校平”，金抄等如字，明抄等作“邵平”。启愉按：邵平即召平，以种瓜著称（卷二《种瓜》有引述），但无种萝卜事迹，湖湘本校语已疑其讹。“校”通“较”，“平”谓平常、一般，“似”为比拟之词，含有“超过”的意思。“似校平”者是说比一般的土地要好些的拿来种瓜、萝卜，这是比较“灼然良沃”（明显肥沃）的土地说的。

〔2〕“其菜”，指什么菜，是回指上文二亩半的“诸杂菜”？还是悬拟之词，另作一端，如说“至于种别的菜”？如指前者，则“良沃地二亩”，少了半亩，应补“半”字；如指后者，虽可解释，但很勉强。

〔3〕“作畦，栽蔓菁，收子。”启愉按：这是秋种蔓菁至冬选收种株，假植在荫室内或避风冻处，到来春移植于露地，至夏收子。移植时可预先作畦栽植。《农桑辑要》卷五《萝卜》“新添”记载至冬拔取萝卜，去叶留心，埋藏在窖内，中间放通气草一把，至春芽生，取出，“作垅或畦，下粪栽之”，“夏至后收子，可为秋种”。这里移植蔓菁收子，与此相类。

〔4〕“并须盛裹”，不大好理解。阴历五六月老熟收子的菜是不少的，

作一年生、两年生或三年生栽培的有春葵、莴苣、芥菜、蔓菁、萝卜、大葱等等。菜老熟了自然要收，但为什么都要包裹起来，不明。如果是指留种的植株，拔后包裹起来以免交叉混杂，那该说“留种者并须盛裹”，则有脱文。可又为什么不留种的不早早拔去，争取早些整地，却留着消耗地力？总之，本篇叙述，颇多不明，疑传刻中有错乱。

〔5〕莴苣：这是夏莴苣。上文二月种的是春莴苣。

〔6〕这两天的后一天，是七月初七“乞巧节”和七月十五日“中元节”，城市里需要较多的瓜果蔬菜，所以先一日准备好赶节去卖。旧时乞巧节，妇女陈设瓜果于庭院中以乞巧；道观在中元节作斋醮，佛寺在中元节作盂兰盆会，需要百味瓜菜供祭，僧俗仕女麕集，百戏纷呈，瓜菜消费量也大。

〔7〕留四月种：等到四月里种。也可以解释为留四月熟的瓜子作种。不过，上句二月种瓜，四月不可能有老熟瓜子作种。“留”是延迟、等待的意思，所以这句应作推迟播种解释。其所以推迟，大概因为播种面积较大，而夏日成熟快，好凑在炎热天消费量大时上市，也可以去盂兰盆会赶闹市。

〔8〕白豆：当指饭豆（Phaseolus calcaratus）之白色者。　小豆：现在通常指赤豆（Phaseolus angularis）。但古时非指一种，赤豆、赤小豆、绿豆、黑小豆等等都可以叫小豆。绿豆、赤小豆一般先后分批成熟，但也有不少是一齐成熟整株拔收的。《杂说》取其一齐成熟，则亦不排除绿豆、赤小豆之一齐成熟者。但白豆、小豆同时种，不一定同时成熟，所谓“一齐成熟”只是指其本种一齐成熟而已。

【译文】

如果距离城市近，一定要多种瓜、蔬菜、茄子等，可以供给自家吃用，有余还可以出卖。比如有十亩的地，选得显然肥沃的五亩，拿二亩半种葱，二亩半种各种杂菜；其余比一般的地肥些的种瓜、萝卜。种菜，每年春天二月里，选择肥熟的地二亩，种葵菜、莴苣。作好畦，移植蔓菁〔种株〕，收种子。到五月、六月，拔掉各种先成熟的菜，都必须包裹起来（?），并把种子打收完毕。该在空出地上种上蔓菁、莴苣、萝卜等，看稀稠情况锄间定苗。到七月初六和十四日这两天，如果自家有车有牛，全都割下来运到城里去卖；如果没有车牛，可以整批地盘给人家。随即在那空菜地接着种秋菜。

葱，四月种。萝卜和葵菜，六月里种。蔓菁，七月种。芥，八月种。瓜，二月种；如果准备种四亩地的瓜，等到四月里种；都要锄十遍。蔓菁、芥子，都锄两遍。葵、萝卜，锄三遍。葱，特别边锄边培土四遍。白豆、小豆，同时种，〔各自〕一齐成熟，免得分批摘荚。只要依照这些方法去做，万无一失。

齐民要术卷第一

耕田第一

《周书》曰[1]:"神农之时,天雨粟,神农遂耕而种之。作陶,冶斤斧,为耒耜、锄、耨[2],以垦草莽,然后五谷兴,助百果藏实。"

《世本》曰[3]:"倕作耒耜。"[4]"倕,神农之臣也。"[5]

《吕氏春秋》曰[6]:"耜博六寸。"[7]

《尔雅》曰:"斪劚谓之定。"[8]犍为舍人曰[9]:"斪劚,锄也,名定。"

《纂文》曰[10]:"养苗之道,锄不如耨,耨不如铲。铲柄长二尺,刃广二寸,以刬地除草。"[11]

许慎《说文》曰:"耒,手耕曲木也。""耜,耒端木也。""劚,斫也,齐谓之镃基[12]。一曰,斤柄性自曲者也。""田,陈也,树谷曰田,象四口,十,阡陌之制也。""耕,犁也。从耒,井声。一曰,古者井田。"[13]

刘熙《释名》曰[14]:"田,填也,五谷填满其中。""犁,利也,利则发土绝草根。""耨,似锄,妪耨禾也。""劚,诛也,主以诛锄物根株也。"[15]

【注释】

〔1〕《周书》:也叫《逸周书》,是记载周代史事的先秦古书。今传本并非完秩,本条不见于今本,当是佚文。《太平御览》(简称《御览》)卷七八"炎帝神农氏"及卷八四〇"粟"均有引到,文句基本相同。

〔2〕耨(nòu):短柄锄。《吕氏春秋·任地》:"耨,柄尺,此其度也。"柄长只有一尺,操作时只能俯身或蹲着单手使用,就是《释名·释用器》说的"妪耨禾也"("妪"通"伛",曲背弯腰)。《说文》:"钼,立薅斫也。""钼"即

“锄”字,才是立着薅草的长柄锄。

〔3〕《世本》:已佚。《汉书·艺文志》著录有《世本》十五篇,注云:“古史官记黄帝以来讫春秋时诸侯大夫。”(后人增补至汉)有《帝系》、《氏姓》、《居》、《作》等篇。本条出《作篇》。原书宋代亡佚。清人有多种辑佚本。

〔4〕南宋罗泌《路史·余论》引《世本》同《要术》(“倕”作“垂”)。

〔5〕此为东汉末宋衷的注。倕(chuí),相传是古代的巧匠。

〔6〕《吕氏春秋》:战国末秦相吕不韦(?—前235)集合门客编写,内容以儒、道思想为主,兼及名、法、墨、农及阴阳家言。其中《上农》、《任地》、《辩土》、《审时》四篇是我国最早论述农学的专篇。有东汉高诱注本。

〔7〕《吕氏春秋·任地》所记是耜宽八寸,耨宽六寸,《要术》引作“耜博六寸”,疑有误。

〔8〕见《尔雅·释器》,文同。斪(qú),锄头一类的工具。

〔9〕犍为舍人:汉武帝时人,《尔雅》的最早注释者,曾任犍为郡文学卒史,后内迁舍人(唐陆德明《经典释文叙录》),故又称犍为文学。或谓姓郭。其他不详。其注本已亡佚。

〔10〕《纂文》:南朝宋何承天(370—447)撰,纂录杂记之作。书已佚失。

〔11〕本条《御览》卷八二三“耨”引到,脱讹颇多,不及《要术》完好。铲,短把狭刃的小手铲,比耨更狭小,用它俯身划除苗间杂草时更方便。

〔12〕镃(zī)基:古代的锄头。

〔13〕《要术》所引以上5条《说文》,与今本《说文》颇有差异。《说文》有“枱”无“耜”,“木”部:“枱,耒耑也。”即“耜”字。“斸”字所释云云,见于“木”部“欘”字下,而“斤”部“斸”字只是:“斫也。从斤,属声。”“田”字的“象四口”,《说文》作“象四囗”,“囗”即古“围”字。“耕”字的“一曰,古者井田”,徐锴本《说文》是“古者井田,故从井”。而“一曰”之说,与“耕”字不协,据唐释慧琳《一切经音义》卷四一“耕”字注引《说文》尚有“或作畊,古字也”一语,则异释的“古者井田”是对异写的“畊”字说的。古书流传至今,每多嬗变,《说文》亦然。

〔14〕《释名》:东汉刘熙撰,训诂书,特点以音同、音近的字解释字义,推究其所以命名的由来,为汉语语源学的重要著作。

〔15〕以上所引《释名》第一条见《释名·释地》,下三条见《释名·释用器》,有个别字差异,不碍原义。

【译文】

《周书》说:“神农时候,天上落下了粟,神农就垦地把它种下去。创制陶器;铸造斧头，作成耒耜、锄头和耨，用来垦辟草莽荒地，然后五谷才能兴盛起来，在天然百果之外，扩大了食物储藏。”

《世本》说：“倕，创作了耒耜。”〔注说：〕“倕是神农之臣。”

《吕氏春秋》说：“耜的宽度是六寸（？）。”

《尔雅》说：“斪斸叫作‘定’。”犍为舍人注解说：“斪斸就是锄，也叫作定。”

《纂文》说：“养苗的方法，用锄不如用耨，用耨不如用铲。铲的柄二尺长，刃二寸宽，用来贴地平推划除杂草的。”

许慎《说文》说：“耒是手工翻土的弯曲木杖。”“耜是耒头上的木刃。”“斸，就是斫，齐地叫作‘镃基’。一说，用天然弯曲的木柄装的横刃斧头叫作斸。”“田，陈列的意思，种植谷物的地叫作田，形状是四面的‘口’围着，当中的‘十’是纵横的阡陌分布着。”“耕，就是犁。从耒，从井的声。一说〔或作畊〕，是古时的井田。”

刘熙《释名》说：“田是填的意思，是说在里面填满着五谷。”“犁是利的意思，锐利了就能起土断绝草根。”“耨，像锄，是弯着腰除草的。”“斸是诛的意思，靠它刨土诛杀杂草的根株。”

凡开荒山泽田，皆七月芟艾之〔1〕，草干即放火，至春而开垦。根朽省功。其林木大者劖乌更反杀之〔2〕，叶死不扇，便任耕种。三岁后，根枯茎朽，以火烧之。入地尽矣〔3〕。耕荒毕，以铁齿䥽楱俎候反再遍杷之〔4〕，漫掷黍穄，劳郎到反亦再遍〔5〕。明年，乃中为谷田。

凡耕高下田，不问春秋，必须燥湿得所为佳。若水旱不调，宁燥不湿。燥耕虽块，一经得雨，地则粉解。湿耕坚垎(胡格反)〔6〕，数年不佳。谚曰：“湿耕泽锄，不如归去。”言无益而有损。湿耕者，白背速䥽楱之，亦无伤；否则大恶也。春耕寻手劳，古曰“耰”〔7〕，今曰“劳”。《说文》曰：“耰〔8〕，摩田器。”今人亦名劳曰“摩”，鄙语曰“耕田摩劳”也。秋耕待白背劳。春既多风，若不寻劳，地必虚燥。秋田塌(长劫反)实〔9〕，湿劳令地硬。谚曰：“耕而不劳，不如作暴。”盖言泽难遇〔10〕，喜天时故也。桓宽《盐铁论》曰：“茂木之下无丰草，大块之间无美苗。”〔11〕

【注释】

〔1〕芟(shān)艾(yì):除去杂草。艾,通“刈”。

〔2〕蔭(yīng)杀之:蔭,环割。这是在主干近根处环割去一圈宽阔的树皮,使不能愈合,深及新的木质部,阻止树体内营养物质的上下输送,使树自然枯死。有些像现在的“环状剥皮”,但措施和目的要求不同。

〔3〕入地尽矣:连地下的根也死尽了。大树在环割去树皮后,第二年虽然不再长叶遮阴,但还没有全部枯死。三年后可以砍掉全枯的树干,堆在根桩上添柴草引火燃烧,连带烧及地下的根系。烧过有暖土作用,并在一定程度上促进腐殖质的分解转化,有利于作物的吸收。灰烬可以增加土壤中的钾肥含量。

〔4〕铁齿镅(lòu)楱(còu):这是牲畜拉的铁齿耙,不是手持的钉耙。《东鲁王氏农书》(简称《王氏农书》)认为就是人字耙,但也不排斥方耙,今采其图作参考(见图一)。它用于耕翻后的耙细土块,平整土地,灭茬除草。也用于苗期的中耕松土。都是有利于保墒抗旱的。

〔5〕劳:耢,无齿耙,是用荆条、藤条之类编成的整地农具,也叫“盖”或“摩”(今写作“耱”)。用于耙后进一步平地和碎土,兼有轻微压土保墒作用,故又得“摩”、“盖”之名。也用于下种后覆土和苗期中耕。见图二(采自《王氏农书》)。

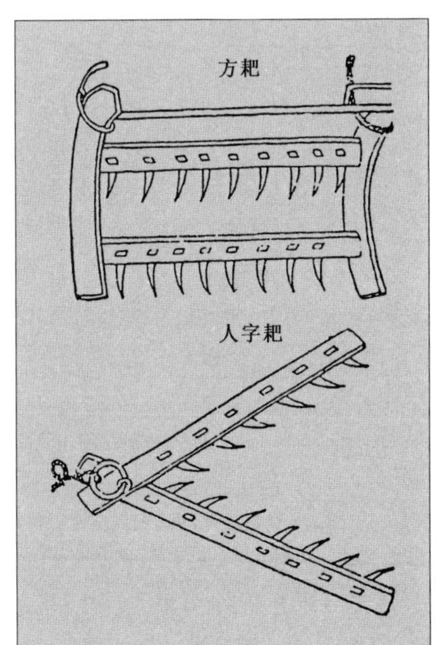

图一　耙

〔6〕垎(hè):土板结坚硬。

〔7〕耰:一种木制的大椎,最早的碎土、平地农具,也用于覆土。现在也还有应用。所谓古时叫耰,现在叫耢,只是就两者的功用和整

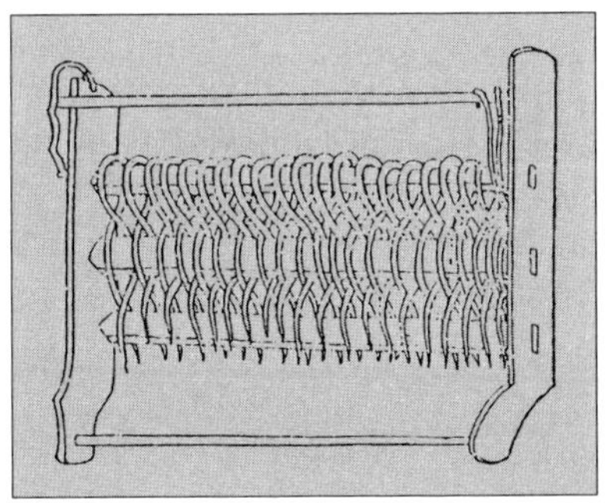

图二　耢

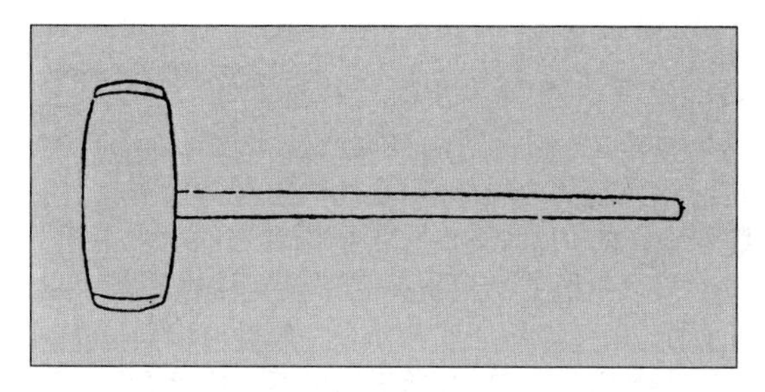

图三　耰

地作业而言，不是说两者的形制等同。见图三。

〔8〕"耰"，今本《说文》从木作"櫌"，入"木"部，"从木，憂声"。

〔9〕墌(zhí)：低洼田。墌，同"隰"。

〔10〕泽：指土壤水分。从水分来源说，指雨水，灌溉水；就水分含量说，包括渍水、潮湿、湿润适度、水分不足等状况。这里是指土壤有良好的墒情。这样，就要想法保住它。耢就是为保墒创造良好条件。这在华北旱作地区是尤其重要的。所以，耕而不耢，就等于自己捣乱胡闹了。

〔11〕见《盐铁论·轻重》，"木"作"林"，余同。

【译文】

凡在山地和低洼地开荒，都要在七月里先把草割下来，草干了就放火烧它，到第二年春天再开垦。这时草根腐朽了就省功力。其中那些大的树木，在树干上切割去一圈树皮，使树枯死，叶死了就不再遮阴，便可以耕种了。三年之后，树根枯了，枝干也朽了，再放火烧它。这样，连地下的根也死尽了。耕垦完毕，便用铁齿耙耙两遍，撒播上黍或穄，接着耢盖两遍。到明年，便可以用来种谷子。

凡耕高田低地，不论春季还是秋季，都必须在土壤燥湿合宜的时候去耕为好。如果雨水或多或旱不调匀，宁可在干燥时去耕，切不可湿时去耕。干燥时耕，虽然土垡成大块，只要一下雨，土块就会碎解开来。湿时去耕，土垡干后结成硬块，〔土坨坺散不开，〕那地几年搞不好。农谚说："湿时去耕，雨后去锄，还不如回去。"这是说不但无益，而且有害。万一湿耕了，到稍微干燥土面发白时，赶紧用铁齿耙耙过，还不妨事；不然的话，结果很坏很坏。春耕的地，随手就耢过，古时叫作"耰"，现在叫作"耢"。《说文》说："耰，是摩田的农器。"现在人也还有称耢为"摩"的，俗话就说“耕田摩耮”嘛。秋耕的地，等到土背发白时再耮。春天干风多，如果不随手耮盖，土壤便会透风干燥。秋天多雨，土壤下塌紧实，湿时耮盖，便会板结坚硬。农谚说：“耕后不耮，如同作耗胡闹。”这就是说，土壤润泽是难得的机会，要珍惜不容易碰上的好时机啊！桓宽《盐铁论》说：“茂密的林木之下没有丰草，大块的土壤中间没有好苗。”

凡秋耕欲深，春夏欲浅[1]。犁欲廉，劳欲再。犁廉耕细，牛复不疲；再劳地熟，旱亦保泽也[2]。秋耕𥝟一感反青者为上。比至冬月，青草复生者，其美与小豆同也。初耕欲深，转地欲浅。耕不深，地不熟；转不浅，动生土也。菅茅之地[3]，宜纵牛羊践之，践则根浮。七月耕之则死。非七月，复生矣。

凡美田之法，绿豆为上[4]，小豆、胡麻次之。悉皆五、六月中穊羹懿反种[5]，七月、八月犁𥝟杀之，为春谷田，则亩收十石，其美与蚕矢、熟粪同。

凡秋收之后，牛力弱，未及即秋耕者，谷、黍、穄、粱、秫茇方末反之下[6]，即移羸速锋之[7]，地恒润泽而不坚硬。乃至冬初，常得耕劳，不患枯旱。若牛力少者，但九月、十月一劳之，至春稿汤历反种亦得[8]。

【注释】

〔1〕秋耕欲深，春夏欲浅：华北秋季常有阵雨，秋耕深了有利于收墒、蓄墒，为来年春播提供好墒情；秋耕后经冬入春，土壤经过反复冻融，促进风化，使土体酥散，结构良好，而且深耕加深了耕作层，有利于深土熟化，所以秋耕宜深。春夏没有这样的条件，而且北方春多风旱，夏天进入高温，如果深翻，等于揭底跑墒，土壤又不易熟化，所以不宜深耕。

〔2〕旱亦保泽也：天旱也能保住下墒。启愉按：北方旱作农业最重要的一环是保墒防旱。仅仅做到解冻后及时耕地，远远解决不了春播要求，必须进一步设法保住土壤中的原有水分，才能满足出苗生长的要求。这就要依靠耕后随即耙地，把土块耙碎耙细，切断和打乱毛细管通道，使上行水分阻断在细土层之下，因而保住下层的墒。《要术》强调耕后耙地，金元时期的

北方旱作农书《种莳直说》要求犁一次耙六次，都是这个道理。但是，仅仅依靠耙松土壤还是不能保证不跑墒的。因为耙后虽然切断了毛管水的上升蒸发，但松土层存在着大量的非毛管孔隙，水分会以气态水的形式通过松土层孔隙而扩散损失。随着气温的继续上升，底墒、深墒上升到松土层之下而以水汽的形态散失就更加严重。因此，必须采取另一种措施予以补救。这补救措施就是"耢"。因为耢有盖压的功效，通过耢，使上层松土轻轻压紧，堵塞非毛管孔隙，避免漏风汽化失墒，也阻断了底、深墒的跑失。《要术》对耢比耙更强调，更随处关照，卷前《杂说》尤其谆谆告诫耢的重要和急迫，都是这个原因。所以，耕后不耙不行，耙后不耢更不行。这里说天旱也能保住下墒，并非虚语。

〔3〕菅茅：茅草。菅、茅本是两种禾本科的杂草，但古时常是统指茅草。茅草具有长根茎，蔓延很深很广，生长力极强，生命力亦极顽固，很难根除，最为可恶。《要术》采取的办法，短期间有效，要根绝仍有困难，因为没有踩断的深层根茎，要不了很久仍会死灰复燃。

〔4〕把青草耕埋在地里作绿肥，《氾书》已有记载，《要术》叫作"稀青"。这里是进一步有意识地播种豆科作物作绿肥，并已认识到豆科作物有提高土壤肥力的作用。种豆科作物作绿肥，最早见于《广志》，见《要术》卷十"苕（六八）"。

〔5〕穊：疑当为"穊"，稠密。

〔6〕穄：黍之不黏者。穄，后人与稷混淆，但《要术》中稷是指粟。　梁：粟的一种好品种，不是高粱。　秫：糯性的粟，不是糯稻。　茇（bá）：根。

〔7〕锋：一种有尖锐的犁镵而无犁壁的农具，起土浅，不覆土壅土，起破碎表土、切断毛细管通道、保蓄下墒和灭茬作用。夏秋之间，牛要夏耕和运载秋收作物，容易疲劳，而锋的拉力轻，所以赶紧用来浅锋灭茬，借以锋破表土，保住下墒，避免秋收的地暴露着失墒干硬。这是在不得已的情况下的应急措施。

〔8〕稿（dì）种：指不耕而种。种法没有讲，可能是点播，但也不排斥耧车冬播，或撒播盖耱。下文《种谷》，瘦地就有不耕而种。

【译文】

秋天耕地要深，春天、夏天要浅。犁起的土条要窄些，耢的次数要两遍。犁条窄了就耕得细，牛也省力不疲劳。耢过两遍，地整熟了盖压着，天旱也能保住下墒。秋耕要把青草掩埋在地里最好。等到冬天，冬草又长出来，〔来春再耕翻,）就同小豆一样肥美。初耕的地要深,再耕的地要浅。初耕如果不深,地不会匀熟;再耕如果不浅,会把生土翻上来。长着茅草的地,要赶进牛羊在地上践踏过,践踏过根会向上面浮起来。到七月里耕翻,就会枯死。不是七月里耕翻,仍然会复活。

使土地肥美的方法,种上绿豆最好,其次是种小豆、芝麻。都要在五月、六月里密播,到七月、八月耕翻,掩杀在地里面。明年春天作为早谷子田,一亩可以收到十石,它的肥力同蚕沙、熟粪一样好。

秋收之后,如果牛力疲弱,没力量随即秋耕的,就在谷子、黍子、穄子、粱和秫的根茬下,赶紧把弱牛移用来锋地,进行浅锋灭茬。这样,锋过的地可以时常保持润泽,不至于坚硬;到了初冬,还常常可以耕翻、耱耢,不愁枯燥干硬。假如牛力实在少,就在九月、十月里耢一次,到明年春天不耕翻就这样播种也可以。

《礼记·月令》曰[1]:"孟春之月……天子乃以元日,祈谷于上帝。郑玄注曰:"谓上辛日,郊祭天[2]。《春秋传》曰[3]:'春郊祀后稷[4],以祈农事。是故启蛰而郊[5],郊而后耕。'上帝,太微之帝[6]。"乃择元辰,天子亲载耒耜……帅三公、九卿、诸侯、大夫,躬耕帝籍[7]。"元辰,盖郊后吉辰也。……帝籍,为天神借民力所治之田也。"……是月也,天气下降,地气上腾,天地同和,草木萌动。"此阳气蒸达,可耕之候也。农书曰[8]'土长冒橛,陈根可拔,耕者急发'也。"……命田司"司谓田畯[9],主农之官。"……善相丘陵、阪险、原隰,土地所宜,五谷所殖,以教导民。……田事既饬,先定准直,农乃不惑。

"仲春之月……耕者少舍,乃修阖扇。"舍,犹止也。蛰虫启户,耕事少闲,而治门户。用木曰阖,用竹、苇曰扇。"……无作大事,以妨农事。

"孟夏之月……劳农劝民,无或失时。"重力劳来之。"……命农勉作,无休于都[10]。"急趣农也。……《王居明堂礼》曰'无宿于国'也。"

"季秋之月……蛰虫咸俯在内,皆墐其户[11]。"墐,谓涂闭之,此避杀气也。"

"孟冬之月……天气上腾,地气下降,天地不通,闭藏而成冬。……劳农以休息之。"'党正''属民饮酒,正齿位'是也。"[12]

"仲冬之月……土事无作,慎无发盖,无发屋室……地气且泄,是谓发天地之房,诸蛰则死,民必疾疫。"大阴用事,尤重闭藏。"按:今世有十月、十一月耕者,非直逆天道,害蛰虫,地亦无膏润,收必薄少也。[13]

"季冬之月……命田官告人出五种。"命田官告民出五种,大寒过,农事将起也。"命农计耦耕事[14],修耒耜,具田器。"耜者,耒之金,耜广五寸。田器,镃錤之属。"是月也,日穷于次,月穷于纪,星回于天,数将几终,"言日月星辰运行至此月,皆匝于故基。次,舍也;纪,犹合也。"岁且更始,专而农民,毋有所使。"而,犹汝也;言专一汝农民之心,令人预有志于耕稼之事;不可徭役,徭役之则志散[15],失其业也。""

【注释】

〔1〕下引《礼记·月令》,与今本稍有异文。引号内小注均郑玄注,亦稍有异文。均不碍原义。

〔2〕古代帝王在京城南郊祭天叫作"郊",在北郊祭地叫作"社",合称"郊社"。

〔3〕郑玄注引《春秋传》,语出《左传·襄公七年》。

〔4〕这是"社祭",祭土神和谷神。春社二月祭,祈求丰年;秋社八月祭,收获后报答神灵。后稷,相传是周代的始祖,出生后曾被认为不祥而被抛弃,因名"弃"。善于种植各种粮食作物,曾任尧和舜的农官。这里是后世怀念他"播殖百谷"的功劳,把他作为谷神来祭祀。

〔5〕启蛰：即惊蛰，但是正月中节气，和现在以惊蛰为二月节气不同。西汉以前的节气顺序是：立春、惊蛰、雨水、春分，现在的农历将中间的两个节气倒过来，那是西汉末刘歆（？—23）造"三统历"以后的事。

〔6〕太微：我国古代天文学将全天分为三垣、二十八宿等天区，太微是三垣的上垣，又名"天庭"，中有五帝座，五个帝君，总称"太微之帝"。

〔7〕帝籍：古代天子"亲耕"的籍田。天子推三下犁，象征性地表示亲耕。相传天子籍田千亩，其耕种的全功由征召的民力来完成。

〔8〕郑玄注引农书，《月令》孔颖达疏称："郑所引农书，先师以为《氾胜之书》也。"又《国语·周语上》"土乃脉发"下韦昭注也引到这条，都是节引。参见下文贾引《氾胜之书》（简称《氾书》）。

〔9〕田畯：周代主管土地和生产的官员，又叫"田大夫"。

〔10〕都：邑城，犹言街坊。下文中"国"字意同。古代有"五亩之宅"的制度，后人解释其中2.5亩的宅地在田野，即所谓"庐"，就是《诗经·小雅·信南山》说的"中田有庐"；另2.5亩的宅地在廛，即邑城，因亦称其宅地为廛，就是《诗经·豳风·七月》说的"曰为改岁，入此室处"。农夫春夏耕作时住在田野的庐，秋冬收获后住进城中的廛，犹如后世的街坊。这里是说四月进入农忙，不可让农民停留在廛里，要赶紧下地劳动。

〔11〕墐（jìn）：涂塞。

〔12〕见《周礼·地官·党正》，以意撮引，非原文。古代地方组织以五百家为一党，由"党正"掌管。党内百姓三季务农，十月收获后举行饮酒礼，按年龄入座，以示慰劳，同时以上面的政令法规教育大家。

〔13〕此是贾思勰按语。

〔14〕耦耕：《周礼·考工记·匠人》："耜广五寸，二耜为耦，一耦之伐，广尺深尺。"但二耜究竟怎样耦法，古人解释也有不同，或说是二人并肩而耕，或说是一前一后各执一耜翻土。到现在，说法更多，莫衷一是。但无论如何是两人配合为一组的，所以说要组合耦耕的事。

〔15〕"徭役之"，各本均脱此三字，据郑玄注补。

【译文】

《礼记·月令》说："孟春正月……天子在一个好日子，向上帝祈求好收成。郑玄注解说："这是说在正月上旬的辛日，在京城郊外祭祀天帝。《春秋左氏传》说：'春天在郊外祭祀后稷，祈求庄稼丰收。因此在"启蛰"举行郊祭，郊祭后开始耕地。'上帝，是太微星座的帝君。"接着选一个'元辰'，天子亲自载着耒耜……率领三公、九卿、诸侯、大夫，到'帝籍'去亲耕籍田。"元辰，是郊祭后的一个吉祥日子。……帝籍，是为了祭祀天神需要祭品，借助于民力来完成耕作的籍田。"……这个月，天气开始下降，地气开始上腾，天地二气融和，草木都开始萌芽长出。"这时地里阳气上达通畅，正是可以耕地的征候。这就是农书上说的：'土壤风化了向上面隆起，盖没了小木桩，地下的枯根也可以随手拔出来，这时要抓紧赶快耕地。'"……命令田司"田司指田畯，就是主管农业的官。"……细心地察看丘陵、斜坡、山险、高平、低平的地，按照土地所宜，该种哪些谷物合适，就教导农民去种。……种的事情既已准备就绪，事先还要把疆界阡陌规定好，农民才不至于迷惑争闹。

"仲春二月……耕地的事稍稍可以舍开，就该修葺阖扇。"舍，停止的意思，〔就是闲空些了〕。这时蛰伏在地下的虫类都渐渐钻出来了，所以在稍为空闲的时候，就把门户修治好。阖是木板作的门，扇是竹子、苇秆作的门。"……上面不可派徭役给农民，以免妨碍农家的耕作。

"孟夏四月……慰劳农民，勉励他们加劲干，切不可错过农时。"再三地慰劳劝导他们。"……命令农民勤恳地工作，不可在邑城里呆着。"急迫地催促去耕作。……《王居明堂礼》说：'不可在邑城里歇宿。'也是这个意思。"

"季秋九月……虫子都潜伏在地下，都把洞户墐闭起来。"墐，就是涂抹封闭，这是避免秋天的杀气。"

"孟冬十月……天气开始上升，地气开始下降，天气地气不交通，闭塞着成为冬天。……慰劳农民让他们休息。"这就是'党正'说的'召集一党的人举行饮酒礼，按年龄排定座次慰劳他们'。"

"仲冬十一月……不要兴工动土，千万不可翻开盖藏着的地，不可打开闭好着的房屋……否则，会泄漏地气，这叫作揭露天地的'房'，地下的蛰虫都会死去，人们一定会发生疫病。"这时是太阴当令，更要注重闭藏。"〔思勰〕按：现在有在十月、十一月耕地的，非但违背了天然的道理，伤害了蛰虫，就是耕翻的地也没有润泽，明年的收成必然减少。

"季冬十二月……命令田官告诉农民拿出各种种子。"这是因为大寒过后，农业生产就要开始了。"命令农家组合耦耕的事，修治耒耜，准备好田器。"耜是耒头上的金属装置，耜的宽度是五寸。田器是锄头之类。"这个月，太阳运行到了终点的'次'，月亮运行到了终点的'纪'，星辰在天上绕行也回到了原来的地方，一年的日数将要终止了，"这是说日、月、星辰运行到这个月，都环绕一周回到原来的地方。次，止舍的地方；纪，交会的地方。"一岁将要重新开始了，使而农民专心农业生产，不可另外役使他们。"而，就是你；这是说，要使你的农民们专心下来，思想上一心一意地考虑种好庄稼；不可让他们服徭役，服徭役了就会意志分散，扰乱了他们的本业。””

《孟子》曰："士之仕也，犹农夫之耕也。"[1]赵岐注曰："言仕之为急，若农夫不耕不可[2]。"

魏文侯曰[3]："民春以力耕，夏以强耘，秋以收敛。"[4]

《杂阴阳书》曰[5]："亥为天仓[6]，耕之始。"

《吕氏春秋》曰："冬至后五旬七日昌生。昌者，百草之先生也，于是始耕。"[7]高诱注曰[8]："昌，昌蒲，水草也。"

《淮南子》曰："耕之为事也劳，织之为事也扰。扰劳之事而民不舍者，知其可以衣食也。人之情，不能无衣食。衣食之道，必始于耕织。……物之若耕织，始初甚劳，终必利也众。"又曰："不能耕而欲黍粱，不能织而喜缝裳，无其事而求其功，难矣。"[9]

【注释】

〔1〕见《孟子·滕文公下》。

〔2〕"不耕不可"，今本赵岐注作"不可不耕"。

〔3〕魏文侯（？—前396）：战国时魏国的创建者。在位期间奖励耕战，兴修水利，发展农业生产，使魏国在当时成为强国。

〔4〕魏文侯语见《淮南子·人间训》，"夏"作"暑"，余同。

〔5〕《杂阴阳书》：已佚，今类书每有引录。《汉书·艺文志》著录有《杂阴阳》三十八篇，未知即其书否。作者时代无可考，或是汉代阴阳家所写。

〔6〕天仓：星名，即胃宿。《史记·天官书》："胃为天仓。"唐张守节《正义》："胃主仓廪，五谷之府也。"《礼记·月令》正月"元辰"天子耕籍田，唐孔颖达疏："耕用亥日。""正月亥为天仓，以其耕事，故用天仓。"是说正月的亥日为天仓，因此天子始耕籍田，用天仓当令之日即亥日耕之。

〔7〕见《吕氏春秋·任地》，有个别字差异。

〔8〕高诱：东汉末学者，曾任县令和司空掾等职。曾注《孟子》、《孝

经》，已佚；又注《吕氏春秋》、《淮南子》，今存，但《淮南子》与许慎注有混杂。

〔9〕前一条引文见《淮南子·主术训》，后一条见《淮南子·说林训》，个别字有差异。

【译文】

《孟子》说："读书人要做官，如同农夫要耕种。"赵岐注解说："这是说读书人急于做官，好像农夫非耕种不可一样。"

魏文侯说："农民春天努力耕地，夏天淌汗锄草，秋天才有收获储藏。"

《杂阴阳书》说："亥日是天仓〔当令〕，是耕地开始的时候。"

《吕氏春秋》说："冬至以后五十七天，昌开始发芽。昌是百草中最先发芽的，就在这个时候开始耕地。"高诱注说："昌，就是菖蒲，是一种水草。"

《淮南子》说："耕种的事情是辛苦的，织布的事情是劳累的，可辛苦劳累的事情人们终是不放弃，就因为知道从那里可以得到饭吃，得到衣穿。人的生活，不能没有衣和食。衣食的来源，必须从耕田织布中产生……像耕田织布这种事情，最初是很劳苦的，但终究必然获得很多的利益。"又说："不去耕种而想得到美味的黍粱，不去织布而喜欢新缝的衣裳，这样，不做事情而想求得实绩，那是很难的啊！"

《氾胜之书》曰[1]："凡耕之本，在于趣时，和土，务粪泽，早锄，早获。

"春冻解，地气始通，土一和解[2]。夏至，天气始暑，阴气始盛[3]，土复解。夏至后九十日，昼夜分，天地气和。以此时耕田，一而当五，名曰膏泽[4]，皆得时功。

"春地气通，可耕坚硬强地黑垆土[5]，辄平摩其块以生草[6]；草生，复耕之；天有小雨，复耕和之，勿令有块以待时。所谓强土而弱之也。

"春候地气始通：椓橛木长尺二寸，埋尺，见其二寸；

立春后，土块散，上没橛，陈根可拔。此时二十日以后，和气去，即土刚。以时耕，一而当四；和气去耕，四不当一。

“杏始华荣，辄耕轻土弱土[7]。望杏花落，复耕。耕辄蔺之[8]。草生，有雨泽，耕，重蔺之。土甚轻者，以牛羊践之。如此则土强。此谓弱土而强之也。

“春气未通，则土历適不保泽，终岁不宜稼，非粪不解[9]。慎无旱耕。须草生，至可耕时，有雨即耕[10]，土相亲，苗独生，草秽烂，皆成良田。此一耕而当五也。不如此而旱地，块硬，苗秽同孔出，不可锄治，反为败田。秋无雨而耕，绝土气，土坚垎，名曰‘腊田’[11]。及盛冬耕，泄阴气，土枯燥，名曰‘脯田’。脯田与腊田，皆伤田，二岁不起稼，则一岁休之。

“凡麦田，常以五月耕，六月再耕，七月勿耕，谨摩平以待种时。五月耕，一当三。六月耕，一当再。若七月耕，五不当一。

“冬雨雪止，辄以蔺之，掩地雪，勿使从风飞去；后雪，复蔺之。则立春保泽，冻虫死，来年宜稼。

“得时之和，适地之宜，田虽薄恶，收可亩十石。”

【注释】

〔1〕氾胜之：汉成帝（前32—前7年在位）时人，曾在关中地区教导农业，获得丰收。所著《氾胜之十八篇》，是《汉书·艺文志》著录的九家农书之一，后世通称《氾胜之书》。原书已佚，虽偶见引录，但多有脱错。幸赖《要术》的引录而保存其主要内容，是我国现存最早的综合性农业专著，有相当高的农学水平。

〔2〕和解：表示土壤柔和而容易碎解，实际就是土壤达到了适合耕作的湿润状态。

〔3〕阴气始盛：北半球夏至昼最长，夜最短，过了夏至，夜就开始转长。“阴气”，就是“地气”，古人笼统地表示土壤性状的一种说法，主要包括土壤的温度和水分，兼及土中水和气体的流通情况。夏至在《易经》的卦象上是五条阳爻底下潜伏着一条阴爻，即古人所谓“夏至一阴生”。因此，夏至气温转热的时候，土壤“阴气”也开始转盛，这样阴阳交替，土壤就再一次和解。这种说法，有它长期的历史根源，但作为土壤和解的理论是唯心的。

〔4〕膏泽：土壤形成良好结构，肥美润泽，并有利于保墒。

〔5〕黑垆土：一种石灰性黏土，坚硬黏重，古人也叫“强土”或“刚土”。现在黄河流域民间仍有“垆土”的名称。这种黏质垆土，过湿则黏重，过干则坚硬，都不好耕，只有在干湿适度的时候耕，既好耕，又耕得疏松，土块容易碎解，可以改良土壤结构，有利于保墒，有利于发芽出土，生长发育。春初解冻时，正是土壤干湿适度的时候。可是这种时机是短暂的，稍纵即逝，一旦土壤过干变坚硬，就不好耕了，而且北方多春旱，以后可能不会再有这种适耕期，所以必须抓紧这个时机首先急耕黑垆土。

〔6〕《氾书》的“摩”，究竟是什么农具，是早期的“耰”(木斫，木榔头)，还是后来的“劳”(耢)，书中没有明确的迹象提供我们作判断，只有麦的中耕提到牵引“棘柴”壅麦根(卷二《大小麦》引)，像带刺的枝条扎成的扫把之类，似乎有些像耢的雏形，但要达到耢的功用，尚有待于发展。

〔7〕轻土弱土：相当于现代土壤学上的轻土。它的措施是使过于松散的弱土变得紧密些，就是使土粒结成小块而形成结构。

〔8〕蔺之：镇压的意思，指对松散的弱土镇压紧实些。蔺法采用什么器具，虽然没有明说，但从镇压践踏使松土变得紧密来考虑，当是一种具有重力能压紧松土的工具。《要术》用“挞”，后世有“砘车”(用于覆种)，但《氾书》不明。《辑要》改“蔺”为“劳”，不妥。

〔9〕非粪不解：解，据上文应指碎解。但干燥的土块单靠加粪是不能使之碎解的。在这种情况下，加粪可使庄稼长得好一些，是补救的措施，故后面译文作“非加粪不能补救”。

〔10〕这里上下两句的两个“耕”字，《要术》各本均作“种”，不合适，据上下文义及耕作原理改正为“耕”。

〔11〕腊(xī)田：干枯的田。指秋天缺少雨水时所耕之田。

【译文】

《氾胜之书》说：“种庄稼的根本大法，在于赶上时机，松和土壤，注重施肥和灌水，及时锄地，及时收割。

“春天初解冻的时候，地气开始通顺，土壤第一次和解。到了夏至，天气开始暑热了，阴气开始回升，土壤又一次和解。夏至后九十天〔到秋分〕，白天、黑夜的长短相等，天气和地气调和，〔土壤也就和解。〕在这些时候耕地，耕一次抵得上五次，那地叫作‘膏泽’，都得到适合时令的功效。

“春天地气开始通顺的时候，该先耕坚硬的强地——黑垆土。耕后把土块摩碎摩平，让它长出草来。杂草长出后，再一次耕翻。天下了小雨，又耕一遍，要把土搞松和，不让它有土块存在。就这样，等待着合适的时机下种。这就是所谓把强土变弱的办法。

“测候春天地气开始通顺的方法：把一根一尺两寸长的小木桩，打进地里去，一尺埋在地底下，两寸露出在地面上。立春之后，土块〔经过反复冻融后〕酥碎了，〔体积增大，〕向上面高起，掩盖了露出地面的两寸木桩，地底下的陈根也可以随手拔出来了，〔这就表明地气已经开始通顺，土壤湿润合适，正好耕地。〕错过这时二十天以后，土壤的湿润调和状态消失，地就变得刚硬难耕。在合适的时机耕地，耕一次抵得上四次；调和状态消失时才去耕，耕四次还抵不上一次。

“杏花开始盛开时，就耕轻土、弱土。到杏花凋落的时候，再耕一次。耕后随即镇压紧实。杂草长出来，遇着下雨土壤润泽时，再耕，再压紧。十分轻松的土，赶着牛羊上去践踏。这样，土壤就比较坚强了。这就是所谓把弱土变强的办法。

“春天地气还没通顺时耕地，就会耕起错错落落不密接的土块，不能保墒，这一年就长不成好庄稼，非加粪不能补救。千万不要在土壤干燥的时候耕地。要等杂草长出来，到可以耕的时候，遇着下雨土壤湿润时就耕。这样，土壤〔和种子〕紧密相亲，单单长出庄稼的苗，而翻在地里的杂草也腐烂了，都成为好田。这样，耕一次可以抵得上五次。如果不这样，却在土壤干燥的时候去耕，耕起的土块是坚硬的，秧苗和杂草在同一个空隙里长出来，没法锄草松土，反而成为坏田。秋天没有雨的时候耕地，会使地下的水分跑失，土壤变得干燥坚硬，这样的田叫作‘腊田’。还有，如果在大冬天耕地，会泄漏土中的水润气，使土壤枯燥，这样的田叫作‘脯田’。脯田和腊田都是受了伤的田，接连两年长不成好庄稼，非让它休闲一年不可。

“凡是种麦的田，正常要在五月耕一遍，六月再耕一遍，七月不要耕；耕后好好地摩平，等待合适时候下种。五月里耕，一遍抵得上三遍。六月里耕，一遍抵得上两遍。如果七月里耕，五遍抵不上一遍。

“冬天下雪停止后，随即用器具在雪上镇压过，把雪压实盖好，不让雪被风吹走。以后下雪，照样镇压。这样，解冻后土中保有多量雪水，同时虫也冻死了，适宜于春播作物的生长。

“得到时令的调和，适应土地的所宜，田地即使是瘠薄的，也可以一亩收到十石。”

崔寔《四民月令》曰〔1〕：“正月，地气上腾，土长冒橛，陈根可拔，急菑强土黑垆之田。二月，阴冻毕泽，可菑美田缓土及河渚小处。三月，杏华盛，可菑沙白轻土之田。五月、六月，可菑麦田。”

崔寔《政论》曰〔2〕：“武帝以赵过为搜粟都尉〔3〕，教民耕殖。其法三犁共一牛，一人将之，下种，挽耧〔4〕，皆取备焉。日种一顷。至今三辅犹赖其利〔5〕。今辽东耕犁〔6〕，辕长四尺，回转相妨，既用两牛，两人牵之，一人将耕，一人下种，二人挽耧：凡用两牛六人，一日才种二十五亩。其悬绝如此。”按〔7〕：三犁共一牛，若今三脚耧矣〔8〕，未知耕法如何？今自济州以西，犹用长辕犁、两脚耧。长辕耕平地尚可，于山涧之间则不任用，且回转至难，费力，未若齐人蔚犁之柔便也〔9〕。两脚耧种，垅概，亦不如一脚耧之得中也。

【注释】

〔1〕《四民月令》：东汉崔寔（？—170）撰。逐月安排农业生产和生活活动等事项，每月一篇，是我国最早的月令式农书。书中二月的树木压条，三月的“封生姜”（种姜催芽），五月的“别稻”（水稻移栽），都是我国农书中最早的记载。书已失传。《要术》所引，不分月份，采用连类汇录的方式；其无关农业生产者，汇录于卷三《杂说》中。隋代杜台卿的月令式书《玉烛宝

典》,按月引录了它的材料,但今缺九月一个月。其他类书等有零星引录。

〔2〕《政论》:崔寔的政治论著,已佚。其书主张崇本抑末,发展农业生产,严刑峻法,废旧革新,抨击当时黑暗政治,言词颇为激烈,与王符的《潜夫论》和仲长统的《昌言》同为当时政治名著。《政论》此条《御览》卷八二二"耕"和卷八二三"犁"有引录,但有严重错简和讹误。

〔3〕搜粟都尉:协助大司农的中央高级农官,主要管农业收入和教导农业生产,但不常设。据南宋朱熹《通鉴纲目》,赵过任搜粟都尉在汉武帝征和四年(前89),是接桑弘羊的差的。

〔4〕挽耧:拉耧覆土。这个"耧"不能是耧车,因为上文已经一个人掌握着耧犁,不能再说"挽耧",这只能是耙耧之"耧",即耧土的器具,拖在耧犁后面用以覆土者。这样,耩沟、下种、覆土三项工作,同时完成,功效大增。

〔5〕三辅:约当今陕西关中平原地区。

〔6〕辽东:汉郡名,约为今辽宁东南部辽河以东地区。崔寔曾被任命为辽东太守,但因母死,并未到任。

〔7〕这是贾思勰按语。《王氏农书·耧车》引《政论》题此按语为"自注云",则误为崔寔自注。

〔8〕三脚耧:耧车,也叫耧犁,现在也叫耩子,有一脚、两脚、三脚等分,北方通用的条播器。由耧架、耧斗、耧脚、耧镵等构成,由牲畜牵挽,以耧镵开播种沟,种子从耧斗中通过中空的耧脚下到沟里,开沟下种同时完成。兹采《王氏农书》的两脚耧供参考(见图四)。

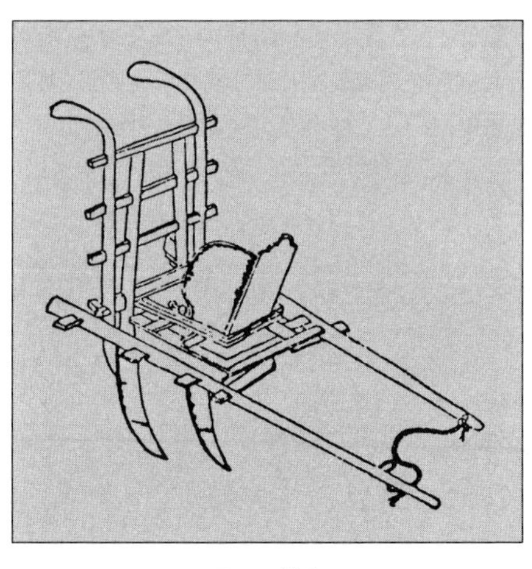

图四　耧车

〔9〕齐人：齐指齐郡，贾思勰的家乡益都是齐郡的郡治。郡的辖境为今山东中部和偏东一带地方。上文济州（今济南）以西，在齐郡之外，用的却是长辕犁。　　蔚犁：没有具体记述，但与长辕犁作优劣比较，应是改进和减轻了重量的短辕犁。再从《要术》所用犁的性能看，它既能翻土作垅，可深可浅，又能自由掌握犁条的广狭粗细，并可在山涧、河边等的弯地狭地上使用，至少已有摇摆性的犁床、连续曲面的犁铧犁壁和可以调节深浅的犁箭装置，显然比长辕犁有所改进。《要术》用的应该就是这种蔚犁。

【译文】

崔寔《四民月令》说："正月，地气上升，土壤松散高起，掩没了露出地面上的木桩，去年的陈根也可以随手拔出来，这时赶快耕翻强土——黑垆土的田。二月，冻冰完全融化了，可以耕翻松紧适中的壤土好田和河滩沙洲的小片土地。三月，杏花盛开的时候，可以耕翻沙土轻土的田。五月、六月，可以耕翻种麦的田。"

崔寔《政论》说："汉武帝任命赵过为搜粟都尉，教老百姓耕种。方法是：一头牛拉三个犁，一个人掌握着，下种，拉耧覆土，步骤都一一完成。一天种一顷地。到现在三辅地方，还沾受着他的利益。现在辽东所用的耕犁，犁辕有四尺长，掉头转弯都自相妨碍，耕地时用两头牛，由两个人牵着，一个人掌犁犁地，一个人下种，又由两个人拉耧覆土：一共用两头牛六个人，一天只种二十五亩地。二者悬殊实在太大了。"〔思勰〕按：三犁共一头牛，像现在的三脚耧，不知道怎样耕法。现在济州以西的地方，还是用长辕犁和两脚耧。长辕犁耕平地还可以，耕山涧之间的狭地就不合用，而且掉头转弯都很困难，费力气，不如齐人蔚犁的灵活方便。至于两脚耧，种的行垅太密，也不如一脚耧的宽狭随意合用。

收种第二

杨泉《物理论》曰[1]:“粱者,黍、稷之总名;稻者,溉种之总名;菽者,众豆之总名。三谷各二十种,为六十;蔬、果之实,助谷各二十,凡为百种。故《诗》曰‘播厥百谷’也[2]。”

【注释】

〔1〕杨泉:三国时吴人,晋初征聘不就,从事著述。他反对当时的清谈风气,主张人死之后并无遗魂,开南朝梁范缜《神灭论》之先河。著作有《物理论》十六卷,已佚。清孙星衍辑有《物理论》一卷。各类书每有引录。《御览》卷八三七“谷”及《初学记》卷二七“五谷”都引到此条,基本相同。

〔2〕《诗经·小雅·大田》及《周颂·噫嘻》、《载芟》、《良耜》等篇,均有此句。

【译文】

杨泉《物理论》说:“粱是黍粟类的总名,稻是水种类的总名,菽是各种豆类的总名。三类各二十种,一共六十种;加上瓜类和果树的果实,可以补助谷类的,也各有二十种总共一百种。这就是《诗经》所谓的‘播种百谷’。”

凡五谷种子,浥郁则不生,生者亦寻死。

种杂者,禾则早晚不均,舂复减而难熟,粜卖以杂糅见疵,炊爨失生熟之节:所以特宜存意,不可徒然。

粟、黍、穄、粱、秫,常岁岁别收:选好穗纯色者,劁才彫反刈高悬之[1]。至春治取，别种，以拟明年种子。耧耩稀种，一斗可种一亩[2]。量家田所须种子多少而种之。

其别种种子，常须加锄。锄多则无秕也。先治而别埋，先治，场净不杂；窖埋，又胜器盛。还以所治蘘草蔽窖。不尔，必有为杂之患。

将种前二十许日，开出，水淘，浮秕去则无莠。即晒令燥，种之。[3]依《周官》相地所宜而粪种之。

《氾胜之术》曰[4]："牵马令就谷堆食数口，以马践过为种，无虸蚄，厌虸蚄虫也[5]。"

【注释】

〔1〕劁（qiáo）刈：刈割。

〔2〕"一斗"，疑有误字。这些黍粟类的种子都是小粒种，大小相若或极相近，用种量相同，还说得过去。但"一斗"，有问题，因为《要术》种这些作物，记明用种量是一亩三到五升。现在是种在种子田中培育种子的，不应比大田播种还要密到一倍以上，不合理。如"一斗"无误，则"一亩"有错字。

〔3〕从上面"选好穗纯色者"到这里，都是良种保纯和繁育的合理措施。种子混杂不仅会使群体生长不一，成熟不齐，而且会加快品种的退化。《要术》通过穗选法选得好种，各自单收，单打，单种，收获后作为明年种子。明年仍是留地单种，精心管理，单收，最先脱粒，单独窖埋，仍用本种的稿秆蔽窖，步步为营，严防机械混杂和不同品种的种间杂交，做到选种和隔离紧密配合进行。下年又把这选出的种子种下去，种前再加水选，晒种，最后按地宜施肥下种。年年如此选育，构成一整套细密合理的良种保纯和繁育措施，促使向好的方面发展，有可能培育成新的品种。

〔4〕"氾胜之"而题曰"术"，可能由于《氾书》中记有"厌（yā）胜"（以此物抑制彼物）、忌避、占验之类的"方术"，尤其多有农作物栽培管理上的突出技术，故别题为《氾胜之术》，亦犹《尔雅》唐陆德明《经典释文》引称为《氾胜之种殖书》，《文选》唐李善注之题为《氾胜之田农书》，因其书最初原无定名也。《辑要》引此条仍改题《氾胜之书》。

〔5〕金抄、明抄作"无虸厌虸蚄虫也"，《辑要》引作"无虸蚄等虫也"。

今保存两宋本原有的“厌”(yā)字(谓厌胜术),而“蚜”应指蚜蚄,故据下文补“蚄”字。

【译文】

所有谷类的种子,潮气郁闭着窝坏了,就不会发芽;就是发了芽,不用多久也会死去。

混杂的谷种,种下去成熟早晚不一致;谷实舂起来,〔没有白的还要舂,而先白的会舂碎了,〕减少了出米率,难得同时舂熟;卖给人家又嫌掺杂;烧饭又会生熟不均,难以调节。因此,要特别注意,不可掉以轻心。

谷子、黍子、穄子、粱和黏粟,都该年年分别收种。方法是:选出颜色纯净的优良单穗,割下穗子,高高地挂着。到来年春天打下种子,各自分开播种,准备收来作为明年的种子。用耧车耩沟种下去,覆土掩盖好,一斗种子可以种一亩地(?)。估计自家地里需要多少种子,按照需要种多少。

这种另外种的种子,必须比平常要多加锄治。锄多了就没有秕壳。收割后要先脱粒,分别埋在窖里,先脱粒则场地干净,不致混杂;埋在窖里又比盛在容器里好。仍然用本种的原稿秆蔽盖窖口。不这样,一定会有混杂的弊害。

在种前二十来天,开窖取出种子,用水淘洗,淘汰去浮秕杂种,就不会有杂草。随即晒干,按时播种。依照《周礼》察看土地所宜的方法,施粪下种。

《氾胜之术》说:“牵马到谷堆上,让它吃几口谷,再在谷堆上踩着走过;用这样的谷作种,不会有粘虫为害,因为它是抑制粘虫的。”

《周官》曰〔1〕:“草人,掌土化之法,以物地相其宜而为之种。郑玄注曰:“土化之法,化之使美,若氾胜之术也。以物地,占其形色,为之种,黄白宜以种禾之属。”凡粪种〔2〕:骍刚用牛,赤缇用羊,坟壤用麋,渴泽用鹿,咸潟用貆,勃壤用狐,埴垆用豕,强檃用蕡,轻爂用犬〔3〕。此“草人”职〔4〕。郑玄注曰:“凡所以粪种者,皆谓煮取汁也。赤缇,缥色也〔5〕;渴泽,故水处也;潟,卤也;貆,貒也[6]；勃壤，粉解者；埴垆，黏疏者；强檃，强坚者；轻爂，轻脆者。故书'骍'为'挈'，'坟'作'盆'[7]。杜子春'挈'读为'骍'[8]，谓地色赤而土刚强也。郑司农云[9]：'用牛，以牛骨汁渍其种也，谓之粪种。坟壤，多盆鼠也[10]。壤，白色。蕡，麻也。'玄谓坟壤，润解。""

《淮南术》曰[11]："从冬至日数至来年正月朔日，五十日者，民食足；不满五十日者，日减一斗；有余日，日益一斗。"

【注释】

〔1〕《周官》：即《周礼》。此处所引见《周礼·地官·草人》，正注文并同《要术》。

〔2〕粪种：郑众解释是用骨汁渍种，郑玄同意其说。但孙诒让《周礼正义》引清江永（1681—1762）有不同意见。江永认为粪种的"种"是种植的种，意即粪田，不是种子的种。所用应是以骨灰施于田，如果用骨汁渍种，像骍刚这些土壤，如何能使之化恶为美？

〔3〕以上这些土壤：骍（xīng）刚，大概是黄红色黏质土。赤缇（tí），是黄而带红或浅红色的土。坟（fèn）壤，可能是黏壤，遇水才容易解散，干时则难解散。勃壤，可能是沙壤，与坟壤同为"壤"，但勃壤是干时也容易碎散的。渴泽，略同于现在所谓湿土，洼下原先有水，现下水干了。咸潟（xì），盐碱土。埴垆，一种石灰质黏土，并夹杂着很多石灰结核。强檃（hǎn），可能是比垆土还要坚硬的重土。轻爂（piāo），大概是一种轻漂的沙土。

〔4〕"草人"，原文已明确记其职掌，此处不应再有"此'草人'职"的解释，贾思勰不致有此赘词，且他处亦无此例。此句疑是后人读《要术》的行间旁记，而误被刻书人阑入。

〔5〕縓（quàn）：浅红色。

〔6〕貆（huān）：通"獾"。　貒（tuān）：猪獾。

〔7〕盆（fén）：通"鼢"。

〔8〕杜子春（约前30—约58）：西汉末东汉初人，受《周礼》于刘歆，曾作《周礼》注，已佚。东汉明帝时，年将九十，传其学于郑众、贾逵（30—101）。

〔9〕郑司农：郑众（？—83），东汉经学家，曾任大司农，世称"郑司农"。郑兴、郑众父子均通经学，世称"先郑"，而称郑玄为"后郑"。

〔10〕盆鼠：即鼢鼠。营地下生活，前肢爪特别长大，用以掘土，洞道复

杂,长可达数十米。对庄稼和堤防为害极大。

〔11〕《淮南术》:《隋书·经籍志三》记载梁有《淮南万毕经》、《淮南变化术》各一卷,亡。《淮南术》当亦此类书。此处所引,亦载《淮南子·天文训》。

【译文】

《周礼》说:"草人,掌管'土化'的方法,察看物和地的适宜配合,决定种哪种作物。郑玄注解说:"'土化'的方法,是将土壤化恶为美,像氾胜之的技术。察看物和地,是察看作物和土地的颜色和性状,种哪种作物,比如黄白色的土宜于种谷子之类。"'粪种'的方法是:骍刚土用牛骨汁,赤缇土用羊骨汁,坟壤土用麋骨汁,渴泽土用鹿骨汁,咸潟土用貆骨汁,勃壤土用狐骨汁,埴垆土用猪骨汁,强檃土用蕡汁,轻爂土用狗骨汁。这是"草人"的职掌。郑玄注解说:"凡是用作'粪种'的,都是煮过取它的汁来用。赤缇是浅红色土;渴泽,从前有水的地土;潟,盐碱土;貆是猪獾;勃壤,容易解散如粉末的土;埴垆,黏而带疏的土;强檃,很坚硬的土;轻爂,轻漂的土。旧秘阁藏本'骍'原来是'挈'字,'坟'原来是'盆'字。杜子春将'挈'读为'骍',说是赤色而刚强的土。郑司农解释:'用牛,是用牛骨煮出汁来浸种子,所以叫作"粪种"。坟壤,是地下有许多鼢鼠,〔把土给掘松了〕。壤是白色土。蕡是大麻子。'玄认为坟壤是遇水湿才会碎解的土。""

《淮南术》说:"从冬至日数起,数到来年正月初一,如果满五十日的,人民就有足够的粮食;不满五十日的,少一日便缺一斗;超过五十日的,多一日便多一斗。"

《氾胜之书》曰:"种伤湿郁热则生虫也。

"取麦种,候熟可获,择穗大强者斩,束,立场中之高燥处,曝使极燥。无令有白鱼〔1〕;有辄扬治之。取干艾杂藏之,麦一石,艾一把。藏以瓦器、竹器。顺时种之,则收常倍。

"取禾种,择高大者,斩一节下,把悬高燥处,苗则不败。

"欲知岁所宜,以布囊盛粟等诸物种,平量之,埋阴地〔2〕。冬至后五十日,发取量之,息最多者,岁所宜也。"

崔寔曰[3]:"平量五谷各一升,小罂盛,埋垣北墙阴下"余法同上。

《师旷占术》曰[4]:"杏多实不虫者,来年秋禾善。五木者[5],五谷之先;欲知五谷,但视五木。择其木盛者,来年多种之,万不失一也。"

【注释】

〔1〕白鱼:蠹鱼也叫"白鱼",非此所指。在同一个麦穗中,后期开花的小穗,由于养分不足,常结成细瘪的麦粒,俗称"麦余"。麦余本身既不好作种子,而且其颖壳不易脱落,杂在种子中容易引起变质和虫害,所以必须除去。石声汉《农桑辑要校注》据山东同志说,山东地区将麦穗上最后两个空小穗叫作"白鱼",因为颜色白,形状像鱼尾。

〔2〕"埋阴地"下,《辑要·收九谷种》据《要术》转引《氾书》尚有"冬至日窖埋"一句,明以前各本《要术》无此句,清代的《学津》本、《渐西》本据《辑要》补入。唐韩鄂《四时纂要·十一月》"试谷种"引崔寔法也是"冬至日"埋藏。原文有发取日而无埋藏日,此句宜有。

〔3〕《四时纂要》引崔寔此条列在"十一月",则该是崔寔《四民月令》文,在"十一月"。《四时纂要》引文除记明"冬至日"埋藏外,其他亦稍有异文。"余法同上"是贾氏简括语,指与《氾书》所记的"冬至后五十日……岁所宜也"相同。

〔4〕《师旷占术》:《隋书·经籍志三》五行类著录有《师旷书》三卷,又注称梁有《师旷占》五卷,亡。《要术》所引《师旷占术》和《师旷占》当是同一书而流传异名者。书已佚。此处所引《师旷占术》,《御览》卷九六八"杏"引作《师旷占》,只有"五木者"以上二句,脱"禾"字;卷八三七"谷"引较全,但有脱误。《类聚》卷八五"谷"亦引作《师旷占》,与《要术》相同,但亦脱"禾"字,无末句。

〔5〕与五谷盛衰相应的"五木",未必是五种木,或者如《杂阴阳书》所说的"禾生于枣或杨"等类,则禾与枣或杨相应,枣杨茂盛,可以多种禾(谷子)。

【译文】

《氾胜之书》说:"种子〔在贮藏中,〕如果有潮湿郁闭着生热,就会生虫。

“收麦种：等候麦成熟可以收割的时候，选择穗子粗大强壮的，割下来，扎成把，竖立在打谷场上高燥的地方，晒到极干燥，〔打下来。〕不要让它有‘白鱼’；如果有，便簸扬除去。用干燥的艾草夹杂着贮藏，一石麦种，用一把艾。用瓦器或竹器贮藏。以后顺着时令播种，收成常常可以加倍。

“收谷子种：选择高大的，在穗子一节的下面斩下来，扎成把，挂在高燥的地方。这样的种子，长出的苗不会凋败。

“要想知道年岁适宜于哪一种谷物，可以〔在冬至日〕用布袋分别装进谷子等各种谷物的种子，装时〔要用同一容器〕平平地量，埋藏在背阴的地方。到冬至后五十天，掘地取出来，再量过，看哪一种种子增涨得最多，就是年岁最适宜的。”

崔寔说：“平平地量五谷的种子各一升，分别盛在小瓦器里，埋在墙北面的背阴地方”其余的方法跟上面相同。

《师旷占术》说：“〔今年〕杏树结的果实多，又不生虫，明年秋谷的收成一定好。五木是五谷的先兆，要想知道五谷的收成，只要看五木：看今年哪种树木长得茂盛，明年就多种些与该木相应的谷，这是万无一失的。”

种谷第三稗附出，稗为粟类故

种谷：

谷，稷也，名粟。谷者，五谷之总名，非止谓粟也。然今人专以稷为谷，望俗名之耳。

《尔雅》曰："粢，稷也。"〔1〕

《说文》曰："粟，嘉谷实也。"

郭义恭《广志》曰〔2〕："有赤粟、白茎，有黑格雀粟，有张公斑，有含黄苍，有青稷，有雪白粟，亦名白茎。又有白蓝下、竹头茎青、白逮麦、擢石精、卢狗蹯之名种云。"

郭璞注《尔雅》曰："今江东呼稷为粢。"孙炎曰："稷，粟也。"〔3〕

【注释】

〔1〕见《尔雅·释草》，无"也"字。《尔雅·释草》、《释木》此类释文，均无"也"字，《要术》所引，大多有。据与贾思勰同时稍后的颜之推《颜氏家训·书证》称，当时经传多有由"俗学"任意加上"也"字的，甚至有不应加而加上的。《要术》所引各书，这类情况颇不少。

〔2〕《广志》：《隋书·经籍志三》杂类著录："《广志》二卷，郭义恭撰。"书已佚。从古籍引录的大量内容看，其书主要是记录各地物产的书，包括动、植、矿物，南北各地都有。郭义恭：生平事迹不详，一般认为是晋代人。据《御览》卷九六八"李"引《广志》："有黄扁李，有夏李，有冬李，十一月熟，此三李种邺园；有春李，冬花春熟。"又引东晋陆翙（huì）记石虎事的《邺中记》："华林园有春李，冬华春熟。"则《广志》的"邺园"显然指后赵主石虎都邺（今河北临漳西南）时所建的园苑，即华林园。石虎公元334—349年在位。据此，郭义恭当是东晋人。所记"黑格雀粟"，"格"作抵御解释，是一种

黑穗具刺毛的粟品种，即《要术》所谓“穗皆有毛……免雀暴”。此处引文中“竹头茎青”，明代刻本无“茎”字，更合适些。

〔3〕郭璞（276—324）：东晋训诂学家。所著有《尔雅注》、《方言注》、《山海经注》等，今均存。　　孙炎：三国魏经学家，受学于郑玄。曾为《尔雅》、《毛诗》、《礼记》、《春秋三传》、《国语》等作注，今均佚。此处所引都是郭璞、孙炎注《尔雅》“粢，稷”的注文。今本郭注“稷”作“粟”，与正文不免偏离。又此注据《要术》他处例，应列在《尔雅》正文下，此处疑有窜误。

【译文】

种谷：

谷，就是稷，叫作粟。谷，原来是五谷的总名，不是只指粟。但是现在的人已经专叫稷为谷子，是习俗相沿这样称呼的。

《尔雅》说：“粢，就是稷。”

《说文》说：“粟，是好谷的子实。”

郭义恭《广志》说：“有赤粟、白茎〔粟〕，有黑格雀粟，有张公斑，有含黄苍，有青稷，有雪白粟，亦名白茎。还有白蓝下、竹头茎青、白逮麦、擢石精、卢狗蹯等名目。”

郭璞注《尔雅》说：“现在江东叫稷为粢。”孙炎注说：“稷，就是粟。”

按：今世粟名，多以人姓字为名目，亦有观形立名，亦有会义为称，聊复载之云耳：

朱谷、高居黄、刘猪獬、道愍黄、聒谷黄、雀懊黄、续命黄、百日粮[1]，有起妇黄、辱稻粮、奴子黄、䆉（音加）支谷、焦金黄、鹌（乌含反）履苍——一名麦争场：此十四种，早熟，耐旱，熟早免虫。聒谷黄、辱稻粮二种，味美。

今堕车[2]、下马看、百群羊、悬蛇赤尾[3]、罴虎黄[4]、雀民泰[5]、马曳缰、刘猪赤、李浴黄、阿摩粮、东海黄、石骍（良卧反）岁（苏卧反）、青茎青、黑好黄、陌南禾、隈堤黄、宋冀痴、指张黄、兔脚青、惠日黄、写风赤、一晛（奴见反）黄、山鹾（粗左反）、顿稅黄：此二十四种，穗皆有毛，耐风，免雀暴。一晛黄一种，易舂。

宝珠黄、俗得白、张邻黄、白鹾谷、钩干黄、张蚁白、耿虎黄、都奴赤、茄芦黄、薰猪赤、魏爽黄、白茎青、竹根黄、调母粱、磊碨黄、刘沙白、僧延黄、赤粱谷、灵忽黄、獭尾青、续德黄、秆容青[6]、孙延黄、猪矢青、烟熏黄、乐婢青、平寿黄、鹿橛白、鹾折筐、黄穜穇、阿居黄、赤巴粱、鹿蹄黄、饿狗苍、可怜黄、米谷、鹿橛青、阿逻逻：此三十八种，中租大谷[7]。白鹾谷、调母粱二种，味美。秆容青、阿居黄、猪矢青三种，味恶。黄穜穇、乐婢青二种，易舂。

竹叶青、石抑闷（创怪反）、——竹叶青一名胡谷——水黑谷、忽泥青、冲天棒、雉子青、鸱脚谷、雁头青、揽堆黄、青子规：此十种，晚熟，耐水；有虫灾则尽矣。

【注释】

〔1〕谷子通常以全生长期70—100天为早熟品种。这里也以"百日粮"列为早熟种。生长期最短的当是"麦争场"、"续命黄"等品种。

〔2〕"今"，疑是"令"之讹。

〔3〕"尾"，疑衍。

〔4〕"罢"，借作"罴"字。

〔5〕"民"，疑是"泯"字之误，意谓免除。此类二十四个品种都因穗上有芒刺，能"免雀暴"（啄食），因有此名。"雀泯泰"，与早熟的"雀懊黄"之意相类似，如果作"民"，有"雀"施暴，何来"民泰"？

〔6〕"容"，疑是"窞"字落一横错成。唐释玄应《一切经音义》卷二三"坳凹"注："凹……《苍颉篇》作'窞'……垫下也。""秆窞（kě）"即"秆凹"，谓谷穗垂重，秆端凹曲。

〔7〕金抄、湖湘本作"中租大谷"，明抄作"中租火谷"。启愉按：《尔雅·释天》："六月为且。"隋杜台卿《玉烛宝典》卷六引《尔雅》作"六月为旦"，下引李巡注："六月阴气将盛，万物将衰，故曰'旦'时也。"是以"旦"喻阴之始，所谓阴盛万物将衰，对谷来说是到了成熟期，也许这个加禾旁的"租"字，是指说谷的成熟。如果这个臆说成立，那"中租"就是"中熟"。贾氏对品种按生长期分类，叙述有序，到这里正该说到中熟品种。至于"大谷"，则指种植面积较广，种的人也较多。

【译文】

〔思勰〕按：现在粟的名称，多用人的姓名为名目，也有看形状命名的，又有按性质会意命名的。这里姑且把它们记录下来：

朱谷、高居黄、刘猪獬、道愍（mǐn）黄、聒谷黄、雀懊黄、续命黄、百日粮，有起妇黄、辱稻粮、奴子黄、䵑支谷、焦金黄、鹌履苍——也叫麦争场：这十四种，成熟早，耐旱，熟早了不受虫害。聒谷黄、辱稻粮二种，味道好。

今堕车、下马看、百群羊、悬蛇赤尾、黑虎黄、雀民（?）泰、马曳缰、刘猪赤、李浴黄、阿摩粮、东海黄、石骆（luò）岁（suǒ）、青茎青、黑好黄、陌南禾、隈堤黄、宋冀痴、指张黄、兔脚青、惠日黄、写风赤、一晛（niàn）黄、山鹾（cuó）、顿税(dǎng)黄：这二十四种，穗上都有芒刺，因而能抗风，也避免雀鸟的啄食。一晛黄一种，容易舂。

宝珠黄、俗得白、张邻黄、白鹾谷、钩干黄、张蚁白、耿虎黄、都奴赤、茄芦黄、薰猪赤、魏爽黄、白茎青、竹根黄、调母粱、磊碨黄、刘沙白、僧延黄、赤粱谷、灵忽黄、獭尾青、续德黄、秆容（?）青、孙延黄、猪矢青、烟熏黄、乐婢青、平寿黄、鹿橛白、鹾折筐、黄穇䅟、阿居黄、赤巴粱、鹿蹄黄、饿狗苍、可怜黄、米谷、鹿橛青、阿逻逻：这三十八种是中〔熟〕(?）栽培较多的谷子。白鹾谷、调母粱二种，味道好。秆容青、阿居黄、猪矢青三种，味道差。黄穇（diàn）䅟、乐婢青二种，容易舂。

竹叶青（又叫胡谷）、石抑闵（cuì）、水黑谷、忽泥青、冲天棒、雉子青、鸱脚谷、雁头青、揽堆黄、青子规：这十种，成熟晚，比较耐水；可有虫灾就全完了。

凡谷，成熟有早晚，苗秆有高下，收实有多少，质性有强弱，米味有美恶，粒实有息耗。早熟者苗短而收多，晚熟者苗长而收少。强苗者短，黄谷之属是也；弱苗者长，青、白、黑是也。收少者美而耗，收多者恶而息也〔1〕。地势有良薄，良田宜种晚，薄田宜种早。良地非独宜晚，早亦无害；薄地宜早，晚必不成实也。山、泽有异宜。山田种强苗，以避风霜；泽田种弱苗，以求华实也。顺天时，量地利，则用力少而成功多。任情返道，劳而无获。入泉伐木，登山求鱼，手必虚；迎风散水，逆坂走丸，其势难。

凡谷田，绿豆、小豆底为上，麻、黍、胡麻次之，芜菁、大豆为下。常见瓜底，不减绿豆，本既不论，聊复记之。〔2〕

【注释】

〔1〕《要术》那时作为主粮的谷子已发展有86个品种，反映品种资源的丰富和种植面积的开广。品种有早熟和晚熟，有高秆和矮秆，强秆和弱秆，有耐旱、耐水、抗风、抗虫等抗逆性能的强或不强，情况复杂。贾思

勰通过细密调查观察，且对某些品种有亲身实践经验，在这基础上作了分析比较研究，总结出形态和性状之间存在着的一定的相关性，值得重视：(一）植株高矮和产量的关系：矮秆的产量高，高秆的产量低。这个问题在1 400多年前已被记录下来，很了不起，也很值得借鉴。(二）植株高矮和茎秆强弱、籽粒颜色的关系：矮秆的茎秆坚强，抗倒伏力强，籽粒黄色；高秆的比较软弱，籽粒青、白、黑色。(三）植株高矮和成熟期的关系：矮秆的成熟早，高秆的成熟晚。(四）植株高矮和地宜的关系：根据（二）和（三），矮秆的宜于种在山田，以抗风霜；高秆的宜于种在低地，以发挥它比较耐水的性能，求得较好的收获。(五）植株高矮和种植布局：由于（一）至（三）的关系，黄谷茎秆矮，早熟，产量高，坚强抗旱抗风，86个品种中大量的是黄谷，种植布局也以早中熟的矮秆黄谷占优势。(六）籽粒糯性和产量、口味的关系：糯性的产量低，吃味好而不涨锅；不糯的产量高，吃味差而出饭率高。不但谷子如此，黍、穄也是这样（卷二《黍穄》)。这个千百年来存在着的淀粉化学组成和产量之间的矛盾，已被贾氏直觉地认识，其中“秘奥”，现代科学也还难以突破。

〔2〕“本既不论”，指《要术》本文没有说到。但既然瓜底也很好，为什么不在正文里说，怀疑此注是后人所附益。

【译文】

谷子，成熟有早有晚，茎秆有高有矮，收的子实有多有少，植株的性质有的坚强，有的软弱，米的味道有好有差，谷粒舂成米有的折耗少，有的折耗多。成熟早的茎秆矮，但收获量大；成熟晚的茎秆高，但收获量少。植株坚强的长得矮，黄谷这类是这样；植株软弱的长得高，青谷、白谷、黑谷就是这样。产量少的吃口好，但不涨锅；产量多的吃口差，但出饭率高。此外，土地有肥有瘠，肥地宜于晚些种，瘦地宜于早种。肥地不仅宜于晚种，就是种早了也没有妨害；瘦地必须早种，种晚了一定结不成种实。山田、低湿地也各有所宜。山田要种植株坚强的苗，以避免风霜为害；低湿的地要种植株比较软弱的苗，希望得到较高的收成。顺应天时，酌量地利所宜，种庄稼才能用少量的人力，而得到更多的成功。如果只凭主观而违反自然规律，便会白费劳力，没有好收成。到泉水里去伐木，到山上去捉鱼，一定空手回来；迎着风向泼水，逆着斜坡向上面滚球，势必有困难。

种谷子的地，前茬是绿豆、小豆的地最好，大麻、黍子、芝麻的差些，芜菁、大豆的最差。常常见到前作种瓜的地种谷子，不比前茬是绿豆的差，不过本文既没有说到，姑且附记在这里。

良地一亩，用子五升，薄地三升。此为稙谷，晚田加种也。

谷田必须岁易。飙子则莠多而收薄矣[1]。飙，尹绢反。

二月、三月种者为稙禾[2]，四月、五月种者为稚禾。二月上旬及麻菩音倍，音勃、杨生种者为上时，三月上旬及清明节、桃始花为中时，四月上旬及枣叶生、桑花落为下时。岁道宜晚者，五月、六月初亦得。

【注释】

〔1〕飙（yuàn）子：指落子发芽，即重茬播子，播子与原先的落子同地重芽，因而莠草多。按：谷子忌连作，农谚有"谷后谷，坐着哭"，"不怕重茬（指受害后补种），只怕重芽"。落子重芽成为莠草。莠草传播多种病虫害，危害极大。

〔2〕"稙"，各本均讹作"植"，这是指种早谷子，字应作"稙"，故改正。

【译文】

肥地一亩用五升种子，瘦地用三升。这是指早谷子；如果种晚田，种子要多加些。

谷田必须每年更换（，不宜连作）。飙子就会莠草多，收成也就减少了。

二月、三月种的是早谷子，四月、五月种的是晚谷子。二月上旬及大麻子发芽、杨树长芽的时候下种，是上好的时令，三月上旬及清明节、桃花刚开的时候，是中等时令，四月上旬及枣叶长出、桑花落下的时候，是最迟的时令。年岁宜于晚种的，五月到六月初下种也可以。

凡春种欲深，宜曳重挞[1]。夏种欲浅，直置自生。春气冷，生迟，不曳挞则根虚，虽生辄死。夏气热而生速，曳挞遇雨必坚垎[2]。其春泽多者，或亦不须挞；必欲挞者，宜须待白背，湿挞令地坚硬故也。

凡种谷，雨后为佳。遇小雨，宜接湿种；遇大雨，待秽生。小雨不接湿，无以生禾苗；大雨不待白背，湿辗则令苗瘦[3]。秽若盛者，先锄一遍，然后纳种乃佳也。春若遇旱，秋耕之地，得仰垅待雨[4]。春耕者，不中也。夏若仰垅，非直荡汰不生，兼与草秽俱出。

凡田欲早晚相杂。防岁道有所宜。有闰之岁，节气近后，宜晚田。然大率欲早，早田倍多于晚。早田净而易治，晚者芜秽难治。其收任多少，从岁所宜，非关早晚。然早谷皮薄，米实而多；晚谷皮厚，米少而虚也。

苗生如马耳则镞锄[5]。谚曰："欲得谷，马耳镞（初角切）。"稀豁之处，锄而补之。用功盖不足言，利益动能百倍。凡五谷，唯小锄为良。小锄者，非直省功，谷亦倍胜。大锄者，草根繁茂，用功多而收益少。良田率一尺留一科。刘章《耕田歌》曰[6]："深耕概种，立苗欲疏；非其类者，锄而去之。"谚云："回车倒马，掷衣不下，皆十石而收[7]。"言大稀大概之收，皆均平也。

【注释】

〔1〕挞（tà）：一种用来镇压虚土和覆土的农具。用一丛枝条缚成扫把的样子，上面压着泥土或石块，用牲口或人力牵引。见图五（采自《王氏农书》）。压在挞上的东西重些，叫作重挞。

〔2〕坚垎：坚硬的土块。《要术》地区主要是黄土。黄土除沙性土外，一般稍黏到黏，垆土也是黏质土。凡黏性土有一共同的特性，就是湿时黏泞，干后坚硬；稍干或半干遇雨，不稂不莠更糟糕，极难熟化；但晒透后遇雨又易于酥散。《要术》所有整地、播种和中耕等的操作要求，都是对付这种土壤的针对性措施。这里"曳挞遇雨必坚垎"，下文"湿挞令地坚硬"，"湿锄则地坚"，以至《耕田》篇的"湿耕坚垎"，"湿劳令地硬"，等等，都是针对这种黏性土没有干透，半途遇雨会板结，因而要避免的合理措施。

〔3〕辗：同"碾"，是一种磙压农具，用于种后的覆土镇压。采《王氏农书》的砘车作参考（图六）。湿辗使地坚结，苗根下扎扩展困难，营养不足，因而苗株瘦弱。

〔4〕仰垅待雨：敞开着垄沟等雨。秋耕的地，经过冬春反复冻融，土壤

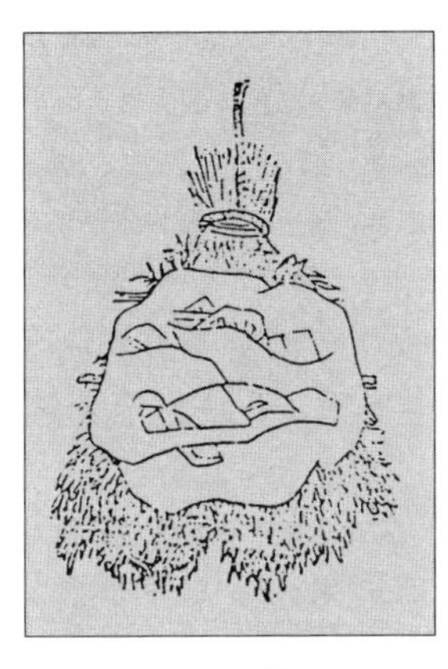
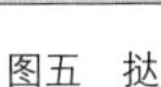

图五　挞

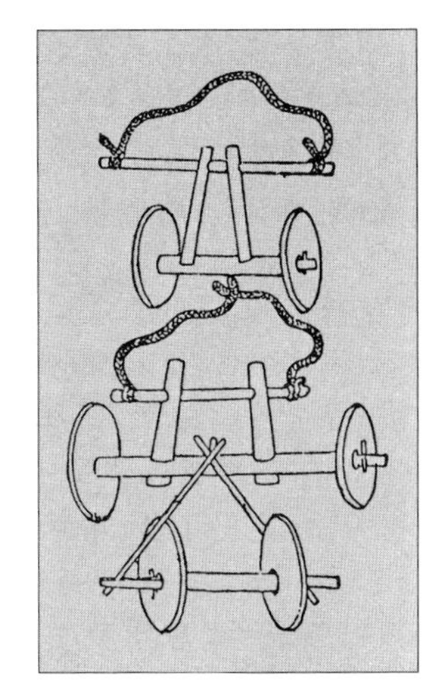

图六　砘车

风化，有良好结构，承受雨雪水分又多，蓄有丰足的底墒，所以不妨敞垄等雨。春耕的地，没有这个条件，并且翻耕后更须加强保墒，岂能敞垄跑墒。

〔5〕镞锄：这是一种锄法，“镞”不是农具。《王氏农书》说：“夫锄法有四：一次曰镞，二次曰布……”镞是一种锄法，是利用锄角进行锄间，比手间快，同时松动表土。《要术卷五·伐木》“种地黄法”：“锄时别用小刃锄。”小刃锄如今药锄，可没有作为农具的专名“镞锄”。

〔6〕《耕田歌》见《史记》卷五二《齐悼惠王世家》，“类”作“种”。《汉书》卷三八《高五王传》并载其事。刘章是刘邦的孙子。当时吕后专政，诸吕擅权，刘章要除去诸吕，在一次宴会上借机唱此农歌。

〔7〕十石而收：收到十石。没有说明是多大面积，上下文很难理解。如果单位面积是一亩，那收到十石是高产，应该是合理密植的，则与农谚说的极稀极密矛盾。农谚稀到极点密到极点还能亩收十石，绝不可能，那只能是很坏很坏的收成。“十石”应有误字或有脱文，但无从臆测。总之，《要术》一尺留一窠，要求稀密适度，引农谚应是说极稀极密都不好，才能讲得通，故译文加“不好”二字。

【译文】

谷子，凡是春天种的要深些，种后拖重挞镇压。夏天种的要浅，

〔只覆土，用不着拖挞，〕就放着让它自然出苗。春天气温低，出苗迟，如果不拖挞镇压，根虚浮着和土壤不相密接，就是出了苗也会死去。夏天天气热，出苗快，拖挞压过后如果遇上雨，必然板结成硬块，〔苗就出不了了。〕假如春天雨水多的，也许不需要拖挞；一定要拖的话，该等到土面发白的时候，因为湿时去拖，泥土便会坚硬。

凡种谷子，雨后下种为好。遇上小雨，该趁湿下种；遇着大雨，等杂草发芽后再种。小雨不趁湿下种，湿润不够，没法长出禾苗；大雨不等到土面白背时下种，湿着就去磙压覆土，会使长出的苗株瘦弱。如果杂草很多，先锄一遍，然后下种为好。假如春天遇到干旱，去年秋耕的地，可以敞开着垄沟等雨。春耕的地可不能这样干。夏天如果敞开着垄沟等雨，不但种子会被雨水冲走，没法出苗，就是出了苗，杂草混杂着一起长出，很糟糕。

谷子田要早田和晚田配搭着种。防恐年岁有宜早宜晚的不同。有闰的年份，节气推后了些，宜于晚些种。然而大率还是要早些种，早田要比晚田多一倍。早田田里干净些，容易整治；晚田杂草多，整治烦难。至于收成的或多或少，随着年成的好坏，本来跟早种晚种没有关系。不过，早谷子皮壳薄，米粒充实，产量也多；晚谷子皮壳厚，产量少，米粒也欠充实。

谷苗刚长出像马耳的形状时，就要镞锄。农谚说："要想得谷，马耳就镞。"稀疏空缺的地方，锄松土移苗补上。费工夫自然不必说，但常常可得到百倍的利益。凡是五谷，总是在苗小时就锄为好。苗小时锄，不但省工夫，收得的谷也加倍的好。长大了才锄，草根长得繁密，用的工夫多，而收益反而减少。好田留苗的标准，相距一尺留一窠。刘章《耕田歌》说："深耕密种，定苗要疏；不是同类，统统锄去。"农谚说："稀到可以使车马掉头，密到可以撑住衣服不落下去，都可以收到十石。"这是说极稀和极密的收成，都是一样〔不好〕的。

薄地寻垅蹑之[1]。不耕故。

苗出垅则深锄。锄不厌数[2]，周而复始，勿以无草而暂停。锄者非止除草，乃地熟而实多，糠薄米息。锄得十遍，便得"八米"也。

春锄起地，夏为除草。故春锄不用触湿，六月以后，虽湿亦无嫌。春苗既浅，阴未覆地，湿锄则地坚。夏苗阴厚，地不见日，故虽湿亦无害矣。《管子》曰："为国者，使农寒耕而热芸。"[3]芸，除草也。

苗既出垅，每一经雨，白背时，辄以铁齿鳎楱纵横耙而劳之。耙法：令人坐上，数以手断去草；草塞齿，则伤苗。如此，令地熟软，易锄省力。中锋止。

苗高一尺，锋之。三遍者皆佳。耩故项反者，非不壅本苗深，杀草益实，然令地坚硬，乏泽难耕。锄得五遍以上，不烦耩。必欲耩者，刈谷之后，即锋茇（方末反）下令突起，则润泽易耕。

【注释】

〔1〕蹑之：用脚踏过。这是中耕管理上的措施，不是种后脚踏覆土压土（下文首段就是脚踏覆土）。现在群众有"踩青"壮苗的经验，即在谷苗长到三四片真叶时用脚踩，有抑制地上部生长，促进根系下扎，使苗壮健的作用。小注说明其地未经耕翻，所以采用踩苗的办法，促使根系下扎壮苗。其地该就是秋收之后牛力安排不过来，没法秋耕，只在九、十月里耢一遍，到次年春天不耕而"稿种"的。

〔2〕数（shuò）：多次。

〔3〕见《管子·轻重·臣（匡）乘马》，文作："彼善为国者，使农夫寒耕暑耘。"

【译文】

瘦地，一垄一垄地都用脚踏过。是未经耕翻的缘故。

谷苗长出垄沟了，就行深锄。锄的次数不嫌多，一次锄遍了回头循环再锄，不要因为没有杂草就暂时停止不锄。锄地不光是为了除草，还在松土使土壤匀熟，因而结的子实多，糠薄，出米率高。锄过十遍，便可舂得八成的米。

春锄是为了起地松土，夏锄是为了除草壮苗。所以春锄不要在地湿时去锄；六月以后，就是湿锄也没有妨害。春天的苗还小，还没有荫蔽地面，湿锄会使土壤干硬。夏苗长茂了，荫蔽面大，地面被遮盖着不见太阳，所以湿锄也没有妨害。《管子》说："治理国家的人，使农民寒时耕地，热时芸地。"芸，就是除草。

苗已经长出垄沟，每下一场雨，土面白背时，就用铁齿拖耙一纵一横地耙过，接着用耢耢平。耙的方法：叫人坐在耙上面，不断地用手扯去耙齿里的草土；否则，被草塞住耙齿，会使禾苗受伤。如此，地就匀熟柔和，容易锄，省力气。到可以用锋的时候，停止耙耢。

苗长到一尺高，就用锋来锋。锋三遍为好。如果用耩来耩，并不是不能把土壅到根旁，使苗培土深些，又能杀死杂草，多结子实，缺点是使土地坚硬，揭墒失去润泽，以后耕翻就难了。锄到五遍以上，就不必耩。如果一定要耩，必须在收谷之后，立即用锋在谷茬之下锋过，使浅土层高起，这样，地会有润泽，以后容易耕。

凡种，欲牛迟缓行，种人令促步以足蹑垅底〔1〕。牛迟则子匀，足蹑则苗茂。足迹相接者，亦可不烦挞也。

熟，速刈。干，速积。刈早则镰伤〔2〕，刈晚则穗折，遇风则收减。湿积则藁烂，积晚则损耗，连雨则生耳。

凡五谷，大判上旬种者全收，中旬中收，下旬下收。

《杂阴阳书》曰："禾'生'于枣或杨。九十日秀，秀后六十日成。禾生于寅，壮于丁、午，长于丙，老于戊，死于申，恶于壬、癸，忌于乙、丑。

"凡种五谷，以'生'、'长'、'壮'日种者多实，'老'、'恶'、'死'日种者收薄，以忌日种者败伤。又用'成'、'收'、'满'、'平'、'定'日为佳〔3〕。"

《氾胜之书》曰："小豆忌卯，稻、麻忌辰，禾忌丙，黍忌丑，秫忌寅、未，小麦忌戌，大麦忌子，大豆忌申、卯。凡九谷有忌日，种之不避其忌，则多伤败。此非虚语也。其自然者，烧黍穰则害瓠〔4〕。"《史记》曰："阴阳之家，拘而多忌。"〔5〕止可知其梗概，不可委曲从之。谚曰"以时，及泽，为上策"也。

【注释】

〔1〕"种人"句：这"令"和"种人"是指令掌耧车的耧种人，还是指叫

另一个跟在犁后面播子的人？从脚迹紧密相接地踏过去的操作看，该是叫另一人在犁道后播子。

〔2〕镰伤：按，今北方有“谷子伤镰一把糠”的农谚，是说谷子收割过早则多秕糠。清祁寯藻《马首农言・种植》引农谚：“麦子伤镰一张皮。”解释说：“伤镰，谓刈太早也。”伤镰原指早割，因早割籽粒没有成熟，就转而成为籽虚不实的代词。

〔3〕“成”、“收”等日子：这是古代星占术中建除家的说法，定出建、除、满、平、定、执、破、危、成、收、开、闭十二个字，依次循环配合在一个日子上，定其日为“成”日或“收”日等，用来判断日子的吉凶。这和种植的忌日吉日同样是迷信的说法。

〔4〕《御览》卷九七九“瓠”引《风俗通》：“烧穰杀瓠。俗说，家人烧黍穰，使田中瓠枯死也。”今本《风俗通》无此记载。

〔5〕见《史记》卷一三〇《太史公自序》，是司马迁父亲司马谈说的话，贾氏以意掇引，原文是：“尝窃观阴阳之术，大祥而众忌讳，使人拘而多所畏。……未必然也。”下文是贾氏的辩说，指明不可曲意迁就它跟着走，仍以掌握宝贵时机，趁着良好墒情为上策。

【译文】

凡种谷子，要让牛慢慢地走，叫下种的人紧跟着脚步短促地踏着垄底走过去。牛走慢了，子下得均匀，脚踩着过去，〔使种子和土壤密接，〕苗长得茂盛。如果脚迹一步步地紧密相连接，也可以不必拖挞覆土。

熟了，赶快收割。干了，赶快堆积。割早了籽粒不饱满，割晚了穗子可能断折，遇上风会落粒，收入便减少。湿着堆积，稿秆会霉烂；堆积晚了，会有损耗；连日下雨，还会霉变、生芽。

所有五谷，大多上旬种的十分全收，中旬种的中等收成，下旬种的下等收成。

《杂阴阳书》说：“禾与枣树或杨树相生。九十日孕穗，孕穗后六十日成熟。禾，生在寅日，壮在丁、午日，长在丙日，老在戊日，死在申日，恶在壬、癸日，忌在乙、丑日。

“凡种五谷，在它‘生’、‘长’、‘壮’的日子种的，结实多；在‘老’、‘恶’、‘死’的日子种的，收成少；在忌日种的，会遭到败伤。又，在‘成’、‘收’、‘满’、‘平’、‘定’的日子种，都好。”

《氾胜之书》说：“小豆忌卯日下种，稻、大麻忌辰日，谷子忌丙日，黍忌丑日，秫忌寅、未日，小麦忌戌日，大麦忌子日，大豆忌申、卯日。种这些'九谷'，都有忌日，如果不避开忌日下种，大都会遭到损伤失败。这不是假话。它是自然的道理，正像在家里烧黍秸，会使地里的葫芦受损害一样。"《史记》说："阴阳家们做事拘执而有许多禁忌。"〔思勰按：〕我们只可大致知道他们有那么一种说法，不可曲意迎合地跟着他们走。农谚说得好："掌握宝贵的时机，趁着良好的墒情，这才是唯一的上策。"

《礼记·月令》曰："孟秋之月……修宫室，坏垣墙[1]。

"仲秋之月……可以筑城郭……穿窦窖，修囷仓。郑玄曰："为民当入，物当藏也。……堕曰窦，方曰窖。"按：谚曰："家贫无所有，秋墙三五堵。"盖言秋墙坚实，土功之时，一劳永逸，亦贫家之宝也。乃命有司，趣民收敛，务畜菜，多积聚。"始为御冬之备。"

"季秋之月……农事备收。"备，犹尽也。"

"孟冬之月……谨盖藏……循行积聚，无有不敛。""谓刍、禾、薪、蒸之属也。"

"仲冬之月……农有不收藏积聚者……取之不诘。"此收敛尤急之时，有人取者不罪，所以警其主也。""

《尚书考灵曜》曰[2]："春，鸟星昏中，以种稷。"鸟，朱鸟鹑火也。"秋，虚星昏中，以收敛。"虚，玄枵也。""

《庄子》长梧封人曰："昔予为禾，耕而卤莽忙补反之，则其实亦卤莽而报予；芸而灭裂之，其实亦灭裂而报予。郭象曰："卤莽、灭裂，轻脱末略，不尽其分。"予来年变齐在细反，深其耕而熟耰之，其禾繁以滋。予终岁厌飧。"[3]

【注释】

〔1〕坏（péi）：同"培"。用泥土涂塞空隙。

〔2〕《尚书考灵曜》：纬书的一种。《隋书·经籍志一》著录有《尚书纬》

三卷，注说："郑玄注。梁六卷。"《考灵曜》是《尚书纬》的一种。引文中注文是郑玄注。纬书对"经书"而言，是汉代人混合神学附会儒家经义之书，"六经"和《孝经》都有纬书，总称"七纬"。隋炀帝搜罗天下谶纬之书而焚毁之，原书均佚。

〔3〕见《庄子·则阳》，是长梧封人对子牢说的话。

【译文】

《礼记·月令》说："孟秋七月……修理房屋，涂塞墙壁。

"仲秋八月……可以修筑内外城墙……挖掘窦窖，修理粮仓。郑玄注解说："因为百姓都快要回到邑城里来住，收获的东西，也应当贮藏起来了。……椭圆的叫窦，方的叫窖。"〔思勰〕按：谚语说："穷人家虽然什么都没有，秋天打的墙总有三五堵。"这是说秋天的墙比较坚固，因为适逢做土功的好时机，打好的墙一劳永逸，也算是穷人家的财宝。命令有职掌的人，催促老百姓收获，务必多蓄蔬菜，多积聚其他物品。"开始作为过冬的准备。"

"季秋九月……庄稼都收获完备了。"备，就是完尽的意思。"

"孟冬十月……谨慎地作好贮藏工作……到各处视察老百姓积聚的情形，所有东西全都该收敛进来。"是说刍草、谷物、柴薪之类，〔都该收敛进来〕。"

"仲冬十一月……农民如果还有没有收藏积聚的东西，任何人都可以拿去，不予追究。"这时已经到了收聚最急迫的时候，有人拿去，没有罪过，这是警惕教育它的主人的。""

《尚书考灵曜》说："春天，黄昏时鸟星运行到正南方，就种稷。〔郑玄注解说〕："鸟星，是朱鸟七宿中的鹑火。"秋天，黄昏虚星运行到正南方，就收获。"虚星，是玄武七宿中的玄枵。""

《庄子》中记载长梧地方守封疆的人说："从前我种禾谷，耕的时候卤莽粗浅，谷实也卤莽粗浅地报答我；锄的时候灭裂粗暴，谷实也灭裂粗暴地报答我。郭象注解说："卤莽，灭裂，都是草率马虎，没有尽到精耕细作的本分。"第二年我变更了老办法，深深地耕，细细地操作，禾谷长得又茂盛又饱满，我一年到头吃得饱饱的。"

《孟子》曰："不违农时，谷不可胜食。"〔1〕赵岐注曰："使民得务农，不违夺其农时，则五谷饶穰，不可胜食也。""谚曰：'虽有智惠，不如乘势；虽有镃錤上兹下其，不如待时。’”赵岐曰：“乘势，居富贵之势。镃錤，田器，耒耜之属。待时，谓农之三时[2]。”又曰：“五谷，种之美者也；苟为不熟，不如稊稗[3]。夫仁，亦在熟而已矣。”赵岐曰：“熟，成也。五谷虽美，种之不成，不如稊稗之草，其实可食。为仁不成，亦犹是。”

【注释】

〔1〕见《孟子·梁惠王上》。下文“谚曰”条见《孟子·公孙丑上》，“五谷”条见《孟子·告子上》。正注文与今本《孟子》均稍有不同，“上兹下其”的音注，今本没有。又，“谷不可胜食”下，今本多“也”字。据《颜氏家训·书证》反映，当时经传除被“俗学”随意加“也”字外（如《尔雅》等），另一方面，“河北经传，悉略此字”。大概贾氏所用《孟子》正是这种北方通行本子。参看卷八《黄衣黄蒸及糵》注释。

〔2〕三时：春种、夏耘、秋收的三季时令。

〔3〕稊（tí）：一种像稗子的草，实如小米，可以吃。

【译文】

《孟子》说：“不违背农作的时令，粮食可以吃不完。”赵岐注解说：“使农民能够专心农业生产，不去占夺他们的耕作农时，就能够五谷丰收，粮食多到吃不完。”“谚语说：‘纵然很智慧聪明，不如乘势能够成事；纵然有镃錤农具，不如等待合宜的时令。’”赵岐注解说：“乘势，是凭借富贵的权势。镃錤，是农具，如耒耜之类。等待时令，就是农业上的三时。”又说：“五谷，种子是美好的；可是如果种下去不能熟，反而不如稊草和稗子。譬如行仁，也必须做到‘熟’才算成功。”赵岐注解说：“熟，是成熟、成功。五谷虽然美好，如果种下去不成熟，还不如稊草、稗草结的子实可以吃。行仁如果不成功，道理也是这样。”

《淮南子》曰[1]：“夫地势，水东流，人必事焉，然后水潦得谷行。“水势虽东流，人必事而通之，使得循谷而行也。”禾稼春生，人必加功焉，故五谷遂长。高诱曰：“加功，谓‘是藨是蓘’芸耕之也[2]。遂，成也。”听其自流，待其自生，大禹之功不立，而后稷之智不用。

“禹决江疏河，以为天下兴利，不能使水西流；后稷辟土垦草，以为百姓力农，然而不能使禾冬生：岂其人事不至哉？其势不可也。“春生、夏长、秋收、冬藏，四时不可易也。”

“食者民之本，民者国之本，国者君之本。是故人君上因天时，下尽地利，中用人力，是以群生遂长，五谷蕃殖。教民养育六畜，以时种树，务修田畴，滋殖桑麻。肥、垸、高、下，各因其宜。丘陵、阪险不生五谷者，树以竹木。春伐枯槁，夏取果蓏，秋畜蔬、食，“菜食曰蔬，谷食曰食。”冬伐薪、蒸，“火曰薪，水曰蒸。”[3]以为民资。是故生无乏用，死无转尸。“转，弃也。”

“故先王之制，四海云至[4]，而修封疆；“四海云至，二月也。”虾蟆鸣，燕降，而通路除道矣；“燕降，三月。”阴降百泉，则修桥梁。“阴降百泉，十月。”昏，张中，则务树谷；“三月昏，张星中于南方。张，南方朱鸟之宿。”[5]大火中[6]，即种黍、菽；“大火昏中，六月。”虚中，即种宿麦；“虚昏中，九月。”昴星中，则收敛蓄积，伐薪木。“昴星，西方白虎之宿。季秋之月，收敛蓄积。”……所以应时修备，富国利民。

“霜降而树谷，冰泮而求获，欲得食则难矣。”

又曰：“为治之本，务在安民；安民之本，在于足用；足用之本，在于勿夺时；“言不夺民之农要时。”勿夺时之本，在于省事；省事之本，在于节欲；“节，止；欲，贪。”节欲之本，在于反性。“反其所受于天之正性也。”未有能摇其本而靖其末，浊其源而清其流者也。

“夫日回而月周，时不与人游。故圣人不贵尺璧而重寸阴,时难得而易失也。故禹之趋时也,履遗而不纳,冠挂而不顾,非争其先也,而争其得时也。”

【注释】

〔1〕见《淮南子·修务训》。下文“禹决江疏河”、“食者民之本”、“故先王之制”三段,均见《淮南子·主术训》,“霜降而树谷”一段见《淮南子·人间训》,“又曰”的首段见《淮南子·泰族训》,次段见《淮南子·原道训》。正文微有差异,注文大有不同。盖注文有东汉马融、延笃、许慎、高诱等注家,马、延注已佚,许慎注亡于宋末,今仅存高诱注(混有许慎注),而《要术》所引,几乎全是许慎注。现在还存有隋代杜台卿的《玉烛宝典》,分别引有《淮南子》的许慎注和高诱注。据杜书,可以参证贾氏所引为许慎注,则贾氏所用似为许注本。但也杂有高诱注,半途突然出现“高诱曰”云云,即系高注,实为后人据高注本所加。

〔2〕“是藨(biāo)是蔉(gǔn)”是高诱注引《左传·昭公元年》的文句。“芸耕”,《要术》各本同,高注作“耘耔”。“芸”同“耘”,没有问题。“耔”是壅土,“蔉”也是壅土,释“蔉”应作“耔”,《要术》“耕”是“耔”字之误。

〔3〕火曰薪,水曰蒸:可能是《淮南子》的许慎注,但不好理解。今本高诱注作:“大者曰薪,小者曰蒸。”

〔4〕四海云至:四海,古人认为中国四周有海环绕着,《尚书·禹贡》所谓“四海会同”,即认为九州之外,就是四海。《礼记·祭义》乃具体提到东海、西海、南海、北海,但也没有确指什么海域。这里“四海云至”,就气候条件说很难理解,不会是天四边的云气都汇合到天中央来,大概含有方术家观望云气的色彩,或者是含糊地说某一海面有某种云气出现吧?

〔5〕此条注文,各本原作:“三月昏,张星中于南方朱鸟之宿。”有脱文。启愉按:二十八宿以南方的七宿共称“朱鸟”,其第四宿中星为“星”宿,而张宿是第五宿,不得云“中于”,而且在二十八宿的“昏中”运行上,对张宿说成“中于南方朱鸟之宿”,尤其不通。今本高诱注的原文是:“三月昏,张星中于南方。张,南方朱鸟之宿也。”《要术》脱去重文的“张,南方”三字,致不可解。今据高注补入。

〔6〕大火:大火星,即心宿,二十八宿之一,东方青龙七宿的第五宿。下文“六月”,有问题,《玉烛宝典》卷四引《淮南子》许慎注是:“大火昏中,四月也。”今本高诱注是:“大火,东方仓龙之宿。四月建巳,中在南方。”六月种黍子和豆,太晚。

【译文】

《淮南子》说:“地势〔西高东低〕,水总是向东流的,但是必须通过人工的整治,涝水才能进入水道流去。“水势虽然是向东流的,但必须经过人力的疏通,才能顺着水道流行。”禾苗是春天长出的,但是必须经过人力的加功,五谷才能顺遂地成长。高诱注解说:“加功,是指‘是藨是蓘’的耘草和〔壅土〕。遂,是成长。”如果听任涝水自已乱流,或者等待五谷自己生长,那么,大禹治水的功劳就不能建立,后稷虽然聪明也别想种得出粮食了。

“大禹开通疏浚长江黄河,为天下百姓兴建水利,却不能使水倒转来向西流去;后稷垦辟荒野草地,让老百姓努力从事农业生产,却不能使谷子在冬天生长:这难道是人力没有尽到吗?是事实上不可能啊!“因为春生、夏长、秋收、冬藏,这四季的自然规律是不能变更的。”

“粮食是民众的根本,民众是国家的根本,国家是君主的根本。所以君主上因天时,下尽地利,中用人力,因而所有生物都能顺遂地生长,各种谷物都能茂盛地繁殖。再者,教导百姓饲养六畜,按时令种植,勉力整治田地,多种桑树和麻。肥、瘦、高、低的土地,各自按照它们所宜栽培作物。丘陵、陡坡险峻不能种五谷的地方,种上竹子和树木。春天砍伐枯木,夏天采收瓜果,秋天蓄积蔬、食,“菜类食物叫作‘蔬’,谷类食物叫作‘食’。”冬天斩伐薪、蒸,“火叫‘薪’,水叫‘蒸’。”一年四季都让百姓有所依赖取用。因此,活着的人不缺吃穿,死了的人不致转尸。“转,就是抛弃。”

“先王的制度,四海有云气涌现,便要整治边疆;“四海云气涌现,在二月。”虾蟆叫,燕子来到,便要修通道路;“燕子来到,在三月。”河流水位降低,便要修整桥梁。“河流水位降低,在十月。”黄昏时,张星中在南方,当务之急是种谷子;“三月的黄昏,张星运行到正南方。〔张星是南方〕朱鸟七宿之一。”大火星中在南方,就种黍子和豆子;“大火星黄昏运行到正南方,在六月(?)。”虚星中在南方,就种越冬宿麦;“虚星黄昏运行到正南方,在九月。”昴星中在南方,就该收敛各种庄稼,贮积起来,同时砍伐柴薪。“昴星是西方白虎七宿之一。到秋季九月,就该收敛蓄积起来。”……这些都是按照时令安排修治和种作,借以富国利民的。

“霜降时种谷子,却想明年化冻时要收获,这样想得到粮食是办不到的。”

又说："政治的根本，在于努力使人民安居乐业；安居乐业的根本，在于使人民有足够的食用；有足够食用的根本，在于不占夺农时；"就是说不占夺农民从事生产的重要时间。"不占夺农时的根本，在于节省靡费；节省靡费的根本，在于节欲；"节是克制；欲是贪婪。"节欲的根本，在于回返到人的本性。"就是回返到天然赋予的正当一面的本性。"事实上，从来没有摇动着根本，枝梢还能保持安静的，也没有源流浑浊，下游还能保持清澈的。

"太阳和月亮循环地周转着，时间不能跟着人走。所以圣人不贵重一尺的璧玉，而看重一寸的光阴，正是因为时间难以得到而容易消失啊！因此，大禹为了赶时间，鞋子掉了来不及趿上，帽子挂住了也顾不得拿下，并不是为了抢先，只是为了抢得宝贵的时间。"

《吕氏春秋》曰："苗，其弱也欲孤，"弱，小也。苗始生小时，欲得孤特，疏数适[1]，则茂好也。"其长也欲相与俱，"言相依植，不偃仆。"其熟也欲相扶。"相扶持，不伤折。"是故三以为族，乃多粟。"族，聚也。"[2]""吾苗有行，故速长；弱不相害，故速大。横行必得，从行必术，正其行，通其风。"行，行列也。""

《盐铁论》曰："惜草茅者耗禾稼，惠盗贼者伤良人。"[3]

【注释】

〔1〕疏数(shuò)：疏密。

〔2〕见《吕氏春秋·辩土》。下条在同篇，但在此条之前。注是高诱注。正注文与今本均稍有差异。

〔3〕《盐铁论》不见此句。"草茅"，各本均讹作"草芳"，清人吾点校改作"草茅"，《渐西》本从之，是。但由于原书无此句，马宗申以讹为正，强扯"草芳"指禾苗，与间苗联系起来。殊不知"草茅"是杂草的通名，此句也是古代的通语，如《韩非子》卷三七《难二》正有此句，作："夫惜草茅者耗禾穗，惠盗贼者伤良民。"《管子》卷二一《明法解》也有："草茅弗去则害禾谷，盗贼弗诛则伤良民。"《楚辞·卜居》还有："宁诛锄草茅以力耕乎？"均"草茅"为常语之证。

【译文】

《吕氏春秋》说："禾苗弱小的时候，要孤单分开；（高诱注解说：）"弱是幼小。苗开始长出还小的时候，要求孤单独立，只有稀密适度，才能长得茂盛。"长大时，要互相靠近；"就是说要彼此倚靠着，不至于仆倒。"成熟时，要互相帮扶。"就是彼此互相扶持，不至于损伤折断。"这样，三株作为一族，所以结的子实多。"族，就是聚合成一窠。""我的苗有整齐的行列，所以长得快；幼小时稀疏不相妨碍，所以长大也快。横行必须左右相对，纵行必须前后对直，行行都整整齐齐，通风好。"行，就是行列。""

《盐铁论》说："爱惜茅草，就会损耗庄稼；宽饶盗贼，就会伤害好人。"

《氾胜之书》曰："种禾无期[1]，因地为时。三月榆荚时雨，高地强土可种禾。

"薄田不能粪者，以原蚕矢杂禾种种之，则禾不虫。

"又取马骨剉一石，以水三石，煮之三沸；漉去滓，以汁渍附子五枚[2]。三四日，去附子，以汁和蚕矢、羊矢各等分，挠呼毛反，搅也。令洞洞如稠粥。先种二十日时，以溲种[3]，如麦饭状[4]。常天旱燥时溲之，立干；薄布，数挠，令易干。明日复溲。天阴雨则勿溲。六七溲而止。辄曝，谨藏，勿令复湿。至可种时，以余汁溲而种之，则禾稼不蝗虫。无马骨，亦可用雪汁。雪汁者，五谷之精也[5]，使稼耐旱。常以冬藏雪汁，器盛，埋于地中。治种如此，则收常倍。"

【注释】

〔1〕"禾"，各本都脱，据《御览》卷九五六"榆"引《氾书》补。

〔2〕附子：毛茛科植物乌头的侧根，有猛烈的毒性，外用有杀菌作用。配为粪衣的药，具有防治蝼蛄、蛴螬等地下害虫的作用，并可防止种子被雀

鸟啄食。但能否使禾苗长出后不受虫害，则未详。

〔3〕溲：这里指把调和好的粪糊糊拌附在种粒上。反复拌附六七次，种前再拌一次，随即播种。这就是《氾书》著名的"溲种法"。1956—1958年，南京农学院（今南京农业大学）植物生理教研组对《氾书》的溲种法进行了检验性试验，河南百泉农业试验站作了栽培性试验，都用小麦种子代替粟种，表明溲种法具有早苗、全苗、壮苗效应，具有保墒和增产的间接效应。增产的原因是粪衣起到种肥的作用，但增产幅度不大，像《氾书》说的那样高产是过分夸大的。（朱培仁：《中国包衣种子的发生与发展》，《中国农史》1983年第1期）

〔4〕麦饭：这是"䴺"（《说文》"读若冯"）的麦食，即整粒煮的麦饭。这里种子溲附上一层粪壳，一则种粒增大了，二则要求颗粒之间不黏结，正像麦粒煮后胀大了的䴺，所以说"如麦饭状"。说详拙著《元刻农桑辑要校释》第56页。

〔5〕重水是抑制生物生长的。据苏联研究，雪水所含重水特少，比普通雨水少3/4，因此雪水对生物的生长有促进作用。据试验，在种子发芽率上，普通水与雪水之比为100 ∶ 140。用雪水浇灌黄瓜，增产21%；浇灌四季萝卜，增产23%。这里说雪水是"五谷之精"，是有一定道理的。

【译文】

《氾胜之书》说："种谷子没有固定的日期，看土地的情况来决定播种的时期。三月榆树结荚的时候，遇着下雨，可以在高地的强土上种谷子。

"瘦薄的田没有条件上粪的，可以用蚕屎和入谷种中一起种下；这样还可以免除虫害。

"又，把马骨斫碎，一石碎骨用三石水来煮，煮沸三次；然后漉去骨渣，把五个附子浸渍在骨汁里。三四天后，漉去附子，用分量相等的蚕屎和羊屎加进去，搅和均匀，使它成为稠粥的样子。下种前二十天，拿这种粪糊糊来溲种子，溲成像麦饭那样。通常在天气干燥时溲种，干得很快；薄薄地摊开，多次搅动，让它干得更快。第二天再溲。阴雨天不要溲。溲过六七次停止。随即晒干，小心贮藏，不能让它再受潮。到可以播种的时候，拿剩下的糊糊再溲一次后播种。这样，禾苗就不会受虫害。如果没有马骨，也可以用雪水代替。雪水是五谷的精髓，可以使庄稼耐旱。常常要在冬天收藏雪水，用容器盛着，埋在地下。这样处理种子,常常可以得到加倍的收成。”

《氾胜之书》“区种法”曰:“汤有旱灾,伊尹作为区田[1],教民粪种,负水浇稼。

“区田以粪气为美,非必须良田也。诸山、陵、近邑高危倾阪及丘、城上,皆可为区田。

“区田不耕旁地,庶尽地力。

“凡区种,不先治地,便荒地为之。

“以亩为率,令一亩之地,长十八丈,广四丈八尺[2];当横分十八丈作十五町;町间分为十四道,以通人行,道广一尺五寸;町皆广一丈五寸[3],长四丈八尺。尺直横凿町作沟,沟广一尺,深亦一尺。积壤于沟间,相去亦一尺。尝悉以一尺地积壤,不相受,令弘作二尺地以积壤。[4]

“种禾、黍于沟间,夹沟为两行,去沟两边各二寸半,中央相去五寸,旁行相去亦五寸。一沟容四十四株。一亩合万五千七百五十株。种禾、黍,令上有一寸土,不可令过一寸,亦不可令减一寸。

“凡区种麦,令相去二寸一行。一行容五十二株[5]。一亩凡九万三千五百五十株[6]。麦上土,令厚二寸。

“凡区种大豆,令相去一尺二寸。一行容九株[7]。一亩凡六千四百八十株。禾一斗,有五万一千余粒。黍亦少此少许。大豆一斗,一万五千余粒也。[8]

“区种荏,令相去三尺。

“胡麻,相去一尺。

“区种,天旱常溉之,一亩常收百斛[9]。

“上农夫区[10]，方深各六寸，间相去九寸。一亩三千七百区。一日作千区。区种粟二十粒；美粪一升，合土和之。亩用种二升。秋收，区别三升粟，亩收百斛。丁男长女治十亩。十亩收千石。岁食三十六石[11]，支二十六年。

“中农夫区，方九寸，深六寸，相去二尺。一亩千二十七区。用种一升。收粟五十一石。一日作三百区。

“下农夫区，方九寸，深六寸，相去三尺。一亩五百六十七区。用种半升[12]。收二十八石。一日作二百区。谚曰：“顷不比亩善。”谓多恶不如少善也。西兖州刺史刘仁之[13]，老成懿德，谓余言曰：“昔在洛阳，于宅田以七十步之地，试为区田，收粟三十六石。”然则一亩之收，有过百石矣。少地之家，所宜遵用之。

“区中草生，茇之。区间草，以刬刬之，若以锄锄。苗长不能耘之者，以钊镰比地刈其草矣。”

【注释】

〔1〕区田：指区田法。这是《氾书》的又一著名的耕作技术。它的特点是在区内深耕，集中在区内施肥，及时浇水，这样省肥，省水，并减少肥水流失，不耕旁地，也比较省力，使区内土地充分发挥增产潜力，再加上密植、全苗及其他的精密管理，在干旱环境下也能夺取高产。《氾书》最早记载区田法，说是商代伊尹（汤时大臣，佐汤灭夏者）创造此法，当是假借“汤有七年之旱”的传说而托名的。

〔2〕汉代的亩法是6尺为步，240方步为1亩，1亩有8 640方尺。这里用作区田的亩法是长18丈，阔4.8丈，则180尺 × 48尺也是8 640方尺。亩积不变，亩形不同，是为了便于这种区田法的布置而规划的。

〔3〕“丈”，原作“尺”，讲不通。据开区数字核算，应作“丈”。

〔4〕以上三个“壤”字，各本均作“穰”，于区田精神不合，是“壤”字的形近之误。

〔5〕“一行”，各本均作“一沟”，误，据数字核算，应作“一行”。

〔6〕各本均作“一亩凡四万五千五百五十株”，据总株数核算，“四万五千”是“九万三千”之误。

〔7〕“一行”，各本均作“一沟”，误。因为大豆株距“一尺二寸”，那么10.5尺长的町，每行刚巧可容9株；每沟二行，一亩刚巧可种6 480株。以上注释均参看万国鼎《氾胜之书辑释》。

〔8〕《要术》引《氾书》内三条注文，“刘仁之”条肯定是贾氏加注，此条及下文“酒势美酽”条，当亦贾氏所注。

〔9〕一亩常收百斛：下文又有两处提到。在两千年前的历史条件下，无论是区种法还是漫种法，亩产提到这样的高度，是非常夸大的。

〔10〕古代制土分田，在相同的土地面积上，由于土地有肥瘠的不同，有上农夫、中农夫、下农夫之分，见《孟子·万章下》、《礼记·王制》。

〔11〕岁食三十六石：一年吃三十六石。这是两个成年男女一年的所食，不是指一个人，也不是指一家。《汉书·食货志》：“食，人月一石半，五人终岁为粟九十石。”就是一人一年食粟18石。所以这里36石，应是两人一年所食。下文“二十六年”，照算应是28年。

〔12〕各本都作“用种六升”，按三农区数和用种量核算，当是“半升”之误。

〔13〕西兖州：后魏孝昌三年（527）置，州治在今山东定陶。　刘仁之：字山静，洛阳人。后魏出帝（532—534年在位）初任著作郎，中书令。后出任西兖州刺史。东魏武定二年（544）卒。见《魏书》卷八一本传。

【译文】

《氾胜之书》中的“区种法”说：“汤时有旱灾，伊尹就创造了区田法，教人民施肥下种，担水来浇庄稼。

“区田法依靠肥料的力量，并不一定要用好田。就是在山上，大土阜上，城镇附近的高峻斜坡上，以及土堆上，城墙上，都可以作成区田。

“区田不再耕种旁边的土地，以便尽量发挥区内的地力。

“凡种区田，不必先整地，就在荒地上开区种植。

“用一亩地作标准来说：要使一亩地的面积长十八丈，阔四丈八尺。把十八丈横分作十五条町。町与町之间分为十四条道，让人可以通行，道宽一尺五寸。每町都是阔一丈零五寸，长四丈八尺。在每一町上，再随着町的长度，每隔一尺横向凿一条横沟，沟阔一尺，深也是一尺。把凿出来的松土堆积在沟里，沟与沟相隔也是一尺。曾经用一尺的沟地全用来堆积松土，还是堆不下，那就放宽到二尺的地来堆积松土。

“种谷子或黍子，就种在沟里，沿着沟种两行。行离开沟边各二寸半。行与行相距五寸。株距也是五寸。一沟共种四十四株。一亩总共一万五千七百五十株。种谷子或黍子，要使种子上面有一寸厚的土覆盖着，不要超过一寸，也不可以少于一寸。

“区种麦，行与行相距二寸，一行种五十二株。一亩合计九万三千五百五十株。麦种上面，覆土二寸。

“区种大豆，株距一尺二寸，一行种九株。一亩合计六千四百八十株。〔思勰按〕：谷子一斗，有五万一千多粒。黍子比这个数目稍为少些。大豆一斗，一万五千多粒。

“区种荏，株距三尺。

“区种芝麻，株距一尺。

“区种法，天旱时常用水浇灌，一亩常常可以收到一百斛。

“上农夫的区，每区六寸见方，六寸深，区与区的距离九寸。一亩地内作成三千七百区。一个工作日可以作成一千区。每区种粟二十粒；用一升好粪，与土相混合〔，作为基肥〕。一亩地用二升种子。到了秋天，每区可以收获三升粟，一亩可以收到一百斛。两个成年的男女劳动力，可以种十亩。十亩的总收获量是一千石。两个人一年吃三十六石，可以维持二十六年。

“中农夫的区，每区九寸见方，六寸深，区与区的距离二尺。一亩地内作成一千零二十七区。共用种子一升。共收粟五十一石。一个工作日可以作成三百区。

“下农夫的区，每区九寸见方，六寸深，区与区的距离三尺。一亩地内作成五百六十七区。共用种子半升。共收获二十八石。一个工作日可以作成二百区。〔思勰按：〕谚语说：“一顷不一定比一亩好。”就是说，多而恶不如少而精。西兖州刺史刘仁之，是老成有德行的人，告诉我说：“从前我在洛阳的时候，在家宅田里划出七十方步的地，试种着区田，结果收到三十六石粟。”这样，一亩地的收成，可以超过一百石了。地少的人家，正该仿效这种方法。

“区里长了草，要连根拔掉。区间的草，用铲子铲掉，或者用锄头锄掉。苗长大了，不好拔草锄草的时候，就用弯钩镰刀贴着地面割掉。”

氾胜之曰："验美田至十九石，中田十三石，薄田一十石。'尹择' 取减法，'神农' 复加之。[1]

"骨汁、粪汁溲种[2]：剉马骨、牛、羊、猪、麋、鹿骨 一斗，以雪汁三斗，煮之三沸。取汁以渍附子，率汁一斗，附子五枚。渍之五日，去附子。捣麋、鹿、羊矢等分，置汁中熟挠和之。候晏温，又溲曝，状如 '后稷法' [3]，皆溲汁干乃止。若无骨，煮缲蛹汁和溲。如此则以区种之，大旱浇之，其收至亩百石以上，十倍于 '后稷'。此言马、蚕，皆虫之先也，及附子，令稼不蝗虫，骨汁及缲蛹汁皆肥，使稼耐旱，终岁不失于获。

"获不可不速，常以急疾为务。芒张叶黄，捷获之无疑。

"获禾之法，熟过半断之。"

【注释】

〔1〕"尹择"、"神农" 二句指什么，不详。或谓此法与上文的溲种法是相连的，尹择法就用上法，溲后即种；神农法除用上法外还要用此法再溲一次，然后下种。对再溲一次来说，神农法是 "加"，尹择法是 "减"。不知究竟怎样。存疑待考。

〔2〕"溲种"，各本都作 "种种"，不可解，下文正叙述溲种之法，该是 "溲种" 之误，因改正。

〔3〕后稷法：大概当时有托名后稷的农业生产技术流传着。东汉王充（27—约97）《论衡·商虫篇》："神农、后稷藏种之方，煮马屎以汁渍种者，令禾不虫。" 可见汉时有所谓 "后稷法" 流传着。

【译文】

氾胜之说："试验结果，好田每亩可以收到十九石，中等田十三石，薄田十石。'尹择' 采取减去的办法，'神农' 采取增加的办法。

"骨汁调成粪汁溲种的方法：把马、牛、羊、猪、麋、鹿的骨斫碎，一斗碎骨用三斗雪水，煮沸三次。拿〔漉去骨渣后的〕骨汁来浸渍附子，标准是一斗骨汁，浸入五个附子。浸五天后，漉去附子。把等量的麋屎、鹿屎、羊屎捣烂，加到骨汁里，搅透调和均匀。等候晴天温暖的时候，用这粪汁来溲种，溲后随即曝晒，像'后稷法'那样，都到溲汁干燥为止。如果没有骨，用缫丝煮蛹的汁来调粪溲种。经过这样处理的种子，用区种法种下，干旱时就浇水。这样，每亩可以收到一百石以上，十倍于'后稷法'的产量。这是说，马和蚕都是虫类中领头的，加上附子，都能使庄稼不受虫害，骨汁和缫丝蛹汁都是肥的，能使庄稼耐旱，所以每年收获时不会没有好收成。

"收获不可以不迅速，经常要抓紧时间，务必要快。谷子的芒张开了，叶子发黄了，便赶快收割，不可迟疑。

"收获谷子的方法，只要成熟的超过一半，就收割。"

《孝经援神契》曰〔1〕："黄白土宜禾。"

《说文》曰："禾，嘉谷也。以二月始生，八月而熟，得之中和，故谓之禾。禾，木也，木王而生，金王而死。"〔2〕

崔寔曰〔3〕："二月、三月，可种稙禾。美田欲稠，薄田欲稀〔4〕。"

【注释】

〔1〕《孝经援神契》：《隋书·经籍志一》著录《孝经援神契》七卷，三国魏宋均注，是《孝经纬》的一种。自隋炀帝焚毁谶纬书后，其书早佚。其内容，类书时有引录。

〔2〕与今本《说文》有个别字差异，不碍原义。

〔3〕《要术》凡引"崔寔曰"而不指明书名者，皆崔寔《四民月令》文。

〔4〕谷子，我国以单秆品种为多，依靠主茎成穗。所以，在肥地要播得密些，使单株增多，充分利用地力，以增加产量；但在瘦地要稀些，免得密了营养不够，后劲接不上，生长不好，影响产量。

【译文】

《孝经援神契》说："黄白色的土宜于种禾。"

《说文》说："禾是好谷。在二月萌生，到八月成熟，得到了'中和'之气，所以叫作'禾'。禾属木，所以在木旺的月份萌生，在金旺的月份死亡。"

崔寔说："二月、三月，可以种早谷子。肥田要播得密些，瘦田要播得稀些。"

《氾胜之书》曰："稙禾，夏至后八十、九十日，常夜半候之，天有霜若白露下，以平明时，令两人持长索，相对各持一端，以概禾中，去霜露[1]，日出乃止。如此，禾稼五谷不伤矣。"

《氾胜之书》曰："稗，既堪水旱，种无不熟之时，又特滋茂盛，易生芜秽。良田亩得二三十斛。宜种之，备凶年。

"稗中有米，熟时捣取米，炊食之，不减粱米。又可酿作酒。酒势美酽，尤逾黍秫。魏武使典农种之[2]，顷收二千斛，斛得米三四斗。大俭可磨食之。若值丰年，可以饭牛、马、猪、羊。

"虫食桃者粟贵。"

杨泉《物理论》曰[3]："种作曰稼，稼犹种也；收敛曰穑，穑犹收也：古今之言云尔。稼，农之本；穑，农之末。本轻而末重，前缓而后急。稼欲熟，收欲速。此良农之务也。"

【注释】

〔1〕霜只是霜冻时存在于物体表面的附着物，伤害作物的是霜冻。凌晨刮霜时先已受了霜冻，刮之不但无益，还会造成大量的机械伤口，而且夏至后九十天已至秋分，早谷子即将收割，刮穗会造成很大损失。要避霜害，应该采用熏烟、灌水等措施。露水本身对作物亦无害。《氾书》此法是不足取的。

〔2〕典农：主管屯田的官，包括典农中郎将和典农校尉，魏武帝曹操

(155—220)分置于实行屯田的地区,掌管农业生产、民政和田租,职权都相当于太守。

〔3〕《御览》卷八二四“穑”引杨泉《物理论》多“稼欲少,穑欲多”句,则指少种多收,提高单产。

【译文】

《氾胜之书》说:“旱谷子,过了夏至以后八十到九十天,时常要在半夜里留心伺候,如果有霜或者白露下来,便在快天明时,叫两个人拿着一条长索,两人相对各拿着一端,在谷苗上面平刮过,刮去霜或露水,到太阳出来才停止。这样,可以使五谷庄稼不受霜露的伤害。”

《氾胜之书》说:“稗,既然能忍受水潦和干旱,种下去就没有不成熟的年岁,而且特别繁殖茂盛,在杂草多的地里,也容易生长。好田一亩可以收到二三十斛。应该种它来防备荒年。

“稗的子实里面有米,成熟时把米捣出来,炊成饭来吃,不比粱米差。又可以酿成酒。〔思勰按:〕酒的性质,美而且醇酿,超过黍酒、秫酒。魏武帝使典农官种稗,一顷地收到二千斛,一斛可以舂得三四斗米。荒年可以磨来做饭吃。遇着丰年,可以饲养牛、马、猪、羊。

“虫吃桃子的年份,粟的价钱贵。”

杨泉《物理论》说:“耕种叫作‘稼’,稼就是种;收敛叫作‘穑’,穑就是收:古代和现在的语言,是这样说的。稼,是农事的基本;穑,是农事的成果。〔到最后,〕基本为轻而成果为重,前面是缓而后面是急。所以,稼,要求熟;收,要求快。这就是善于经营农事的人务必做到的。”

《汉书·食货志》曰:“种谷必杂五种,以备灾害。“师古曰〔1〕:‘岁月有宜,及水旱之利也〔2〕。五种即五谷,谓黍、稷、麻、麦、豆也。’”〔3〕

“田中不得有树,用妨五谷。五谷之田,不宜树果。谚曰:“桃李不言,下自成蹊。”非直妨耕种,损禾苗,抑亦惰夫之所休息,竖子之所嬉游。故齐桓公问于管子曰[4]:"饥寒,室屋漏而不治,垣墙坏而不筑,为之奈何?"管子对曰:"沐涂树之枝。"公令谓左右伯[5]:"沐涂树之枝。"朞年,民被布帛,治屋,筑垣墙。公问:"此何故?"管子对曰:"齐,夷莱之国也[6]。一树而百乘息其下,以其不捎也。众鸟居其上,丁壮者胡丸操弹居其下,终日不归。父老柎枝而论,终日不去。今吾沐涂树之枝,日方中,无尺荫,行者疾走,父老归而治产,丁壮归而有业。"[7]

"力耕数耘,收获如寇盗之至。"师古曰:'力谓勤作之也。如寇盗之至,谓促遽之甚,恐为风雨所损。'"

"还庐树桑,"师古曰:'还,绕也。'"菜茹有畦,《尔雅》曰[8]:"菜谓之蔌。""不熟曰馑。""蔬,菜总名也。""凡草、菜可食,通名曰蔬。"按:生曰菜,熟曰茹,犹生曰草,死曰芦。瓜、瓠、果、蓏,"郎果反。应劭曰:'木实曰果,草实曰蓏。'张晏曰:'有核曰果,无核曰蓏。'臣瓒按[9]:'木上曰果,地上曰蓏。'"《说文》曰:"在木曰果,在草曰蓏[10]。"许慎注《淮南子》曰:"在树曰果,在地曰蓏。"郑玄注《周官》曰:"果,桃李属;蓏,瓠属。"[11]郭璞注《尔雅》曰:"果,木子也。"[12]高诱注《吕氏春秋》曰:"有实曰果,无实曰蓏[13]。"宋沈约注《春秋元命苞》曰[14]:"木实曰果;蓏,瓜瓠之属。"王广注《易传》曰[15]:"果、蓏者,物之实。"殖于疆易。"张晏曰:'至此易主,故曰易。'师古曰:'《诗·小雅·信南山》云:中田有庐[16],疆易有瓜[17]。即谓此也。'"

【注释】

〔1〕师古:即颜师古(581—645),唐训诂学家。曾注《汉书》、《急就篇》。按:《汉书》有各家音义、集解等注本,东汉荀悦、服虔、应劭,三国魏邓展、苏林、如淳、孟康,吴韦昭,晋晋灼、臣瓒等都曾注过《汉书》。至唐,颜师古汇集各家注说,最后加以己见,即今传《汉书》通行注本。下文各人旧注,颜氏多有引录。

〔2〕水旱之利也:不大好理解。所指五谷,黍最耐旱,稷如果指高粱,

最耐水，但这里非指高粱，其他大麻、麦、豆，对水旱抵御力都是一般性的，则“利”的一面指什么，不明。不过《要术》记载的谷子品种有耐水或耐旱的，其他谷物因品种不同也会有比较耐水耐旱的，因此这里暂作如上的语译。

〔3〕这里和下面加双引号的注文，均颜注本原有，显然都是后人加进《要术》的。但《要术》所有注文，并非全是颜注，也有是《要术》原有的，如下文“臣瓒按”就是一例。卷七《货殖》所引《汉书》注，此种情况更多。自本段以下直至篇末，均《汉书·食货志上》文。

〔4〕齐桓公（？—前643）：春秋时齐的国君。他任用管子（仲）（？—前645）为相，进行改革，达到国力富强，成为春秋时第一个霸主。

〔5〕左右伯：左伯、右伯，管道路的官员，属于司空。

〔6〕夷莱：春秋时齐的疆域主要在今山东半岛地区，古称“夷莱”或“莱夷”之国。

〔7〕本段内注文，全是贾氏的插注。引管子和齐桓公的问答语，见于《管子·轻重戊》。《轻重丁》也有类似记载。故事已经贾氏精简，完全变成叙事的形式。

〔8〕引《尔雅》四句，前两句是正文，后两句是注文，连按语可能都是贾氏所加。《尔雅·释器》：“菜谓之蔌。”郭璞注：“蔌者，菜茹之总名。”《要术》“蔬”应作“蔌”。《尔雅·释天》：“蔬不熟曰馑。”《要术》所引，应脱“蔬”字。按语“死曰芦”，其义未详。清末黄麓森校勘“芦”疑“荐”字之误。

〔9〕根据“臣瓒按”，反映自“郎果反”以下到此处注文，均臣瓒原注，也就是说，《要术》所引注文还保存着《汉书》臣瓒《集解》本的原样。说详拙著《齐民要术校释》，此处从略。

〔10〕今本《说文》作“在地曰蓏”，与下引许慎注《淮南子》同。但段玉裁认为“蓏”字从艸，因据《要术》改今本《说文》的“在地”为“在艸”。自“《说文》曰”至“王广注”云云，可能是贾氏加注。

〔11〕今本《周礼·天官·甸师》和《地官·场人》均有郑玄类似注文。

〔12〕见《尔雅·释天》“果不熟为荒”郭璞注，无“也”字。

〔13〕“实”，今本《吕氏春秋·仲夏纪》高诱注作“覈”，即“核”字。高诱注《淮南子·时则训·仲夏》及《主术训》并同。则《要术》的“实”指果核，非指果实。

〔14〕《春秋元命苞》：《春秋纬》的一种。沈约注本，隋唐书《经籍志》均不著录，沈约所撰《宋书·自序》及《梁书》本传也没有说到为纬书作注。其书已早佚。沈约（441—513）：生活于自南朝宋至梁，在梁官至尚书令。善古体诗。撰有《宋书》。

〔15〕金抄、明抄作“王广”，他本作“韩康伯”，均非。胡立初《齐民要

术引用书目考证》,认为应是“王廙”之误。《易传》,儒家学者对古代占筮用书《周易》所作的各种解释,包括《系辞》、《文言》等十篇,又称《十翼》。

〔16〕庐:古解经者都释为庐舍。近人有新解,庐通“芦”,有认为是葫芦,也有认为是萝卜。

〔17〕疆易(埸):田地边界上的畸零地,田头地角。

【译文】

《汉书·食货志》说:“种谷类必须错杂着五种谷物,借以防备灾害。“颜师古注解说:‘这是因为年岁有适宜于哪种谷物,以及有耐水耐旱性能的不同。五种,就是五谷,指黍、稷、大麻、麦、豆。’”

“田里面不能有树,因为树是妨碍五谷的。〔思勰按:〕五谷田里不宜种果树。俗话说:“桃树李树并没同人说话,可树下面却被人踩成了小路。”种树不但妨碍耕种,损伤禾苗,而且还是懒人休息的地方,儿童游嬉的所在。所以齐桓公问管子道:“百姓又饥又受冻,房子漏了不修理,围墙坏了不修筑,该怎么办?”管子答道:“把大路边的树的枝条统统剪掉。”桓公就命令左右伯:“把大路边的树枝统统剪掉。”一年之后,百姓都穿上布的或绸的衣服,房屋也修理了,围墙也修筑了。桓公问道:“这是什么道理?”管子回答说:“齐是夷莱的国家。一棵大树荫下,歇着成百的车子,是树枝没有剪掉的缘故。各种鸟儿停在上面,青壮年人带着弹弓揣着弹丸在下面守着,整天不回去。老头们摸着树枝谈天,整天不离开。现在我把树枝剪得光光的,太阳当空时,没有一点树荫,过路的人赶快走,老头们回去做工,青壮年也回去生产了。”

“努力耕种,多次耘锄,收获要像有盗寇来抢那样急迫。“师古说:‘力是说勤力耕作。像有盗寇来抢,是形容极其紧迫急促,恐怕被风雨所损害。’”

“还着田中的庐舍种桑树,“师古说:‘还,是环绕的意思。’”蔬菜种在畦里,《尔雅》说:“菜,叫作蔌(sù)。”“〔蔬〕没有收成,叫作馑。”〔郭璞注解说:〕“蔬是菜的总名。”“凡草类、菜类可以吃的,一概叫作蔬。”按:生的叫菜,熟的叫茹,正像活的叫草,死的叫芦(?)。瓜、瓠、果、蓏,“应劭说:‘树上的果实叫果,草上的果实叫蓏。’张晏说:‘有核的叫果,无核的叫蓏。’臣瓒按:‘结在树上的叫果,结在地上的叫蓏。’”《说文》说:“在树上的叫果,在草上的叫蓏。”许慎注《淮南子》说:“在树上的叫果,在地上的叫蓏。”郑玄注《周礼》说:“果是桃李之类,蓏是瓜瓠之类。”郭璞注《尔雅》说:“果是树木的子实。”高诱注《吕氏春秋》说:“有核的叫果,无核的叫蓏。”宋沈约注《春秋元命苞》说:“树上的果实叫果,蓏是瓜瓠之类。”王广(?)注《易传》说:“果、蓏是植物的子实。”种在疆埸上。“张晏说:‘田到这里换了主人,所以叫作易。’师古说:‘《诗经·小雅·信南山》

说：田中间有庐，疆埸上有瓜。说的就是这个。'"

"鸡、豚、狗、彘，毋失其时，女修蚕织，则五十可以衣帛，七十可以食肉。

"入者必持薪樵。轻重相分，班白不提挈。"师古曰：'班白者，谓发杂色也。不提挈者，所以优老人也。'"

"冬，民既入，妇人同巷，相从夜绩，女工一月得四十五日。"服虔曰：'一月之中，又得夜半，为十五日，凡四十五日也。'"必相从者，所以省费燎火，同巧拙而合习俗。"师古曰：'省费燎火，省燎、火之费也[1]。燎，所以为明；火，所以为温也。燎，音力召反。'"

"董仲舒曰[2]：'《春秋》他谷不书，至于麦、禾不成则书之，以此见圣人于五谷，最重麦、禾也。'

【注释】

〔1〕此注各本均作："省费，燎火之费也。"有脱文。今据《汉书》原注补"燎火，省"三字，意义比较明顺。

〔2〕董仲舒（前179—前104）：西汉哲学家、今文经学家。他主张罢黜百家，独尊儒术，为汉武帝所采纳，开此后封建社会以儒学为正统的局面。下文《春秋》，指《春秋》经文。

【译文】

"鸡、小猪、狗、猪，都按时育养，妇女都做养蚕织帛的工作，那么，五十岁的人可以有丝织的衣服穿，七十岁的人可以有肉吃。

"从田野回来的人，一定要带上一些柴火。担子轻的合并，重的分开；头发斑白的人不挑不提。"师古说：'斑白，是说头发花白。不挑不提，是照顾老年人。'"

"冬天，大家都已搬进邑城里来住，住在同一条巷里的妇女，大家聚集在一起，夜里做着缉绩麻缕的活，这样，一个月等于有四十五个工作日。“服虔解释说：‘一个月三十工，加上夜间相当十五工，总共四十五工。’”之所以一定要聚集在一起，是为了节省燎和火的耗费，并且可以互相学习，不会的也可以学会，同时习俗风气也融洽了。“师古说：‘省燎火的费，是节省燎和火的费用。燎，是用来照明的；火，是用来取暖的。’”

“董仲舒说：‘《春秋》里面其他的谷物不成熟，都不记载，惟有麦和谷子不成熟时，就记载下来。这说明圣人对于五谷，最看重的是麦和谷子。’

“赵过为搜粟都尉。过能为代田[1]，一亩三甽，“师古曰：‘甽，垅也[2]，音工犬反，字或作畎。’”岁代处，故曰代田。“师古曰：‘代，易也。’”古法也。

“后稷始甽田：以二耜为耦，“师古曰：‘并两耜而耕。’”广尺深尺曰甽，长终亩，一亩三甽，一夫三百甽[3]，而播种于甽中。“师古曰：‘播，布也。种，谓谷子也。’”苗生叶以上，稍耨垅草，“师古曰：‘耨，锄也。’”因隤其土，以附苗根。“师古曰：‘隤，谓下之也。音颓。’”故其《诗》曰：‘或芸或芓，黍稷儗儗。’“师古曰：‘《小雅·甫田》之诗。儗儗，盛貌。芸，音云。芓，音子。儗，音拟。’”芸，除草也。耔，附根也。言苗稍壮，每耨辄附根。比盛暑，垅尽而根深，“师古曰：‘比，音必寐反。’”能风与旱，“师古曰：‘能，读曰耐也。’”故儗儗而盛也。

“其耕、耘、下种田器，皆有便巧。率十二夫为田一井一屋，故亩五顷。“邓展曰：‘九夫为井，三夫为屋，夫百亩，于古为十二顷。古百步为亩，汉时二百四十步为亩，古千二百亩，则得今五顷。’”用耦犁[4]：二牛三人。一岁之收，常过缦田亩一斛以上[5]；“师古曰：‘缦田，谓不为甽者也。缦，音莫干反。’”善者倍之。“师古曰：‘善为甽者，又过缦田二斛以上也。’”

【注释】

〔1〕代田：指甽和垄每年轮换着耕种，即今年的甽明年作成垄，而今年的垄明年作成甽，在土地利用上做到了用养结合。同时每次锄都要把垄土铲些下来，到盛夏时，垄铲平了，根部也壅深了，不但耐风耐旱，也为明年沟垄互换打好基础。这是我国土壤耕作法的独特创造。现在为西方国家所重视。

〔2〕“垅也”，各本及《汉书》均同。《周礼·考工记·匠人》“广尺深尺曰甽”郑玄注：“垅中曰甽。”虽然播种沟也可以称“垅”，但下文有“垅尽而根深”，自指高垅，则此处“垅也”应作“垅中也”才与《食货志》原文相贴切。

〔3〕这里的亩是古代一百方步的长条亩，即宽一步（六尺）长一百步的长条面积。甽指播种沟，宽一尺，深也一尺，甽与甽间的垄也是宽一尺。一亩横阔六尺，这样就有三条长甽和三条长垄，各长一百步，都伸到亩的末端。一夫百亩，所以一共有三百甽。

〔4〕耦犁：解释不一，有认为是二人各牵一牛，一人扶犁，是一张犁；有认为是二牛各挽一犁，二人执犁，一人在前守牛，使并行前进；还有其他不同解释。《新唐书·南诏传》记载南诏地区犁耕法是：“犁田用二牛三夫：前挽，中压，后驱。”即两牛合犋共拉一犁，其架牛法为“二牛抬杠”式，“用三尺犁，格长丈余，两牛相去七八尺”，为了调节犁地的深浅，除前挽和后驱的两人外，还要有一人压辕。解放前后云南剑川白族（原南诏地区）和宁蒗纳西族仍残留这种牛耕法。这里两牛三人的耦犁法应与此相类似（《中国农业科学技术史稿》第172—173页）。

〔5〕缦（màn）田：古代不作垄沟耕作的田地。

【译文】

“赵过任搜粟都尉。赵过能行‘代田’的办法，就是将一亩地分成三甽，“师古说：‘甽是垄〔沟〕，字也写作畎。’”甽和垄每年轮换，所以叫‘代田’。“师古说：‘代，就是更换。’”这是古代传下来的方法。

“后稷开始作甽田，方法是：用两个耜作为一耦，“师古说：‘一耦就是两个耜并排着耕。’”宽一尺深一尺叫作一甽，长度一直到亩的末端，一亩地开成三甽，一夫百亩，一共三百甽，作物就播种在甽里。“师古说：‘播，就是散布。种，指谷物种子。’”苗长出三四片叶子时，稍稍耨一耨垄中的草，“师古说：‘耨，就是锄。’”趁势把土隤些下来，壅附在苗根上。“师古说：‘隤，就是把土铲些下来。音颓。’”所以那时的《诗》上说：‘或者芸，或者芓，那黍和稷长得多么茂盛。'"师古说:'这是《诗经·小雅·甫田》的诗句。儗儗,形容茂盛的样子。芸音云。芓音子。儗音拟。'"芸是除草,芓是培土附在根上。就是说,苗稍稍长大之后,每次锄都要向根上培土。等到了盛暑,垄上的土铲下培平了,根也就壅得深了,"师古说:'比,音避。'"能受得住风和旱,"师古说:'能,读作耐字。'"所以能够儗儗然茂盛。

"〔赵过的〕耕地、锄地和下种的田器,使用起来都比较方便而灵巧。大率十二个夫共有田一井一屋,把古亩折算成汉时的亩是五顷。"邓展说:'九个夫是一井,三个夫是一屋,每个夫一百亩,在古代一共是十二顷。古代一百方步为一亩,汉时二百四十方步为一亩,所以古代的一千二百亩,折算成汉亩是五顷。'"用耦犁,就是两头牛三个人相配合操作。一年的收成,往往一亩要比缦田多收一斛以上;"师古说:'缦田,就是不作甽的普通田。'"善于作甽田的,收成还要加倍。"师古说:'善于作甽田的,每亩又比缦田多收二斛以上。'"

"过使教田太常、三辅[1]。"苏林曰:'太常,主诸陵,有民,故亦课田种。'"大农置工巧奴与从事[2],为作田器。二千石遣令、长、三老、力田[3],及里父老善田者,受田器,学耕种养苗状。"苏林曰:'为法意状也。'"

"民或苦少牛,亡以趋泽。"师古曰:'趋,读曰趣。趣,及也。泽,雨之润泽也。'"故平都令光[4],教过以人挽犁。"师古曰:'挽,引也。音晚。'"过奏光以为丞[5],教民相与庸挽犁。"师古曰:'庸,功也,言换功共作也。义亦与庸赁同。'"率多人者,田日三十亩,少者十三亩。以故田多垦辟。

"过试以离宫卒,田其宫壖地[6],"师古曰:'离宫,别处之宫,非天子所常居也。壖,余也。宫壖地,谓外垣之内,内垣之外也。诸缘河壖地,庙垣壖地,其义皆同。守离宫卒,闲而无事,因令于壖地为田也。壖,音而缘反。'"课得谷,皆多其旁田,亩一斛以上。令命家田三辅公田。"李奇曰:'令,使也。命者,教也。令离宫卒,教其家，田公田也。’韦昭曰：‘命，谓爵命者。命家，谓受爵命一爵为公士以上[7]，令得田公田，优之也。’师古曰：‘令，音力成反。’”又教边郡及居延城[8]。“韦昭曰：‘居延，张掖县也，时有田卒也。’”是后边城、河东、弘农、三辅、太常民[9]，皆便代田，用力少而得谷多。”

【注释】

〔1〕太常：官名，九卿之一，主管礼、乐、郊祀、庙祭、陵墓等事。

〔2〕大农：即大农令，汉武帝改名大司农，为中央最高级农官。　工巧奴：指有精良技术的官府手工业奴隶。他们又指导一般工奴和服劳役的人制造革新农具。　从事：指办事的人，即委派管理工匠制作新田器的人，这里不是州郡的属官“从事”。

〔3〕二千石：指太守。　令：万户以上的县的首长。　长：万户以下的县的首长。　三老、力田：都是乡村基层有职掌的人，三老掌教化，力田督管种田。《汉书·文帝纪》：“以户口率（比例）置三老、孝悌、力田常员。”

〔4〕平都：县名。据《汉书·地理志》属并州上郡，在今陕北地区。“光”为名，其姓已无从查考。

〔5〕丞：佐贰官。据《汉书·百官公卿表上》，治粟内史有两丞，其属官太仓令、铁市长等也各有自己的丞官。治粟内史后改称大司农。搜粟都尉品秩稍低于大司农。大司农缺员，桑弘羊曾以搜粟都尉兼领大司农多年。赵过任搜粟都尉在汉武帝征和四年（前89），是接桑弘羊的差的。赵过推荐光任丞官，究竟是哪一级的丞官，无可推测，一般说，可能是任自己的副职。

〔6〕壖（ruán）：同“堧”，余地，空地。

〔7〕公士：爵级名。汉承秦制，爵分为十二级，最低一级为“公士”，见《汉书·百官公卿表上》。

〔8〕居延：西汉置县，故城在今内蒙古额济纳旗东南。西汉为张掖都尉治所，魏晋为西海郡治所。韦昭是三国吴时人，他所说的张掖县，即指张掖都尉治所的居延县，非指今甘肃河西走廊中部的张掖县（隋代始改此名）。值得注意的是，赵过推行代田新法有一套合理的过程：先在天子不常住的离宫空闲地上作对比试验，取得比不采用代田法的田亩每亩增产一斛以上的好成果后，再在京畿三辅地区的公田上，使有爵命的人家作重点示范耕种，

然后再推广到边郡和居延城，使屯田军士耕种。其特点，推广新技术是稳步前进，不是一哄而起，并且都在政府的官兵内进行，没有硬推行到民间去。人们在看准了代田法确实是能增产的革新好办法之后，便不推广而自然推广了。这不，不久内地三辅、太常以及河东、弘农郡的"民"都认为很便利而自然推广了吗？尤其可注意的是：新法的操作技术，必须有人学习、示范和传授（原文以一个"状"字概括），赵过是先使县令、长以至乡里中掌教化的"三老"、种田能手的"力田"和老农等都接受新农器，学好耕地、下种、培养禾苗的操作新技术，然后才各自传播到基层的农民中去，向广大地区推广开来。其中县令、长的培训是关键，必须自己懂行，才能有效地领导教导三老、老农等，从而获得推广的实效。

〔9〕河东、弘农：均汉郡名。河东郡有今山西西南隅地区。弘农郡有今河南西部跨陕西东南一隅地区。二郡均与三辅毗邻，新法都是由三辅传播过来的。

【译文】

"赵过使人把这种耕种方法教给太常和三辅的农民。"苏林说：'太常，主管皇家陵墓，其地有农民，所以也要督促他们学习耕种的方法。'"大农设置工巧奴和从事，制作耕田新器具。二千石派县的令、长、三老、力田，以及乡间善于种田的老农，都接受这种新农器，学习耕地、下种和育养禾苗的新技术。"苏林说：'学习新法的操作技术。'"

"农民有的苦于缺少耕牛，没法趋泽及时耕作。"师古说：'趋，读作趣字。趣，就是赶上。泽，就是雨水的润泽。'"原任平都县令叫光的，教赵过用人力来挽犁。"师古说：'挽，就是牵引。音晚。'"赵过奏请上面任命光为丞，叫农民互相换庸来挽犁。"师古说：'庸，就是功，是说换功来完成这个工作。意思也和一方佣作一方出钱的关系一样。'"通常人多的，一天可以耕三十亩田，人少的耕十三亩。因此，田亩就垦辟得多了。

"赵过先叫守离宫的士兵，在离宫的壖地上种田作试验。"师古说：'离宫是别一处的宫殿，不是皇帝正常居住的地方。壖，是空余的地方。离宫的壖地，就是外围墙之内，内围墙之外的空地。其他像河边壖地，庙墙内壖地，意思都是一样。守离宫的士兵，闲着没有事做，所以叫他们在空壖地上种田。'"结果，收得的谷，都比外边的田一亩多收一斛以上。再令命家种三辅的公田。"李奇说：'令是使的意思，命是教的意思。就是说，使守离宫的士兵，教给他们家里的人耕种公田。'韦昭说：'命，是说有爵命的人。命家，指受有一级公士以上的爵命的人家，允许他们可以耕种公田，以示优待。’师古说：‘令，音玲。’”然后又教边疆的郡和居延城。“韦昭说：‘居延，是张掖县，当时驻有屯田军士。’”从这以后，边塞城邑、河东、弘农，以及三辅、太常的农民，都觉得代田法很便利，用的劳力少，而得的谷实多。”

齐民要术卷第二

黍穄第四

《尔雅》曰[1]:“秬,黑黍。秠,一稃二米[2]。”郭璞注曰:“秠亦黑黍,但中米异耳。”

孔子曰[3]:“黍可以为酒。”

《广志》云:“有牛黍,有稻尾黍、秀成赤黍,有马革大黑黍[4],有秬黍,有温屯黄黍,有白黍,有坂芒、燕鸽之名。穄,有赤、白、黑、青、黄燕鸽,凡五种。”

按:今俗有鸳鸯黍、白蛮黍、半夏黍;有驴皮穄。

崔寔曰:“穈,黍之秫熟者[5],一名穄也。”

【注释】

〔1〕见《尔雅·释草》,文同。郭璞注还举了“中米异”的例子:“汉和帝时,任城生黑黍,或三四实,实二米,得黍三斛八斗是。”

〔2〕黍的小穗有小花二朵,其中一朵不孕。但偶然有变异,二花同孕,则可出现一稃二米的种实。郭璞注《尔雅》还举例说,东汉和帝时,任城(今山东济宁)“生黑黍,或三四实,实二米”。就是一穗中有三四个异常的种实,每实中含有两颗米。

〔3〕《说文》“黍”字下引孔子语有“黍可为酒”句。

〔4〕“马革”,原作“马草”,《初学记》卷二七、《御览》卷八四二引《广志》均作“马革”,《渐西》本改为“马革”。又“燕鸽”,《初学记》两引《广志》均作“燕鴿”。

〔5〕“秫”,各本相同,有误。《说文》:“秫,稷之黏者。”《广雅·释草》:“秫,稬也。”西晋崔豹《古今注》:“稻之黏者为秫稻。”无论指粟或稻,概以黏性者为“秫”,黍属亦不例外。《说文》:“穄,穈也。”唐释慧琳《一切经音义》

卷一六引《说文》尚多“似黍而不黏者，关西谓之䵚”句。今习俗所称，仍称黏者为黍，不黏者为穄，而䵚(糜)子现今仍是穄的俗名。这里以“黍之秫熟者”为䵚，反常，“秫”应是“秔”的形近之误。

【译文】

《尔雅》说：“秬(jù)，是黑黍。秠(pī)，是一个稃壳里面有两颗米。”郭璞注解说：“秠，也是黑黍，不过里面的米〔有两颗〕不同。”

孔子说：“黍可以作酒。”

《广志》说：“有牛黍，有稻尾黍、秀成赤黍，有马革大黑黍，有秬黍，有温屯黄黍，有白黍，又有坧(ōu)芒、燕鸽的名目。穄，有赤穄、白穄、黑穄、青穄、黄燕鸽五种。”

〔思勰〕按：现今习俗名称，有鸳鸯黍、白蛮黍、半夏黍；又有驴皮穄。

崔寔说：“䵚，是黍中米粒〔粳〕性的，也叫作穄。”

凡黍穄田，新开荒为上，大豆底为次，谷底为下。

地必欲熟。再转〔1〕乃佳。若春夏耕者，下种后，再劳为良。

一亩，用子四升。

三月上旬种者为上时，四月上旬为中时，五月上旬为下时。夏种黍穄，与植谷同时〔2〕；非夏者，大率以椹赤为候。谚曰：“椹厘厘〔3〕，种黍时。”燥湿候黄埆〔4〕。始章切种讫不曳挞。常记十月、十一月、十二月冻树日种之，万不失一。冻树者，凝霜封着木条也。假令月三日冻树，还以月三日种黍；他皆仿此。十月冻树宜早黍，十一月冻树宜中黍，十二月冻树宜晚黍。若从十月至正月皆冻树者，早晚黍悉宜也。

苗生垅平，即宜耙劳。锄三遍乃止。锋而不耩。苗晚耩，即多折也。

刈穄欲早，刈黍欲晚〔5〕。穄晚多零落，黍早米不成。谚曰：“穄青喉，黍折头〔6〕。”皆即湿践。久积则浥郁，燥践多兜牟〔7〕。穄，践讫即蒸而裛于劫反之〔8〕。不蒸者难舂，米碎，至春又土臭；

蒸则易舂，米坚，香气经夏不歇也。黍，宜晒之令燥。湿聚则郁。

凡黍，黏者收薄。穄，味美者亦收薄[9]，难舂。

【注释】

〔1〕“转”指再耕，“再转”，即第一次耕翻后，再耕两遍。

〔2〕“稙”，金抄、明抄同，湖湘本等作“植”。启愉按：“稙谷”是早谷子，卷一《种谷》二月三月种“稙禾”，四月五月种“穉禾”。这里既是“夏种黍穄”，不应“与稙谷同时”，湖湘本作“植”，勉强，疑是“稚”字之误。

〔3〕厘厘：形容桑椹由青转赤，丰美多实。时期因桑树品种和栽培条件而不同，大致在阴历三月间。

〔4〕黄塲（shāng）：即黄墒，指土壤中保有某种湿润程度和良好的结构而言。黄墒是北方至今还保留着的群众口语。其标准是：土壤湿润适度，捏之成团，扔之散碎，手触之微有湿印和凉爽之感。《要术》和以后农书无不争取赶在黄墒时耕地、下种。但黄墒必须耕耙熟透才能保持。

〔5〕“刈穄欲早”两句：收割要穄早黍晚。启愉按：穄（Panicum miliaceum var. compaotum）是黍的变种，在某些生物学特性上二者是相同的，例如，分蘖和分枝的发生很迟，因此分蘖穗和分枝穗的成熟晚于主茎穗；同一穗上，成熟也不一致，顶部成熟最早，中部次之，下部最迟；子实成熟后容易落粒，等等，二者相同。清初山东淄川（和贾思勰的家乡邻近）人蒲松龄写的《农桑经》说：“刈宜早，黍稷（穄）过熟，遇风则落。”可见黍穄同样容易落粒。实际黍到穗子最下部的分枝逐渐失去绿色时，就该抓紧收割。贾氏所说黍子割早了米还没有成熟，似是黍子不容易落粒，可以等待成熟一致时收割，是否那时那地的黍的品种和现在不同，就不清楚了。

〔6〕青喉：指穄穗基部与茎秆相连的部分（喉）还保持绿色时，就该收割。　折头：指黍穗向一侧弯曲下垂的时候，也该收割。下垂的过程是上下部籽粒逐渐成熟的过程，但不等于最下部的籽粒一齐成熟。

〔7〕兜牟：即兜鍪，战士头上戴的头盔。这里是作比喻。明王象晋《二如亭群芳谱·谷谱·黍》条：“刈后乘湿即打，则稃易脱，迟则稃着粒上，难脱。”黍穄如果不趁湿脱粒，干燥后颖壳粘在果皮上，不容易脱落，好像戴着头盔的样子，所以说兜牟多。

〔8〕蒸而裛之：即采用加热办法使热气透入穄粒，并密闭一定时间，使其气味颜色发生良好的变化。裛，指密闭着使湿热相郁。此法颇像浙江湖州一带的“蒸谷”，其特点是米粒全，碎米少，胀性大，有特殊的香气。但穄

子闷闭后仍须晒干，才能贮藏，或者在囤中插入“谷盅”（气笼），以散去湿郁之气，否则必致发霉生虫变质。

〔9〕这个糯性强弱和产量多少成反比的矛盾，现代科学也还不能解开。

【译文】

种黍子、穄子的田，最好是新开荒的地，其次是前茬是大豆的地，最差是前茬是谷子的地。

地必须整治得熟。耕三遍为好。如果是春天夏天耕的地，下种之后，耢盖两遍为好。

一亩地，用四升种子。

三月上旬种是最好的时令，四月上旬是中等时令，五月上旬是最晚时令。夏天种黍子、穄子，与种〔晚〕谷子同时。不是夏天种的，大率看桑椹赤色时作为播种的物候。农谚说：“桑椹厘厘，种黍之时。”土壤的燥湿，掌握在黄墒时下种。种完了，不要拖挞。又，常常记住十月、十一月、十二月“冻树”的日子，明年就在这一日种黍，万无一失。所谓“冻树”，是指冻霜凝结着封裹了树枝。假如今年是初三日冻树，明年就在初三日种黍；其余类推。十月冻树，明年宜于种早黍；十一月冻树，宜于种中黍；十二月冻树，宜于种晚黍。如果从十月到正月都出现冻树的，早黍晚黍都相宜。

苗长出和垄一样高时，就该耙耢。锄三遍为止。只锋，不要耩。耩晚了，苗容易折断。

收割穄子要早，黍子要晚。穄子割晚了，子实掉落就多；黍子割早了，米还没有成熟。农谚说：“穄子青喉，黍子折头。”都要趁湿用碌压器具把子实压脱下来。堆积久了不脱粒，便会窝坏；干燥后才脱粒，“兜牟”就多。穄子，脱粒下来随即蒸一遍，趁热密闭一定时间。不蒸过，难舂，米容易碎，到明年春天还会有像泥土样的臭气；蒸过的容易舂，米粒坚实，经过明年夏天还是香的。黍子，脱粒下来应当晒干。湿着收藏就会闷坏。

黍子，黏的收成低。穄子，味道好的收成也低，而且难舂。

《杂阴阳书》曰：“黍‘生’于榆。六十日秀，秀后四十日成。黍生于巳，壮于酉，长于戌，老于亥，死于丑，恶于丙、午，忌于丑、寅、卯。穄，忌于未、寅。”

《孝经援神契》云："黑坟宜黍、麦。"

《尚书考灵曜》云："夏，火星昏中，可以种黍、菽。"火，东方苍龙之宿，四月昏，中在南方。菽，大豆也。""

《氾胜之书》曰："黍者，暑也，种者必待暑。先夏至二十日，此时有雨，强土可种黍。谚曰："前十鸱张[1]，后十羌襄，欲得黍，近我傍。""我傍"，谓近夏至也，盖可以种晚黍也。[2]一亩，三升。

"黍心未生，雨灌其心，心伤无实。

"黍心初生，畏天露。令两人对持长索，搜去其露，日出乃止。

"凡种黍，覆土锄治，皆如禾法；欲疏于禾[3]。"按：疏黍虽科，而米黄，又多减及空；今概，虽不科而米白，且均熟不减，更胜疏者。氾氏云："欲疏于禾。"其义未闻。

崔氏曰[4]："四月蚕入簇，时雨降，可种黍、禾，谓之上时。

"夏至先后各二日，可种黍。

"虫食李者黍贵也。"

【注释】

〔1〕鸱(chī)张：嚣张。这里指苗长得旺盛。

〔2〕以上三句注文，指明近夏至前可种晚黍，早黍则三月种，并不是夏天种的"以椹赤为候"，也不是必须"待暑"，与《氾书》不同，所以这是贾氏插注。

〔3〕欲疏于禾：指黍要比谷子种得稀些。启愉按：黍的分蘖力强，成熟先后拖拉。如果稀植，使得分蘖和分枝多，造成成熟不一致，自然产生很多的不饱满子实和空壳。密植可以抑制分蘖和分枝，养分和水分比较集中，成熟比较趋于一致，因而种子饱满，秕壳少。再者，黍子抽穗结实阶段很需要水分的供应，密植时能够较早地封闭地面，抑制地面水分的蒸发，土壤里保留有较多的水分。这样，黍粒可以得到比较充分的养分和水分的供给，种子

就饱满，淀粉含量充实，米色也就白了。稀植的和这个相反，所以结果也相反。更有甚者，碰上干旱，养分和水分的供应满足不了摄取的需要，叶子还会和种子竞争有限的供应，种子竞争不过叶子，里面的养分还会倒流出去，甚至连原有的淀粉也会变成糖输送出去。这样，籽粒更不可能饱满，更不可能不发黄，从而出现多秕壳的恶果。大概古来习惯，直到氾氏当时黍还是疏于谷子的。但贾氏指出稀密的利弊是合科学的，他的栽培法已前进了一步。

〔4〕“崔氏”指崔寔，引文分见《四民月令》“四月”、“五月”。

【译文】

《杂阴阳书》说：“黍和榆树相生。六十日孕穗，孕穗后四十日成熟。黍，生在巳日，壮在酉日，长在戌日，老在亥日，死在丑日，恶在丙、午日，忌在丑、寅、卯日。穄，忌在未、寅日。”

《孝经援神契》说：“黑色的坟壤，宜于种黍和麦。”

《尚书考灵曜》说：“夏天，黄昏时大火星中在南方，可以种黍子和菽。〔郑玄注解说：〕“大火星是东方苍龙七宿中的心宿，四月黄昏时运行到正南方。菽是大豆。””

《氾胜之书》说：“‘黍’在音训上有‘暑’的涵义，所以种黍一定要等到暑天。夏至以前二十天，这时如果有雨，强土可以种黍。〔思勰按〕：农谚说：“早十天，苗旺旺；迟十天，心惶惶；黍想多收，靠近我旁。”靠近我旁，是说快近夏至，这时可以种晚黍。一亩地，用三升种子。

“黍的花序没有抽出以前，如果被雨水灌进了苗心，花序受伤，就不能结实。

“黍穗初始抽出时，怕露水。叫两个人相对拉着一条长索，刮去黍心上的露水，等到太阳出来停止。

“种黍，所有覆土、培土、耘锄等操作，都跟种谷子相同。黍要比谷子种得稀些。”〔思勰〕按：稀植的黍，虽然分蘖和分枝多些，但是米色是黄的，而且瘪粒和空壳又多；现在种得密些，科丛虽然小些，可是米色是白的，而且成熟均匀，颗粒饱满，比稀植的要好。氾胜之说的“要比谷子稀些”，这种道理没有听说过。

崔寔说：“四月蚕入簇的时候，遇上下雨，可以种黍子和谷子，这是上好的时令。

“夏至前后各二日，可以种黍子。

“虫食李子的年份，黍的价钱贵。”

粱秫第五[1]

《尔雅》曰："虋，赤苗也；芑，白苗也。"[2]郭璞注曰："虋，今之赤粱粟；芑，今之白粱粟：皆好谷也。"犍为舍人曰："是伯夷、叔齐所食首阳草也[3]。"

《广志》曰："有具粱、解粱；有辽东赤粱，魏武帝尝以作粥。"

《尔雅》曰："粟，秫也。"[4]孙炎曰："秫，黏粟也。"

《广志》曰："秫，黏粟，有赤、有白者；有胡秫，早熟及麦。"

《说文》曰："秫，稷之黏者。"

按：今世有黄粱；谷秫，桑根秫，樬天棓秫也。

【注释】

〔1〕粱是好谷子，即粟的一种好品种。粟按黏性来分，可分为糯粟和粳粟。秫就是糯粟，即孙炎《广志》所说的"黏粟"。粱秫分名也好，合称也好，都不是高粱。凡黏性的粟、黍、稻等，古时都有"秫"的名称，如《要术》即称糯稻为"秫稻"，但《要术》单称"秫"时，概指黏粟，不得与黍、稻混同。

〔2〕见《尔雅·释草》。今本《尔雅》无两"也"字。

〔3〕伯夷、叔齐：商末孤竹君的长子和次子。孤竹君死后，二人先后都投奔到周。周武王伐纣，两人反对。武王灭商后，他们耻食周粟，逃到首阳山（在今山西永济南），采薇而食，饿死在山里。所称"首阳草"，当是首阳山里的野生粟。

〔4〕见《尔雅·释草》。今本《尔雅》作："众，秫。"无"也"字。

【译文】

《尔雅》说："虋（mén），是赤苗粟；芑（qǐ），是白苗粟。"郭璞注解说："虋，就是现在的赤粱粟；芑，就是现在的白粱粟：都是好谷子。”犍为舍人注解说：“就是伯夷、叔齐所吃的首阳草。”

《广志》说：“有具粱、解粱；有辽东赤粱，魏武帝曹操曾用来作粥。”

《尔雅》说：“粟是秫。”孙炎解释说：“秫是黏粟。”

《广志》说：“秫是黏粟，有赤的，有白的；还有一种胡秫，成熟很早，可以赶上麦子同时成熟。”

《说文》说：“秫是黏性的稷。”

〔思勰〕按：现今粱有黄粱；秫，有谷秫、桑根秫、槵天棓秫。

梁秫并欲薄地而稀，一亩用子三升半。地良多雉尾〔1〕，苗概穗不成。

种与稙谷同时。晚者全不收也。

燥湿之宜，耙劳之法，一同谷苗。

收刈欲晚。性不零落，早刈损实。

【注释】

〔1〕雉尾：这是一种真菌病害，因感染一种Sclerospora graminicola的霉菌而引起。由于感染部位不同，外形有两种：一种感染于花序，能抽穗但不结实，病穗呈貂尾状，俗名“谷老”、“看谷老”，也叫“老谷穗”等等，清祁寯藻《马首农言》“五谷病”有“老谷穗”说：“无实而毛，似貂尾。”即指此种（见图七，采自《民间兽医本草》481页）。一种感染于心叶，发病呈白发状，不能抽穗，俗名“枪谷”、“枪杆”，即白发病，上部白色，老熟时叶片破裂，上举披散，形如雉尾羽，就是《要术》叫作“雉尾”的（河南张履鹏教授函告）。

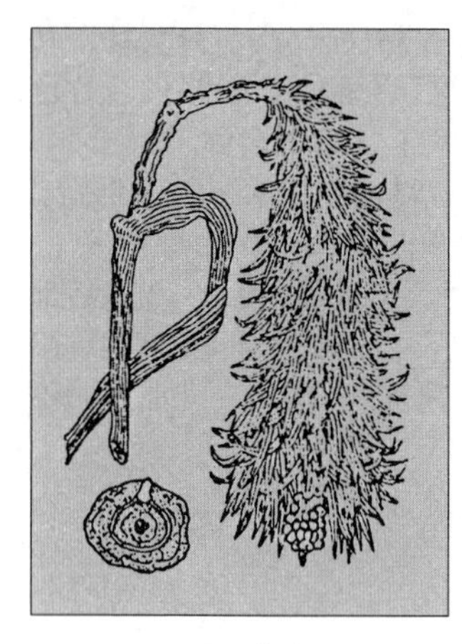

图七 老谷

【译文】

梁和秫都要种在薄地上，而且要稀，一亩地用三升半种子。地肥了多雉尾，播密了长不成穗子。

播种与早谷子同时。种晚了全无收获。

土壤燥湿的要求，耙和耢的作业，全同谷子一样。

收割要晚。天性不落粒，割早了没有长饱满，种实便有损失。

大豆第六

《尔雅》曰[1]:“戎叔谓之荏菽。”孙炎注曰:“戎叔,大菽也。”

张揖《广雅》曰[2]:“大豆,菽也。小豆,荅也。豍(方迷反)豆、豌豆,留豆也。胡豆,䂫(胡江反)䝉(音双)也。”[3]

《广志》曰:“重小豆,一岁三熟,椠甘[4]。白豆,粗大可食。刺豆,亦可食。秬豆,苗似小豆,紫花,可为面,生朱提、建宁[5]。大豆:有黄落豆;有御豆,其豆角长;有杨豆,叶可食。胡豆,有青、有黄者。”

《本草经》云[6]:“张骞使外国[7],得胡豆。”

今世大豆,有白、黑二种,及长梢、牛践之名。小豆有菉、赤、白三种。黄高丽豆、黑高丽豆、燕豆、豍豆,大豆类也;豌豆、江豆、豋豆,小豆类也[8]。

【注释】

〔1〕见《尔雅·释草》,文同。《尔雅》邢昺疏引孙炎注作:“大豆也。”

〔2〕《广雅》:三国魏时张揖撰。他博采汉人笺注、《三苍》、《说文》、《方言》等书,增广《尔雅》所未备,故名《广雅》,为现存重要训诂书。

〔3〕见《广雅·释草》,文同(有二字同字异写)。“豍”字的注音,《要术》各本均作“方迷反”(或“切”)。启愉按:此字反切的声母,据《广雅》隋曹宪音注、唐释玄应《一切经音义》卷一二《中阿含经》、《广韵》、《集韵》均作“边”或“布”,即均读唇音,不读唇齿音,清末吾点因此校改为“边迷切”,是。“方”当是“边(邊)”的残文错成。䂫(xiáng)䝉,即豇豆。

〔4〕“重小豆”,《初学记》卷二七引《广志》作“种(穜)小豆。”“椠甘”,金抄、明抄等及《初学记》卷二七“五谷”引《广志》并同,《御览》卷

八四一“豆”引《广志》作“味甘”。“橥”是印板，费解，吾点校勘疑应作“饕”，“饕甘”犹言“味甘”，可能对。

〔5〕朱提：郡名，东汉末置，郡治在今四川宜宾。　建宁：郡名，三国蜀置，故治在今云南曲靖。

〔6〕《本草经》：即《神农本草经》，我国最早的中药学专著，大约成书于秦汉时期而托名“神农”者。书中收载动植矿物药品365种，其中不少药品的疗效已经用现代科学方法得到证实。原书早佚，其内容由于历代本草书的转引，得以保存，今《重修政和经史证类备用本草》(简称《证类本草》)中以黑底白字录载者即其原有内容。以下引文今传本草书无此记载。《御览》卷八四一“豆”引《本草经》有此条：“生大豆。张骞使外国得胡麻，胡豆——或曰戎菽。”

〔7〕张骞(？—前114)：他两次奉汉武帝之命出使西域，使中原的铁器、丝织品传到西域，西域的音乐、葡萄等传进中原，沟通了双方的交往，促进了汉朝与中亚各地经济文化的交流和发展。

〔8〕以上各种豆：戎菽或荏菽，是大豆的古老名称。江豆即豇豆。䜌(bī)豆也称豍(bì)豆(毕豆)，就是豌豆，但《广雅》与豌豆并举而称为“留豆”，当是蚕豆，其所以称为“留”，大概指其为越冬二年生者，好像冬麦被称为“宿麦”。这两种豆都在蚕时成熟，现在有的地方叫豌豆为蚕豆，而别称蚕豆为“豍豆”，则与《广雅》相同。可《要术》称䜌豆为大豆类，则地方名称又有不同。胡豆的说法最杂，有大豆、青斑豆、青小豆、豌豆、蚕豆等说法，这里《广雅》又说是豇豆。𥢷(láo)豆，一般指黑小豆。其他如秬豆、刺豆、御豆、杨豆、燕豆、高丽豆等，或者是杂色豆，或者是大豆的不同品种，各地随俗异名。至于小豆赤色的，包括赤豆(Phaseolus angularis)和赤小豆(P. calcalatus，也称饭豆)；小豆白色的，当是饭豆之白色者。所谓“大豆类”、“小豆类”，不是指豆的颗粒大小，当与豆的营养成分和用途有关，大概蛋白质和脂肪含量丰富而经济价值较高的，称为大豆类，反之为小豆类。

【译文】

《尔雅》说：“戎叔叫作荏菽。”孙炎注解说：“戎叔，就是大豆。”

张揖《广雅》说：“大豆叫菽，小豆叫荅。䜌豆、豌豆，是留豆。胡豆，是豇豆。”

《广志》说：“重小豆，一年可以收三次，〔味道〕甜。白豆，颗粒粗大，可以吃。刺豆，也可以吃。秬豆，苗像小豆，花紫色，可以磨面，产在朱提、建宁。大豆：有黄落豆；有御豆，它的豆荚长；有杨豆，叶子也可以吃。胡豆，有青的，有黄的。”

《本草经》说：“张骞出使外国，带回来胡豆种子。”

〔思勰按:〕现在的大豆,有白色、黑色两种,还有长梢、牛践的名目。小豆有绿豆和赤色、白色的豆三种。黄高丽豆、黑高丽豆、燕豆、豍豆,是大豆类;豌豆、江豆、䜲豆,是小豆类。

春大豆,次稙谷之后。二月中旬为上时,一亩用子八升。三月上旬为中时,用子一斗。四月上旬为下时。用子一斗二升。岁宜晚者,五六月亦得;然稍晚稍加种子。

地不求熟。秋锋之地,即稿(tì)种。地过熟者,苗茂而实少。

收刈欲晚。此不零落,刈早损实。

必须耧下。种欲深故。豆性强,苗深则及泽。锋、耩各一。锄不过再。

叶落尽,然后刈。叶不尽,则难治。刈讫则速耕。大豆性炒[1],秋不耕则无泽也。

种茭者[2],用麦底。一亩用子三升[3]。先漫散讫,犁细浅畤良辍反而劳之[4]。旱则萁坚叶落[5],稀则苗茎不高,深则土厚不生。若泽多者,先深耕讫,逆垡掷豆,然后劳之。泽少则否,为其浥郁不生。九月中,候近地叶有黄落者,速刈之。叶少不黄必浥郁。刈不速,逢风则叶落尽,遇雨则烂不成。

【注释】

〔1〕大豆性炒:"炒",明抄等作"雨",《辑要》引作"温",金抄作"㕛",字不全,当系"𤇾"(古"炒"字)的残文错成。《四时纂要·二月》"种大豆"采《要术》正作"炒",从之。"炒"是"燥"的转音(现在苏北方言仍有叫"干燥"为"干炒",泰州市董爱国同志函告)。"性炒",指大豆的生理特性需水量较多,后期开花结荚时更需要水,容易使土壤缺水干燥,加上到叶子落尽然后收割,地面暴露较久,水分蒸发快。因此,必须在收割后立即进行耕耙,秋收后正是北方秋雨多的季节,使土壤尽多地收蓄秋雨,为种麦和明春春播作物提供良好的墒情。

〔2〕种茭者：种来作茭豆的。茭，这里指茭豆。种大豆连茎带叶进行青刈，主要是收贮起来作为牲口越冬的干饲料，叫作“茭豆”。茭豆以收茎叶为目的，所以要播得密，胁使植株长高，如果播稀了，虽然分枝多些，但长不高，远不及密植株高的产量高。同时要种得浅，因为夏季雨水多，表土容易板结，覆土厚了影响出苗。春天少雨多风，所以和春大豆要求深播不同。

〔3〕“三升”，各本相同，太少，怀疑是“三斗”。茭豆以收茎叶为目的，作为牲畜饲料，要求播种密度大，胁使植株长高，多收茎叶；如果种稀了，虽然分枝较多，但长不高，远不及密植株高的产量高，“稀则苗茎不高”，已明确点明。一般大豆耧种条播的每亩尚且多到“一斗二升”，现在是撒播，种期又较晚，绝不可能只播“三升”。

〔4〕晭（liè）：翻耕土地。

〔5〕“早”，各本相同，但与正文不相侔，疑应作“旱”。“早”谓播种过早，又种得浅，易遇干旱，则水分不足，有茎干叶落之弊。现在五月接麦茬下种，进入雨季，水分较足，则茎叶繁茂，很合时。

【译文】

春大豆，在种过早谷子之后就种。二月中旬是上好的时令，一亩用八升种子。三月上旬是中等时令，一亩用一斗种子。最晚不能过四月上旬。一亩用一斗二升种子。年岁宜于晚种的，五月、六月也可以种；不过晚了要多加些种子。

地不要求很熟。秋天锋过灭茬的地，可以就这样不必耕翻就耧播。过熟的地，苗徒然长得茂盛，但子实反而少。

收割要晚。这种大豆不裂荚落粒，割早了反而籽粒不饱满受损失。

必须用耧车下种。是要种得深些的缘故。大豆有扎根深的特性，根扎得深就能摄取地下面的水分。锋一遍，耩也一遍。锄，两遍就够了。

叶子落尽了，然后收割。叶子没有落尽，整治起来就麻烦。割完后，赶快把地耕翻。大豆的特性是耗水量大，秋收后不马上耕翻，地里就保不住墒。

种来作茭豆的，要接麦茬下种。一亩用三〔斗〕种子。先撒播下去，接着用犁浅浅窄窄地犁过，随即耢平。〔种得过早，〕容易受旱，茎秆会干硬，叶子会掉落；种得稀了，苗株长不高；种得深了，覆土厚，苗长不出来。如果地里水湿多，先深耕一遍之后，逆着垡块倒仆的方向撒豆，然后耢平。地不湿就不能这样做，怕的是水分不够，闷坏了长不出苗。到九月里，看到近地面的叶有萎黄落下的时候，就赶紧收割。叶子还不见有什么萎黄，还太青，必然会郁坏。不赶快收割，遇上风，叶子会掉光；遇上雨，茎叶会烂坏，等于白种。

《杂阴阳书》曰："大豆生于槐。九十日秀，秀后七十日熟。豆生于申，壮于子，长于壬，老于丑，死于寅，恶于甲、乙，忌于卯、午、丙、丁。"

《孝经援神契》曰："赤土宜菽也。"

《氾胜之书》曰："大豆保岁易为，宜古之所以备凶年也。谨计家口数，种大豆，率人五亩，此田之本也。

"三月榆荚时，有雨，高田可种大豆。土和无块，亩五升；土不和，则益之。种大豆，夏至后二十日，尚可种。戴甲而生，不用深耕。[1]

"大豆须均而稀。

"豆花憎见日，见日则黄烂而根焦也[2]。

"获豆之法，荚黑而茎苍，辄收无疑；其实将落，反失之。故曰：'豆熟于场。'于场获豆，即青荚在上，黑荚在下。"

【注释】

〔1〕后面一节中"种之上，土才令蔽豆耳"一句，在引《氾书》的最末，当是错简，宜列此。《御览》卷八二三"种殖"引《氾书》"戴甲而出"下就径接"种土不可厚"，可见出苗与覆土连贯为文，而《要术》被割裂。《御览》引《氾书》覆土不能厚的理由时说："厚则折项，不能上达，屈于土中而死。"事实确是如此，即使挣扎着顶出土，以后也长不好，或成畸形株。

〔2〕"根焦"，各本及《御览》卷八四一"豆"引《氾书》并同，讲不通，疑是"枯焦"之误。

【译文】

《杂阴阳书》说："大豆与槐树相生。九十日开花，开花后七十日成熟。豆，生在申日，壮在子日，长在壬日，老在丑日，死在寅日，恶在甲、乙日，忌在卯、午、丙、丁日。”

《孝经援神契》说：“赤土宜于种菽。”

《氾胜之书》说：“大豆保证有收获，容易种，宜乎古人种它来防备荒年。仔细计算家里的人口，按照每人五亩的标准来种大豆。这是种田人家的根本大事。

“三月榆树结荚的时候，遇上雨，可以在高地种大豆。土壤松和无块的，一亩用五升种子；土壤不松和的，种子要增加些。种大豆，夏至后二十天，还可以下种。大豆发芽后，两片子叶要顶着豆壳伸出地面来，所以不要求深耕。（种子上面的土，只要刚刚盖住豆子就够了。）

“大豆株间的距离，要均匀和稀疏。

“大豆开花时，怕见太阳；见到太阳，豆花便会黄烂〔枯〕焦。

“收获大豆的方法，豆荚发黑而豆茎还带青色的时候，就该收获，不必迟疑。迟了，子实会脱落，反而造成损失。所以俗话说：‘豆在场上成熟。’在打谷场上收豆子，就是上部的荚还是青的，下部的荚已经发黑。〔这时就收回来，让它们在场上后熟。〕”

氾胜之区种大豆法：“坎方深各六寸，相去二尺，一亩得千二百八十坎〔1〕。其坎成，取美粪一升，合坎中土搅和，以内坎中。临种沃之，坎三升水。坎内豆三粒；覆上土，勿厚，以掌抑之，令种与土相亲。一亩用种二升，用粪十二石八斗。

“豆生五六叶，锄之。旱者溉之，坎三升水。

“丁夫一人，可治五亩。至秋收，一亩中十六石。

“种之上，土才令蔽豆耳。”〔2〕

崔寔曰：“正月可种豍豆。二月可种大豆。”又曰：“三月，昏参夕〔3〕，杏花盛，桑椹赤，可种大豆，谓之上时。四月，时雨降，可种大小豆。美田欲稀，薄田欲稠〔4〕。”

【注释】

〔1〕此句“二”字，及下文“用粪十二石八斗”的“二”字，各本原均作“六”，据亩积和坎数核算，均应是“二”字之误。参看万国鼎《氾胜之书辑释》。

〔2〕这句各本都在这个位置，但行文突兀，疑是错简，当在上文讲播种段中。

〔3〕昏参（shēn）夕：黄昏时参星西斜。“夕”是西斜，取太阳西斜为“夕”之义。《夏小正》：“三月，参则伏。”清徐世溥《夏小正解》：“谷雨之交，戌亥参没，则诚伏也。”由“中”而“夕”，由“夕”而“伏”，是星宿升没的过程。“昏参夕”，即指黄昏时参星（白虎七宿的末一宿）西斜将没的这个节候。这时黄昏时的“中星”是井宿。

〔4〕豆子分枝多，肥地种得密了，会徒长贪青不结荚，影响收成。瘦地则要使单株多，种得稀了地力未尽，同样影响产量。稻子分蘖多，也一样。都和谷子的肥密瘦稀相反。

【译文】

氾胜之区种大豆的方法：“每区六寸见方，六寸深，区与区距离二尺，一亩可以开一千二百八十区。区掘好后，每区用好粪一升，与区中掘出来的土拌和，仍旧填入区里。临种的时候，先浇水，每区三升水。每区种下三粒豆；盖上土，不要厚，用手掌按实，使种子和土密接。一亩用二升种子，用粪十二石八斗。

“豆苗长出五六片叶子时，锄地。干旱时浇水，每区三升水。

“一个男劳动力，可以种五亩。到秋收时，一亩可以收到十六石。”

“种子上面的土，只要刚刚盖住豆子就够了。”

崔寔说：“正月可以种豍豆。二月可以种大豆。”又说：“三月里，黄昏时参星西斜，杏花盛开，桑椹红的时候，可以种大豆，这是上好的时令。四月，下了及时雨，可以种大豆、小豆。肥地要稀，薄地要稠。”

小豆第七

小豆，大率用麦底。然恐小晚，有地者，常须兼留去岁谷下以拟之。

夏至后十日种者为上时，一亩用子八升。初伏断手为中时，一亩用子一斗。中伏断手为下时，一亩用子一斗二升。中伏以后则晚矣。谚曰"立秋叶如荷钱[1]，犹得豆"者，指谓宜晚之岁耳，不可为常矣。

熟耕，耧下以为良。泽多者，耧耩，漫掷而劳之，如种麻法。未生，白背劳之极佳。漫掷，犁畤，次之。穑土历反种为下。

锋而不耩，锄不过再。

叶落尽，则刈之。叶未尽者，难治而易湿也。豆角三青两黄，拔而倒聚笼丛之，生者均熟，不畏严霜，从本至末，全无秕减，乃胜刈者。

牛力若少，得待春耕；亦得穑种。

凡大小豆，生既布叶，皆得用铁齿镉楱俎遘反纵横耙而劳之。

《杂阴阳书》曰："小豆生于李。六十日秀，秀后六十日成。成后，忌与大豆同。"

《氾胜之书》曰:“小豆不保岁,难得。

“椹黑时,注雨种,亩五升。

“豆生布叶,锄之。生五六叶,又锄之。

“大豆、小豆,不可尽治也。古所以不尽治者,豆生布叶,豆有膏,尽治之则伤膏,伤则不成。而民尽治,故其收耗折也。故曰,豆不可尽治。

“养美田,亩可十石;以薄田,尚可亩取五石。”谚曰:“与他作豆田。”斯言良美可惜也。

《龙鱼河图》曰[2]:“岁暮夕,四更中,取二七豆子,二七麻子,家人头发少许,合麻豆着井中,咒敕井,使其家竟年不遭伤寒[3],辟五方疫鬼。”

《杂五行书》曰[4]:“常以正月旦——亦用月半——以麻子二七颗,赤小豆七枚,置井中,辟疫病,甚神验。”又曰:“正月七日,七月七日,男吞赤小豆七颗,女吞十四枚,竟年无病,令疫病不相染。”

【注释】

〔1〕荷钱:春季种藕的顶芽,开始抽生地下走茎(莲鞭),同时藕上的节也长出叶子,形小如钱,叶柄细而柔软,或沉于水下,或仅能浮于水面,无力托出水上,这种很小的浮叶,就叫“荷钱”。

〔2〕《龙鱼河图》:《隋书·经籍志一》谶纬类只著录有《河图》、《河图龙文》,没有《龙鱼河图》,但《御览》卷八四一“豆”引到该书,大致与《要术》所引相同,而多错脱。原书早佚。

〔3〕伤寒:中医病名,泛指一切因风、寒、湿、温、热引起的热性病,非指近代因感染伤寒杆菌而引起的肠道急性传染病伤寒。

〔4〕《杂五行书》:各家书目没有著录。原书已佚。《御览》卷八四一“豆”有引到,大致与《要术》相同。内容都是趋吉避凶厌胜之术,与《龙鱼河图》相类,当是汉以后术数家所写的书。

【译文】

种小豆，大率用麦茬地。不过恐怕稍为晚了些，地多的人家，常常同时要留些去年的谷子茬地准备着种小豆。

夏至以后十天种，是上好的时令，一亩用八升种子。初伏终了前是中等时令，一亩用一斗种子。中伏终了前是最晚时令，一亩用一斗二升种子。中伏以后就太晚了。农谚有“立秋时叶长得像荷钱那样，还可以收得豆子”，那是指宜于晚种的年岁说的，不可以当作常法。

精熟地整地，用耧车下种最好。雨泽多的时候，用耧耩过，撒播种子，接着耢平，像种大麻的方法。在没有出苗前，地面发白时，再耢一遍，很好。先撒播，然后用犁浅浅地犁过，次之。不耕翻就这样种下去，最差。

〔中耕管理上，〕只锋，不耩，锄也只要两遍。

叶子完全落尽，就收割。叶子没有落尽，整治起来麻烦，又容易潮郁。豆荚三成青两成黄的时候，拔回来，倒竖过来分别攒聚成堆，生的就都会后熟。这样，既不怕严霜，从根到梢，又没有秕壳和瘪粒，比割的要好。

假如牛力不足，可以等到春天再耕地；也可以不耕翻就直接稿种。

凡大豆、小豆，到已经长出叶子时，都得用铁齿拖耙纵横耙过，再耢平。

《杂阴阳书》说：“小豆和李树相生。六十日开花，开花后六十日成熟。成熟后，忌日和大豆相同。”

《氾胜之书》说：“小豆不保证都适合于年岁，不一定有好收成。

“在桑椹黑熟的时候，遇着大雨，种下去，一亩用五升种子。

“豆苗长出叶子时，就锄。长出五六片叶子时，又锄。

“大豆、小豆，不可以尽量地摘取叶子〔当菜吃〕。古时所以不尽量摘取叶子，因为豆叶长出之后，里面有滋养的液汁；尽量摘取叶子，就会损失液汁；液汁损失了，豆也长不成了。但是现在人们尽量摘取叶子，所以收成就减损了。所以说，豆不可以尽量摘叶。

“这样培养在好田里，一亩可以收到十石；在瘠薄的田里，一亩还可以收到五石。”〔思勰按：〕俗话说：“给他种豆的田。”这是说那豆地肥美可惜。

《龙鱼河图》说：“大年夜，四更时候，拿十四颗豆子，十四颗大麻子，加上家里人的少量头发，连同麻子、豆子一起放入井内，念咒敕使井神，可以使这家人整年不害伤寒，还可以辟除五方瘟疫鬼的侵犯。”

《杂五行书》说：“常常在正月元旦——也可以在十五日——用大麻子十四颗，赤小豆七颗，放入井内，可以辟除瘟疫，很有灵验。”又说：“正月初七，七月初七，男人吞赤小豆七颗，女人吞十四颗，整年不会生病，使瘟疫不相传染。”

种麻第八

《尔雅》曰[1]:"黂,枲实。枲,麻。(别二名。)""茡,麻母。"孙炎注曰:"黂,麻子。""茡,苴麻盛子者。"

崔寔曰:"牡麻,无实,好肥理[2],一名为枲也。"

【注释】

〔1〕见《尔雅·释草》,文同。"别二名"是郭璞注,以注中注插在这里,和他处引郭注不同,疑系后人添注。

〔2〕"肥",各本同,疑应作"肌"。"肌理"指麻皮,"好"已表明麻皮质优皮厚,则"肥理"不词。

【译文】

《尔雅》说:"黂(fén),是枲的子实。枲,是大麻。(区别黂、枲两个名称。)""茡(zì),是大麻的种实。"孙炎注解说:"黂是麻子。""茡是雌麻结的盛着种子的果实。"

崔寔说:"雄麻,不结实,但〔麻皮〕好,也叫作枲。"

凡种麻,用白麻子。白麻子为雄麻[1]。颜色虽白,啮破枯燥无膏润者,秕子也,亦不中种。市籴者,口含少时,颜色如旧者佳;如变黑者,裛[2]。崔寔曰:"牡麻子[3],青白,无实,两头锐而轻浮。"

麻欲得良田,不用故墟。故墟亦良,有點(丁破反)叶夭折之患[4],不任作布也。**地薄者粪之。**粪宜熟。无熟粪者,用小豆底亦得。崔寔曰:"正月粪畴。畴,麻田也。"

耕不厌熟。纵横七遍以上，则麻无叶也。田欲岁易。抛子种则节高〔5〕。

良田一亩，用子三升；薄地二升。穊则细而不长，稀则粗而皮恶。

夏至前十日为上时，至日为中时，至后十日为下时。“麦黄种麻，麻黄种麦”，亦良候也。谚曰：“夏至后，不没狗。”或答曰：“但雨多，没橐驼。”又谚曰：“五月及泽，父子不相借。”言及泽急，说非辞也。夏至后者，非唯浅短，皮亦轻薄〔6〕。此亦趋时不可失也。父子之间，尚不相假借，而况他人者也？

泽多者，先渍麻子令芽生。取雨水浸之，生芽疾；用井水则生迟。浸法：着水中，如炊两石米顷，漉出；着席上，布令厚三四寸，数搅之，令均得地气。〔7〕一宿则芽出。水若滂沛，十日亦不生。待地白背，耧耩，漫掷子，空曳劳〔8〕。截雨脚即种者，地湿，麻生瘦〔9〕；待白背者，麻生肥。泽少者，暂浸即出，不得待芽生，耧头中下之。不劳曳挞。

麻生数日中，常驱雀。叶青乃止。布叶而锄。频烦再遍止。高而锄者，便伤麻。

勃如灰便收。刈，拔，各随乡法。未勃者收，皮不成；放勃不收而即骊〔10〕。蘖欲小〔11〕，稗欲薄。为其易干。一宿辄翻之。得霜露则皮黄也。

获欲净。有叶者喜烂。沤欲清水，生熟合宜。浊水则麻黑，水少则麻脆。生则难剥，大烂则不任〔12〕。暖泉不冰冻，冬日沤者，最为柔韧也。

【注释】

〔1〕白麻子为雄麻：启愉按：桑科的大麻（Cannabis sativa），雌雄异株。本篇讲的是以收麻纤维为目的的雄麻，下篇讲的是以收子实为目的的雌麻。

由于目的不同，怎样鉴别麻子的性别分别种植，一直是人们迫切要解决的问题。古人经过长期探索，得出一条“规律”，就是灰白色的麻子是雄麻，斑黑色的是雌麻。这个说法，东汉的崔寔开个头，《要术》接着说，以后的农书也多有跟着抄记的。实际大麻子果皮的颜色从灰白到黑色，深淡相间着形成斑纹。所谓“白麻子”就是灰白色偏多的，“斑黑麻子”就是黑色偏多的。果皮色素的深浅和性别的雌雄没有必然的关连，因此分颜色种植并不那么准确，就是说灰白的种下去仍有雌麻，斑黑的种下去也仍有雄麻，下篇《种麻子》说“既放勃，拔去雄”，不是明显仍有雄株吗？现在早已不这样选子分种。大麻幼株长高到五六寸时，麻农就大致能够鉴别出雌雄株来，就在间苗时按预定的栽培目的多留雄株或雌株；也可以不给留定，而采取分期收割的方法，就是先收最早成熟的雄麻，后收雌麻，最后收留种的雌麻。这样，就主动得多了。

〔2〕口含法是增加麻子的温度和湿度，使里面已起变化的色素透出果皮，呈现黑色，这证明麻子已经窝坏了，不能作种。咬破法发现麻子里面没有膏润，这种麻子实际没有成熟，自然不能作种。这两种方法都是对麻子的简便快速鉴定法。裛（yì），此指郁坏。

〔3〕各本无“子”字，此指麻子，故补“子”字。

〔4〕“點（duò）叶”，金抄、明抄等同，《辑要》引作“夥叶”。《集韵・去声・二十八箇》收有“點”字，音“丁贺反”，解释是：“草叶坏也。故墟种麻，有點叶夭折之患，贾思勰说。”即据《要术》文义作推解。所谓“點叶”，可能指麻叶的一种病害，但也可能是错字。古称麻秸为“藍”，与“點”形近，极易残烂致误，则“藍叶”即指茎叶，就容易理解了。

〔5〕抛子种：指换茬，不能连作。这和《种谷》篇的称重茬为“飒子”相反。雄麻植株一般比较细长，节间也相应较长，不重茬可以保持其“节高”优势，合乎纤维用要求。落子在地为子，新播种子为母；抛子指母子相离，飒子指母子同地。

〔6〕雄麻生长期比雌麻短得多，可大麻的养料大约有四分之三是在生育前期被吸收，因此播种过迟，会有植株矮小、节间短、皮层薄等毛病，出麻率大大降低。

〔7〕这是浸种催芽的最早记载，《要术》的处理是合科学的。黄河流域干旱地区的井水含盐分高，盐溶液会延缓种子吸水萌发的过程。雨水比较纯净，能使种子较快地发芽。催芽不能老泡在水里。摊开后要时常翻动。这些措施都合理。不过，发芽的必要条件是水分、温度和氧气，缺一不可。《要术》在麻子泡涨后捞出来摊在地下席上，使接触空气，具备了热、水、气合宜条件，经常翻动，使受温均匀，呼吸旺盛，夏天气温又高，所以能很快发

芽。但不是“得地气”的缘故。老泡在水里种子缺氧，呼吸受抑制，因而影响发芽。古人不知道氧气的作用，不足为怪。

〔8〕空曳劳：即空耢，轻耢，就是耢上不加人的。因为地比较湿，并已催过芽，不宜重盖。

〔9〕麻生瘦：因为地湿，土壤通透性差，土温又较低，不但麻苗瘦弱，也影响齐苗。

〔10〕雄麻在盛花期即可收获，花粉发散出来像灰尘那样正是时候。过后麻纤维由于有色物质的沉积，会逐渐变得灰黯，那就质量大损了。

〔11〕蕑（jiǎn）：小束，扎的把子。

〔12〕“不任”，金抄、明抄等及元刻《辑要》引并同，《四时纂要·五月》采《要术》作“不任持”，殿本《辑要》引作“不任挽”。其实“不任”犹言“不堪”，包括多种坏因素，如品质、产量降低，操作不方便等，故仍其旧。

【译文】

种雄麻，用白色的麻子。白麻子是雄麻。颜色虽然白，但咬破里面枯燥没有膏润的，是秕子，不能种。市场上买来的，放入口中含片刻时间，如果颜色不变的，是好种子；如果颜色变黑的，那是已经郁坏了的。崔寔说：“雄麻的子，青白色，不结实，两头尖，比较轻浮。”

种麻要用好田，不能用连作地。连作地也好，但有〔茎〕叶早死的毛病，就不堪作布了。瘠薄的地，先要上粪。粪要腐熟。没有熟粪，用小豆茬地也可以。崔寔说：“正月在畴上上粪。畴，就是麻田。”

耕地不嫌熟。纵横耕到七遍以上，麻叶就少了。地要每年更换。抛开落子种，麻茎的节间就长。

好地，一亩用三升种子；瘦地二升。太密了茎细弱长不粗大，太稀了虽然粗大，但麻皮的质量很差。

夏至前十天种是上好的时令，夏至是中等时令，夏至后十天是最晚时令。“麦黄种麻，麻黄种麦”，也是好时令。农谚说：“迟到夏至之后，茎秆遮不住狗。”有人回答说：“只要雨水多，遮得住骆驼。”又有谚语说：“五月趁雨泽下种，父子之间也不通融。”这是说雨泽的时机紧迫，所以说出不合情理的话来。夏至后种的，不但麻茎矮小，皮层也轻薄。所以必须抓紧，不可失去时机。父子之间尚且不通融，更何况旁人呢？

雨水多时，先浸麻子使生芽。用雨水浸子，发芽快；用井水，发芽迟。浸的方法：放入水中，过相当于炊熟两石米饭那样的时间，捞出来；放在席子上，摊开铺成三四寸厚，多次翻动，让它们均匀地得到地气。这样，过一夜就出芽了。如果老泡在满满的水里，十天也出不了芽。等到地面发白时，用耧耩过，撒播麻子，随即拖空耢耢过。接着雨脚马上就种，地太湿，麻苗瘦弱；等到地面发白时种，麻苗肥壮。地里水泽少时，麻子只要短时间浸渍就可以了，不得等到出芽，用耧车从耧腿中溜子。种后不必拖挞。

麻苗刚长出的几天内，要时常驱逐雀鸟。到叶子转绿后停止。叶子展开后就锄地。连锄两遍停止。苗长高了再锄，便会伤麻。

花粉放出来像灰尘那样，便收获。刀割，或者手拔，各自随着当地的方法。没有放花粉就收获，麻皮还没成熟；放粉后还不收获，麻皮会变成灰黯色。扎的把子要小，铺开的厚度要薄。为的是使它容易干。过一夜，就要翻一遍。受着霜露，皮就会变黄。

收获要把叶子打干净。留着叶子容易霉烂。沤麻要用清水，沤的生熟要合宜。水浊了麻皮变黑，水少了麻皮会脆。沤得生了剥皮困难，太烂了没有承受力。如果用温暖不冰冻的泉水，冬天沤出来，最为柔软坚韧。

《卫诗》曰〔1〕："蓺麻如之何？衡从其亩。"《毛诗》注曰："蓺，树也。衡猎之，从猎之，种之然后得麻。"

《氾胜之书》曰："种枲太早，则刚坚、厚皮、多节；晚则皮不坚。宁失于早，不失于晚。〔2〕

"获麻之法，穗勃勃如灰，拔之。

"夏至后二十日沤枲〔3〕，枲和如丝。"

崔寔曰："夏至先后各五日，可种牡麻。""牡麻，有花无实。"〔4〕

【注释】

〔1〕此诗见《诗经·齐风·南山》，非出《卫诗》，《要术》误题。诗句和注文（毛《传》）并同《要术》。

〔2〕雄麻种得过早，皮层较厚，纤维较粗硬，但产量较高；过迟则纤维比较柔软，但不坚韧，拉力差，皮层薄，产量低，所以说宁早勿迟。

〔3〕大麻可以春播，也可以夏播。《氾书》夏至后二十天已经沤雄麻，在《要术》才种下不久。《氾书》是春播夏收的，《要术》是夏播秋收的，二者

不同。

〔4〕注文崔寔《四民月令》原有,故加引号。以下仿此。

【译文】

〔《齐风》〕的诗说:“大麻怎样种?横着竖着耕治麻地。”毛《传》注解说:“蓺,就是种植。横着整地,竖着整地,然后播种,才能得到好麻。”

《氾胜之书》说:“雄麻种得太早,茎秆坚硬,皮厚,节多;种得太晚,麻纤维不坚韧。宁可失在太早,不可失在太迟。

“收获雄麻的方法,花粉发散出来像灰尘那样时,就整株拔下来。

“夏至后二十天沤麻,沤出来的麻像丝一样柔和。”

崔寔说:“夏至前五天和后五天,可以种雄麻。”“雄麻,有花不结实。”

种麻子第九

崔寔曰："苴麻，麻之有蕴者，荸麻是也。一名䕡。"

止取实者，种斑黑麻子。斑黑者饶实。崔寔曰："苴麻，子黑，又实而重，捣治作烛〔1〕，不作麻。"

耕须再遍。一亩用子三升。种法与麻同。

三月种者为上时，四月为中时，五月初为下时。

大率二尺留一根。概则不科〔2〕。锄常令净。荒则少实。既放勃，拔去雄。若未放勃去雄者，则不成子实。

凡五谷地畔近道者，多为六畜所犯，宜种胡麻、麻子以遮之。胡麻，六畜不食；麻子啮头，则科大。收此二实，足供美烛之费也。慎勿于大豆地中杂种麻子。扇地两损，而收并薄。六月间，可于麻子地间散芜菁子而锄之，拟收其根。

【注释】

〔1〕烛：这是一种用植物茎秆灌以油脂的烛，是火炬形的，也叫"庭燎"。这里崔寔所说就是利用干雌麻秆捣破后扎成束，灌以动物或植物油脂，或掺以含有油脂的植物种子等耐燃物质做成的火炬式的"烛"，不是现在的蜡烛。下文贾氏说的好烛，仍是这种"烛"。其所用含油种子，崔寔是用苍耳子、葫芦子，贾氏就用地边的这种芝麻、大麻子，由于含油量高，所以是"好烛"。麻子待充分成熟后收获，发芽率高，但其纤维已粗硬，色泽、品

质都很差，所以太守崔寔不用来绩麻。但穷苦人家还是用来制褐衣和作为麻脚填塞夹衣保暖的。

〔2〕“科”，各本都作“耕”，讲不通。《辑要》引作“成”，《学津》本从之，义有未周。启愉按：这是种雌麻收子，要求分枝多，字宜作“科”，《四时纂要·三月》“种麻子”采《要术》正作“稠即不成科”。

【译文】

崔寔说：“苴麻，是包含着种子的麻，就是荸麻。也叫作䵛。”

种麻只收子实的，要种斑黑色的麻子。斑黑的结实特别多。崔寔说：“长成雌麻的子，颜色黑，又坚实，比较重。它的麻秆，只捣破扎成〔火炬式的〕烛，不取麻皮绩麻。”

地要耕两遍。一亩用三升种子。种法与雄麻相同。

三月种的是上好的时令，四月是中等时令，五月初是最晚时令。

株距大致两尺留一株。密了〔分枝〕受到抑制。常常锄净杂草。杂草多了结实少。雄株已经发散出花粉，就拔掉它。如果没有放出花粉就拔去雄株，雌株便结不成子实。

凡五谷地靠在道路旁的，常常被牲畜侵犯，该在地边种上芝麻或雌麻，用来遮挡。芝麻，牲畜不吃；雌麻被啃断顶梢后，会长出许多侧枝，成为大科丛。收这两种子实，足以供应好烛的费用。千万不可在大豆地里间种麻子。互相遮荫，两受其害，因此收成两样都微薄。六月里，可以在麻子行间套种芜菁，加以锄治，准备在冬季收芜菁根。

《杂阴阳书》曰：“麻‘生’于杨或荆。七十日花，后六十日熟。种忌四季——辰、未、戌、丑[1]——戊、己。”

《氾胜之书》曰：“种麻，预调和田。二月下旬，三月上旬，傍雨种之。

“麻生布叶，锄之。率九尺一树[2]。树高一尺，以蚕矢粪之，树三升。无蚕矢，以溷中熟粪粪之[3]，亦善，树一升。天旱，以流水浇之，树五升。无流水，曝井水，杀其寒气以浇之。雨泽时适，勿浇。浇不欲数。养麻如此，美田则亩五十石，及百石，薄田尚三十石。

"获麻之法，霜下实成，速斫之；其树大者，以锯锯之。"

崔寔曰："二、三月，可种苴麻。""麻之有实者为苴。"

【注释】

〔1〕"四季——辰、未、戌、丑"：很容易使人误解为四季的逢辰、未等四个日子。麻子岂能四季都种？其实"四季"是指四季日，即辰、未、戌、丑四日。它是从月建推演出来的，就是同四季中的四个"季月"的月建挂上钩，即季春三月建辰，季夏六月建未，季秋九月建戌，季冬十二月建丑，因转而称这四个日支之日为"四季日"。

〔2〕"九尺"，各本相同，太稀，但无从推测是什么字错成"九"字，存疑。

〔3〕溷（chùn）：厕所。

【译文】

《杂阴阳书》说："大麻和杨树或荆树相生。七十日开花，花后六十日成熟。下种忌四季日，就是辰、未、戌、丑日，又忌戊、己日。"

《氾胜之书》说："种麻子，要先把田土耕得松和。二月下旬，三月上旬，趁雨种下。

"麻苗展开叶子后，锄地。大率株距九尺（？）。植株长到一尺高时，用蚕屎施肥，每株施上三升。没有蚕屎，用粪坑中腐熟的粪施上，也好，每株施上一升。干旱时，用流水来浇，每株浇上五升水。没有流水，把井水晒过，减低它的寒气后再拿来浇。雨水合时，墒够，就不用浇。浇的次数不要过多。这样培养的麻，好田一亩可以收五十石到一百石麻子，瘦田也还可以收到三十石。

"收获麻子的方法，下霜后，麻子成熟，赶快砍下；植株粗大的，用锯子锯下。"

崔寔说："二月、三月，可以种苴麻。""结实的大麻是苴麻。"

大小麦第十瞿麦附

《广雅》曰:“大麦,麰也;小麦,麳也。”[1]

《广志》曰[2]:“虏水麦,其实大麦形,有缝。椀麦,似大麦,出凉州[3]。旋麦[4],三月种,八月熟,出西方。赤小麦,赤而肥,出郑县[5]。语曰:‘湖猪肉,郑稀熟[6]。’山提小麦,至黏弱,以贡御。有半夏小麦,有秃芒大麦,有黑穬麦[7]。”

《陶隐居本草》云[8]:“大麦为五谷长,即今裸麦也,一名麰麦,似穬麦,唯无皮耳。穬麦,此是今马食者。”然则大、穬二麦,种别名异,而世人以为一物,谬矣。

按:世有落麦者,秃芒是也。又有春种穬麦也。

【注释】

〔1〕见《广雅·释草》。

〔2〕《初学记》卷二七“五谷”、《御览》卷八三八“麦”及《永乐大典》卷二二一八一“麦”字下都引有《广志》所记。“水麦”,《御览》、《永乐大典》引均作“小麦”。“缝”指籽粒腹面有一纵沟,小麦都有,《御览》及《大典》引均作“有二缝”,始为异常,疑《要术》脱“二”字。“椀”,《要术》两宋本及以上三书引并同,此字字书未收;湖湘本等作“税”。“税”通“脱”,则“脱麦”疑指裸大麦。“稀熟”,《大典》引作“麳熟”,则是说小麦熟。

〔3〕凉州:魏晋时治所在今甘肃武威。

〔4〕旋麦:“旋”是不久的意思,指当年春播当年秋收的春麦,与越冬“宿麦”相对。我国长城以北和西北、西南高原严寒期长的地区,多种春麦,即所谓“出在西方”。

〔5〕郑县:秦置,故治在陕西华县(今为华州区)北。

〔6〕湖：指湖县，汉置，故治在今河南灵宝西，与郑县邻近。　稀熟：肥满小麦成熟。"稀"应指稀有，即上文肥满稀罕之意，非指稀植。

〔7〕穬麦：即裸大麦，长江流域叫元麦、米麦，西北、青藏等地叫青稞。大麦是皮大麦和裸大麦的总称。皮大麦又叫有稃大麦，即其子实与稃紧密胶结，不易分离，就是现在通常所称的大麦。裸大麦是裸粒的，即二者分离，籽粒容易脱出。但下文陶弘景（隐居）所说，恰恰和这个相反，他所指的"大麦"是现在的裸大麦，而所指"穬麦"却是现在的大麦。贾氏引陶说只承其说说明二者不同，没有指出他大、穬二麦说颠倒了，显然是同意陶说，也是和现在的区分相反的。贾氏所称"落麦"，疑即脱稃的裸麦，而又有"春种穬麦"，应是现在的春播大麦。本篇以大小麦为标题，但文中没有大麦的播种期，只有穬麦的。《御览》卷八三八"麦"引《吴氏本草》："大麦一名穬麦。"则东汉末吴普已有大、穬同物之说，似乎贾氏也以穬麦就是篇题的"大麦"，否则篇、文不协。

〔8〕《陶隐居本草》：南朝齐梁间陶弘景（456—536）撰。陶入梁隐居勾曲山（今苏南茅山），自号华阳隐居，世称陶隐居。陶对历算、地理、医学等都有研究，曾整理《神农本草经》并加注，成《本草经集注》七卷，其中新增药物365种，附于书后，别称《名医别录》。当时《集注》七卷和《别录》三卷，同时流行。《隋书·经籍志三》医方类记载"梁有《陶隐居本草》十卷，亡"，又著录有"《名医别录》三卷，陶氏撰"，一亡一存，以其亡者卷帙之多（"十卷"可疑），则《陶隐居本草》似是《本草经集注》的别名。《集注》原书已佚，其内容主要收录于《证类本草》中。近年敦煌发现有《集注》残本，仅存《叙录》一卷。《名医别录》所记是："大麦……为五谷长。"陶自注："今裸麦，一名辫麦，似穬麦，惟无皮尔。"《名医别录》"穬麦"下陶注是："此是今马所食者。"

【译文】

《广雅》说："大麦，就是麰；小麦，就是麳。"

《广志》说："虏水麦，子实形状像大麦，有纵沟。椀麦，像大麦，出在凉州。旋麦，三月种，八月成熟，出在西方。赤小麦，子实赤色，肥满，出在郑县。俗话说：'湖县的猪肉，郑县的肥满小麦成熟。'山提小麦，味道很黏软，用来进贡皇家的。还有半夏小麦，有秃芒大麦，有黑穬麦。"

《陶隐居本草》说："大麦是五谷之长，就是现在的裸麦，也叫作辫麦，和穬麦相像，只是没有皮罢了。穬麦，这是现在喂马的。"那么，大麦和穬麦，二种有分别，名称也不同，可习俗上认为是同一种，那就错了。

〔思勰〕按：现在有所谓“落麦”，就是“秃芒”。又有春播的穬麦。

大小麦，皆须五月、六月暵地[1]。不暵地而种者，其收倍薄。崔寔曰：“五月、六月菑麦田也。”

种大小麦，先畤，逐犁稀种者佳。再倍省种子而科大。逐犁掷之亦得，然不如作稀耐旱。其山田及刚强之地，则耧下之。其种子宜加五省于下田。凡耧种者，非直土浅易生，然于锋、锄亦便。

穬麦，非良地则不须种。薄地徒劳，种而必不收。凡种穬麦，高下田皆得用，但必须良熟耳。高田借拟禾、豆，自可专用下田也。八月中戊社前种者为上时[2]，掷者，亩用子二升半。下戊前为中时，用子三升。八月末九月初为下时。用子三升半或四升。

小麦宜下田。歌曰：“高田种小麦，稴䅲不成穗[3]。男儿在他乡，那得不憔悴？”八月上戊社前为上时，掷者，用子一升半也。中戊前为中时，用子二升。下戊前为下时。用子二升半。

正月、二月，劳而锄之。三月、四月，锋而更锄。锄麦倍收，皮薄面多；而锋、劳、锄各得再遍为良也。

令立秋前治讫。立秋后则虫生。蒿、艾箪盛之[4]，良。以蒿、艾蔽窖埋之，亦佳。窖麦法：必须日曝令干，及热埋之。多种久居供食者，宜作劁才彫切麦[5]：倒刈，薄布，顺风放火；火既着，即以扫帚扑灭，仍打之。如此者，经夏虫不生；然唯中作麦饭及面用耳。

《礼记·月令》曰：“仲秋之月……乃劝人种麦，无或失时；其有失时，行罪无疑。”郑玄注曰：“麦者，接绝续乏之谷，尤宜重之。”

《孟子》曰:“今夫麰麦,播种而耰之,其地同,树之时又同;浡然而生,至于日至之时,皆熟矣。虽有不同,则地有肥硗,雨露之所养,人事之不齐。”[6]

《杂阴阳书》曰:“大麦生于杏。二百日秀,秀后五十日成。麦生于亥,壮于卯,长于辰,老于巳,死于午,恶于戌,忌于子、丑。小麦生于桃。二百一十日秀,秀后六十日成。忌与大麦同。虫食杏者麦贵。”

种瞿麦法[7]:以伏为时。一名“地面”。良地一亩,用子五升,薄田三四升。亩收十石。浑蒸,曝干,舂去皮,米全不碎。炊作飧[8],甚滑。细磨,下绢簁,作饼,亦滑美。然为性多秽,一种此物,数年不绝;耘锄之功,更益劬劳。

《尚书大传》曰[9]:“秋,昏,虚星中,可以种麦。”“虚,北方玄武之宿,八月昏中,见于南方。”

《说文》曰:“麦,芒谷。秋种厚埋[10],故谓之‘麦’。麦,金王而生,火王而死。”

【注释】

〔1〕暵(hàn):晾晒。

〔2〕八月中戊社:指秋社。秋社在立秋后第五个戊日,但不一定就是八月中旬的戊日,如1991年,秋社在八月十八日戊戌,在中旬,但1990年在八月初二戊子,在上旬,1989年在八月二十六日戊子,在下旬。《要术》“中戊社前”和下文种小麦的“上戊社前”都不是每年一定碰上,难以作准。贾氏所以特别点明“社前”,是强调要赶在社前下种,如果社日推后,则以“中戊”或“上戊”为准。农谚有“麦经两社产量高”,两社即指秋社和春社(立春后第五个戊日),而关键在经过秋社,那就必须早种。

〔3〕穛(liàn)穇(shān):禾不实。

〔4〕箪(dān):这里是用青蒿或艾的茎秆编成的盛谷物容器,外面涂以黏泥。蒿、艾同属菊科,艾又别名“艾蒿”,但《要术》“蒿、艾箪”,应指二种。

青蒿在古代一直到宋代还有作饮食吃的，艾的嫩叶也可供食用。二者都有防治农业害虫和灭蚊的作用。孟方平每喜以今况古，以现在之“少见”而“多怪”古人，又见《王氏农书》有“种箄”为“盛种竹器”，因而推断《要术》的“蒿、艾”是错字，毫无意思。其实《要术》以蒿作食用的记载很多。今录《王氏农书》“种箄”作参考（见图八）。

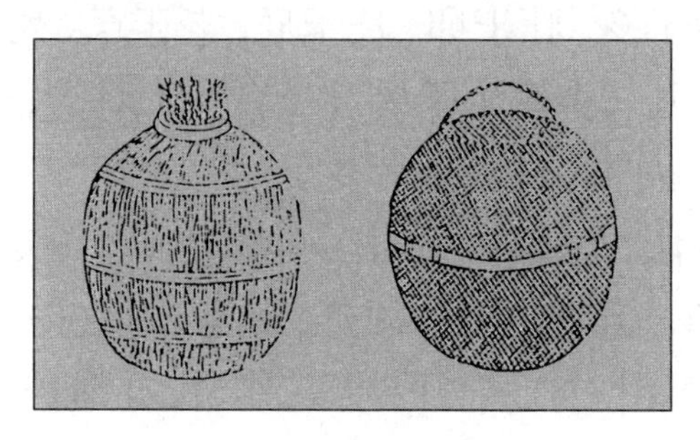

图八　种箄

〔5〕劁麦：割倒放火烧过，再脱粒，办法未免粗暴，而且也做不好，火力不足，烧不尽害虫，烧过头了造成严重落脱和变质，损失大，弊多利少，后来也没人采用。稻谷也采用此法，都不足取。

〔6〕见《孟子·告子上》。末句作：“雨露之养，人事之不齐也。”这大概也是《孟子》的河北本子略去“也”字的。参看卷一《种谷》引《孟子》校记。

〔7〕“种瞿麦法”这一段插在这里，分割了所引讲种麦的引录各书，疑是错简，应附于篇末。瞿麦，疑是禾本科的燕麦（Avena sativa），以其内外稃紧贴籽粒不易分离，别称“皮燕麦”。《要术》说容易变成秽草，似乎还是半栽培半野生的。

〔8〕飧（sūn）：饭食。

〔9〕《尚书大传》：解释《尚书》的书。旧题西汉初伏生所撰，可能是其弟子等杂录其遗说而成。其中除《洪范五行传》完整外，其余各卷均残缺。《隋书·经籍志》等著录有郑玄注本三卷，亡佚。清陈寿祺有辑校本。这里引文后面注文为郑玄注。

〔10〕“秋种厚埋”，今本《说文》作“秋穜厚薶”，意同。

【译文】

大麦、小麦，都必须在五月、六月里先把地耕翻晒过垡。不晒垡就种，收成加倍的少。崔寔说："五月、六月，耕翻麦田。"

种大小麦，先用犁开出犁道，随着犁道打穴点播，掩上土，最好。种子省去两倍，而且科丛大。随着犁道撒子也可以，但不如点播掩种的耐旱。在山田和刚强的地，用耧车下种。播种量该比低田少一半多。用耧下种的，不但比掩种的要浅，容易出苗，就是锋地锄地也比较方便。

穬麦，不是好地就不必种。种在瘦地，徒劳无益，一定没有收成。种穬麦，高地低田都可以，但是必须要好地熟地。高地如果准备种谷子、豆子的，那自然可以专种低地。赶在八月中旬的戊日即秋社以前种，是上好的时令，撒播的，一亩用二升半种子。下旬戊日前是中等时令，一亩用三升种子。八月末九月初是最晚时令。一亩用三升半到四升种子。

小麦宜于种在低地。民歌说："高原田里种小麦，有气无力不结穗。正像男儿在他乡，哪能凄凉不憔悴？"赶在八月上旬的戊日即秋社以前种，是上好的时令，撒播的，一亩用一升半种子。中旬戊日前是中等时令，一亩用二升种子。下旬戊日前是最晚时令。一亩用二升半种子。

正月、二月，耢过，锄治。三月、四月，锋过再锄。锄过的收成加倍，而且皮薄面粉多。锋、耢、锄都要进行两遍为好。

收割后，在立秋以前一定要治理完毕。立秋以后就会生虫。用蒿、艾的茎秆编成的箪来盛贮，很好。或者埋在窖里，用蒿艾全草密蔽窖口，也好。窖麦的方法：必须在烈日下晒干，趁热窖埋。种得多，准备长时贮藏供食的，该作成"劁麦"：割下放倒，薄薄地摊开，顺风放火；已经着了火，就用扫帚扑灭，然后脱粒。这样处理过，可以过明年夏天也不会生虫；不过，这麦子只能作麦饭和磨面吃。

《礼记·月令》说："仲秋八月……劝督农民种麦，不允许偶尔有失时；如果有失时，坚决处罚无疑。"郑玄注解说："麦是接济缺粮时的谷物，所以特别重要。"

《孟子》说："拿大麦来说，种下去，耢盖了，土地是一样的，种的时间也是一样的，都会蓬勃地生长，到了夏至，便都成熟了。纵然有差异，那是土地有肥瘠，雨露的滋养、人工的勤惰有不同的缘故。"

《杂阴阳书》说："大麦和杏树相生。二百日孕穗，孕穗后五十日成熟。麦，生在亥日，壮在卯日，长在辰日，老在巳日，死在午日，恶在戊日，忌在子、丑日。小麦和桃树相生。二百一十日孕穗，孕穗后六十日成熟。忌日与大麦相同。虫吃杏实的年份，麦贵。"

种瞿麦的方法：以伏天为下种的时令。又名“地面”。好地一亩用五升种子，瘦地三四升。一亩可以收十石。整粒蒸熟，晒干，再舂去皮，米粒完全不碎。炊作水和饭，很滑。细细磨成面，用绢筛筛过，作成饼，也润滑好吃。可是它容易变成稃草，一次种了它，几年不能断种，往后锄起草来，真够辛苦的。

《尚书大传》说：“秋天，黄昏时，虚星中在南方，可以种麦。”“虚星，北方玄武七宿的星宿，八月黄昏运行到正南方。”

《说文》说：“麦是有芒的谷。秋天种下去，厚厚地‘埋’在地里，所以称为‘麦’。麦在金旺的季节发生，火旺的季节死去。”

《氾胜之书》曰：“凡田有六道[1]，麦为首种。种麦得时，无不善。夏至后七十日[2]，可种宿麦。早种则虫而有节，晚种则穗小而少实。

“当种麦，若天旱无雨泽，则薄渍麦种以酢且故反浆并蚕矢[3]；夜半渍，向晨速投之，令与白露俱下。酢浆令麦耐旱，蚕矢令麦忍寒。

“麦生黄色，伤于太稠。稠则锄而稀之。

“秋锄以棘柴耧之[4]，以壅麦根。故谚曰：‘子欲富，黄金覆。’黄金覆者，谓秋锄麦、曳柴壅麦根也。至春冻解，棘柴曳之，突绝其干叶。须麦生，复锄之。到榆荚时，注雨止，候土白背复锄。如此则收必倍。

“冬雨雪止，以物辄蔺麦上，掩其雪，勿令从风飞去。后雪，复如此。则麦耐旱，多实。

“春冻解，耕和土，种旋麦。麦生根茂盛，莽锄如宿麦[5]。”

氾胜之区种麦：“区大小如上农夫区[6]。禾收，区种。凡种一亩，用子二升。覆土厚二寸，以足践之，令种土相亲。麦生根成，锄区间秋草。缘以棘柴律土壅麦根。秋旱,则以桑落时浇之。秋雨泽适,勿浇之。春冻解[7],棘柴律之,突绝去其枯叶。区间草生,锄之。大男大女治十亩。至五月收,区一亩,得百石以上,十亩得千石以上。

"小麦忌戌,大麦忌子,'除'日不中种。"

崔寔曰:"凡种大小麦,得白露节,可种薄田;秋分,种中田;后十日,种美田。唯穬,早晚无常[8]。正月,可种春麦、豍豆,尽二月止。"

青稞麦[9]:特打时稍难,唯快日用碌碡碾[10]。右每十亩,用种八斗。与大麦同时熟。好收四十石。石八九斗面。堪作饭及饼饦,甚美。磨,总尽无麸。锄一遍佳,不锄亦得。

【注释】

〔1〕有六道:谷物有六种。不大好理解。前人译《氾书》都以次第释"道",就是先后种六次,或说接连种六期,但是播种上没有这样分期的。古有"六谷"之称,虽所指有不同,但都有麦。"道"可作量词,如三道菜、四道题目等,今姑以种类释"道"。目为"六谷"作如上语译。

〔2〕"七十日",各本相同,但可疑。夏至后七十天在白露前,太早,麦苗会过早拔节。虽说崔寔《四民月令》有白露种麦,但所指为瘦地,那中等地和肥地,仍在秋分后。今关中农谚有:"白露早,寒露迟,秋分种麦正适时。"秋分在夏至后九十日,"七十"也许是"九十"误刻。

〔3〕酢:即今"醋"字。《要术》中二字都有,一般作名词用字,多作"酢",而"醋"多作为形容词的"酸"字用。

〔4〕棘柴:《氾书》没有具体说明,但从可以耧土壅麦根和拉断枯叶看来,该是一种用酸枣树枝或多刺的灌木树枝扎成的草创耙耧农具,形如扫帚,也许耢是从这发展而来的。

〔5〕莽锄:快速地锄。陕西佳县杨志贵同志函告莽锄指快锄,抓紧时机,要迅速锄完。因为不抓紧快锄,到春麦封垄时,就没法锄了。

〔6〕"上农夫区",各本均作"中农夫区",比照中农夫区种粟的产量不合,而一亩收麦一百石以上,只能跟上农夫区种粟的丰产标准相比拟,"中"应是"上"字之误,因改正。

〔7〕“春冻解”，各本均作“麦冻解”，牵强。据上文“至春冻解，棘柴曳之，突绝其干叶”，所记相同，“麦”显系“春”字形近致误，故改正。

〔8〕大麦播种期的幅度较大，播种可以比小麦稍早，也可以稍迟。现在棉麦套作地区，矿麦播种最早；又因它没有稃壳，吸水较快，发芽较速，也可以比普通大麦稍迟。崔寔说的矿麦（假定是元麦）早晚没有一定的限制，就是指这个播种期幅度较大说的，但仍应适当早播，早播不仅能提早成熟，而且可以增加产量。

〔9〕青稞麦：指矿麦，也指燕麦。这里所记有两特点，一是脱粒较难，二是出面率极高。矿麦裸粒易脱，显然不符。燕麦有皮燕麦和裸燕麦（Avena nuda，亦称莜麦、油麦）。裸燕麦容易脱粒，与脱粒较难不符。皮燕麦脱粒相对难些，但品质较差，难以达到一石磨得八九斗面，亦不符。如果消除出面率的夸大水分，当是皮燕麦。但上文瞿麦疑是皮燕麦，则此为重沓。这条疑非贾氏原有，而是后人附益。用种量以十亩为单位，收获也以十亩计算，注文不针对正文，用词独特（如“总尽”见于卷前《杂说》，《要术》无之，“快日”，《要术》自称“好日”），名物各异（如“碌碡”《要术》称“陆轴”），等等，都跟《要术》惯例不合。

〔10〕“快日”，金抄、校宋本、元刻《辑要》引及《永乐大典》卷二二一八一“麦”字下录载王祯《谷谱》并同，但殿本《辑要》改作“映”，殿本《王氏农书》改作“伏”，《要术》明抄、湖湘本等亦作“伏”。其实，“快”是“好”的口语，“快日”即“好日”，就是“好天气”，指十分晴朗的日子。“快”之为“好”，古词曲中很多，参看张相《诗词曲语词汇释》。“碌碡”，也写作“磟碡”，《要术》作“陆轴”，用畜力牵引磙碾田间土块和场上谷物的农具。见图九（采自《王氏农书》）。

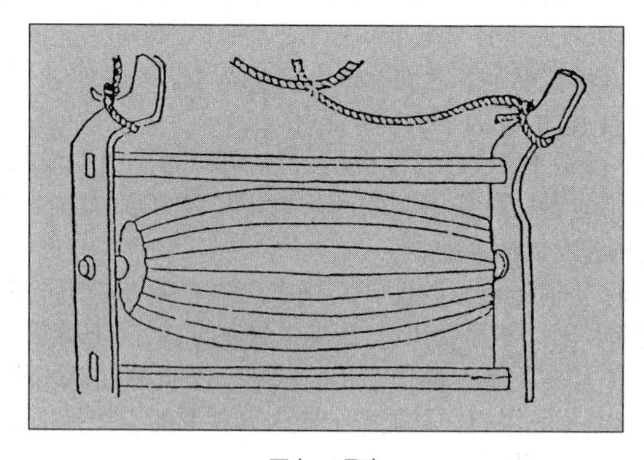

图九　磟碡

【译文】

《氾胜之书》说："田里种的谷物有六种，麦是头等重要的。在适宜的时令种麦，收成没有不好的。夏至后七十天(?)，可以种冬麦。种得太早，会遭到虫害，还会过早地拔节；种得太晚，穗子小，子实也少。

"该种麦的时候，如果天旱，不下雨，地里没有足够的墒，就用酸浆水调和蚕屎，用来短时间地浸渍麦种；半夜里浸渍，快天亮时赶快种下，让种子随着露水一齐下到地里。酸浆水使麦耐旱，蚕屎使麦耐寒。

"麦苗呈现黄色，毛病在过于稠密。过于稠密，用锄头锄稀些。

"秋天锄麦后，拖着棘柴耧过，把土壅在麦根上。所以谚语说：'你想发财，黄金覆盖。'黄金覆盖，就是说秋天锄麦后拖着棘柴向麦根壅土。到春天解冻时，再用棘柴在麦苗上拖过，把干枯的叶子拉断去掉。等到麦苗回青时，再锄。到榆树结荚时，大雨停止后，等到地面稍干发白时，再锄。这样做，收成一定加倍。

"冬天下雪，雪停止后，就用器具在麦上镇压，把雪压实在地上，不让它随风吹散。以后下雪，又这样做。如此，麦就耐旱，结子也多。

"春天解冻时，把地耕松和，种当年可收的春麦。麦苗发根茂盛时，要快速地锄，像锄冬麦一样。"

氾胜之区种麦的方法："区的大小，跟〔上〕农夫区一样。谷子收割后，可以区种麦。每一亩用二升种子。覆土二寸厚，用脚踏实，使种子和土紧密接合。苗根长成之后，把区间的秋草锄掉。拖着棘柴，把区边上的土耙壅在麦根上。秋天干旱，在桑树落叶的时候浇水。如果秋天雨泽合时，就不必浇水。〔春天〕解冻时，用棘柴耙过，把枯叶拉断去掉。区间长了杂草，就锄掉。两个成年的男女劳动力，可以种十亩区田。到五月里收割，一亩区田可以收到一百石以上，十亩就有一千石以上。

"小麦忌戌日种，大麦忌子日种。逢'除'的日子，不可以种麦。"

崔寔说："种大小麦，到白露节，可以种薄地；秋分可以种中等的地；秋分后十天，可以种肥地。只有穬麦，早晚没有一定的限制。正月，可以种春麦、豍豆，到二月底止。"

青稞麦：只是脱粒比较难些，惟有在大晴天用碌碡磙碾。每十亩地，用八斗种子。与大麦同时成熟。收成好，十亩地可以收四十石。每石可以磨得八九斗面。可以煮饭吃，也可以作面食吃，都很好吃。磨尽没有麸皮。锄一遍就好，不锄也可以。

水稻第十一

《尔雅》曰:"稌,稻也。"[1]郭璞注曰:"沛国今呼稻为稌。"[2]

《广志》云[3]:"有虎掌稻、紫芒稻、赤芒稻、白米稻。南方有蝉鸣稻,七月熟。有盖下白稻,正月种,五月获;获讫,其茎根复生,九月熟。青芋稻,六月熟;累子稻,白汉稻,七月熟:此三稻,大而且长,米半寸,出益州[4]。秫,有乌秫、黑穬、青函、白夏之名。"

《说文》曰[5]:"穬,稻紫茎不黏者。""秫,稻属。"

《风土记》曰[6]:"稻之紫茎[7],稴,稻之青穗,米皆青白也。"

《字林》曰[8]:"秜(力脂反)[9],稻今年死,来年自生曰秜。"

按:今世有黄瓮稻、黄陆稻、青稗稻、豫章青稻、尾紫稻、青杖稻、飞蜻稻、赤甲稻、乌陵稻、大香稻、小香稻、白地稻;菰灰稻,一年再熟。有秫稻。秫稻米,一名糯(奴乱反)米,俗云"乱米",非也。有九格秫、雉目秫、大黄秫、棠秫、马牙秫、长江秫、惠成秫、黄般秫、方满秫、虎皮秫、荟柰秫,皆米也[10]。

【注释】

〔1〕引文见《尔雅·释草》,无"也"字。郭璞注作:"今沛国呼稌。"

〔2〕沛国:东汉改沛郡为沛国,故治在今安徽宿州。

〔3〕《类聚》卷八五"稻"、《初学记》卷二七"五谷"及《御览》卷八三九"稻"都引有《广志》,颇有异文,并有脱误。"白米稻",《要术》各本仅金抄有"稻"字,《类聚》、《初学记》引《广志》也有。无论有无"稻"字,都是一个稻品种的名称,例如《授时通考》卷二一"谷种"记载太平府就有"白米"的晚稻品种,浙东从前也有"白米"的品种。有些书和文章以

为“白米”是解释赤芒稻的米质白，是不妥的。“米半寸”，各本相同，《初学记》引《广志》作：“此三种，大且长，三枚长一寸半。”虽所说长度相同，但前者指米，后者指谷。据矩斋《古尺考》，魏晋的“半寸”，折成今尺，在三分半左右。

〔4〕益州：其故地大部在四川境内。

〔5〕引文中“穳”(fèi)字，《说文》作“䆏”。“稉，稻属”，《说文》是：“秔，稻属。……稉，秔或从更。”则“稉”是“秔”的重文。

〔6〕《风土记》：西晋周处(240—299)撰。《晋书·周处传》记其曾撰《风土记》，《隋书·经籍志二》著录三卷。书已佚，各书每有引录。周处，今江苏宜兴人。相传少时横行乡里，当时宜兴有蛟、虎为害，父老把它们与周处合称“三害”。后周处斩蛟射虎，发愤改过，仕于吴。入晋累官至御史中丞。《风土记》所记不仅是宜兴的风土习俗，兼及附近地区。

〔7〕“稻之紫茎”，各本同，“稻”上当有脱字。《御览》卷八三九“稻”引《风土记》作“穰稻之紫茎”，仍有未协。日本西山武一《要术》译注本补此脱字为“穳”，惟以《说文》“䆏，稻紫茎”参验之，此字应作“䆏”。则此二句应补脱读成：“䆏，稻之紫茎；稴，稻之青穗。”

〔8〕《字林》：西晋吕忱撰，为补《说文》之不足而作。书已佚。吕忱，文字学家，曾任晋初义阳王司马望的典祠令，后出任县令。

〔9〕《说文》已先《字林》收有“秜”(lí)字，解说是：“稻今年落，来年自生谓之秜。”这和《字林》就有差异：“死”而来年自生，则为宿根生长；落子自生，那是很平常。虽然稻有宿根越冬生长的，但那是特殊情况，一般来说，仍疑“死”是“落”字之误。《要术》湖湘本始误“秜”为“秜”，明杨慎《丹铅续录》卷四因有“刈稻明年复生曰秜”之说，实为湖湘本所误；清吴任臣《字汇补》又以“秜”为被遗漏奇字而收入，释为：“今年稻死，来年自生也。”似又被杨慎所误。

〔10〕“皆米也”，各本相同，所记既均系秫稻，“米”上似脱“糯”字。

【译文】

《尔雅》说：“稌，就是稻。”郭璞注解说：“沛国现在管稻叫作稌。”

《广志》说：“有虎掌稻、紫芒稻、赤芒稻、白米稻。南方有蝉鸣稻，七月成熟。有盖下白稻，正月种，五月收获；收获后，根茬上又长出稻孙，九月成熟。青芋稻，六月成熟；累子稻，白汉稻，七月成熟：这三种稻，都又大又长，米粒长到半寸，出在益州。稉稻，有乌稉、黑秫、青函、白夏的名目。”

《说文》说：“穳，是茎秆紫色不黏的稻。”“稉，是稻属。”

《风土记》说："〔穛，〕是紫茎的稻；穛，是青穗的稻：米都是青白色的。"

《字林》说："秜，稻今年死，明年又自然发生的叫'秜'。"

〔思勰〕按：现在有黄瓮稻、黄陆稻、青稗稻、豫章青稻、尾紫稻、青杖稻、飞蜻稻、赤甲稻、乌陵稻、大香稻、小香稻、白地稻；菰灰稻，一年两熟。有秫稻。秫稻米，又名糯米，习俗叫作"乱米"是不对的。有九稆（hé）秫、雉目秫、大黄秫、棠秫、马牙秫、长江秫、惠成秫、黄般秫、方满秫、虎皮秫、荟柰秫，都是〔糯〕米。

稻，无所缘，唯岁易为良。选地欲近上流。地无良薄，水清则稻美也。

三月种者为上时，四月上旬为中时，中旬为下时。

先放水，十日后，曳陆轴十遍〔1〕。遍数唯多为良。地既熟，净淘种子〔2〕，浮者不去〔3〕，秋则生稗。渍经三宿，漉出，内草篅市规反中裛之〔4〕。复经三宿，芽生，长二分，一亩三升掷。三日之中，令人驱鸟。

稻苗长七八寸，陈草复起，以镰侵水芟之，草悉脓死。稻苗渐长，复须薅。拔草曰薅。虎高切。薅讫，决去水，曝根令坚。〔5〕量时水旱而溉之。将熟，又去水。

霜降获之。早刈米青而不坚，晚刈零落而损收。

北土高原，本无陂泽。随逐隈曲而田者，二月，冰解地干，烧而耕之，仍即下水。十日，块既散液，持木斫平之〔6〕。纳种如前法。既生七八寸，拔而栽之。既非岁易，草稗俱生，芟亦不死，故须栽而薅之。溉灌，收刈，一如前法。

畦畤大小无定，须量地宜，取水均而已。

藏稻必须用箪。此既水谷，窖埋得地气则烂败也。若欲久居者，亦如劁麦法。

舂稻，必须冬时积日燥曝，一夜置霜露中，即舂。〔7〕若冬舂不干，即米青赤脉起〔8〕。不经霜，不燥曝，则米碎矣。

秫稻法，一切同。

【注释】

〔1〕陆轴：即碌碡，见前图九。

〔2〕净淘种子：把稻种淘干净。这是水选种子的最早记载。水选的原理是利用种子比重的不同，淘汰去比重小、浮在水面的秕粒、病虫粒、破粒和杂草种子，从而选出比重大、下沉的良好种粒。稗子是水稻的严重害草，茎叶又像稻，抽穗前不加细辨很容易被蒙混过关。《要术》没有提到苗期鉴别拔去稗草，似乎是在稻田中抽穗显眼时才给除去的。

〔3〕两宋本、明本均作“浮者去之”，与下句不协调；《辑要》引作“浮者不去”，意义明允，从之。

〔4〕内草篅(chuán)中裛之：这是把浸涨了的稻种捂在草箩里催芽。《要术》种稻采用的是水直播法，时间在阴历三月，北方气温还比较低，出苗较慢，所以采取催芽播种法。捂在草箩里有了足够的空气，湿、温俱备，促使发芽迅速、整齐。催芽标准是二分长，虽然长了点，如果稻田水温稳定不冷，也不妨。内，同纳。

〔5〕这是排水烤田的最早记载。没有讲到烤到什么程度，但从原文“曝根令坚”来衡量，已达到烤田的基本要求：土壤经过烤晒使土温增高，加强养分的分解，促使根系下扎和萌发新根，控制了茎叶的生长和无效分蘖的发生，复水后稻株生长健壮坚强，不易倒伏。这些促控效应，《要术》直觉扼要地说成“曝根令坚”。

〔6〕木斫：大型木槌。《王氏农书》认为就是耰，见前图三。下文稻苗移栽，是拔草栽在原田，不是先作秧田移栽。

〔7〕冬舂稻谷，很像后世江浙等地的“冬舂米”。春季稻谷休眠期已过，生命活动开始复苏，这时舂米容易碎，糠粞多，折耗大；冬舂则米粒坚实，不易碎，损耗少，所以多舂贮备作几个月的食用。《要术》还在晒干后受一夜霜露，只使稻壳沾湿，这样舂起来就容易出糠，舂得白，不易碎，又省力。舂稻，晒燥的米粒完整，潮的容易碎，但干狠了也容易碎。《要术》采用极干后使受夜露立即舂，确是两全的好办法。

〔8〕青赤脉起：指冬舂的稻谷没有晒干，水分含量较高，舂成米后，在贮藏过程中容易引起自热霉变，被青赤霉菌所侵害。

【译文】

水稻，不要求什么特殊的条件，只要每年换田就好。选地要靠近溪河上游。不管好地瘦地，只要水清就长得好。

三月播种是上好的时令，四月上旬是中等时令，四月下旬是最晚的下限。

田里先引进水；十天之后，拖陆轴磙打十遍。遍数越多越好。田整熟之后，把稻种淘干净，浮起的不除掉，秋天就长成稗子。用水浸着；过了三夜，漉出来，放入草编的篓里捂着。再过三夜，芽就长出来，有二分长时，一亩田撒下三升种子。种下三天之内，要有人守着赶雀鸟。

稻苗长到七八寸时，杂草又长出来了，就用镰刀侵入水底带泥割掉，草就全烂死了。稻苗渐渐长高，要再薅草。拔草叫薅。薅完了，开缺口排去水，让太阳把稻根晒得坚强。晒过后，看水旱的情况，再灌水。稻子快熟时，又排去水。

霜降时收割。割早了，米青色，不坚实；割晚了，籽粒掉落，收成减损。

北方高原，本来没有陂塘沼泽。人们随着溪流弯弯曲曲的地方截流灌溉开成稻田的，二月里，解冻后地干了，放火烧过，把地耕翻，随即灌进水。过十天，土块已经泡散化开，就用木斫榶打整平。播种同上面所说的方法一样。稻苗长到七八寸高，要拔掉再栽过。因为田不是每年换的，杂草稗子都长出来，割也割不死，所以须要移栽时拔掉。灌溉，收割，都同上面的方法。

田丘的大小没有一定，按照土地形势，做成田面平坦，水层深浅均匀的田块来决定大小。

贮藏稻谷，必须用箪。这既然是水生的谷物，埋在窖里得到地气，便会烂坏。如果要长时间贮藏的，也可以仿照"劁麦法"那样做。

舂稻谷，必须在冬天连日曝晒，干后，放在露天里受一夜霜露，立即舂。如果稻谷不干而冬舂，米便会起青赤色的"脉"。如果不经霜露，不晒燥，米就舂碎了。

糯稻的一切栽培方法，都跟粳稻一样。

《杂阴阳书》曰："稻生于柳或杨。八十日秀，秀后七十日成。戊、己、四季日为良。忌寅、卯、辰，恶甲、乙。”

《周官》曰[1]：“稻人，掌稼下地。“以水泽之地种谷也。谓之稼者，有似嫁女相生。”以潴畜水，以防止水，以沟荡水，以遂均水，以列舍水；以浍写水。以涉扬其芟，作田。“郑司农说‘潴’、‘防’：以《春秋传》曰：‘町原防，规偃潴。’‘以列舍水’：‘列者，非一道以去水也。’‘以涉扬其芟’：‘以其水写，故得行其田中，举其芟钩也。’杜子春读‘荡’为‘和荡’，谓‘以沟行水也’。玄谓偃潴者，畜流水之陂也。防，潴旁堤也。遂，田首受水小沟也。列，田之畦畤也。浍，田尾去水大沟。作，犹治也。开遂舍水于列中，因涉之，扬去前年所芟之草，而治田种稻。”

“凡稼泽，夏以水殄草而芟夷之[2]。“殄，病也，绝也。郑司农说‘芟夷’：以《春秋传》曰：‘芟夷、蕴崇之。’今时谓禾下麦为‘夷下麦’，言芟刈其禾，于下种麦也。玄谓将以泽地为稼者，必于夏六月之时，大雨时行，以水病绝草之后生者，至秋水涸，芟之，明年乃稼。”泽草所生，种之芒种。”“郑司农云：‘泽草之所生，其地可种芒种。’芒种，稻、麦也[3]。”

《礼记·月令》云：“季夏……大雨时行，乃烧、薙，行水，利以杀草，如以热汤。郑玄注曰：“薙，谓迫地杀草。此谓欲稼莱地，先薙其草，草干，烧之，至此月，大雨流潦，畜于其中，则草不复生，地美可稼也。‘薙氏，掌杀草[4]：春始生而萌之，夏日至而夷之，秋绳而芟之，冬日至而耜之。若欲其化也，则以水火变之。’”可以粪田畴，可以美土强。”注曰：“土润，溽暑，膏泽易行也。粪、美，互文。土强，强檃之地。”

《孝经援神契》曰：“汙、泉宜稻。”

《淮南子》曰：“蓠，先稻熟，而农夫薅之者，不以小利害大获。"[5]高诱曰:"蒚,水稗。"

《氾胜之书》曰:"种稻,春冻解,耕反其土。种稻,区不欲大,大则水深浅不适。冬至后一百一十日可种稻。稻地美,用种亩四升。

"始种,稻欲温,温者缺其塍,令水道相直;夏至后大热,令水道错。"[6]

崔寔曰:"三月,可种粳稻。稻,美田欲稀,薄田欲稠。五月,可别稻及蓝[7],尽夏至后二十日止。"

【注释】

〔1〕见《周礼·地官·稻人》,注文是郑玄注。正注文并同今本。注内引《春秋传》,上条见《左传·襄公二十五年》,下条见《左传·隐公六年》。

〔2〕殄(tiǎn):灭绝。

〔3〕泽草所生,指长草的下泽地,如果没有高标准的排水条件,绝非麦类所宜。

〔4〕见《周礼·秋官·薙氏》,引录了《薙氏》的全文。但今本《月令》郑玄注只针对正文引其中的二句作注:"薙人掌杀草职,曰:'夏至日而薙之。'又曰:'如欲其化也,则以水火变之。'"郑注似毋庸直抄《薙氏》全文。

〔5〕见《淮南子·泰族训》,"蒚"作"离"。注文则大异,作:"稻米随而生者为离,与稻相似。耨之,为其少实。"这条注文,《四部丛刊》本《淮南子》题作"许慎记上"的,他本题作高诱注的,以及《御览》卷八三九"稻"引《淮南子》的注,都是这样,均与《要术》所引"蒚,水稗"的高诱注大异,怀疑今本《淮南子》此注系出许慎,今本中混杂着许、高二注,而其混淆,在隋杜台卿以后,宋以前。

〔6〕上面是调节稻田水温的简便而巧妙的设计。水稻始种之时,气温较低,而稻田水浅,因受日光照射,水温升高,如果灌进较冷的外水,会降低稻田水温,对稻不利,因此把田塍上的进出水口开在一边的直线上,可使灌溉水流通过时对整丘的水牵动较少,因而较能保持原有水温。夏至后气温高,水热,应该把进出水口错开,使水流斜穿而过,有助于降低田丘水温。见图十(采自万国鼎《氾胜之书辑释》)。但崔寔的北方洛阳地区的移栽,究竟是一般移栽还是秧田移栽,不清楚。

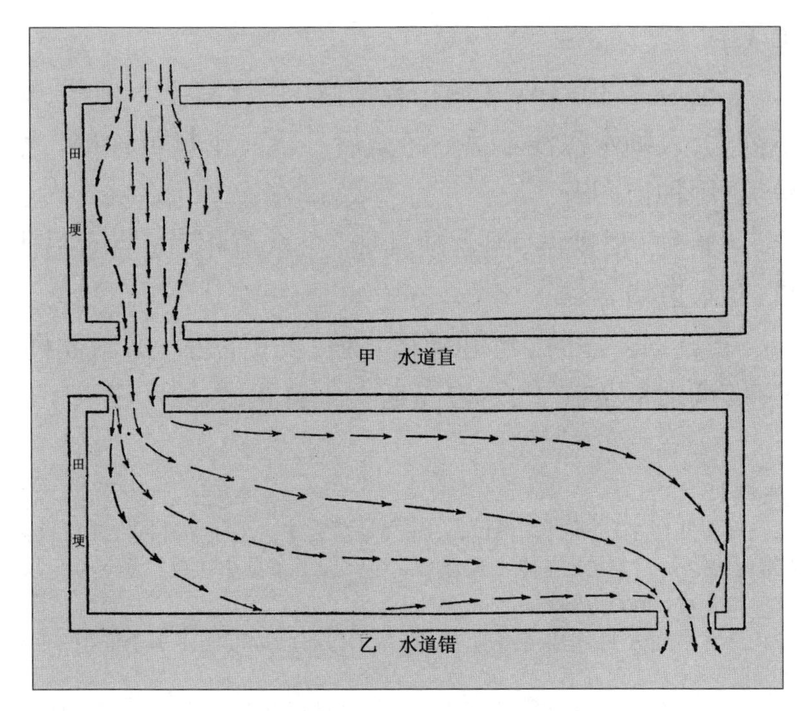

图十　稻田灌水调节水温方法示意图

〔7〕“稻”，各本作“种”，《玉烛宝典·五月》引《四民月令》作“稻”，据改。

【译文】

《杂阴阳书》说：“稻与柳树或杨树相生。八十日孕穗，孕穗后七十日成熟。播种以戊、己和四季日为好。忌在寅、卯、辰日，恶在甲、乙日。”

《周礼》说：“稻人，掌管在低地种庄稼。〔郑玄注解说〕：“就是在有水泽的地里种稻谷。所以叫作‘稼’，好像嫁女生育后代的意思。”用陂塘潴着水，用堤防拦住水，通过支渠的沟荡漾地流出去，通过毛渠的遂均匀地配水到田，用列来舍水；用大沟的浍排去水。然后在田里涉水走着，飘扬去割下的杂草，作成稻田。“郑司农解释说：《春秋左氏传》里有‘町治原防，规划堰潴’，意思和这里的‘潴’和‘防’相当。用列来舍水。‘列，就是不止一条舍去水的沟。’涉水飘扬去杂草，‘因为排泄着水，所以可以在田里行走，拿起钩镰割去杂草。’杜子春解释‘荡’是‘和荡’，是说‘用沟来和缓地行水’。郑玄认为‘堰潴’是蓄水的陂塘。‘防’是陂塘旁边的堤。‘遂’是田头引水的小沟。‘列’是田埂〔；‘舍’是止舍住〕。‘浍’是排水的尾间大沟。‘作’就是整治。把遂沟的口打开，引水灌进田里，依靠田埂把水止舍住，因而涉水走着，把去年割下的杂草荡扬出去，作成田种稻。”

“在下泽地里种庄稼，夏天要用水来殄草，并且芟夷掉。“殄是使发病，使断绝的意思。郑司农用《春秋左氏传》的‘芟夷、积聚’来解释‘芟夷’，认为现在人管禾下种麦叫‘夷下麦’，就是说夷割去禾，在禾茬地里种麦。我玄认为将要在下泽地里种庄稼，必须在夏天六月里常下大雨的季节，用水来断绝后来长出的杂草，到秋天水干了，再割去，明年才可以种庄稼。”长草的下泽地，可以种上‘芒种’。”“郑司农说：‘泽地能长草的，那地方可以种芒种。’芒种，就是稻谷和麦子。”

《礼记·月令》说：“季夏六月……常下大雨，就烧掉草，薙下草，灌进水泡着，利用它来杀草，好像用热汤烫过一样。郑玄注解说：“薙，是说贴地剃杀杂草。这是说，在草荒地里种庄稼，先要剃掉杂草，草干后，烧掉它。到六月，下大雨，把潦水蓄在田里，草不能再长出来，地就肥好可以种了。〔《周礼》说：〕‘薙氏，掌管杀草：春天锄掉初生的萌芽，夏天用钩镰贴地割掉，秋天结实了割去使不能成熟，冬天用耜把它铲去。如果要使它起变化，便用火烧和水泡的办法使它变成肥料。’”这样，可以粪肥田亩，可以使强土变美。”注解说：“土壤润泽，加上大热天，肥分容易见效。‘粪’和‘美’意思一样，换个字罢了。强土是坚强的土。”

《孝经援神契》说：“低洼停水和有泉水的地，宜于种稻。”

《淮南子》说：“蓠，比稻谷先成熟，可农夫还是要薅掉它，因为不能贪图小的利益，而妨害大的收获。”高诱注解说：“蓠，就是水稗。”

《氾胜之书》说：“种稻，春天解冻时，把土耕翻。种稻的田丘不要大；大了，田里的水深浅不均匀。冬至后一百十天，可以种稻。稻田好，一亩用四升种子。

“稻苗刚出不久，需要温暖些；要温暖，该在田塍上对直地开进水出水口，使水成直线地流通〔，就可以保温〕。夏至以后，水晒得很热，该使水流的方向错开〔，可以降低水温〕。”

崔寔说：“三月，可以种稉稻。种稻，好田要稀些，瘦田要稠些。五月，可以移栽〔稻〕和蓝，直到夏至后二十日为止。”

旱稻第十二

旱稻用下田，白土胜黑土[1]。非言下田胜高原，但夏停水者，不得禾、豆、麦，稻田种[2]，虽涝亦收[3]，所谓彼此俱获，不失地利故也。下田种者，用功多；高原种者，与禾同等也。凡下田停水处，燥则坚垎，湿则污泥，难治而易荒，垅埆而杀种——其春耕者，杀种尤甚——故宜五六月暵之，以拟穬麦。麦时水涝，不得纳种者，九月中复一转，至春种稻，万不失一。春耕者十不收五，盖误人耳。

凡种下田，不问秋夏，候水尽，地白背时，速耕，耙、劳频烦令熟。过燥则坚，遇雨则泥，所以宜速耕也。

二月半种稻为上时，三月为中时，四月初及半为下时。

渍种如法，裛令开口。耧耩稚种之，稚种者省种而生科，又胜掷者。即再遍劳。若岁寒早种——虑时晚——即不渍种，恐芽焦也。[4]

其土黑坚强之地，种未生前遇旱者，欲得令牛羊及人履践之[5]；湿则不用一迹入地。稻既生，犹欲令人践垅背。践者茂而多实也。

苗长三寸，耙、劳而锄之。锄唯欲速。稻苗性弱，不能扇草[6]，故宜数锄之。每经一雨，辄欲耙、劳。苗高尺许则锋。

天雨无所作，宜冒雨薅之。科大，如概者，五六月中霖雨时，拔而栽之。栽法欲浅，令其根须四散，则滋茂；深而直下者，聚而不科。其苗长者，亦可掭去叶端数寸，勿伤其心也。入七月，不复任栽。七月百草成，时晚故也。

其高田种者，不求极良，唯须废地。过良则苗折，废地则无草。亦秋耕，耙、劳令熟，至春，黄场纳种。不宜湿下。余法悉与下田同。

【注释】

〔1〕白土、黑土：指土壤的不同形态特征，包括颜色、粗细、结构、松紧等的表征。“白”，这里不是指空白、空闲。

〔2〕“田”，金抄及《辑要》引均作“四”，概括“禾、豆、麦、稻”四种，讲不通；南宋本作“田”，是，但宜作“下田”。“稻下田种”，意谓不是说下田比高原好，只是下田夏天渍着水，不能种谷子、豆、麦，只有耐涝的旱稻种在“下田”，“虽涝亦收”。

〔3〕虽涝亦收：就是有潦水，也有收成。按：旱稻即陆稻，耐旱也耐涝，适应在种水稻易受旱而种旱作不怕略涝的地区，以及春旱而夏秋易涝的低洼地区种植。所以在夏天有滞涝不能种谷子等旱作的地，宜于种陆稻，不怕涝，仍有收获。下文说种穬麦时仍有滞涝不能下种，只能在明春种陆稻，正反映后一种春旱而夏种易涝的情况。

〔4〕这整条注文，不大容易点读，今暂参照江苏泰州市董爱国同志的意见作如上读。“虑时晚”是对“岁寒早种”的注脚，是说碰上春寒年份，由于种期已迫近，仍不得不赶时早些播种——因为如果等到天暖再种，怕时间太晚。在这种情况下，就不要渍种发芽，怕芽会被冻枯。

〔5〕履践之：黑垆土如果耕不及时，地整不熟，旱则块硬虚悬，风日失墒，所以种后未出苗遇旱，须要践踏使落实，使种土相接，以利保墒出苗。

〔6〕陆稻幼苗长势弱，生长缓慢，不易遮蔽杂草，反而易被杂草所蔽，所以必须早锄快锄。

【译文】

旱稻要种在低田，白土比黑土好。不是说低田比高原好，只是因为低田夏天会有渍水，不能种谷子、豆子或麦，只有种旱稻，就是有潦水，也有收成。这样，两种地彼此都有收获，不致失去地利。种在低田，用的人工多；种在高原，用工和谷子一样。低田渍潦的地方，干燥时坚硬板结，湿时泥泞，难以耕治，又容易草荒，土地瘠薄，很难出苗——春耕的尤其难出苗——所以该在五六月里耕翻晒过垡，准备入秋种穬麦。但如果种麦时仍有滞潦不能下种的，那就在九月间再耕转一遍，到明年春天种旱稻，便万无一失。春耕的十成没有五成收成，那真是误人。

凡在低田种旱稻，不管秋天还是夏天，等水干了，地面发白时，赶快耕翻，多遍地耙、耢，把地整熟。太干时坚硬，遇上雨又会泥泞，所以该在白背时赶快耕翻。

二月半种是上好的时令，三月是中等时令，四月初到月半是最晚时令。

浸种按照通常的办法，保温保湿，芽催到开口露白就可以了。耩沟下种，掩上土，掩种的省种子，发棵大，比撒播的强。随即耢两遍。如果怕时间太晚误过时机，即使当年春天还是寒冷的，仍然需要冒寒早些种，那就不要浸种催芽，怕的是催了的芽会被冻枯焦。

黑垆坚硬的地，种下去还没出苗就遇上干旱的，要叫牛羊和人在地上践踏过；但地湿，却不允许有一步踏进去。稻出苗后，还要叫人践踏垄背。践踏过的苗就长得茂盛，结实多。

苗长高到三寸时，耙过，耢平，再锄过。锄务必要快。稻苗力量弱，遮蔽不住杂草，所以该多次快锄。每下一场雨，就要耙、耢。苗长到尺把高时，用锋锋过。天下雨没有什么事，该冒雨薅去稻草。科丛大了，如果嫌稠，五六月里连雨时，就拔掉些另外移栽。栽的方法：要栽得浅，让根须向四面散开，就长得茂盛；如果直插下去栽得深，株丛紧密聚着不发科。稻苗过长的，也可以把叶尖掐掉几寸，可不能伤及苗心。一到七月，便不能再移栽了。七月各种草营养生长已完成，〔稻也一样，〕时间太晚了。

在高田种旱稻，田不要求很肥，只须用原先种过的地。过肥的地容易倒伏，种过的地杂草少。也是秋耕，耙，耢，把地整熟，到春天，趁黄墒下种。不宜地湿时下种。其余办法，都和低田相同。

胡麻第十三

《汉书》[1]：张骞外国得胡麻。今俗人呼为“乌麻”者，非也。

《广雅》曰：“狗虱、胜茄，胡麻也。”[2]

《本草经》曰[3]：“胡麻，一名巨胜，一名鸿藏。”

按：今世有白胡麻、八棱胡麻[4]。白者油多，人可以为饭，惟治脱之烦也。

【注释】

〔1〕《汉书》无此记载，殿本《辑要》引《要术》删去“书”字，只作“汉张骞”，文字上是对的，实质上仍有问题。启愉按：张骞通西域后引种进来的植物只有葡萄和苜蓿两种，见于《汉书·西域传》(虽未明说，可以作这样理解)，不见于本传。此外见于各书引称《博物志》所记的，尚有大蒜、安石榴、胡桃、胡葱、胡荽、黄蓝多种，但不见胡麻。引进胡麻见于《御览》卷八四一“豆”引《本草经》，同时引进的还有胡豆(参看本卷《大豆第六》注释〔6〕)。但《证类本草》录载《神农本草经》的“胡麻”，并无此说，只有陶弘景注说：“本生大宛，故名胡麻。”

〔2〕见《广雅·释草》，有异文。《要术》“胜茄”，可能有脱误。

〔3〕《本草经》，当指陶弘景《本草经集注》，因为“一名鸿藏”是陶弘景添加在《本草经》上的。

〔4〕胡麻：即芝麻。亚麻亦名胡麻，非此所指。芝麻的品种很多，其蒴果有四棱、六棱、八棱及八棱以上等。种子颜色有黑、白、黄、褐等色。种皮一般以黑芝麻较厚，黄、白芝麻较薄。白芝麻一般产量较低，但含油量比黑芝麻高。

【译文】

《汉书》(?)：张骞从外国传进来胡麻。现在俗名叫作“乌麻”，是不对的。

《广雅》说："狗虱、胜茄（?），就是胡麻。"

《本草经》说："胡麻，又名巨胜，又名鸿藏。"

〔思勰〕按：现在有白胡麻、八棱胡麻。白的油多，种仁可以作饭吃，不过脱皮很麻烦。

胡麻宜白地种〔1〕。二、三月为上时，四月上旬为中时，五月上旬为下时。月半前种者，实多而成；月半后种者，少子而多秕也。〔2〕

种欲截雨脚。若不缘湿，融而不生〔3〕。一亩用子二升。漫种者，先以耧耩，然后散子，空曳劳。劳上加人，则土厚不生。耧耩者，炒沙令燥，中半和之。不和沙，下不均。垄种若荒，得用锋、耩。

锄不过三遍。

刈束欲小。束大则难燥；打，手复不胜〔4〕。以五六束为一丛，斜倚之。不尔，则风吹倒，损收也。候口开，乘车诣田斗薮；倒竖，以小杖微打之。还丛之。三日一打。四五遍乃尽耳。若乘湿横积，蒸热速干，虽曰郁裛，无风吹亏损之虑。〔5〕裛者，不中为种子，然于油无损也。

崔寔曰："二月、三月、四月、五月，时雨降，可种之。"〔6〕

【注释】

〔1〕白地：指同一种作物有一定年份"空白"没有种过的非连作地。清丁宜曾《农圃便览·四月》："种芝麻……忌重茬。"芝麻忌连作，连作后茎点枯病、枯萎病、细菌性叶斑病等严重，可致苗期全部死去，即使不死也很坏。启愉栽培经验：第一年很好；第二年还好，但植株矮些，少数枯萎；第三年大半枯萎而死，即使不死也矮了半截，很少结荚，等于报废。即使空三四年再种还是不行，非过十年八年不可。

〔2〕《要术·种谷》说到五谷大多上旬种的全收，中旬种的中等收成，

下旬种的下等收成，这里芝麻月半前种的很好，月半后种的很差，可看作上一说法的实例。但也许是偶然巧合，有无科学根据，尚待研究。

〔3〕融而不生：种子干死不发芽。融，因水分不足，使种子"焦灼"干死。芝麻种子细小，顶土力弱，又种在土表，一般不覆土（或覆薄土），所以要接湿播种。种子在干燥的环境里，呼吸很微弱。芝麻种在稍有水分但实际是很不足的土里，虽也开始萌发，呼吸旺盛时却因水分供应不上，半路停止长芽，本身养分倒消耗了很多，因而小小种仁丧失了生命力，不能发芽。这时，在土里根本找不到扁小的子粒，实际已经枯死消失。

〔4〕胜（shēng）：承担，承受。

〔5〕芝麻蒴果开裂后，种子一碰就掉落。搭着的芝麻把子也会被大风吹倒，那裂荚的种子几乎会全被倒光，损失严重，尤其是搭在大田里，落子更难以收拾。把芝麻秆横堆起来，如果是堆在大田里，即使避免了风吹的损失，但裂荚落子还是多的，那就依然没法收拾。比较稳妥的办法是将把子骑跨在竹木架上，不怕风吹雨淋。

〔6〕芝麻按播种时期有春芝麻、夏芝麻、秋芝麻之分，其特性是同一品种既可春播，也可夏播、秋播。今黄河中下游地区多种春芝麻。崔寔和《要术》所记都是春芝麻而行春播、夏播的。郁闷过的不能作种子，因为胚被郁坏了。

【译文】

胡麻宜于种在白地。二月、三月种是上好的时令，四月上旬是中等时令，五月上旬是最晚时令的下限。月半以前种的，结实多，粒粒成熟；月半以后种的，结实少而秕壳多。

要趁雨停止时就种下。如果不趁湿下种，种子就会干死不发芽。一亩地用二升种子。撒播的，先用空耧耩过，然后撒子，再拖空耢浅盖。耢上加了人，太重，覆土太厚，苗长不出来。用耧车耩种的，先把沙炒燥，同种子对半相和〔，然后耩播〕。不和进沙子，溜子会不均匀。成垄耩播的，长了杂草，垄间有进行锋、耩的便利。

锄苗，三遍就够了。

收割时，扎成的把子要小。把子大了难得干；拍打时，手又照应不过来。五六把斜靠着相搭成一簇。不然的话，被风吹倒，子粒就损失大了。等果皮开裂，乘着车到地里去抖落子粒；倒竖过来，用小棒轻轻敲打。抖过了，依旧一簇簇地搭好。三天打一次。打四五次，可以打尽。如果趁湿横着堆积起来，水分蒸发发热，反而干得快。这样，虽说是郁闷着，但没有风吹落子的耗损。郁闷过的，不能用来作种子，但油量不会损失。

崔寔说："二月、三月、四月、五月，下了合时的雨，可以种胡麻。"

种瓜第十四茄子附

《广雅》曰："土芝，瓜也；其子谓之瓤（力点反）。瓜有龙肝、虎掌、羊骹、兔头、瓞（音温）瓝（大真反）、狸头、白瓞、秋无余、缣瓜，瓜属也。"〔1〕

张孟阳《瓜赋》曰〔2〕："羊骹、累错〔3〕，䖳子、庐江。"

《广志》曰〔4〕："瓜之所出，以辽东、庐江、敦煌之种为美。有乌瓜、缣瓜、狸头瓜、蜜筩瓜、女臂瓜、羊髓瓜。瓜州大瓜〔5〕，大如斛，出凉州。䖳须、旧阳城御瓜〔6〕。有青登瓜，大如三升魁。有桂枝瓜，长二尺余。蜀地温良，瓜至冬熟。有春白瓜，细小，小瓣，宜藏〔7〕，正月种，三月成；有秋泉瓜，秋种，十月熟，形如羊角，色黄黑。"

《史记》曰："召平者，故秦东陵侯。秦破，为布衣，家贫，种瓜于长安城东。瓜美，故世谓之'东陵瓜'，从召平始。"〔8〕

《汉书·地理志》："敦煌，古瓜州，地有美瓜。"〔9〕

王逸《瓜赋》曰〔10〕："落疏之文〔11〕。"

《永嘉记》曰〔12〕："永嘉美瓜〔13〕，八月熟，至十一月，肉青瓤赤，香甜清快，众瓜之胜。"

《广州记》曰〔14〕："瓜，冬熟，号为'金钗瓜'。"

《说文》曰〔15〕："瓞，小瓜，瓞也。"

陆机《瓜赋》曰〔16〕"栝楼、定桃，黄䖳、白抟；金钗、蜜筩，小青、大斑；玄骭、素腕，狸首、虎蹯。东陵出于秦谷，桂髓起于巫山"也。〔17〕

【注释】

〔1〕见《广雅·释草》，"土芝"作"水芝"，又多"桂支、蜜筩"二种，其

他也有异文。“𤬏𤬰”,《要术》各本均误,据《广雅》改正。“大真反”,各本或作“大豆反”,或作“大具反”,均形似致误,《广雅》隋曹宪音注作“徒昆”切,与“大真”同切,故改为“大真”。

〔2〕张孟阳:名载,西晋文学家,官至中书侍郎,《晋书》有传。原有《张载集》,已亡佚。《瓜赋》,《类聚》卷八七“瓜”、《御览》卷九七八及清王念孙《广雅疏证》均引有张载《瓜赋》,内容均较详。

〔3〕“羊骹”,细长,恐非甜瓜。所谓“累错”,也许指瓜皮上有网纹交错。

〔4〕《初学记》卷二八“瓜”及《类聚》卷八七、《御览》卷九七八均引有《广志》,多有异文。“猒须”,三书所引均无此二字。“猒”即“厌”字,古县有“厌次”,在今山东惠民东,“须”未知是否是“次”字之误。

〔5〕敦煌出美瓜,古名瓜州。下文说产自甘肃凉州(今武威),则是从敦煌传进的。

〔6〕旧阳城:秦和汉均置有阳城县,都在今河南境内,入晋均废,故以“旧”名。

〔7〕藏瓜,有鲜藏、干藏、腌藏、酱藏、蜜藏等法。

〔8〕见《史记·萧相国世家》。“从召平始”,作“从召平以为名也”,较胜。

〔9〕见《汉书·地理志下》。颜师古注说:“其地今犹出大瓜,长者狐入瓜中食之,首尾不出。”

〔10〕王逸:东汉文学家,汉顺帝时官侍中。曾给《楚辞》作注,颇为后世所重视。《隋书》及新旧《唐书》经籍志均著录有《王逸集》,今已佚。所引《瓜赋》,类书未见。

〔11〕落疏:指瓜皮上的条纹稀疏开朗,即卷一〇“余甘(四六)”引《异物志》所谓“理(纹理)如定陶瓜”。定陶,今山东定陶。

〔12〕《永嘉记》:《御览》引用书目中列有郑缉之《永嘉记》,《初学记》所引题名相同。《隋书·经籍志》不著录,但另著录有“《孝子传》十卷,宋员外郎郑缉之撰”,则郑为南朝宋时人,其他不详。南朝宋刘义庆(403—444)《世说新语》南朝梁刘峻(孝标,462—521)注,引有《永嘉记》和《东阳记》,据《北堂书钞·武功部八》题名,《东阳记》亦郑缉之所撰。书均亡佚。永嘉郡治在今浙江温州。

〔13〕金抄作“美瓜”,明抄、湖湘本作“襄瓜”。李时珍《本草纲目》认为“襄瓜”即寒瓜,也就是西瓜。

〔14〕《广州记》:《御览》卷九七八引本条题作裴渊《广州记》。书已佚。《御览》所引是:“有瓜冬熟,号曰‘金钗’,味乃甜美。”(据清鲍崇城刻本

《御览》,中华书局影印本《御览》"金钗"误为"金叙")。

〔15〕今本《说文》"瓜"部是:"甇,小瓜也。""瓞,瓝也。""瓝,小瓜也。"意思相同而释例不一。

〔16〕陆机(261—303):西晋文学家,字士衡。曾任成都王司马颖的后将军、河北大都督,兵败为颖所杀。今传《陆士衡集》并非完帙,《瓜赋》在该《集》卷一。定桃,当是定陶瓜。栝楼(Trichosanthes kirilowii),亦名瓜蒌,并非甜瓜。黄䨓,扁圆形黄色瓜;白摶,圆形白色瓜;小青,小的青皮瓜;大斑,大的斑纹瓜。以上都是甜瓜。狸首、虎蹯,圆锥形或倒卵形,里面有浅凹凸或不规则浅纵沟,或是甜瓜变种,恐非佛手瓜(Sechium edule)。玄骭、素腕、女臂、羊骹,长条形如瓠子,恐非甜瓜。

〔17〕《类聚》、《初学记》、《御览》均引有陆机《瓜赋》。《陆士衡集》卷一载有《瓜赋》文。"白摶",明抄如文,"摶"有圆义,与"䨓"相对;金抄作"搏",湖湘本作"传",并形似致误。《陆士衡集》亦讹作"传";又"素腕"与"玄骭"相对,该《集》讹作"素碗",均可从《要术》校正。

【译文】

《广雅》说:"土芝,就是瓜;瓜子叫作瓣(liǎn)。瓜的种类有龙肝、虎掌、羊骹(qiāo)、兔头、瓝瓡(tún)、狸头、白䨓(pián)、秋无余、缣瓜,都是瓜类。"

张孟阳《瓜赋》说:"羊骹、累错,䨓子、庐江。"

《广志》说:"各地所出的瓜,以辽东、庐江、敦煌的种为最好。有乌瓜、缣瓜、狸头瓜、蜜筩瓜、女臂瓜、羊髓瓜。瓜州大瓜,像斛那么大,出在凉州。有厌须(?)和旧阳城进贡的御瓜。有青登瓜,像三升橐斗那么大。有桂枝瓜,二尺多长。蜀地温和肥良,瓜到冬天还有成熟。有春白瓜,瓜小,瓜子也小,宜于作'藏瓜',正月种,三月成熟;有秋泉瓜,秋天种,十月成熟,形状像羊角,黄黑色。"

《史记》说:"召平,本来是秦国的东陵侯。秦亡后,成为平民,家里穷了,就在长安东门外种瓜。瓜质甜美,所以人们称为'东陵瓜',是从召平起名的。"

《汉书·地理志》说:"敦煌,古时叫瓜州,有很好的瓜。"

王逸《瓜赋》说:"疏疏落落的条纹。"

《永嘉记》说:"永嘉有好瓜,八月成熟,到十一月,果肉青色,瓤肉红色,香甜爽口,是各种瓜中最好的。"

《广州记》说:"有一种瓜,冬天成熟,号称'金钗瓜'。"

《说文》说:"甇(yíng),是小瓜,就是瓞(dié)。"

陆机《瓜赋》说:"〔瓜的种类有〕栝楼、定桃,黄䨓、白摶;金钗、蜜筩,小青、大斑;

玄骭(gàn)、素腕,狸首、虎蹯。东陵出在秦谷,桂髓产在巫山。”

收瓜子法:常岁岁先取“本母子瓜”〔1〕,截去两头,止取中央子〔2〕。“本母子”者,瓜生数叶,便结子;子复早熟〔3〕。用中辈瓜子者,蔓长二三尺,然后结子。用后辈子者,蔓长足,然后结子;子亦晚熟。种早子,熟速而瓜小;种晚子,熟迟而瓜大。去两头者:近蒂子,瓜曲而细;近头子,瓜短而喎〔4〕。凡瓜,落疏、青黑者为美;黄、白及斑,虽大而恶。若种苦瓜子,虽烂熟气香,其味犹苦也。

又收瓜子法:食瓜时,美者收取,即以细糠拌之,日曝向燥,挼而簸之,净而且速也。

良田,小豆底佳,黍底次之。刈讫即耕。频烦转之〔5〕。

二月上旬种者为上时,三月上旬为中时,四月上旬为下时。五月、六月上旬,可种藏瓜。

凡种法:先以水净淘瓜子,以盐和之。盐和则不笼死〔6〕。先卧锄耧却燥土,不耧者,坑虽深大,常杂燥土,故瓜不生。然后掊坑,大如斗口。纳瓜子四枚、大豆三个于堆旁向阳中。谚曰:“种瓜黄台头〔7〕。”瓜生数叶,掐去豆。瓜性弱,苗不独生,故须大豆为之起土〔8〕。瓜生不去豆,则豆反扇瓜,不得滋茂。但豆断汁出,更成良润;勿拔之,拔之则土虚燥也。

多锄则饶子,不锄则无实。五谷、蔬菜、果蓏之属,皆如此也。

五、六月种晚瓜。

治瓜笼法:旦起,露未解,以杖举瓜蔓,散灰于根下。后一两日,复以土培其根,则迥无虫矣。

【注释】

〔1〕本母子瓜:启愉按:瓜,指甜瓜(Cucumis melo)。甜瓜的生理特性

是主蔓上不结瓜，支蔓上的雌花才结瓜。主蔓上的分枝叫子蔓，子蔓的分枝叫孙蔓。最早的瓜是从子蔓上结出的，所以叫“本母子瓜”。

〔2〕本母子瓜的瓜子并不是粒粒都合要求的，因为一个瓜里面的种子，由于形成条件的不同，质性也不同，中部的种子形成早，充实饱满，具有较强的生命力和生理活性，种下去具有丰产性和早熟性。瓜两头的种子形成晚，生活力弱，种下去瓜苗生长弱，养分不足，子房发育不良，会产生细曲短歪等畸形瓜。

〔3〕子复早熟：下代结瓜也早。启愉按：甜瓜的生活习性喜温暖，怕雨湿，在开花和成熟期更需要多日照和干燥环境。为了避开夏季的多雨和早日供应鲜果，提早成熟是人们的理想愿望。甜瓜近根部早分枝的子蔓上，常在第一、第二叶腋就长雌花，结瓜很早。它的瓜子具有早熟性，种下去下代结瓜也早。同时中央一段的瓜子也有早熟性。这样，具有两重早熟性的瓜子一代一代地连续选种下去，可以提早瓜的成熟期，培育出早熟的品种。迟熟的瓜后代结瓜也迟，其理相同（亲代关系相传的习性）。

〔4〕㖞（wāi）：歪斜。

〔5〕“频烦”，多次的意思，《要术》常用语，两宋本如文；《渐西》本改从殿本《辑要》作“频翻”，错了。

〔6〕笼死：清代鲁南地区的《农圃便览》讲到种甜瓜先用盐水洗种，种下后再用盐水浇种，“得盐气则不笼死”。现在北方瓜农也还有用盐水浸种的。今苏南等地有称病毒病症状为“笼”，但盐拌种子不能防除病毒病。嘉湖地区的《沈氏农书》称一种桑病为“癃”，今浙东有称大豆花期遇高温干燥又遭北风劲吹而使豆花萎蔫为“笼”。土俗所谓笼，所指不一，概念笼统。下文又有治瓜笼法，在瓜根上撒灰治虫，则可能是指虫食根茎和虫害引起的茎叶萎缩现象。

〔7〕种瓜黄台头：启愉按：新、旧《唐书》之《承天皇帝倓传》：“种瓜黄台下，瓜熟子离离。”“黄台头”就是“黄台下”，就是刨坑时把刨出来的土堆在北面，把瓜种在土堆下面坑内的向阳面。这是露地刨穴直播，现在也常在穴北堆个小土堆，起着风障作用。“头”谓下头，不能误解为头顶。凡物体末端都可称“头”，如上头、下头、梢头、烟头、铅笔头等等。

〔8〕大豆的顶土力比瓜子强，出土也较早，这样依靠豆苗的出土把表土顶开松动了，帮助甜瓜子叶出土。等到瓜苗长出几片真叶时，随即掐断豆苗，避免遮荫阻碍瓜苗新陈代谢的顺利进行，并且豆苗断口有液汁（伤流）流出，还稍有滋润作用。但不能拔掉，否则不但使土壤震裂松散，容易干燥，还会伤损瓜根。瓜株虽然长大后怕水，但幼苗特喜湿润环境，土干了就会萎死。从这里反映《要术》促控兼施的栽培技术。

【译文】

收瓜子的方法：要年年收摘最先结出的“本母子瓜”，截去两头不要，只收中央一段的瓜子。所谓“本母子瓜”，就是刚长出几片叶子最早结出的瓜。〔拿这种瓜子种下去，〕下代结瓜也早。用中间一批瓜的瓜子作种，瓜蔓要长到二三尺长才会结瓜。用晚批瓜的瓜子作种，要迟到蔓长足了之后，才能结瓜，而且它的后代结瓜也迟。种早瓜的瓜子，瓜成熟也早，但瓜小；种迟瓜的瓜子，瓜成熟也迟，但瓜大。所以要截去两头，因为近蒂的瓜子，种下去结的瓜弯曲细小；近下头的瓜子，结的瓜又短又歪斜。凡是甜瓜，条纹稀疏开朗、皮色青黑的，味道甜美；黄色、白色和有斑点的，纵使个大，味道还是很差。假如种的是苦味的瓜，即使熟透了，气味虽然香，味道还是苦的。

又收瓜子的方法：吃瓜时，遇着味道好的，把瓜子收下，随即用细糠拌和，在太阳底下晒到快干时，用手揉搓，接着簸飏，把糠和瘪子都簸去，又干净又快。

要用好地种，用小豆茬地最好，黍子茬地次之。小豆、黍子收割了就耕翻，要多次地转耕。

二月上旬种是最好的时令，三月上旬是中等时令，四月上旬是最晚时令。五月、六月上旬，可以种酱藏的瓜。

种瓜法：先用水把瓜子淘选清净，拿盐和进去。盐和过不会“笼死”。把锄头横过来耙去地面上的燥土，不耙去燥土，坑再深再大，因为混杂着燥土，瓜就出不了苗。然后刨坑，坑口像斗口那样大小。在土堆旁的向阳一面放进四颗瓜子，三颗大豆。农谚说：“瓜种在土堆下头。”等瓜长出几片叶子后，掐去豆苗。瓜性软弱，单独生长时，不容易长出土，所以要靠大豆帮助它顶破表土出苗。瓜长出后如果不掐去豆苗，豆苗反而掩蔽着瓜苗，使瓜长不旺盛。把豆苗掐断，断口上有液汁流出，还可以滋润瓜苗。但不能拔掉，拔掉会使土壤松散干燥。

要多锄，锄多了结实也多；不锄就结实很少。五谷、蔬菜、瓜果之类，都是如此。

五、六月，种晚瓜。

治瓜笼的方法：清早起来，趁露水还没干时，用小棒挑起瓜蔓，拿灰撒在瓜根上。过一两天，再用土培在根上，以后就没有虫了。

又种瓜法：依法种之，十亩胜一顷。于良美地中，先种晚禾。晚禾令地腻。熟，劁刈取穗，欲令茇方末反长。秋耕之。

耕法：弭缚犁耳，起规逆耕[1]。耳弭则禾茇头出而不没矣。至春，起复顺耕，亦弭缚犁耳翻之，还令草头出。耕讫，劳之，令甚平。

种稙谷时种之。种法：使行阵整直，两行微相近，两行外相远，中间通步道，道外还两行相近。如是作次第，经四小道，通一车道。凡一顷地中，须开十字大巷，通两乘车，来去运辇。其瓜，都聚在十字巷中。

瓜生，比至初花，必须三四遍熟锄，勿令有草生。草生，胁瓜无子。锄法：皆起禾茇，令直竖。其瓜蔓本底，皆令土下四厢高，微雨时，得停水。瓜引蔓，皆沿茇上。茇多则瓜多，茇少则瓜少。茇多则蔓广，蔓广则歧多，歧多则饶子。其瓜会是歧头而生；无歧而花者，皆是浪花[2]，终无瓜矣。故令蔓生在茇上，瓜悬在下。

摘瓜法：在步道上引手而取，勿听浪人踏瓜蔓，及翻覆之。踏则茎破，翻则成细，皆令瓜不茂而蔓早死。若无茇而种瓜者，地虽美好，正得长苗直引[3]，无多盘歧，故瓜少子。若无茇处，竖干柴亦得。凡干柴草，不妨滋茂[4]。凡瓜所以早烂者[5]，皆由脚蹑及摘时不慎，翻动其蔓故也。若以理慎护，及至霜下叶干，子乃尽矣。但依此法，则不必别种早、晚及中三辈之瓜。

【注释】

〔1〕起规逆耕：绕着圈子逆耕。《通俗文》："量圆曰规。"这里就是绕圈子，指在地的右边耕起，到头后向左转，这样兜圈地耕到地的中部，像现在耕作方法上所说的"外翻法"。下文所说的顺着耕，就是从左向右转圈耕，即按与逆耕相反的方向耕。所谓顺逆，像用圆规画圆圈，以从左向右画为顺，反之为逆。由于去掉犁壁，耕起的土垡只是稍微翻动而不会倒覆，所以谷茬仍能露在地上。

〔2〕浪花：指雄花，滥开着不结瓜的。上下文反复说明甜瓜只在支蔓上结瓜、支蔓越多结瓜越多的特性，描述得淋漓尽致。

〔3〕“正”，各本同，初疑为“止”字之误，其实不是。各时代有各时代的用词特色，魏晋南北朝时期多以“正”当“止”，即其一例。在《要术》中，例如卷七《笨曲并酒》“粟米酒法”的“正作馈耳，不为再馏”，卷八《作豉法》的“是以正须半瓮尔”等，都是“止”的意思。

〔4〕这是告诫不要插进有再生能力的活枝条，那会长成新植株，不但耗夺去养分，又与瓜叶争阳光，瓜自然长不茂盛了。

〔5〕早烂：“烂”是熟透，引申为完尽，大致与“阑”相当，非指腐烂。早烂指瓜株早衰，过早地罢园收场，从下文谨慎地养护，可以延长到霜降才完毕，可为明证。这是参照孟方平的意见。

【译文】

又一种种瓜法：依这种方法种瓜，十亩胜过一百亩。在肥美的地里，先种一熟晚谷子。晚谷子可以使地细熟。谷子熟了，只割下穗子，留着长长的谷茬。到秋天耕翻。耕的方法：去掉犁壁，绕着圈子逆耕。去掉犁壁耕，谷茬就仍然出头，不会覆没在地里。到春天，再顺着耕，还是去掉犁壁耕，依旧使茬头出在地面上。耕完毕，耢过，要耢得很平。

在种早谷子的时候种瓜。种的方法：要使行列整齐对直，两行稍微靠近些，另外的两行隔开远些，中间可以让人走过；过道外面还是靠近些的两行。这样依次排列，经过四条过道，留出一条大车道。在一顷地里，须要开出十字形的大巷道，可以让两辆大车通过，来往搬运摘下的瓜。运出的瓜都先堆在十字巷口广场上。

从瓜长出到开始开花的期间，必须锄三四遍把地锄细，不使有杂草生长。长着杂草，胁迫着瓜，瓜就不结实。锄的方法：要把谷茬全都扶立起来，使直直地竖着。瓜根部的土要低陷一些，四围的土要耧高一些，下小雨时，让它可以承受雨水。瓜蔓延伸时，都攀沿着谷茬向上生长。茬多瓜就多，茬少瓜也少。茬多蔓就延展得广，蔓广了支蔓就多，支蔓多了结瓜也多。因为瓜都是在支蔓上结出的；不是支蔓上开的花，都是“浪花”，终究不会结瓜。因此，必须使蔓攀援在茬上，瓜悬在蔓下面。

摘瓜的方法：该在小过道上伸手去摘，不要让莽撞人进去踏着瓜蔓，以及翻转瓜蔓。踏了会踏破茎子，翻转会使瓜长得细小；这样，都会使瓜长不茂盛，而且瓜蔓也会早早死去。假如没有谷茬来种瓜，即使是很肥的地，也只是长长的一条蔓一直延伸过去，没有多少曲折交叉的支蔓，所以结瓜就少。如果没有谷茬的地方，用干柴草竖着也可以。干柴草不会妨害瓜的滋长茂盛。种瓜之所以会早早收场，都是由于脚踏破了蔓，以及摘的时候不小心，翻动了蔓。如果能够顺着瓜的生理特性谨慎地养护，可以延长到霜降叶子干枯之前，才停止结瓜呢。只要依着这个方法去种，就不必另外种早、中、晚三季的瓜了。

区种瓜法：六月雨后种菉豆，八月中犁稀杀之；十月又一转，即十月中种瓜。率两步为一区，坑大如盆口，深五寸。以土壅其畔，如菜畦形。坑底必令平正，以足踏之，令其保泽。以瓜子、大豆各十枚，遍布坑中。瓜子、大豆，两物为双，藉其起土故也。以粪五升覆之。亦令均平。又以土一斗，薄散粪上，复以足微蹑之。冬月大雪时，速并力推雪于坑上为大堆。至春草生，瓜亦生，茎叶肥茂，异于常者。且常有润泽，旱亦无害。[1]五月瓜便熟。其掐豆、锄瓜之法与常同。若瓜子尽生则太概，宜掐去之，一区四根即足矣。

又法：冬天以瓜子数枚，内热牛粪中，冻即拾聚，置之阴地。量地多少，以足为限。正月地释即耕，逐鳨布之。率方一步，下一斗粪，耕土覆之。肥茂早熟，虽不及区种，亦胜凡瓜远矣。凡生粪粪地无势；多于熟粪，令地小荒矣。[2]

有蚁者，以牛羊骨带髓者，置瓜科左右，待蚁附，将弃之。弃二三，则无蚁矣。

【注释】

〔1〕冬月大雪时……旱亦无害：这是堆雪保墒抗旱的技术措施，很有成效。《要术》地区干旱少雨，是在年降雨量只有500—800毫米的条件下进

行旱农生产的，不但对雨水极其重视，对雪也是尽可能地保存利用。这样，就产生了堆雪和压雪的保墒技术。压雪施用于露地冬种葵菜，下一次雪拖耢压一次，不让它被风吹走。不但保泽，还有防冻作用。压雪的效果可以持续很久，可以逃过春旱，直到来年四月还不怕旱，因为“地实保泽，雪势未尽故也”。堆雪的效果同压雪一样，因为坑内有积雪余墒，同样能度过春旱，而到五月夏雨甜瓜怕雨时，瓜已经成熟了，却栽培出早熟甜瓜供食。冬瓜、越瓜、瓠子、茄子，同样采用十月区种雪后堆雪的办法，“润泽肥好，乃胜春种”。不过开始如果雪水过多，对发芽不利。

〔2〕这条小注讲生熟粪的肥效，与正文无关，日本学者西山武一认为是后人所加。

【译文】

区种瓜法：六月，下过雨后种绿豆，八月里用犁翻转掩在地里，埋死它。到十月再耕一遍，就在十月里种瓜。区的标准是两步开成一个区，坑口像盆口一样大，五寸深。耙土堆在坑的周围，像菜畦埂那样。坑底一定要平正，用脚踏实，让它可以保持住水泽。拿瓜子和大豆各十颗均匀地布置在坑里。瓜子和大豆，每处配成一对放着，因为要依靠大豆的力量来顶破表土。拿五升粪盖在上面。也要均匀平正。再拿一斗细土薄薄地撒盖在粪上面，用脚轻轻地踏过。冬天下大雪的时候，大家赶紧并力把雪推到坑上去，堆成一大堆。到春天，草长出来时，瓜也长出了；茎和叶肥壮茂盛，跟一般的瓜就是不一样。而且〔坑里保持着雪水余墒〕，常常有润泽，不怕干旱。等到五月热天，瓜已经成熟了。掐去豆苗和锄瓜的办法，跟平常方法相同。如果十颗瓜子全都出苗，太密，要掐去多余的，一区只留四株就够了。

又一种种法：冬天拿几颗瓜子，放进热牛粪里面，到粪结冻后，就捡起来，聚积在不见太阳的地方。估量种多少地，就聚积多少，以够用为限。到正月，地解冻了就耕翻，趁墒好种下去。大致是一方步的地，施上一斗粪，耕翻覆盖好。这样种的瓜，肥壮茂盛，成熟早，虽然赶不上区种的，也远远胜过普通种的瓜。生粪粪地没有力量；如果生粪用得比熟粪多，会使地被杂草稍占优势。

如果有蚁，拿带髓的牛羊骨，放在瓜窝旁边，等到蚁爬集在骨头上，就拿来丢掉。丢过二三次，蚁就没有了。

氾胜之区种瓜："一亩为二十四科。区方圆三尺，深五寸[1]。一科用一石粪。粪与土合和，令相半。以三斗瓦瓮埋着科中央，令瓮口上与地平。盛水瓮中，令满[2]。种瓜，瓮四面各一子。以瓦盖瓮口。水或减，辄增，常令水满。种常以冬至后九十日、百日，得戊辰日种之[3]。又种薤十根，令周回瓮，居瓜子外。至五月瓜熟，薤可拔卖之，与瓜相避。又可种小豆于瓜中，亩四五升，其藿可卖。此法宜平地。瓜收亩万钱。"

崔寔曰："种瓜宜用戊辰日。三月三日可种瓜。十二月腊时祀炙萐[4]，树瓜田四角，去蓝[5]。""胡滥反。瓜虫谓之蓝。"

《龙鱼河图》曰："瓜有两鼻者杀人。"

【注释】

〔1〕"深五寸"，有问题。下篇《种瓠》引《氾书》"区种瓠法"是一区"方圆、深各三尺"，瓜与瓠的性状差不多，可这里瓜区的方圆相同，而深只有五寸，还要在坑内加进二石的粪和土，再在坑内埋一个能盛三斗水的瓦瓮，不应只有五寸深，应有误文。存疑。

〔2〕"盛水瓮中，令满"：这是用来灌溉的。用的是渗漏灌溉法，水通过瓮壁慢慢地渗漏出来，瓮四面的瓜蔓可以得到适量水分的供给，而且不致忽多忽少，又可避免地面灌溉的流失和蒸发，节约水量，还能在一定程度上保持水温。这些在北方少雨和寒冷地区尤其重要，设计很巧妙。

〔3〕"得戊辰日"，也有问题。冬至后九十天是春分，后一百天在春分、清明之间，这跟戊辰日是毫不相干的，就是说，很难恰巧碰上戊辰日，那就没法种瓜了。因此，"得"是错字，也许是"若"（或）字之误，存疑。

〔4〕腊时祀炙萐（shà）：腊祭时的炙脯。《说文·艸部》、《白虎通·封禅》有"萐莆"，《论衡·是应》作"萐脯"，《宋书·符瑞志上》作"箑脯"。古代传说是一种神异的草或树或脯肉，其叶或肉薄大如扇，生在厨房中，自动扇风清凉，食物不腐臭。在这里讲不通。唐韩鄂《四时纂要·十二月》"腊炙"："是月收腊祀余炙，以杖穿头，竖瓜田角，去虫。"唐时尚有这样的防

虫活动，其说与崔寔相同。所谓"炙蓮"，实际就是"炙脯"，即爊制的腊肉的薄片。卷三《杂说》引崔寔《四民月令》有烧饮炙箑，"治刺入肉中"。《本草纲目》卷五〇"豕"引《救急方》："竹刺入肉，多年爊肉，切片包裹之，即出。"也证明炙蓮（箑）就是熏腊肉。至于腊祭，是古时在十二月腊日祭祀百神。《说文》说腊日在冬至后第三个戌日，但这一天并不每年都在十二月。南朝梁的宗懔《荆楚岁时记》则以十二月初八为腊日，这就是后世说的"腊八日"。

〔5〕蟲（hàn）：可能指瓜守（Anlacophora femaralia），也叫"守瓜"。

【译文】

氾胜之的区种瓜法："一亩地作成二十四个坎。每坎对径三尺，五寸深（?）。一坎用一石粪，把粪和土对半地相拌和〔填进坎中〕。拿一个能盛三斗水的瓦瓮埋在坎的中央，让瓮口和地面相平。瓮里盛满着水。在瓮外的四周各种一颗瓜子。用瓦把瓮口盖好。瓮里的水如果减少了，随即加水，常常使水满满的。通常在冬至后九十天到一百天，遇到戊辰日（?）下种。又在瓮的周围，瓜子外面，种十株薤。到五月，瓜开始成熟的时候，可以把薤拔来卖掉，避开瓜蔓，免得妨碍瓜。还可以在瓜地空的地方种上小豆，一亩用四五升种子；可以摘豆叶当蔬菜卖。这个方法宜于用在平地。一亩瓜可以收到一万文钱。"

崔寔说："种瓜宜用戊辰日。三月三日可以种瓜。拿十二月腊祭时的炙脯，〔用棒子穿着，〕插在瓜田四角，可以除去蟲虫。""瓜虫叫作蟲虫。"

《龙鱼河图》说："瓜有两个蒂的，吃了会死人。"

种越瓜、胡瓜法〔1〕：四月中种之。胡瓜宜竖柴木，令引蔓缘之。收越瓜，欲饱霜。霜不饱则烂。收胡瓜，候色黄则摘。若待色赤，则皮存而肉消也。并如凡瓜，于香酱中藏之亦佳。

种冬瓜法：《广志》曰："冬瓜，蔬𧿆。"〔2〕《神仙本草》谓之"地芝"也〔3〕。傍墙阴地作区，圆二尺，深五寸，以熟粪及土相和。正月晦日种。二月、三月亦得。既生，以柴木倚墙，令其缘上。旱则浇之。八月，断其梢，减其实，一本但留五六枚。多留则不成也。十月，霜足收之。早收则烂。削去皮、子，于芥子酱中，或美豆酱中藏之，佳。

冬瓜、越瓜、瓠子，十月区种，如区种瓜法[4]。冬则推雪着区上为堆。润泽肥好，乃胜春种。

种茄子法：茄子，九月熟时摘取，擘破，水淘子，取沉者，速曝干裹置。至二月畦种。治畦下水，一如葵法。性宜水，常须润泽。着四五叶，雨时，合泥移栽之。若旱无雨，浇水令彻泽，夜栽之。白日以席盖，勿令见日。

十月种者，如区种瓜法，推雪着区中，则不须栽。

其春种，不作畦，直如种凡瓜法者，亦得，唯须晓夜数浇耳。

大小如弹丸，中生食，味如小豆角。

【注释】

〔1〕越瓜（Cucumis melo var. conomon）：又名菜瓜，但实际是两种瓜。越瓜皮薄水分多，质地脆嫩，可以生吃解渴；菜瓜（Cucumis melo var. flexuosus）皮厚水分少，质地坚实，生吃微带酸味。但自古混淆，今地方俗名也有实是越瓜而叫菜瓜的。越瓜和菜瓜都是甜瓜的变种。　胡瓜：即黄瓜。

〔2〕《广志》所云，类书未见。金抄作“讵”，他本作“坥”，二字字书均未收。《广雅·释草》有“冬瓜，菰也”，也许是“菰”字之误。

〔3〕《神仙本草》，各书未见，现存唐以前本草书，亦未见冬瓜又名“地芝”之说。《唐本草》注引《广雅》说：“冬瓜，一名地芝。”《广雅》疑是《广志》之误，王念孙《广雅疏证》即认为“《神仙本草》谓之‘地芝’也”这句仍是《广志》引称的文句。

〔4〕十月区种甜瓜及冬瓜、越瓜、瓠子和下文的茄子，都是冬播瓜茄法。瓜茄都是喜高温蔬菜，其生育盛期，正赶在高温季节，对多结和结好果实有利，但不耐寒冻，遇霜即死。现在冬播，并不是露地冬季播种，冬季出苗，而

是在露地土壤未冻结前播下种子，充分浇水，埋在地里越冬，来春较早出苗。《要术》都采用推雪法，对防冻保墒有很大作用。但如果入春化冻，雪水过多不能迅速下渗时（下层土壤尚未解冻），则对种子发芽不利。现在流行的是菠菜，立冬播下，翌春出苗，群众叫作“埋头菠菜”。

【译文】

种越瓜、胡瓜的方法：在四月里种。胡瓜，要插立柴枝，让蔓攀缘上去。越瓜，要受够了霜再收。没有受够霜就会烂。胡瓜，等颜色变黄了就收。如果等到颜色变红，就只剩下皮，肉都化掉了。两种都和普通的瓜一样，在香酱中腌藏着作酱瓜，都好。

种冬瓜的方法：《广志》说：“冬瓜，就是蔬矩（？）。”《神仙本草》管它叫“地芝”。靠墙北面阴地开成区，区二尺圆，五寸深，要用熟粪和在土里。正月的末一日种下。二月、三月也可以。出苗后，用柴枝斜靠着墙，让蔓攀缘上去。天旱就浇水。到八月，断去蔓的梢头，除掉一部分果实，一株只留五六个。多留了长不好。十月，受够了霜再收。收早了会烂。削去皮，挖去子，在芥子酱中或好豆酱中腌藏着，可好呢。

冬瓜、越瓜、瓠子，也可以在十月里区种，像上面区种瓜的方法一样。也是冬天把雪推到区上作成堆。这样，区里润泽，瓜长得肥美，比春天种的强。

种茄子的方法：茄子九月里成熟时摘回来，擘破，用水淘出子来，取沉在水底的子，赶快晒干，包裹起来收藏。到二月，作成畦种下去。作畦，浇水，一如种葵的方法。茄的性质喜欢水，须要常常润泽。长出四五片叶子时，遇着下雨，连泥挖出移栽。如果天旱没有雨，要大量浇水，使地湿透，夜间移栽。移栽后白天用席覆盖，不要让它见太阳。

十月里种的，像区种瓜的方法，也把雪推到区里，那就不必移栽。

假如春天种，不采用畦种，只是像种普通的瓜的方法种，也可以，不过要早晚经常浇水。

茄子大小像弹丸一样，可以生吃，味道像小豆荚。

种瓠第十五

《卫诗》曰:“匏有苦叶。”[1]毛云:“匏,谓之瓠。”《诗义疏》云[2]:“匏叶,少时可以为羹,又可淹煮,极美,故云:‘瓠叶幡幡,采之亨之。’河东及扬州常食之。八月中,坚强不可食,故云‘苦叶’。”

《广志》曰:“有都瓠,子如牛角,长四尺。有约腹瓠,其大数斗,其腹窈挈,缘带为口[3],出雍县[4];移种于他则否。朱崖有苦叶瓠[5],其大者受斛余。”

《郭子》曰[6]:“东吴有长柄壶楼。”

《释名》曰:“瓠蓄,皮瓠以为脯,蓄积以待冬月用也。”[7]

《淮南万毕术》曰[8]:“烧穰杀瓠,物自然也。”

【注释】

〔1〕见《诗经·邶风·匏有苦叶》。毛《传》是节引。邶、鄘均属卫地,故亦泛称为《卫诗》。

〔2〕《诗义疏》:撰人无可考,书已佚。《隋书·经籍志一》著录有《毛诗义疏》或存或亡共九种,作者有舒援、沈重、谢沈、张氏等,《诗义疏》当属此类,非三国吴人陆机(与西晋陆机同名,宋以后改为“陆玑”)的《毛诗草木鸟兽虫鱼疏》,《毛诗义疏》此类书均晚于陆机,原书已佚。《匏有苦叶》孔颖达疏引有陆机《疏》,与《诗义疏》有异文。《诗义疏》所引“瓠叶幡幡”二句,见于《诗经·小雅·瓠叶》,今本《诗经》倒作“幡幡瓠叶”,孔引陆机《疏》同,而与《诗义疏》所引不同,反映《诗义疏》不等于陆机《疏》。

〔3〕明抄等作“带”,金抄等加草头作“蒂”,非是。上文“窈”通“凹”;“挈”通“絜”,是缠束,又通“契”,是刻削成缺口。“约腹瓠”即“细腰葫芦”,“其腹窈挈”是说腹部凹陷好像紧束着的腰,也好像刻着一道缺口。

"缘带为口"是说沿着腰间束带处(承"约腹"、"其腹"为喻)开着一道凹陷的缺口,字应作"带",如果作"蒂",蒂头何能凹陷成缺口?

〔4〕雍县:汉置,故城在今陕西凤翔南。

〔5〕朱崖:县名,故治在今海南海口。

〔6〕《郭子》:《隋书·经籍志三》小说类著录"《郭子》三卷,东晋中郎将郭澄之撰",疑即此书。郭澄之,东晋末人,《晋书》有传。书已佚。

〔7〕见《释名·释饮食》。

〔8〕《淮南万毕术》:《隋书·经籍志三》五行类注云,梁有《淮南万毕经》、《淮南变化术》各一卷,亡。《旧唐书·经籍志下》、《新唐书·艺文志三》五行类再著录《淮南王万毕术》一卷,旧唐《志》题名"刘安撰",则是唐时征书又出现的。书已亡佚。

【译文】

《诗经·邶风》的诗说:"匏有苦叶。"毛公解释说:"匏,叫作瓠。"《诗义疏》说:"匏叶,嫩时可以作羹,又可以腌藏或煮了吃,很好吃,所以《诗经》说:'嫩嫩的瓠叶,采来煮了吃。'河东和扬州地方常常吃它。到八月里,老硬不能吃了,所以说'苦叶'。"

《广志》说:"有都瓠,果实像牛角,四尺长。有细腰瓠,大到可以容纳几斗,腹部凹陷,沿着系带的周围深陷成一道缺口,出在雍县;移种到别的地方便会变样。朱崖有苦叶瓠,大的能容纳一斛多。"

《郭子》说:"东吴有长柄葫芦。"

《释名》说:"瓠蓄,是削去瓠皮做成干脯,蓄积起来到冬天吃的。"

《淮南万毕术》说:"在家里烧黍秸,会使地里的瓠死去,这是自然的道理。"

《氾胜之书》种瓠法:"以三月耕良田十亩。作区,方、深一尺。以杵筑之,令可居泽。相去一步[1]。区种四实。蚕矢一斗,与土粪合[2]。浇之,水二升;所干处,复浇之。

"着三实,以马箠敧其心,勿令蔓延——多实,实细。以藁荐其下,无令亲土多疮瘢。度可作瓢,以手摩其实,从蒂至底,去其毛——不复长,且厚。八月微霜下,收取。

"掘地深一丈,荐以藁,四边各厚一尺。以实置孔中,令底向下。瓠一行，覆上土，厚三尺。二十日出，黄色，好，破以为瓢。其中白肤，以养猪致肥；其瓣，以作烛致明。

"一本三实，一区十二实，一亩得二千八百八十实。十亩凡得五万七千六百瓢。瓢直十钱，并直五十七万六千文。用蚕矢二百石〔3〕，牛耕、功力，直二万六千文。余有五十五万。肥猪、明烛，利在其外。"

《氾胜之书》区种瓠法："收种子须大者。若先受一斗者，得收一石；受一石者，得收十石。

"先掘地作坑，方圆、深各三尺。用蚕沙与土相和，令中半，若无蚕沙，生牛粪亦得。着坑中，足蹑令坚。以水沃之。候水尽，即下瓠子十颗，复以前粪覆之。

"既生，长二尺余，便总聚十茎一处，以布缠之五寸许，复用泥泥之。不过数日，缠处便合为一茎〔4〕。留强者，余悉掐去。引蔓结子。子外之条，亦掐去之，勿令蔓延。留子法：初生二、三子不佳，去之；取第四、五、六，区留三子即足。

"旱时须浇之：坑畔周匝小渠子，深四五寸，以水停之，令其遥润〔5〕，不得坑中下水。"

崔寔曰："正月，可种瓠。六月，可畜瓠〔6〕。八月，可断瓠，作蓄瓠〔7〕。瓠中白肤实，以养猪致肥；其瓣则作烛致明。"

《家政法》曰〔8〕："二月可种瓜、瓠。"

【注释】

〔1〕相去一步：距离一步。这只表明每1方步作1区，可区间的距离实际只有5尺（那时6尺为步）。下文1亩地收2 880个瓠，1区12个瓠，

2 880 ÷ 12 = 240区,合到240方步1亩,1方步开1个区。

〔2〕“土粪”,没有指明,据下文“用蚕沙与土相和”,疑“粪”是衍文,或“与土”二字倒错,应作“土与粪合”。“土粪”,不会是后世的焦泥灰。

〔3〕“用蚕矢二百石”,这只是约略估计。实际1区用1斗蚕屎,10亩2 400区,该用240石蚕屎。

〔4〕合为一茎:愈合成为一条茎。十株瓠苗嫁接后愈合为一。然后选留最强的一条蔓,其余九条都掐去,目的是使十株根系共同滋养一条蔓上的果实,培育成十倍大。但这只是一种主观愿望,实际上一条蔓会长得特别旺盛,但不可能因为有十株根系的滋养,就会长出十倍大的果实。

〔5〕这是浸润灌溉法。《氾书》在北方旱作的灌溉方面有四种不同一般的技术:(1) 种稻的以不同进出水口来调节水温;(2) 种麻子的晒井水减去寒气;(3) 区种瓜的用瓦瓮盛水的渗漏灌溉法;(4) 这里的浸润灌溉法:在北方干旱地区都极有经济效益。

〔6〕畜:指畜养、培育,方法当如《氾书》所说的抹去果皮上的毛,使只长厚而不长大。

〔7〕蓄瓠:这是埋藏着使瓠壳硬化剖开作瓢的。崔寔《四民月令》的“畜瓠”和“蓄瓠”都是《氾书》技术的仿效,细看上面氾文自明。

〔8〕《家政法》:《隋书·经籍志三》医方类注云,梁有《家政方》十二卷,亡。但《要术》所引都是种植和饲养方法,当非医方之书。卷一〇“甘蔗(二一)”引《家政法》有“三月可种甘蔗”,甘蔗是南方所产,疑此书是南朝人所写。书已佚。

【译文】

《氾胜之书》种瓠法:“三月里耕治十亩好田,作成区,每区一尺见方,一尺深。用杵把区内的土筑实,让它容易保留水分。区和区之间距离一步。每区种下四颗种子。用一斗蚕屎,与土相和〔放进区内〕。每区浇二升水;看到干的地方,再浇些水。

“一株蔓上结出三个果实时,就用马鞭打掉蔓心,不让它再向前长出;因为结实多了,果实就细小了。拿稿秆垫在果实的下面,不让果实直接贴在泥土上,否则会使它多结疮疤的。估量果实大到可以作瓢了,用手在果实外面,从蒂到底整个地摩抹一遍,抹掉果皮上的毛;这样,果实便不会再长大,可是长得厚实。八月,下过轻霜后,就采收回来。

“掘一个一丈深的土坑，坑底和四边都铺上一层一尺厚的稿秆。把收回来的瓠放在坑里，使瓠底朝下。放好一层瓠，盖上一层三尺厚的土。过二十天，取出来，瓠已经变成黄色，好了，便可以剖开作瓢。里面白色的肉，可以养猪，使猪膘肥；种子可以用来作火炬式的‘烛’，作照明用。

“一株蔓上结三个瓠，一区十二个瓠，一亩地可以收到二千八百八十个瓠。十亩地〔共得二万八千八百个瓠，剖开来〕共得五万七千六百个瓢。一个瓢值十文钱，共值五十七万六千文钱。用去蚕屎二百石，再加上牛力、人工，共计工本二万六千文钱。这样，净余纯利五十五万文钱。肥猪和照明烛的利益还没有计算在内。”

《氾胜之书》区种瓠的方法：“收取种子，须要选择大形的瓠。原来容量一斗的，区种后可以收到容纳一石的；原来容量一石的，可以收到容纳十石的。

“先在地里掘出坑，坑的直径三尺，深也是三尺。用蚕沙和土对半相拌和，如果没有蚕沙，用生牛粪也可以。放进坑里，用脚踏实。浇透水。等到水都渗尽了，就种下十颗瓠子，再用原先对半相和的粪土盖在上面。

“出苗后，长到二尺多长的时候，把十条茎集合在一处，用布缠扎集合茎的一段，大约五寸长，外面再用泥土涂封。过不了几天，缠着的地方便愈合成为一条茎了。这时，只留下十条茎中最强的一条，其余九条全都从愈合的上端掐掉。让留着的蔓长出去结果实。没有结实的旁枝，也都掐掉，不让蔓徒长。留果实的方法：最初结的二、三个果实不好，都给去掉；保留第四、第五、第六个，一区留三个就够了。

“天旱须要浇水。浇水的方法：在坑的周围掘一道小沟，四五寸深，在沟里灌水停留着，让水从外面慢慢地渗进去，可不能往坑里浇水。”

崔寔说：“正月，可以种瓠。六月，可以育瓠。八月，可以摘下瓠来作‘蓄瓠’。瓠里的白肉，可以养猪使膘肥；种子可以做‘烛’，用来照明。”

《家政法》说：“二月可以种瓜和瓠。”

种芋第十六

《说文》曰[1]:“芋,大叶实根骇人者,故谓之‘芋’。”“齐人呼芋为‘莒’。”

《广雅》曰[2]:“渠,芋;其茎谓之葭(公杏反)[3]。”“藉姑,水芋也,亦曰乌芋。”[4]

《广志》曰[5]:“蜀汉既繁芋[6],民以为资。凡十四等:有君子芋,大如斗,魁如杵簇。有车毂芋,有锯子芋,有旁巨芋,有青边芋:此四芋多子。有谈善芋,魁大如瓶,少子;叶如散盖,绀色;紫茎,长丈余;易熟,长味,芋之最善者也;茎可作羹臛,肥涩,得饮乃下。有蔓芋[7],缘枝生,大者次二三升。有鸡子芋,色黄。有百果芋,魁大,子繁多,亩收百斛;种以百亩,以养彘。有早芋,七月熟。有九面芋,大而不美。有象空芋,大而弱,使人易饥。有青芋,有素芋,子皆不可食,茎可为菹。凡此诸芋,皆可干腊,又可藏至夏食之。又百子芋,出叶俞县[8]。有魁芋,旁无子,生永昌县[9]。有大芋,二升,出范阳、新郑[10]。”

《风土记》曰:“博士芋,蔓生,根如鹅鸭卵。”[11]

【注释】

〔1〕引《说文》稍有异文。下条见“莒”字下。“芋”有“大”义,又有“吁”义,《说文·口部》:“吁,惊也。”

〔2〕引文上条见《广雅·释草》,“渠”字多草头。《要术》原引作“其叶谓之葭”。按:葭读gěng音,与“梗”同音,现在口语中还有呼“茎”为“梗”,“叶”显系“茎”字之误,因据《广雅》原文改正。下条见《广雅·释

草》，作："藉菇、水芋，乌芋也。"《要术》引有"亦曰"，王念孙《广雅疏证》认为："《广雅》之文，无言'亦曰'者，盖误引。"启愉按：古人引书，重在征引明事，往往对原文有删约，或在不违反原义下有加添，乃至前后倒置。这样的引法，见于《要术》中他人引《广雅》的，不乏实例。例如卷一〇"胡葰（五九）"郭璞引《广雅》就有："枲耳也，亦云胡枲"；"郁（二五）"《诗义疏》引《广雅》"一名"、"亦名"还多至五个。说明这里是《要术》所添，不是误引。

〔3〕"公杏反"，各本或作"分杏反"，或作"必杏反"，均形似致误。按"蓈"，《玉篇》"公杏反"，据改。

〔4〕藉姑：即慈姑。　乌芋：即荸荠，也偶有指慈姑的。本条水芋和乌芋，虽有"芋"名，实际都和芋无关。

〔5〕《御览》卷九七五"芋"引到《广志》这条，但多有错脱，几不可读，远不及《要术》完整明顺。《要术》引蜀地者十四种，非蜀地者"又百子芋"等三种，合共十七种。《御览》引十四种中脱"锯子芋"、"谈善芋"二种，而以非蜀产的"百子芋"、"魁芋"凑足十四种，殊不经。《王氏农书·百谷谱三·芋》又把《风土记》的"博士芋"混在《广志》十四种中。

〔6〕蜀汉：蜀郡和汉中一带地方。

〔7〕蔓芋和下文蔓生的博士芋应是薯蓣一类的蔓性草本植物，虽有"芋"名，与芋无关。

〔8〕叶俞县：《御览》卷九七五引《广志》作"叶榆县"，汉置，故治在今云南大理东北。

〔9〕永昌县：三国吴置，故治在今湖南祁阳。

〔10〕范阳：县名，故城在今河北定兴。又郡名，三国魏置，郡治在今河北涿州。　新郑：县名，秦置，即今河南新郑。

〔11〕《御览》卷九七五引到《风土记》此条，文同。

【译文】

《说文》说："芋，叶片大，根一大蔸，骇人，所以叫作'芋'。""齐人管芋叫作'莒'。"

《广雅》说："渠，就是芋；它的茎叫作'蓈'。""藉姑，就是水芋，也叫作乌芋。"

《广志》说："蜀汉的芋很多很多，老百姓拿它作生活资料。共有十四种：有君子芋，一蔸有斗那么大，中央的芋魁像饭簟大小。有车毂芋，有锯子芋，有旁巨芋，有青边芋：这四种芋芋子都多。有谈善芋，芋魁像瓶子那么大，但芋子少；叶片像张开的伞，青红色；叶柄紫色，一丈多长；容易烧熟，味道好，是上等最好的芋；叶柄可以加肉煮作羹臛，但肥腻，又噎喉，要喝水才能咽下去。有蔓芋，缘着枝条生长，大的差不多有二三升大。有鸡子芋，黄色。有百果芋，芋魁大，芋子很多，一亩地可以收到一百斛；种上百亩，可以养猪。有旱芋，七月成熟。有九面芋，虽然大，不好。有象空芋，大而绵软，吃了容易饥。有青芋，有素芋，芋子都不可以吃，叶柄可以腌作菹菜。这十四种芋都可以晒作干，也可以生藏到明年夏天吃。另外还有百子芋，出在叶俞县。有魁芋，魁旁没有芋子，产在永昌县。还有大芋，有二升大，出在范阳、新郑。”

《风土记》说：“有博士芋，蔓生，块茎像鹅蛋、鸭蛋。”

《氾胜之书》曰：“种芋，区方、深皆三尺。取豆萁内区中，足践之，厚尺五寸。取区上湿土与粪和之，内区中萁上，令厚尺二寸；以水浇之，足践令保泽。取五芋子置四角及中央，足践之。旱，数浇之。萁烂[1]。芋生，子皆长三尺。一区收三石。

“又种芋法：宜择肥缓土近水处，和柔，粪之。二月注雨，可种芋。率二尺下一本。芋生根欲深，斸其旁以缓其土。旱则浇之。有草锄之，不厌数多。治芋如此，其收常倍。”

《列仙传》曰[2]：“酒客为梁[3]，使烝民益种芋：‘三年当大饥。’卒如其言，梁民不死。”按：芋可以救饥馑，度凶年。今中国多不以此为意，后至有耳目所不闻见者。及水、旱、风、虫、霜、雹之灾，便能饿死满道，白骨交横。知而不种，坐致泯灭，悲夫！人君者，安可不督课之哉？

崔寔曰：“正月，可菹芋[4]。”

《家政法》曰：“二月可种芋也。”

【注释】

〔1〕萁烂：豆茎腐烂。埋得那么厚实的隔年豆茎，在蓄水保墒方面会

有作用，但不易腐烂提供腐殖质，供给养料的作用很有限。

〔2〕《列仙传》：旧题西汉刘向（约前77—前6）撰，今存。后人认为是伪托。书中记述赤松子等神仙故事70则。历代文人多引为典实。刘向，西汉经学家、目录学家。《丛书集成》本《列仙传》卷上所记有异文，作："酒客……为梁丞，使民益种芋菜，曰：'三年当大饥。'"《御览》卷九七五"芋"引《列仙传》亦作"梁承，使"（"承"通"丞"）。则与《要术》金抄等所引有梁县的正职或佐贰之异。

〔3〕梁：县名，汉置，故治在今河南临汝。

〔4〕"可菹芋"，各本相同，但《玉烛宝典·正月》引《四民月令》作"可种……芋"。启愉按：菹是腌菜，但芋艿富含淀粉，不宜于作菹，卷九《作菹藏生菜法》介绍大量菹菜，唯独没有芋菹。只有芋茎（假茎）可以酿菹，但正月未有鲜芋茎。"菹"宜依《玉烛宝典》作"种"。

【译文】

《氾胜之书》说："种芋，作区三尺见方，三尺深。拿豆茎放入区里，用脚踏紧，要有一尺五寸厚。把区里掘出来的湿土，和粪拌匀，填入区里豆茎的上面，要有一尺二寸厚。浇上水，踏实，让它保持润泽。拿五个芋子放在区的四角和中央，踏紧。天旱时，多次浇水。豆茎腐烂。芋生长后，芋子都有三尺长。一区可以收到三石芋。

"又一种种芋法：应该选择肥美、松软而靠近水的地，耕整松和，施上粪。二月，下大雨时，把芋种下地，株距的标准是二尺。芋生长时，根长得深，可以在根的四围锄土，把土锄疏松。旱时就浇水。有草就锄，锄的次数不嫌多。这样管理芋田，收成常常可以加倍。"

《列仙传》说："酒客作梁县县长，叫老百姓多多种芋，说：'三年内有大饥荒。'后来果然应到他的话，因此梁民没有饿死。"〔思勰〕按：芋可以救饥荒，度过凶年。现今"中国"人往往不把这个当一回事，后来甚至于长着耳目也不闻不问。一旦水、旱、风、虫、霜、雹的灾害袭来，便会出现满路饿殍、到处白骨的悲惨景象！明明知道而不去种植，因而招致灭亡，真可悲啊！作为君王，怎么可以不督促大家去种呢？

崔寔说："正月，可以〔种〕芋。"

《家政法》说："二月可以种芋。"

齐民要术卷第三

种葵第十七[1]

《广雅》曰："蘬，丘葵也。"[2]

《广志》曰："胡葵，其花紫赤。"

《博物志》曰[3]："人食落葵[4]，为狗所啮，作疮则不差，或至死。"

按：今世葵有紫茎、白茎二种；种别复有大小之殊。又有鸭脚葵也。

【注释】

〔1〕葵：锦葵科的冬葵（Malva verticillata），也叫冬寒菜；其味柔滑，古时又叫"滑菜"。葵在古代是一种很重要的蔬菜，栽培很早，《诗经》中已有记载。《要术》列为蔬菜的第一篇，栽培方法也谈得详细，反映葵在当时的重要性。直到元代的《王氏农书》还说葵是"百菜之主"。但到明代的《本草纲目》已把它列入草类，现在蔬菜栽培学书中也没有葵的章节。今人已感到陌生，惟江西、湖南、四川等省仍有栽培，长沙等地还是叫葵菜，不过已远远不如古代的重要了。

〔2〕《广雅·释草》作："蘬，葵也。"无"丘"字。启愉按：《玉篇》"蘬"字有"丘追"等三切（声母都是"丘"字），《御览》卷九七九"葵"引《广雅》正作："蘬（丘轨切），葵也。"说明"丘"字是衍文，是音切脱去下面二字，只剩着"丘"字而致误。

〔3〕《博物志》：西晋张华（232—300）撰。记载异域奇物及古代琐闻杂事等。原书已佚，今本由后人搜辑而成，已杂有后人掺假成分。

〔4〕落葵：落葵科的落葵（Basella rubra），一年生缠绕草本。子实为浆果，暗紫色，可作胭脂，又名胭脂菜。又有终（葵）葵、天葵、露葵、繁（蘩）露、承露等异名。《丛书集成》本《博物志》卷二有此条，"落葵"作"终葵"。别本又作

"冬葵","冬"是"终"的残误。《御览》卷九八〇引《博物志》又作"络葵"。

【译文】

《广雅》说:"蘬(guī),就是葵。"

《广志》说:"胡葵,花紫红色。"

《博物志》说:"吃了落葵的人,被狗咬伤,长的疮不会好,甚至因此致死。"

〔思勰〕按:现在的葵有紫茎和白茎两种,每种又都有大型和小型的不同。此外又有鸭脚葵。

临种时,必燥曝葵子。葵子虽经岁不浥,然湿种者,疥而不肥也〔1〕。

地不厌良,故墟弥善;薄即粪之,不宜妄种。

春必畦种水浇。春多风旱,非畦不得。且畦者地省而菜多,一畦供一口。畦长两步,广一步。大则水难均,又不用人足入〔2〕。深掘,以熟粪对半和土覆其上,令厚一寸,铁齿杷耧之,令熟,足踏使坚平;下水,令彻泽。水尽,下葵子,又以熟粪和土覆其上,令厚一寸余。葵生三叶,然后浇之。浇用晨夕,日中便止。

每一掐,辄杷耧地令起,下水加粪。三掐更种。一岁之中,凡得三辈。凡畦种之物,治畦皆如种葵法,不复条列烦文。

早种者,必秋耕。十月末,地将冻,散子劳之,一亩三升。正月末散子亦得。人足践踏之乃佳。践者菜肥。地释即生。锄不厌数。

五月初,更种之。春者既老,秋叶未生,故种此相接。

六月一日种白茎秋葵〔3〕。白茎者宜干;紫茎者,干即黑而涩。

秋葵堪食,仍留五月种者取子。春葵子熟不均,故须留中辈。于此时,附地剪却春葵,令根上桥生者〔4〕,柔软至好,仍供常食,美于秋菜。留之,亦中为榜簇[5]。

掐秋菜,必留五六叶。不掐则茎孤;留叶多则科大。[6]凡掐,必待露解。谚曰:"触露不掐葵,日中不剪韭。"八月半剪去,留其歧。歧多者则去地一二寸,独茎者亦可去地四五寸。�生肥嫩,比至收时,高与人膝等,茎叶皆美,科虽不高,菜实倍多。其不剪早生者,虽高数尺,柯叶坚硬,全不中食;所可用者,唯有菜心;附叶黄涩,至恶,煮亦不美。看虽似多,其实倍少。

收待霜降。伤早黄烂,伤晚黑涩。榜簇皆须阴中。见日亦涩。其碎者,割讫,即地中寻手纟之。待萎而纟者必烂。

【注释】

〔1〕"疥",明抄及《辑要》引并同;殿本《王氏农书》引作"瘠",《渐西》本从之。"疥"指叶片上有瘢斑等病害,"瘠"是瘦,二义不同。

〔2〕畦不能做得太宽,否则管理上和披叶时都很不方便,势必踩进畦里伤菜坏畦。按:后魏也是6尺为步。1尺约合今280毫米,即0.84市尺;半步3尺,合2.52市尺。人站在畦旁伸手进去披菜,已经够宽,不能再宽了。

〔3〕葵菜一年可以种三批,即三季,就是春葵、夏葵和秋葵。畦种的免得重新作畦,都是拔掉再种在原畦。大田种的三季都种在另外的地里。上文冬种早春生长的是春葵,老了还要剪去主茎,使复壮更生新侧茎;五月初另地种的是夏葵,老了要留着收种子;这里六月初一另地种的是秋葵,除供鲜食外,主要是阴干贮藏作冬菜的。

〔4〕植物全体是地上部和地下部的组合体,二者的关系是互相依存而保持着平衡发展。如果把地上部切割去一部分,打破了二者的平衡状态,植物本身为了统一植物体内部的矛盾,就以强盛的再生能力萌发新芽,长成新枝,达到新的平衡。人们从长期的感性认识中发现植物体有这种猛长新枝的现象,久而久之,贾思勰就继承着运用在葵菜上,有意识地截去春葵老茎,促使长出新茎,挖掘老株余势,达到了复壮更新的高标准。原来老葵截去主茎后,近根部的腋芽迅速萌发生长;就连那作为后备军的潜伏芽也不甘心潜伏,加快活跃起来,出来递补,一起发芽长出新茎叶,以恢复平衡。秋葵老了,也照此处理。秋葵根部侧芽多的截短些;单茎的留长些,促使下部有较多的腋芽、潜伏芽萌发新侧茎。这样处理之后,葵株虽然短些,但发棵大,新

茎叶多，柔嫩，老叶怎样也赶不上，比不截茎的产量大大提高，品质也很好。栴(niè)生，蘖生。栴，同“蘖”。

〔5〕榜簇：指挂在支架上阴干贮藏。榜，一种晾晒的支架。簇，成小把地排挂在支架上。

〔6〕不掐去主茎下部的叶，养分被分耗，腋芽不易长成新茎，只长着孤单单的一条主茎。多留五六片上部的功能叶使营光合作用，促使腋芽萌发新枝，科丛就容易长得旺盛。

【译文】

临种前一定要把葵子晒燥。葵子虽然过一年不会窝坏，但湿子种下去，叶子会有瘢斑病害，长不肥大。

地不嫌肥沃，种过葵的连作地更好；地瘦了就加粪，不要随便乱种。

春天，必须作成低畦种下，浇水。春天干旱和吹干风的日子多，非作畦种不可。而且畦种的占地少，〔集约程度高，〕单位面积产菜多，一畦菜可以供给一口人。畦子两步长，一步阔。畦大了浇水难得均匀，而且畦里面是不允许人踏进去的。把畦土深深地掘起，〔耧些土作成小畦埂，〕再用熟粪和掘起的土对半相和，盖在畦面上，盖一寸厚，用手用铁齿耙耧过，把土耧熟，再用脚踏过，踏实踏平；接着浇水，让地湿透。水渗尽了，播下葵子，仍用熟粪和土对半和匀，盖在葵子上面一寸多厚。葵长出三片叶子时，开始浇水。只在早晨和晚上浇，日中便停止。

每掐一次葵叶，就把土耙松耙浮起，浇一次水，上一次粪。掐过三次，就拔掉再种上。一年之中，可以种三季。凡是畦种的作物，作畦都像种葵的方法，以后不再重复叙述。

早种〔要使早春生长〕的，必须先进行秋耕。到十月末，地快要结冻之前，撒上子，耢盖过，一亩地用三升子。正月末撒子也可以。再由人在地里踏过才好。踏过的菜长得肥些。地解冻松软了，苗也就长出来了。以后锄的遍数不嫌多。

五月初，再种一季。早春生长的春葵已经老了，秋葵还没有长叶，所以种这季夏葵相接。

六月初一种白茎秋葵。白茎的宜于作菜干；紫茎的干了就发黑而且粗涩。

秋葵可以吃的时候，要留着五月种的来收种子。春葵的种子成熟不均匀，所以要留中间一季的夏葵来收种子。在这时候，贴近地面剪去春葵老茎，促使根茬上重新蘖生出新茎。这新茎的叶柔软肥嫩，仍可作为常吃的菜，比秋葵叶还好吃。留着，以后也可以“榜簇”起来阴干。

掐秋葵，必须留着主茎上部的五六片叶子。如果不掐叶，只长着孤单单的一条主茎；多留上部的叶，〔分枝就多，〕科丛就大。凡掐葵叶，必须等露水干了的时候才掐。农谚说：“露湿不掐葵，日中不剪韭。”八月半，剪去主茎。要留着下部的小侧茎。侧茎多的可以离地一二寸剪去，独茎的也可以留高些，离地四五寸剪去。这样，蘖生的新茎，又肥又嫩，到收的时候，有齐人膝盖那么高，茎和叶子都好，科丛虽然不很高，菜的分量却加倍的多。如果不剪去原来早长着的主茎，虽然有几尺高，可茎和叶子坚硬，全不好吃；用得上的，只有菜心；就连菜心外面的叶也是发黄的，味道粗涩，很坏很坏，怎样煮也不好吃。所以，看看好像很多，其实是极少极少。

收获要等到见过霜后。收早了会发黄软烂，收晚了会发黑，涩而不滑。收来挂在支架上，必须在阴处晾干。见太阳也会变涩。零碎的茎叶，割下后，就在地里随手收聚起来扎成小把。等到萎蔫了再收扎成把，以后一定会烂坏。

又冬种葵法：近州郡都邑有市之处，负郭良田三十亩，九月收菜后即耕，至十月半，令得三遍。每耕即劳，以铁齿耙耧去陈根，使地极熟，令如麻地。于中逐长穿井十口。井必相当，斜角则妨地。地形狭长者，井必作一行；地形正方者，作两三行亦不嫌也。井别作桔槔、辘轳[1]。井深用辘轳，井浅用桔槔。柳罐令受一石。罐小，用则功费。

十月末，地将冻，漫散子，唯概为佳。亩用子六升。散讫，即再劳。有雪，勿令从风飞去，劳雪令地保泽，叶又不虫。[2]每雪辄一劳之。若竟冬无雪，腊月中汲井水普浇，悉令彻泽。有雪则不荒。正月地释，驱羊踏破地皮[3]。不踏即枯涸，皮破即膏润。春暖草生，葵亦俱生。

三月初，叶大如钱，逐概处拔大者卖之。十手拔，乃禁取[4]。儿女子七岁以上，皆得充事也。一升葵，还得一升米。日日常拔，看稀稠得所乃止。有草拔却，不得用锄。一亩得葵三载，合收米九十车。车准二十斛，为米一千八百石。

自四月八日以后，日日剪卖。其剪处，寻以手拌斫斸地令起〔5〕，水浇，粪覆之。四月亢旱，不浇则不长；有雨即不须。四月以前，虽旱亦不须浇，地实保泽，雪势未尽故也。比及剪遍，初者还复，周而复始，日日无穷。至八月社日止，留作秋菜。九月，指地卖，两亩得绢一匹。

收讫，即急耕，依去年法，胜作十顷谷田。止须一乘车牛专供此园。耕、劳、辇粪、卖菜，终岁不闲。

若粪不可得者，五、六月中穊种菉豆，至七月、八月犁掩杀之，如以粪粪田，则良美与粪不殊，又省功力。其井间之田，犁不及者，可作畦，以种诸菜。〔6〕

【注释】

〔1〕桔槔：原始的提水机具，利用杠杆作用提水。最早见于《庄子·天地·天运》。如图十一（采自《王氏农书》）。　　辘轳：利用旋转动力提水，比桔槔前进一步，现在农村仍有应用。如图十二（采自《授时通考》）。

图十一　桔槔

图十二　辘轳

〔2〕“劳雪……叶又不虫”这条小注，应在下句正文“每雪辄一劳之”的下面。下条小注“有雪则不荒”，“荒”疑应作“浇”。

〔3〕踏破地皮：即踏破踏松地表层。冬天经过几次压雪之后，土壤塌实，地下毛管水孔道联通良好，回春化冻之后，地面暴露，毛管水向上运行，直达地表，很快蒸发失墒。赶羊在地里踏破踏松地表，切断和打乱了毛管通道，使上行水分阻断在土层之下，因而保住墒，使地润泽。

〔4〕禁（jīn）：能，经受。

〔5〕手拌（pàn）斫：一种手用的小型刨土农具。

〔6〕井间隙地种其他的菜，常年种葵菜时就可以种，以尽其地利，不必只在五六月耕地种绿豆作绿肥时才种。所以，井间隙地种菜这条注文，怀疑该在前文“穿井十口”的注文“作两三行亦不嫌也”之下。

【译文】

又冬天种葵的方法：靠近州、郡的大城市有市场的地方，在郊外有着三十亩好地的，九月收过秋葵之后就耕翻，到十月半，要求耕三遍。每耕一遍就耱耢，再用手用铁齿耙把陈根耧掉，把土耙细使得极熟，像种大麻的地一样。在地的中央随着它的长开十口井。开井必须对直开成一线，如果斜着对角开，那就妨碍耕作而且费地了。地形狭长的，井只能开一排；地形正方的，开成两排三排也不妨。每口井分别装置桔槔或辘轳。井水离井口深的用辘轳，离井口浅的用桔槔。汲水用的柳条罐子，用可以装得下一石水的。罐子小了，费的工夫就多。

十月底，地快结冻前，撒播种子，尽量密播为好。一亩地用六升种子。撒完后，随即耢盖两遍。下过雪，不要让雪被风吹走，每下一次雪，随即耢压一遍。（耢压过，可以使地保住水泽，叶又不会生虫。）假如整个冬天不下雪，就在腊月里汲井水普遍浇灌一遍，要统统浇湿透。有雪不会多长杂草（?）。正月，地面化冻了，赶着羊在地里踏破踏松地表层。不踏松地表就会干涸，踏松了就保得住润泽。春天回暖的时候，杂草长出，葵也都出苗了。

三月初，葵叶长到像铜钱的大小，依次看稠密的地方拣大的拔来卖掉。要有十足的人手拔才能拔得了。七岁以上的男女小孩，都干得了这工作。一升葵秧，可以换得一升米。天天间苗拔来卖，到稀稠合适时停止。有草就拔掉，不能用锄头锄。一亩地可以收到三大车的葵秧，〔等于三大车的米。三十亩地〕共可收到九十车米。一车以二十斛米计算，〔九十车〕共得米一千八百斛。

从四月八日起，以后天天剪下留着的葵菜来卖。剪过的地方，随即用“手拌斫”把土刨松浮起，浇上水，盖上粪。四月里亢阳天旱，不浇水就不生长；有雨就无须浇水。四月以前，就是不下雨也不必浇水，因为地里还保有墒，去冬压雪的余墒还没有消尽。等到全部的地都剪过了一遍，早先剪过的地又都陆续长出来了。这样循环着剪，一轮转一轮地天天有得剪。剪到八月秋社日停止，留下来作为秋菜。到九月，就整片地批卖给人家，两亩地的菜，可以卖得一匹绢。

菜全部收完之后，赶快又耕翻，还是依照去年的办法又种上。这样，〔三十亩地的收益〕比种一千亩谷田还强。营运上只要配备一辆牛车，专门供这菜园用。耕地，耢地，运粪，卖菜，一年到头不闲空。

如果粪没法得到，可以在五、六月里稠密地播种绿豆，到七月、八月耕翻掩埋在地里，就像用粪粪田一样，它的肥美实在和粪没有两样，而且又省功力。井边上犁不到的隙地，可以作成畦，种上别的各种菜。

崔寔曰：“正月，可种瓜、瓠、葵、芥、薤、大小葱、苏。苜蓿及杂蒜，亦可种——此二物皆不如秋。六月，六日可种葵，中伏后可种冬葵。九月，作葵菹，干葵。”〔1〕

《家政法》曰：“正月种葵。”

【注释】

〔1〕《玉烛宝典·正月》引崔寔《四民月令》“葱”后“苏”前尚有“蓼”，《要术》本卷《荏蓼》引崔寔正作：“正月，可种蓼。”《要术》此处似脱“蓼”字。

【译文】

崔寔说：“正月，可以种瓜、瓠、葵、芥、薤、大葱、小葱、〔蓼、〕苏。苜蓿和杂蒜，也可以种——这两种都不如秋天种的好。六月，六日可以种秋葵，中伏以后可以种冬天的葵。九月，腌葵菹，晒干葵。”

《家政法》说：“正月种葵。”

蔓菁第十八菘、芦菔附出

《尔雅》曰[1]:"蒫,葑苁。"注:"江东呼为芜菁,或为菘,菘、蒫音相近,蒫则芜菁。"[2]

《字林》曰:"莘,芜菁苗也,乃齐鲁云。"

《广志》云:"芜菁,有紫花者,白花者。"

【注释】

〔1〕引文见《尔雅·释草》,"蒫"作"须"。关于后面的"注",《尔雅》郭璞注是"未详",孙炎注是:"须,一名葑苁。"(《诗经·邶风·谷风》"采葑采菲",孔颖达疏引)这里的注文有不同,未悉出自何人。清臧庸(镛堂)将《要术》此注辑入所纂《尔雅汉注》中,则认为是汉人所注,清郝懿行《尔雅义疏》只推定为"旧注之文"。又,《要术》明抄等原无"注"字,据湖湘本补入。

〔2〕古人对某些相似的植物往往混为一物。这里《尔雅》的某一注者把芜菁当作菘菜,即其一例。其实芜菁(Brassica rapa,十字花科,现在北方通称蔓菁)是根菜类蔬菜,肉质根肥大,可供食,菘菜是白菜类蔬菜,以叶供食,二者不同。不过,二者叶和花(黄色)有些相似,或者又由于栽培环境和管理不善,芜菁肉质根不长大,有些像菘菜,因此误认为一物?但贾氏指出菘菜像芜菁,叶丛大,不是芜菁,不能混淆。古人又把萝卜当作芜菁(下文)。《方言》说:"芜菁开紫花的叫作芦菔。"芦菔即萝卜。按:芜菁花黄色,没有紫花的,紫花的是萝卜,不是芜菁。《广志》也说:"芜菁有紫花的,有白花的。"实际也把萝卜当作芜菁,因为萝卜才有紫花、白花的。贾氏也予以辨正,指出萝卜根(肉质根)粗大,可以生吃,但芜菁根不能生吃,俗话说:"生吃芜菁,没有人情。"贾氏通过细心的观察分析,抓住植物形态、生理、性状等的不同"把柄",对千百年来混二为一的类似植物,第一个予以鉴别辨正,

在植物分类上有独到的见解（此外还有梅和杏、棠和杜、楸和梓等）。

【译文】

《尔雅》说："葑，是蕦苁（cōng）。"注解说："江东称为芜菁，或称为菘，菘和葑语音相近，葑就是芜菁。"

《字林》说："荤，是芜菁苗，是齐鲁的方言。"

《广志》说："芜菁，有紫花的，有白花的。"

种不求多，唯须良地，故墟新粪坏墙垣乃佳。若无故墟粪者[1]，以灰为粪，令厚一寸；灰多则燥不生也。耕地欲熟。

七月初种之。一亩用子三升。从处暑至八月白露节皆得。早者作菹，晚者作干。漫散而劳。种不用湿。湿则地坚叶焦。既生不锄[2]。

九月末收叶，晚收则黄落。仍留根取子。十月中，犁粗畤，拾取耕出者。若不耕畤，则留者英不茂[3]，实不繁也。

其叶作菹者，料理如常法。拟作干菜及蘸人丈反菹者，蘸菹者，后年正月始作耳[4]，须留第一好菜拟之。其菹法列后条[5]。割讫则寻手择治而辫之，勿待萎，萎而后辫则烂。挂着屋下阴中风凉处，勿令烟熏。烟熏则苦。燥则上在厨积置以苫之。积时宜候天阴润，不尔，多碎折。久不积苫则涩也。

春夏畦种供食者，与畦葵法同。剪讫更种，从春至秋得三辈，常供好菹。

取根者，用大小麦底。六月中种。十月将冻，耕出之。一亩得数车。早出者根细。

【注释】

〔1〕"故墟粪"，"墟"疑"垣"字之误，"故垣粪"即指用旧墙土作粪。

〔2〕既生不锄：出苗后，不要锄。在田间管理上，芜菁没有像葵那样要求精细重视，肥水管理和中耕锄草都是这样。锄苗可以同时间苗，芜菁既然不锄，也没有提到手间，这是不行间苗的。但间苗是很重要的。芜菁虽然管理上可以简便些，但幼苗期间土壤仍要经常保持疏松，雨后尤其需要中耕除草，促使生长旺盛。根部逐渐发育露出地面时，更需要培土，以利肉质根的次生生长，并使肉质根盖在地下，则表皮细润，颜色正常，品质也提高。《要术》显然对芜菁的栽培管理是相当粗放的。

〔3〕英：指嫩叶，这里指着生于短缩茎上的新叶丛。按：这是撒播芜菁，十月中粗疏地犁起土条，翻出一部分芜菁根收根，另一部分留着越冬，明年收子。但须注意，九月底收叶，怎样收法，是摘叶还是切断其茎。据下文"割下后"，应是割茎，保留着短缩茎基部（根颈部），使潜伏芽蘖生新枝叶，即所谓"英"。但根颈部接近地面，容易受冻害，《要术》没有提到保护措施。这样露地越冬收子的处理法，现在不采用。

〔4〕"后年"，各本相同，《辑要》引改为"次年"，没有错。按：古称"后年"，实是后一年的意思，就是现在说的明年，非指明年的明年。卷六《养羊》的"后年春"，也是指明年春。其他文献如《晋书·杜预传》的"当须后年"，实际也是明年。《辑要》改为"次年"，后人读此，免致混淆。又，去年，古亦常称"前年"，即今年前的一年，与今称去年之去年为"前年"不同，如卷二《水稻》引《周礼·稻人》郑玄注的"扬去前年所芟之草"，所指实即去年也。他如《史记·黥布列传》："往年杀彭越，前年杀韩信。"指的都是去年的事情，裴骃《集解》引张晏说："往年、前年同年，使文相避也。"

〔5〕蘸菹是一种用麦曲加黍米淀粉酿制而成的菹菜，制法见卷九《作菹藏生菜法》的"蘸菹法"。

【译文】

种芜菁不要求种多，但必须是好地，在连作地上新近上过陈墙土作粪的很好。如果没有〔陈墙土〕作粪，就用灰作粪，施上一寸厚；灰太多了土会过燥，苗就出不了了。地要耕整得细熟。

七月初种下去。一亩地用三升种子。从处暑到八月白露节，都可以种。早种的作腌菜，晚种的作干菜。撒播，耢盖好。地湿时不要种。地湿盖后紧实，长出的叶子会干焦。出苗后不要锄。

九月末，收获叶子，收晚了叶子会发黄掉落。仍然留着根，准备收种子。十月中，粗粗地犁起土条，拾取翻出来的芜菁根。如果不粗疏地犁过，留着的芜菁的嫩叶长不茂盛，明年结的子实就少了。

叶子准备腌作菹菜的，按通常的办法处理。准备作干菜和“蘸菹”的，所谓蘸菹，是明年正月才开始酿制的，须要留着第一等好菜作准备。它的作法后文有专条说明。割下后，随手选择整理出来，打成辫形，不要延迟让蔫了，蔫了再打辫，就会烂坏。再两头相结挂在屋里不见太阳风凉的地方，但不能被烟熏。烟熏过味道就苦。干了之后，上在橱架上堆积起来，上面用东西盖好。堆积时该等候潮润的阴天，不然的话，叶便会破碎折断。长时间不堆积起来盖好，味道会粗涩。

春夏两季种来作为常吃的，可以采用畦种法，畦种的方法跟种葵菜相同。剪完，拔掉又种上，从春到秋，可以种三季，经常有好菹菜供吃。

以收根为目的的，用大麦小麦茬的地。六月中种。十月快结冻前，耕翻出来收根。一亩地可以收到几车根。早耕出的根小。

又多种芜菁法：近市良田一顷，七月初种之。六月种者，根虽粗大，叶复虫食；七月末种者，叶虽膏润，根复细小；七月初种，根叶俱得。拟卖者，纯种九英[1]。九英叶根粗大，虽堪举卖，气味不美。欲自食者，须种细根。

一顷取叶三十载。正月、二月，卖作蘸菹，三载得一奴。收根依晦法，一顷收二百载。二十载得一婢。细剉和茎饲牛羊，全掷乞猪[2]，并得充肥，亚于大豆耳。一顷收子二百石，输与压油家，三量成米，此为收粟米六百石，亦胜谷田十顷。

是故汉桓帝诏曰[3]：“横水为灾，五谷不登，令所伤郡国，皆种芜菁，以助民食。”[4]然此可以度凶年，救饥馑。干而蒸食，既甜且美，自可藉口，何必饥馑？若值凶年，一顷乃活百人耳。

蒸干芜菁根法：作汤净洗芜菁根，漉着一斛瓮子中，以苇荻塞瓮里以蔽口，合着釜上，系甑带；以干牛粪燃火，竟夜蒸之。粗细均熟,謹謹着牙,真类鹿尾。蒸而卖者,则收米十石也[5]。

【注释】

〔1〕九英:九英芜菁。启愉按:古人常把芜菁当作菘菜或萝卜,其实后人习俗上也有混叫的。例如芜菁有的地方俗名"九英菘",江西的地方志上仍有叫小萝卜为蔓菁的。芥菜的变种大头芥(即大头菜),其叶除中央主要叶丛外,在周围还有小叶丛数簇。小芥菜中有一种俗名"九头芥"的,主茎外围涌生着多条小侧茎。此类都是所谓"多头种"。但芜菁的叶只有中央一丛而已,不具分簇或分头,则所谓"九英",应指短缩茎上分生着多片长大的羽状分裂叶,成为一大丛。

〔2〕乞:这里作"给予"解。

〔3〕汉桓帝(132—167):东汉晚期皇帝,在位21年,到死都被外戚和宦官专权。

〔4〕此诏记于《东观汉记》,见《御览》卷九七九"芜菁"引,其年份为东汉桓帝永兴二年(154),诏文全同《要术》引,惟"横水"作"蝗、水"。今《东观汉记》残本(《四库全书》辑佚本)《桓帝纪》所载同《御览》引,也是"蝗、水"。查《后汉书·桓帝本纪》也载此事,是:永兴二年"六月,彭城泗水,增长逆流,诏司隶校尉、部刺史曰:'蝗灾为害,水变仍至,五谷不登,人无宿储,其令所伤郡国,种芜菁以助人食。'"事实是蝗灾以后,继以水灾,故《东观汉记》并称"蝗、水"。《要术》的"横",疑是"蝗"字之误。郡国:国与郡相当,都是县以上的地方行政区划。始于汉,至隋废国存郡。

〔5〕"收米十石",没有说明多少芜菁根,照行文习惯,应是承上文"一斛瓮"的芜菁根说的。但经济效益未免太高。

【译文】

又多种芜菁的方法:靠近城市用一顷好地,七月初种下去。六月种的,根虽然粗大,但叶子遭受虫害;七月底种的,叶子虽然肥润,但根却细小;只有七月初种的,根和叶子都好。打算卖给人家的,全种九英芜菁。九英芜菁,叶子和根都粗大,虽然卖得钱多,但气味都不好。自己吃的,该种细根芜菁。

一顷地可以收三十车的叶。正月、二月,卖给人家作蘸菹,三车叶可以换得一个奴。收根时,依照犁地翻出的办法,一顷地可以收二百车根。二十车根可以换得一个婢。把根斩碎拌和在茎里一起喂牛羊,或者整块地扔给猪吃，都能长得膘肥，比大豆只稍微差点。一顷地还可以收二百石种子，拿来卖给榨油作坊，可以换得三倍的米，也就是总共收得六百石的粟米，胜过种十顷的谷田。

所以汉桓帝下诏说："洪水横流成灾，五谷没有收成，命令受灾害的郡国，都种上芜菁，以接济粮食。"这说明芜菁可以度过凶年，解救饥荒。其实芜菁根晒干后蒸熟吃，又甜又美，自可当粮食充饥，何必要到荒年才种呢？如果碰上荒年，一顷地的芜菁只能救活一百人罢了。

干芜菁根的蒸熟方法：烧热水把干芜菁根洗干净，捞出来倒进一斛容量大的瓦瓮中，拿芦苇两头都塞进瓮里，遮蔽瓮口，倒转扣合在釜甑上，系上甑带；下面用干牛粪缓缓地烧着，蒸上一整夜。这样，大的小的都熟了，吃时细致紧密有嚼劲，真像鹿尾一样。这样蒸熟后卖掉，一斛根（？）可以收得十石米。

种菘、芦菔蒲北反法，与芜菁同。菘菜似芜菁，无毛而大。《方言》曰[1]："芜菁，紫花者谓之芦菔。"[2]按：芦菔，根实粗大，其角及根叶，并可生食，非芜菁也。谚曰："生噉芜菁无人情。"取子者，以草覆之，不覆则冻死。秋中卖银[3]，十亩得钱一万。

《广志》曰："芦菔，一名雹突。"

崔寔曰："四月，收芜菁及芥、葶苈、冬葵子[4]。六月中伏后，七月可种芜菁，至十月可收也。"

【注释】

〔1〕《方言》：西汉末扬雄（前53—18）撰，记述西汉时代各地区方言，为研究古代语言的重要著作。

〔2〕见《方言》卷三："苿、荛，芜菁也。……其紫花者谓之芦菔。"

〔3〕"银"，湖湘本校语："银似钱误。"《渐西》本即据以改为"钱"字，但嫌重沓。清末黄麓森《仿北宋本齐民要术》稿本（未出版）则改为"根"字，可能是"根"字之误。

〔4〕葶苈：十字花科，学名Rorippa montana，原野杂草。种子供药用，为利尿及祛痰药。这是采子供药用的。　冬葵：指葵菜越冬收种子者。

【译文】

种菘菜和芦菔的方法，与芜菁相同。菘菜像芜菁，叶上没有毛，棵大。《方言》说："芜菁开紫花的叫作芦菔。"〔思勰〕按：芦菔的根和子实都比较粗大，它的嫩角、嫩叶和根都可以生吃，并不是芜菁。〔芜菁是不能生吃的，〕所以俗话说："生吃芜菁，没有人情。"准备收种子的，冬天要用草覆盖，不盖就会冻死。秋天收〔根〕卖掉，十亩地可以卖得一万文钱。

《广志》说："芦菔，又名雹突。"

崔寔说："四月，收芜菁、芥、葶苈和冬葵的种子。六月中伏以后到七月，可以种芜菁，到十月可以收获。"

种蒜第十九泽蒜附出

《说文》曰:“蒜,荤菜也。”

《广志》曰:“蒜有胡蒜、小蒜。黄蒜,长苗无科,出哀牢[1]。”

王逸曰:“张骞周流绝域,始得大蒜、葡萄[2]、苜蓿。”

《博物志》曰:“张骞使西域,得大蒜、胡荽。”[3]

延笃曰[4]:“张骞大宛之蒜。”[5]

潘尼曰[6]:“西域之蒜。”[7]

朝歌大蒜甚辛[8]。一名葫,南人尚有“齐葫”之言。又有胡蒜、泽蒜也。[9]

【注释】

〔1〕黄蒜:未详。“出”,明抄等都空一格,湖湘本等脱,据日译本《要术》引劳季言校宋本空格作“出”补。　　哀牢:古国名。东汉明帝时置哀牢、博南二县,即今云南盈江、永平等地。

〔2〕“葡萄”,各本错脱殊甚,据日译本引劳季言校宋本补正为“葡萄”。

〔3〕清黄丕烈刊叶氏宋本《博物志》只有:“张骞使西域还,乃得胡桃种。”钱熙祚《指海》据各书辑校的《博物志》就很多:“张骞使西域还,得大蒜、安石榴、胡桃、蒲桃、胡葱、苜蓿、胡荽、黄蓝——可作燕支也。”但《汉书·西域传》记载只有葡萄、苜蓿二种,《博物志》所说,未必可靠。

〔4〕延笃:东汉人,《后汉书》有传。《隋书·经籍志四》著录有“后汉京兆尹《延笃集》一卷”,今佚。

〔5〕此条《御览》卷九七七“蒜”引作“延笃《与李文德书》”,但《后汉书·延笃传》所载《与李文德书》不载此句,或系在给李文德的别的书信中。大宛,古西域国名,在今中亚费尔干纳盆地。

〔6〕潘尼(约250—约311):西晋文学家,官至太常卿。与叔父潘岳以文学齐名。《隋书·经籍志四》著录有“晋太常卿《潘尼集》十卷”,《旧唐书·经籍志》同,《宋史·艺文志》不复著录,则已亡佚。《要术》所引为潘尼《钓赋》文。

〔7〕此条《御览》卷九七七“蒜”引作“潘尼《钓赋》”:“西戎之蒜,南夷之姜。”后一句《要术》引于本卷《种姜》。

〔8〕朝(zhāo)歌:殷末的都城,汉置县,在今河南淇县。隋废。

〔9〕以上各种蒜:据《本草纲目》卷二六“蒜”说,中国原来只有“蒜”,后来从西域传进葫蒜,即大蒜,就把原来的蒜叫“小蒜”,以示区别。小蒜(Allium scorodoprasum)是大蒜的近缘植物,与大蒜显著不同处是鳞茎细小如薤,其中只有一个鳞球,所以《夏小正》称为“卵蒜”,因其鳞茎小如鸟卵。李时珍说,泽蒜是从野泽移来种植的,所以有“泽”的名称。一般人都把野生的山蒜、泽蒜当作栽培历史悠久的小蒜,是错的。从《要术》所记,泽蒜确实是野生而在半栽培过程中的。胡蒜,可能是大蒜,或者是山蒜。

【译文】

《说文》说:“蒜是有熏人臭气的菜。”

《广志》说:“蒜,有胡蒜、小蒜。又一种黄蒜,长长的苗叶,没有蒜瓣,出在哀牢。”

王逸说:“张骞周游极远的异域,才得到大蒜、葡萄和苜蓿带了回来。”

《博物志》说:“张骞出使西域,得到了大蒜和胡荽。”

延笃说:“张骞带回来大宛的蒜。”

潘尼说:“西域的蒜。”

朝歌的大蒜很辣。大蒜又叫葫,现在南方人还有“齐葫”的说法。又有胡蒜、泽蒜的种类。

蒜宜良软地〔1〕。白软地,蒜甜美而科大;黑软次之〔2〕。刚强之地,辛辣而瘦小也。三遍熟耕。九月初种。

种法:黄墒时,以耧耩,逐垅手下之。五寸一株。谚曰:“左右通锄,一万余株。”空曳劳。

二月半锄之,令满三遍。勿以无草则不锄,不锄则科小〔3〕。

条拳而轧之[4]。不轧则独科[5]。

叶黄，锋出，则辫，于屋下风凉之处桁之[6]。早出者，皮赤科坚，可以远行；晚则皮皴而喜碎[7]。

冬寒，取谷稈奴勒反布地，一行蒜，一行稈。不尔则冻死。[8]

收条中子种者[9]，一年为独瓣；种二年者，则成大蒜，科皆如拳，又逾于凡蒜矣。瓦子垅底[10]，置独瓣蒜于瓦上，以土覆之，蒜科横阔而大，形容殊别，亦足以为异。

今并州无大蒜[11]，朝歌取种，一岁之后，还成百子蒜矣[12]，其瓣粗细，正与条中子同。芜菁根，其大如碗口，虽种他州子，一年亦变大。蒜瓣变小，芜菁根变大，二事相反，其理难推。又八月中方得熟，九月中始刈得花子。至于五谷、蔬、果，与余州早晚不殊，亦一异也。并州豌豆，度井陉以东[13]，山东谷子[14]，入壶关、上党[15]，苗而无实。皆余目所亲见，非信传疑：盖土地之异者也[16]。

【注释】

〔1〕大蒜的根系浅，摄取肥水的能力弱，所以要选在肥沃的砂质壤土或壤土上种植最为合宜。这类土壤比较疏松，吸水保肥性能较好，所产蒜头颗头大，含水分较多，辣味相对淡。黏重坚实的地，由于鳞茎膨大时受到的阻力大，蒜头就瘦小，水分少，辣味也就重了。

〔2〕“次之”，各本讹作“次大”或“次七”，或仅残存一“欠”字，据《辑要》引改正。

〔3〕不锄则科小：不锄蒜头就小。锄蒜不但是除草，更重要的是疏松土壤，增高土温，促使其顺利生长发育，有利于蒜瓣的形成和长大。

〔4〕现在群众打蒜薹，一般也以显薹后10—15天蒜薹已显弯曲时为适期。过早产量低；过迟组织变粗，纤维增多，就不好吃了，而且消耗养分，影响蒜头的加速生长。轧（yà），此处指拔掉蒜薹。

〔5〕大蒜种瓣“退母”后，花芽和鳞芽开始分化，植株进入旺盛生长时期。打去蒜薹后，顶端生长优势解除，养分大量下移输送到鳞茎，鳞茎加速肥大，蒜头乃进入膨大盛期，产生多瓣的大蒜头。如果植株营养条件不足，

或者春播过晚，未能满足春化适温的要求，那就不能发生鳞芽，只能由叶鞘基部的最内一层逐渐膨大，最后形成一个不分瓣的独头蒜。但不打蒜薹就会长成独头蒜，并不是必然的。

〔6〕桁（héng）：梁上横木。这里指挂在横木上风干。

〔7〕蒜头过迟收获，蒜瓣容易散脱，给收获带来很大麻烦。清王筠注释《马首农言》引山东安丘农谚说："夏至不劚蒜，必定散了瓣。"

〔8〕"冬寒"这段是说用谷子秸秆一行一行地盖在露地蒜株上，以便保暖越冬，既然不是指"锋出"后的蒜头，按栽培顺序，这段被颠倒了，该排在"二月半锄之"之前。稈（nè），谷物的秸秆。

〔9〕条中子：即天蒜，蒜薹上所生的气生鳞茎，也叫蒜珠。蒜珠和蒜头相似，但个体极小，瓣数多，极细小。大蒜是用蒜瓣繁殖的，但用种量很大，而且不断进行无性繁殖，会使生活力衰退，蒜头变小。贾氏采用了一项特殊技术，改用蒜珠繁殖，却意外地发现具有复壮作用。本世纪六十年代山东农学院曾经就贾氏所记做过用蒜珠繁殖的试验，结果确如贾氏所说，第一年长成独头蒜，第二年再用独头蒜繁殖，却长成分瓣的大蒜，而且蒜头更大。贾氏没事找事做的这个"试验报告"确实不假，能显著提高大蒜的繁殖率和产量，并起到蒜种复壮作用。现在也是利用蒜珠作为防止蒜种退化、提高种性的手段。下文还异想天开地做着把蒜头放在瓦片上埋种在沟底的试验，结果蒜头被瓦片阻抑，逼得没有办法，只好向四外"横行"，因而长成扁圆横大的奇特蒜头。贾思勰这样"无中生有"地探索自然种类，其科学精神，令人敬佩。

〔10〕"瓦子垅底"，是说把小瓦片放在垄沟底上。但缺少动词，也许"子"应该作"置"，音近搞错。

〔11〕并（bīng）州：今山西北部，州治在太原。

〔12〕百子蒜：蒜瓣特别细小又多的蒜头。并州气候严寒，大蒜不行秋播。把河南淇县的秋播大蒜移种到并州，只能改行春播，由于环境条件的突起变化，叶腋间的侧芽分化过多，可能发育成细小多瓣的百子蒜。

〔13〕井陉（xíng）：今河北井陉，在太行山东。

〔14〕山东：指太行山以东，非今山东省，与壶关一带仅一山之隔，而谷子移种产生变异。

〔15〕壶关、上党：今山西东南隅壶关、长治一带地区。

〔16〕土地之异：土地条件不同。包括地势、土壤、气候、日照、水质、病虫害等等多方面的综合因素。植物在一定的地域内世世代代繁衍着生活着，同化于生活环境，锻炼出适应性，同时也形成了保守性，但一旦环境条件骤然大变，植物适应不了，抵抗不了不良环境的影响，冲决了其保守性的堤

防,于是就出现种种变异。这个普遍真理,贾氏概括说成“土地之异”。

【译文】

大蒜宜于种在松软肥好的地里。白色砂质壤土的地,蒜味带甜,蒜头也大;黑色松软的地次之。黏重坚实的地,蒜味就辣,蒜头也瘦小。地要细熟地耕三遍。九月初下种。

种法:趁地黄墒的时候,用空耧耩出〔栽植沟〕,跟着一沟沟地按种蒜瓣,相距五寸种一瓣。农谚说:“左右锄头通得过,一亩地种一万多颗。”拖空耢耢盖一遍。

(冬天天气冷,拿禾谷稿秆铺盖在地面上,就是一行蒜株上面,盖一行稿秆〔保暖,让它在露地越冬〕。不然的话,蒜株会冻死。)

到二月半,开始锄,要锄够三遍。不要因为没有草就不锄,不锄蒜头就小。

蒜薹已经显现弯曲时,就拔断它采收蒜薹。不拔掉便只能长成独头蒜。

叶子发黄了,用锋锋出蒜头,便几株打结成一辫,〔然后辫辫相结〕挂在屋里风凉地方架空着的横木上。早锋出来的,蒜皮紫色,蒜头紧实,可以运到远处;锋出迟的,蒜皮会开裂剥落,蒜瓣也容易松裂散落。

拿蒜薹顶上的天蒜来种,第一年长成独瓣蒜;第二年〔再用独瓣蒜〕种下去,却变成了大蒜,而且蒜头大得像拳头,远远超过普通的蒜头。还有:用瓦片放在沟底,拿独瓣蒜放在瓦片上,盖上土,长成的蒜头扁圆横阔,而且很大,形状非常特别,也足以使人惊异。

现在并州没有大蒜,到朝歌取蒜种来种,一年之后,却变成了百子蒜,蒜瓣细小,正和天蒜瓣一样。可并州的芜菁根,大得像碗口,就是拿外州的种子来种,一年之后也变大。蒜瓣变小,芜菁根变大,两种现象相反,这个道理难以推究。又,并州芜菁到八月里才成熟,九月里才收得种子。可其他的五谷、蔬菜、果实等,成熟的早晚,都跟外州并没有两样,也是奇异的事情。另外,并州的豌豆,越过井陉以东,山东的谷子,进入山西的壶关、上党,种起来都只长茎叶不结实。这些都是思勰亲眼所见,并不是听信传闻。总之,都是土地条件不同的结果。

种泽蒜法:预耕地,熟时采取子,漫散劳之。

泽蒜可以香食,吴人调鼎,率多用此;根、叶解菹,更胜葱韭。

此物繁息，一种永生。蔓延滋漫，年年稍广。间区斸取，随手还合。但种数亩，用之无穷。种者地熟，美于野生。

崔寔曰："布谷鸣[1]，收小蒜。六月、七月，可种小蒜。八月，可种大蒜。"

【注释】

〔1〕布谷：即大杜鹃（Cuculus canorus canorus）。它在谷雨后开始叫，夏至后停止，叫声像"布谷"，故名。也叫勃姑、郭公等，都以鸣声得名。农家很早就把它当作候鸟。

【译文】

种泽蒜的方法：预先耕好地，泽蒜头成熟时收来，撒播，耢盖。

泽蒜可以使菜肴增添香味，吴人烹调鱼肉荤菜，常常采用这个：鳞茎和叶解去鱼肉腥腻味，比葱和韭菜更好。

这种植物很容易繁衍，种一次就用不着再种。它蔓延滋长开去，一年比一年扩大。间隔着一块块地掘来用，随后又长满连成一片了。只要种上几亩地，以后就吃用不尽。种的因为地熟，比野生的好。

崔寔说："布谷鸟叫的时候，收小蒜。六月、七月，可以种小蒜。八月，可以种大蒜。"

种薤第二十

《尔雅》曰[1]:"薤[2],鸿荟。"注曰:"薤菜也。"

【注释】

〔1〕见《尔雅·释草》。郭璞注作:"即薤菜也。"《御览》卷九七七"薤"引《尔雅》注也有"即"字。有"即"字不会使有的人误读为"薤,菜也"。

〔2〕薤(Allium chinense):百合科,俗称"藠(jiào)头"。鳞茎狭卵形,供食用。一般少见,我国现在以西南各省区栽培最多。

【译文】

《尔雅》说:"薤,是鸿荟。"注解说:"就是薤菜。"

薤宜白软良地,三转乃佳。

二月、三月种。八月、九月种亦得。秋种者,春末生[1]。率七八支为一本。谚曰:"葱三薤四。"移葱者,三支为一本;种薤者,四支为一科。然支多者,科圆大,故以七八为率。

薤子[2],三月叶青便出之,未青而出者,肉未满,令薤瘦。燥曝,挼去莩余,切却强根[3]。留强根而湿者,即瘦细不得肥也。先重耧耩地,垅燥,掊而种之。垅燥则薤肥,耧重则白长。率一尺一本。

叶生即锄,锄不厌数。薤性多秽[4],荒则羸恶。五月锋,八月初耩。不耩则白短。

叶不用剪。剪则损白。供常食者，别种。九月、十月出，卖。经久不任也。

拟种子，至春地释，出，即曝之。

崔寔曰："正月，可种薤、韭、芥。七月，别种薤矣。"

【注释】

〔1〕春末生：春末鳞茎成熟。"生"指长成，即鳞茎成熟。有的书译成"发芽"，八九月种直到春末才发芽，岂有此理？就是冬种的"埋头"葵菜、瓜茄，也是开春解冻就长出，哪能等到春末？《要术》的薤有春种和秋种。这是秋种，作二年生栽培，越冬收薤，下文三月里收作种薤的，就是这秋种的。春种的当年九、十月收薤白，但留种的仍到明春掘出。

〔2〕薤子：指繁殖用的鳞茎，今蔬菜栽培学上称"种球"，非指种子。上篇种泽蒜有"采取子"，"子"也应指鳞茎，即泽蒜头，非指种子。

〔3〕强根：干缩硬化的枯根，即干死的茎踵和须根，留着会影响种薤的吸水，并妨碍新根的发生，所以种前须要切除。

〔4〕薤叶管状线形细长，基生三五枚而已，无分枝，而这里株距又宽，不能荫蔽地面，所以叶丛外容易长杂草，不锄去，薤株会被裹没，薤就长不好了。不但薤，葱、韭等叶子细长，近于直立，都这样。

【译文】

薤宜于种在白色砂质壤土的好地，初耕后再耕三遍为好。

二月、三月种。八月、九月种也可以。秋天种的，到明年春末鳞茎成熟。标准是七八个鳞茎栽植一窝。农谚说："葱三薤四。"一般是移葱要三根作一窝，种薤要四个作一窝。不过，薤种个数多的，发窝圆大，所以要七八个一窝作标准。

〔繁殖用的〕鳞茎，三月里叶子回青时便掘出来，没有回青便掘出来，肉还没有长满，种下去使薤白瘦小。晒干，搓去外层的枯皮，切掉干死的强根。留着强根，又没有晒干，长的薤就瘦小不会肥大。先用空耧在同一沟里耩两遍，〔把种植沟耩得深些阔些，〕等沟干了，刨个穴种下去。沟干了薤长得肥大，耩两遍薤白就长得长。标准是相隔一尺种一窝。

叶子长出就锄，锄的次数不嫌多。薤地容易长杂草，杂草多了薤就瘦恶。

五月锋一遍，八月初耩一遍。不耩，薤白就短。

叶子不要剪。剪叶，薤白生长受到损害。想要平时剪叶吃的，该另外种一些。九月、十月掘出来，可以卖。留着多日不掘，就不好了。

准备作种薤的，到春天地解冻的时候，掘出来，随即晒干。

崔寔说："正月，可以种薤、韭菜、芥菜。七月，可以分薤移栽。"

种葱第二十一

《尔雅》曰:"茖,山葱。"注曰:"茖葱,细茎大叶。"[1]

《广雅》曰:"藿、荠、䕺,葱也;其蒶谓之薹。"[2]

《广志》曰:"葱有冬春二葱。有胡葱、木葱、山葱[3]。"

《晋令》曰[4]:"有紫葱。"[5]

【注释】

〔1〕见《尔雅·释草》。注文与郭璞注同。茖(gè),即茖葱(Allium victorialis)。具根状茎,叶披针状矩形或椭圆形,下部叶鞘抱合狭长如茎,所谓"茎细叶大"。野生于阴湿山坡,所谓"山葱"的一种。

〔2〕今本《广雅·释草》作:"荠、䕺,葱也。蒶,薹也。"葱不能称"藿"(豆叶)。但《广雅》在此条前面相隔几条的另一条是:"豆角谓之荚,其叶谓之藿。"《要术》以"藿"为葱,可能从上条文误入于此。

〔3〕胡葱:小株型葱的一种类型,鳞茎外皮赤褐色,也叫火葱。分蘖力很强,不易结子,用分株法繁殖,南方栽培很多。 木葱:未详。

〔4〕《晋令》:《旧唐书·经籍志上》刑法类著录有"《晋令》四十卷,贾充等撰"。于晋受魏禅前一年(264)开始修订,颁行于晋,当然也沿袭有魏的律令。据《晋书·贾充传》,同时参加修订者尚有荀勖、羊祜、成公绥等十四人。

〔5〕《御览》卷九七七引有:"《晋书》曰:居洛阳城十里内,有园菜欲以当课,听引其长流灌紫葱。"《类聚》卷八二"葱"引此条作"《晋令》","引其"倒作"其引",是。这明显是郊区菜农愿意种紫葱供应公家,政府准许利用公家水渠灌溉的"律令",《御览》的《晋书》是《晋令》之误。

【译文】

《尔雅》说:"茖,是山葱。"注解说:"茖葱,茎细叶大。"

《广雅》说："藿（？）、葬（chóu）、蕮（chú），都是葱；它的蓊（wěng）叫作薹。"

《广志》说："葱有冬葱、春葱两种。有胡葱、木葱、山葱。"

《晋令》说："有紫葱。"

收葱子，必薄布阴干，勿令浥郁。此葱性热，多喜浥郁；浥郁则不生〔1〕。

其拟种之地，必须春种绿豆，五月掩杀之。比至七月，耕数遍。

一亩用子四五升。良田五升，薄地四升。炒谷拌和之，葱子性涩，不以谷和，下不均调；不炒谷，则草秽生。两耧重耩，窍瓠下之〔2〕，以批蒲结反契苏结反继腰曳之〔3〕。七月纳种。

至四月始锄。锄遍乃剪。剪与地平。高留则无叶，深剪则伤根。剪欲旦起，避热时〔4〕。良地三剪，薄地再剪，八月止〔5〕。不剪则不茂，剪过则根跳〔6〕。若八月不止，则葱无袍而损白。

十二月尽〔7〕，扫去枯叶枯袍。不去枯叶，春叶则不茂。二月、三月出之。良地二月出，薄地三月出。收子者，别留之。

葱中亦种胡荽，寻手供食；乃至孟冬为菹，亦无妨。

崔寔曰："三月，别小葱。六月，别大葱。七月，可种大小葱。""夏葱曰小，冬葱曰大。"〔8〕

【注释】

〔1〕葱的种类多，《要术》种的是大葱（Allium fistulosum），是大株型葱，以生吃葱白为主，是北方人爱吃的重要蔬菜。以种子繁殖，和南方人爱吃的小株型葱的用鳞茎或分株法繁殖不同。大葱子种皮厚，胚小，最易失去生活力，其发芽力一般只能保持一年，所以必须充分阴干，贮藏在干燥地方。没有阴干或者受潮，水分很难自行消失，则引起自热变质，就不能发芽了。这种情况，《要术》认为葱子性"热"。《要术》把大葱作为三年生蔬菜栽培，就是第一年秋季播子，在露地让幼苗越冬；第二年春季返青生长，入夏叶质

柔嫩，可以收获青葱，叫作“小葱”；进入秋季天气转凉，最有利于葱白的长高长肥，到冬季可以开始收获葱白（《要术》在过冬二三月收），假茎抱合粗大，因名“大葱”；留种的就留在露地越冬，第三年夏季开花结子，可以采收种子。这时，大葱的生命周期才结束，全生育期要经过二十二三个月。

〔2〕窍瓠：干葫芦穿孔作成的下种器。播种时用小杖轻叩其下种管震落种子，便于掌握稀密，后面拖着“批契”覆土。《王氏农书》叫“瓠种”，北方通称“点葫芦”。1976年河北滦平在金代遗址中出土瓠种一件，形制和王祯的图基本相同。如图十三。

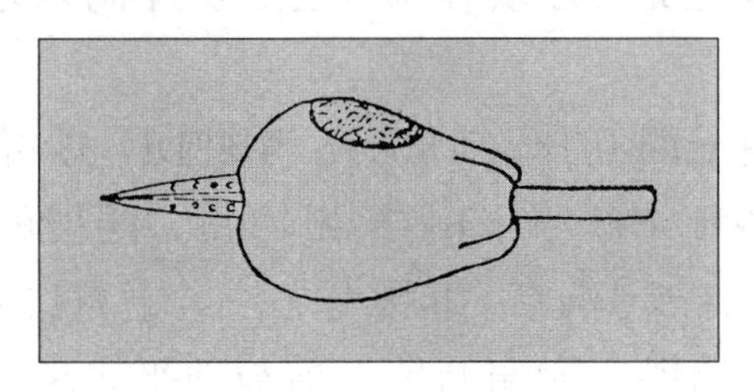

图十三　瓠种

〔3〕批（biè）契（xiè）：一种用绳系在腰间牵引着覆土的工具。日本学者天野元之助《中国的科学和科学家》（昭和53年——1978年版）说解放前河北平谷和辽宁锦州等地，播种时后腰间系着“拨梭”（bō suō）（图十四）拉曳着覆土，似乎和批契是同一种农具。石声汉《农桑辑要校注》说沈阳孟方平同志告诉他，辽宁朝阳一带大众使用的一种覆土工具，叫作

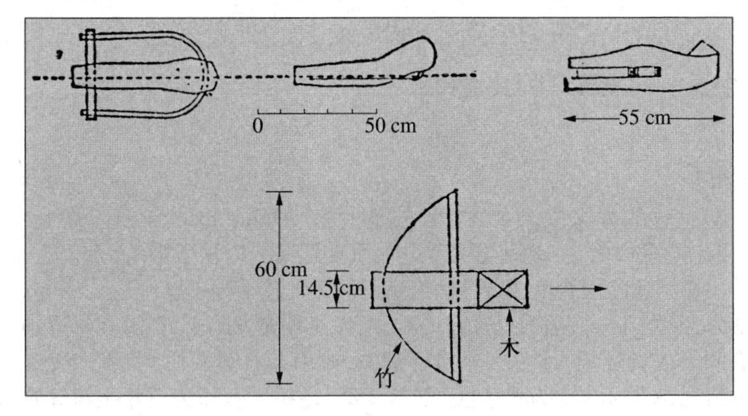

图十四　拨梭（河北平谷）

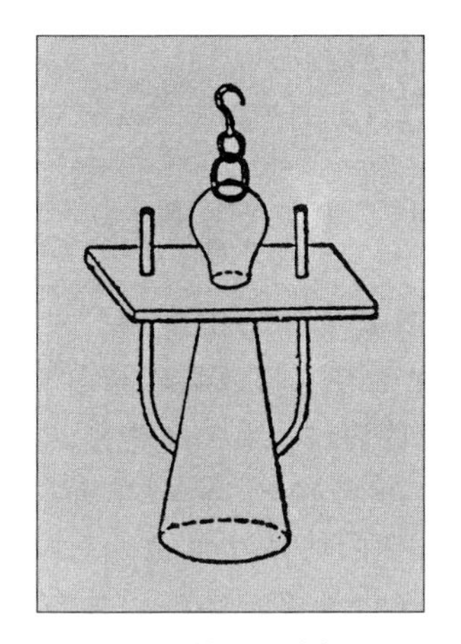

图十五　篳契（辽宁朝阳）

“篳契”（bǒ qì）（图十五），应该就是批契。

〔4〕青葱经过一夜的生长，清晨剪来，未经日晒，品质特别鲜嫩。

〔5〕八月止：到八月停剪。葱叶基部层层包裹着的叶鞘，《要术》称为“袍”。袍抱合成假茎，就是人们需要的主要食用部分——葱白。葱白适于在凉爽季节生长，入秋后天气转凉，昼夜温差加大，是葱白生长的最盛期，所以要八月停止剪叶，以育养肥大的葱白。

〔6〕根跳：根向上跳。启愉按：跳根是植株新老根系进行更替因而使新根上移的一种新陈代谢现象。但大葱在营养生长期间很少分蘖，在整个生育期间也很少有死根、换根现象，它跟善分蘖的韭菜不同，一般不会出现跳根现象。是否《要术》的大葱品种不同，则有不明。

〔7〕“尽”，也可以连下句读为“尽扫去”。但“十二月尽”已很快开春（或已开春），可以不必留着枯叶枯袍保暖，所以“尽”字连上句比较好。

〔8〕春季返青生长、夏季供食的青葱为小葱，冬季收获葱白作为干葱供应的为大葱。春播的也可在夏月以青葱供食，也是小葱。所谓“夏葱叫小葱，冬葱叫大葱”，实际都是以大葱的采收期的不同而分名，并不是两种葱。

【译文】

收取葱子，必须薄薄地摊开阴干，不要让它郁坏。葱子性“热”，很容易郁坏；郁坏了就不能发芽。

准备种葱的地，必须在春天先种绿豆，到五月里耕翻掩埋在地里

〔作绿肥〕。到七月，再耕翻几遍。

一亩地用四五升种子。好地五升，瘦地四升。拿炒过的谷子拌和葱子，葱子有棱角，粘手不滑脱，不用谷子拌和，溜种就不均匀；谷子不炒过，都会长成秽草。〔播种沟〕用空耧重耩两遍，把种子放进"窍瓠"里溜下，同时腰上系着"批契"拖过覆土。播种期是七月。

到四月开始锄。锄遍了开始剪青葱。剪要和地面相平。留得高了，叶就少了；剪得太深了，根会受伤。剪葱要在清晨起来避开太阳晒着的时候。好地剪三次，瘦地剪两次，到八月停剪。不剪长不茂盛，剪过头了根会上跳。如果八月不停剪，葱就没有多少"袍"，葱白也就减损了。

到十二月底，扫去株间的枯叶枯袍。不去掉枯叶枯袍，春天的叶长不茂盛。二月、三月起出来收获葱白。好地二月起出，瘦地三月起出。准备收种子的，另外留着不起出。

大葱行间也可以套种胡荽，随时供给食用；就是到十月间拿来作菹菜，也不会妨害大葱的生长。

崔寔说："三月，分栽小葱。六月，分栽大葱。七月，可以种大葱、小葱。""夏葱叫小葱，冬葱叫大葱。"

种韭第二十二

《广志》曰:"白弱韭,长一尺,出蜀汉。"

王彪之《关中赋》曰"蒲、韭冬藏"也[1]。

【注释】

〔1〕王彪之:东晋人,晋简文帝时任尚书仆射加光禄大夫。《隋书》、新旧《唐书》经籍志均著录有《王彪之集》二十卷,已亡佚。此《赋》和卷一〇"竹〔五一〕"引有王彪之的赋文是"《闽中赋》"。按:王彪之,《晋书》有传,未至关中,"关中"未知是否是"闽中"之误(繁体二字形近)。

【译文】

《广志》说:"白弱韭,一尺长,出在蜀汉。"

王彪之《关(?)中赋》说:是"冬藏的蒲菜和韭菜"。

收韭子,如葱子法。若市上买韭子,宜试之:以铜铛盛水,于火上微煮韭子,须臾芽生者好;芽不生者,是裛郁矣。[1]

治畦,下水,粪覆,悉与葵同。然畦欲极深。韭,一剪一加粪,又根性上跳[2],故须深也。

二月、七月种。种法:以升盏合地为处,布子于围内。韭性内生,不向外长[3],围种令科成。

薅令常净。韭性多秽,数拔为良。

高数寸剪之。初种，岁止一剪。至正月，扫去畦中陈叶。冻解，以铁耙耧起，下水，加熟粪。韭高三寸便剪之。剪如葱法。一岁之中，不过五剪。每剪，耙耧、下水、加粪，悉如初。收子者，一剪即留之。

若旱种者，但无畦与水耳，耙、粪悉同。一种永生。谚曰："韭者懒人菜。"以其不须岁种也。《声类》曰〔4〕："韭者，久长也，一种永生。"

崔寔曰："正月上辛日，扫除韭畦中枯叶。七月，藏韭菁。""菁，韭花也。"

【注释】

〔1〕启愉按：韭菜子种皮坚厚，不容易透水，因此膨胀得很慢，出苗也很慢，同时寿命很短，有效发芽力只能保持一年，如果用陈子播种，即使发了芽也长不好，常会半路萎死，所以必须用新子播种。不但韭菜子，凡是葱蒜类蔬菜的种子都有这种特性。近年有人做过试验，掌握适当的水煮时间确实能使韭菜子很快发芽，不过有两种情况：最早发芽的是好种子；煮的时间延长一点，不好的种子也会发芽，叫作假发芽，种下去就不会出苗。所以关键在贾氏交代明白的稍微煮一下和一会儿的时间，这两个条件必须掌握，否则仍会出差错，测试无效。铜铛（chēng），铜锅。

〔2〕根性上跳：启愉按，韭菜的须根着生在鳞茎下面的茎盘上，分蘖的新鳞茎高出老鳞茎之上，新的须根因新鳞茎的年年增长也跟着年年抬高，下层的老根也就不断地死亡。因此，根部逐年上移，层层抬高，这种新陈代谢自行更新复壮的特性，叫作"跳根"。由于根部逐年抬高，必须每年壅上粪土，免得根部外露，所以畦必须做得"极深"。跳根的高度因分蘖和收割的次数而有差异，《要术》是不超过五剪，现在基本相同，那一般每年上跳1.5—2厘米。培养好根部是争取韭菜高产和延寿的关键，如果不壅土，寿命只有三四年，壅土的，能收获七八年，配合其他精细合理的管理，寿命可长达十年以上。

〔3〕不向外长：不向外面扩散。这只是相对而言，外延进度极缓慢并且不能无限度地扩展而已。

〔4〕《声类》：三国魏李登撰，是我国最早的韵书。《隋书》、新旧《唐书》

艺文志均著录十卷。书已不传。

【译文】

收韭菜子的方法，跟收葱子一样。如果在市场上买韭菜种子，该先测试一下：用小铜锅盛着水，放进韭菜子搁在火上稍微煮一煮，过一会儿就发芽的是好的；不发芽的，就是窝坏了的。

作成畦，浇水，盖上粪和土，都同种葵菜一样。不过，畦要作得极深。韭菜剪一次要加一次粪，同时根又有向上跳的特性，所以畦必须作得深。

二月、七月播种。种法：用容量一升大的盏子倒扣在畦面上，扣出个圆圈来，韭菜子就播在圈子里面。韭菜的生长特性是只向里面发棵，不向外面扩散，种在圈子里面让它密集成一大科丛。

常常要拔净杂草。韭菜地容易长杂草，所以要经常拔去为好。

长到几寸高时，开始剪叶。新种的，第一年只剪一次。到正月，扫去畦中的枯叶。解冻后，用手用钉耙耙松土，浇水，施上熟粪。韭菜又长到三寸高时，便剪一次。剪法同剪葱一样。一年之中，只能剪五次。每剪一次，把土耙松，浇水，加粪，都跟第一次一样。准备收种子的，剪过一次就留着不剪。

如果在旱地种的，只是不作畦，不浇水，其他耙松、加粪都一样。种一次，以后长久生长着。俗话说："韭菜是懒人菜。"因为它不需要每年都种。《声类》说："韭是长久的意思，种一次，长久生长着。"

崔寔说："正月第一个辛日，扫除韭菜畦里的枯叶。七月，腌藏韭菁。""韭菁，就是韭菜花。"

种蜀芥、芸薹、芥子第二十三

《吴氏本草》云[1]:“芥葙,一名水苏,一名劳抯。”[2]

【注释】

〔1〕《吴氏本草》:《隋书·经籍志三》医方类记载“梁有华佗弟子《吴普本草》六卷,亡”,即是此书。至唐时征书又出现,著录于新旧《唐书》经籍志。今已亡佚。吴普,东汉末广陵(今扬州)人,著名医学家华佗(?—208)弟子。

〔2〕《御览》卷九八〇“芥”引《吴氏本草》同《要术》,但“葙”误作“菹”,“抯”作“祖”。《名医别录》记载水苏的异名有鸡苏、芥葙、劳祖等。《方言》卷一〇:“南楚之间凡取物沟泥中谓之抯。”水苏(Stachys japonica),《唐本草》注“生下湿水侧”,《本草图经》“生水岸傍”,吴普是广陵(治所在今扬州)人,则《要术》引作“劳抯”,似乎也合适。又,水苏是唇形科植物,与苏、荏同科,虽有“芥葙”的异名,实际和十字花科的芥、芸薹毫不相干,而且下文《荏蓼》同样引到此条,引在《荏蓼》篇是对的,引在这里不合适,疑系窜衍。

【译文】

《吴氏本草》说:“芥葙(zū),又叫水苏,又叫劳抯(zhā)。”

蜀芥、芸薹取叶者[1],皆七月半种。地欲粪熟。蜀芥一亩,用子一升;芸薹一亩,用子四升。种法与芜菁同。既生,亦不锄之。

十月收芜菁讫时,收蜀芥。中为咸淡二菹,亦任为干菜。

芸薹，足霜乃收[2]。不足霜即涩。

种芥子，及蜀芥、芸薹收子者，皆二三月好雨泽时种。三物性不耐寒，经冬则死，故须春种。旱则畦种水浇。

五月熟而收子。芸薹冬天草覆，亦得取子[3]；又得生茹供食。

崔寔曰："六月，大暑中伏后[4]，可收芥子。七月、八月，可种芥。"

【注释】

〔1〕蜀芥：现代植物分类上有大芥菜（Brassica juncea）和小芥菜（Brassica cernua）的分别。蜀芥，可能是大芥。下文"芥子"，可能是小芥。《本草纲目》卷二六以"白芥"为蜀芥，白芥则是Brassica alba。　芸薹：是油菜的一种，并不是所有的油菜都是芸薹。汉以来所称的芸薹，属于白菜类型，植株较矮小，是Brassica campestris，亦称胡菜，今称薹菜，主要分布于北方各省。《要术》所种，应属此种。另有芥菜类型和甘蓝类型的。芥菜类型植株高大，主要分布于西北、西南等地。甘蓝类型近年才从外国传入，现在栽培面积在迅速扩大。

〔2〕这是收叶作为鲜菜供食的。芸薹叶须经霜冻后才柔嫩味美。塌菜类、油冬菜类也是这样。

〔3〕芸薹收子，可以春播夏收，也可以秋播而覆草越冬，到来夏收子。《要术》就明确记载着这两种收子法。其所种同是白菜类型的种。收子目的是采收种子，还没有用来榨油的记载。

〔4〕"大暑中伏"，《玉烛宝典·六月》引《四民月令》无"伏"字，《要术》有这字是衍文。启愉按：中伏和大暑是紧挨着的，中伏在大暑前后一二天或四五天，或在同一天，日子这样近，没有兼定两个日子的必要。农历每月两个节气，古称月初者为"节"，月中者为"中"。《四民月令》概依此称，即月初的都称为"节"，如三月清明节，四月立夏节，五月芒种节，八月白露节等；月中的都称为"中"，如正月雨水中，二月春分中，三月谷雨中等，辨别很清楚，丝毫没有混淆。而大暑正属于"中气"，故称"大暑中"，再拖个"伏"就没有意义。

【译文】

蜀芥、芸薹准备采叶供食的，都在七月半下种。地要上粪整熟。

蜀芥一亩地用一升种子，芸薹一亩地用四升种子。种法和种芜菁一样。出苗以后，也不要锄。

十月收完芜菁根之后，就收蜀芥。可以腌作咸菹或淡菹，也可以晒作干菜。芸薹，等受足了霜才收。没有受足霜的，味道粗涩。

种芥子，以及种蜀芥、芸薹收种子的，都在二三月里趁雨水好的时候下种。这三种植物都不耐寒，越冬会死，所以须要春天种。如果天旱没有好雨水，那就采用畦种浇水的办法。

五月，种子成熟了就收种子。不过，芸薹冬天用草覆盖着，也可以越冬收子；又可以得到鲜菜供食。

崔寔说："六月，大暑后可以收芥子。七月、八月，可以种芥。"

种胡荽第二十四

胡荽宜黑软、青沙良地[1]，三遍熟耕。树阴下，得；禾豆处，亦得。

春种者，用秋耕地。开春冻解地起有润泽时，急接泽种之。

种法：近市负郭田，一亩用子二升，故概种，渐锄取，卖供生菜也。外舍无市之处，一亩用子一升，疏密正好。六七月种，一亩用子一升[2]。先燥晒，欲种时，布子于坚地，一升子与一掬湿土和之，以脚蹉令破作两段[3]。多种者，以砖瓦蹉之亦得，以木砻砻之亦得。子有两人，人各着，故不破两段，则疏密水裛而不生[4]。着土者，令土入壳中，则生疾而长速。种时欲燥，此菜非雨不生[5]，所以不求湿下也[6]。于旦暮润时，以耧耩作垅，以手散子，即劳令平。春雨难期，必须藉泽，蹉跎失机，则不得矣。地正月中冻解者，时节既早，虽浸，芽不生，但燥种之，不须浸子。地若二月始解者，岁月稍晚，恐泽少，不时生，失岁计矣；便于暖处笼盛胡荽子，一日三度以水沃之，二三日则芽生，于旦暮时接润漫掷之，数日悉出矣。大体与种麻法相似。假令十日、二十日未出者，亦勿怪之，寻自当出。有草，乃令拔之。

菜生三二寸，锄去概者，供食及卖。

【注释】

〔1〕胡荽:即芫荽(Coriandrum sativum),伞形科,一、二年生蔬菜,通名香菜。植株矮小,叶细薄柔嫩,有一种特别的香气,可以生吃,也可以煮吃或盐渍,并可冻藏在冬季供食。种子可作香料调味,也供药用。

〔2〕本篇多有错简倒乱,这里"六七月种,一亩用子一升",即其一例。这里上下文都是讲春种胡荽,不宜突入六七月种的用种量,怀疑应在下文"秋种者"下,被误窜入此。在译文中加圆括号"( )"以示错简或衍文。

〔3〕令破作两段:将种实搓破成两半个。启愉按:芫荽的果实是复子房果,两个子房中各有一粒种子,但种孔被果柄堵塞着,所以必须搓开使分成两半个,就是使两个分果完全脱离果柄,露出种孔,幼芽才可能透过种孔长出来。否则,种子被果柄闭塞着,水分不足会干死,水分过多会缺氧窝死。

〔4〕"疏密",费解。有人解释为出苗有疏有密,和文意联系不上;又有人解释"疏"为种子"难以全面接触土壤",也很牵强。胡荽的果实是复子房果,每一子房中有一粒种子,种孔连接在果柄上,被果柄堵塞住。果实被搓开为两半后,两个分果脱离果柄,种孔露出,幼芽才容易长出来。否则,种孔封闭着,即使水分可以渗过果壳进入种子,幼芽仍很难伸展出来,就形成所谓"水裛而不生"。因此,"疏密"疑是"绵密"的误写。

〔5〕非雨不生:没有雨不会出苗。启愉按:这是有条件的,小雨有利,大雨急雨不行。因为芫荽种子发芽时最怕下大雨,那同样会被水窝坏,不能出苗。它的子叶瘦小,出土力弱,如果碰上大雨急雨,则表土板结,子叶就钻不出土面而被闷死。

〔6〕"湿下",《要术》概指趁地湿润时下种,如下文"所以不同春月要求湿下",即此意。但在这里不是这个意思,而是指用燥子播种,就是不需要作浸种处理,也就是下文说的"但燥种之,不须浸子"。严格说来,"湿下"该作"浸子",才不致有混淆。

【译文】

胡荽宜于种在黑色壤土或者灰色砂质壤土的好地,地要细熟地耕三遍。树荫下可以种,种谷子、豆子的地也可以种。

春天种的,用去年秋耕的地。开春解冻后,土壤酥碎松浮有润泽的时候,赶紧趁墒种下去。

种的方法:在城郊靠近城市的地,一亩用二升子,特意种得密些,逐渐地分次锄出来,卖给人家作生菜吃。在外村没有市场的地,一亩用一升子,疏密正合适。(六七月种,一亩用一升子。)先把种实晒干燥，临种前，把种实铺在硬地上，一升种实，和进一把湿土，用脚来回地踩搓，将种实搓破成两半个。种得多的，用砖瓦来搓破也可以，或者用木砻来砻破也可以。种实里面有两粒种子，种子是各自分开长着的，所以如果不破成两半个，那种孔被〔紧密〕堵塞住，种子便会被水窝坏长不出苗。之所以要和进湿土，是让湿土进入果壳里面，那发芽就快，生长也快。要用燥子播种，因为这种菜没有雨不会出苗，所以不要求用湿子下种。在早晨或晚上地里潮润的时候，用耧犁耩出播种沟，就撒子在沟里，随即耢平。春天的雨难得遇到，必须趁墒下种，如果拖拉错过时机，那就麻烦了。地土正月里就解冻的，时令还早，种子就是浸着也不发芽，所以只要用燥子种下去，不需要浸种。要是二月才解冻的，时令稍为晚了点，只怕墒不够，不能及时发芽，就错失了这年的计划安排。这时，该在温暖的地方，用竹笼盛着胡荽种子，一天用水浇淋三次，两三天后就发芽了；在清晨或晚上地里返润时，就趁润撒播下去，过几天就都出苗了。办法大致和种大麻相似。假如十天、二十天还没有出苗，也不必惊怪，不久自然会出苗的。有草，就要拔掉。

菜长到两三寸长时，把密的锄出来，可以供食，也可以出卖。

十月足霜，乃收之。[1]

取子者，仍留根，间古苋反拔令稀，概即不生。以草覆上。覆者得供生食，又不冻死。

又五月子熟[2]，拔取曝干，勿使令湿，湿则裛郁。格柯打出[3]，作蒿篅盛之[4]。冬日亦得入窖，夏还出之。但不湿，亦得五六年停。

一亩收十石[5]，都邑粜卖，石堪一匹绢。

若地柔良，不须重加耕垦者，于子熟时，好子稍有零落者，然后拔取，直深细锄地一遍，劳令平，六月连雨时，穞音吕生者亦寻满地，省耕种之劳。

秋种者，五月子熟，拔去，急耕，十余日又一转，入六月又一转，令好调熟，调熟如麻地。即于六月中旱时，耧耩作垅，蹉子令破，手散，还劳令平，一同春法。但既是旱种，不须耧润。此菜旱种,非连雨不生,所以不同春月要求湿下[6]。种后,未遇连雨,虽一月不生,亦勿怪。麦底地亦得种,止须急耕调熟。虽名秋种,会在六月。六月中无不霖,遇连雨生,则根强科大。七月种者,雨多亦得;雨少则生不尽,但根细科小[7],不同六月种者,便十倍失矣。大都不用触地湿入中。

生高数寸,锄去穊者,供食及卖。

作菹者,十月足霜及收之。一亩两载,载直绢三匹。若留冬中食者,以草覆之,尚得竟冬中食。

其春种小小供食者,自可畦种。畦种者,一如葵法。

若种者[8],挼生子,令中破,笼盛,一日再度以水沃之,令生芽,然后种之。再宿即生矣。昼用箔盖,夜则去之。昼不盖,热不生;夜不去,虫栖之。

凡种菜,子难生者,皆水沃令芽生,无不即生矣。

作胡荽菹法:汤中渫出之[9],着大瓮中,以暖盐水经宿浸之。明日,汲水净洗,出别器中,以盐、酢浸之,香美不苦。亦可洗讫,作粥清、麦𪎊末[10],如蘸、芥菹法[11],亦有一种味。作裹菹者[12],亦须渫去苦汁,然后乃用之矣。

【注释】

〔1〕"十月足霜,乃收之",上面讲的是春种胡荽,春胡荽到夏季生命周期就结束,不可能延长到"十月足霜"的时候还有得收。其实这讲的是秋种胡荽,到十月收叶作菹菜的,就是下文说的"作菹者,十月足霜乃收之"。由于这两处的上文同样有"锄去穊者,供食及卖"的句子,看错了就把"十月足霜乃收之"这句也错写在春种胡荽下面。所以,这句似乎是衍文;不然,也该在秋种的"供食及卖"下面。从这句下面,开始有大段错简。就是下面"取子者,仍留根"一直到"穞生者亦寻满地,省耕种之劳",要和"秋种者"

一直到"锄去概者，供食及卖"倒换过来，即前者移后，后者移前。原因很简单，春胡荽不能越冬收子，秋胡荽则可草覆保温，在露地越冬收子。这是沈阳孟方平同志的意见。

〔2〕又五月：第二个五月。"又"是承接秋种胡荽五月拔去老株的"五月"说的，秋种时当年五月拔去春胡荽不要（没有提到收子，因其子不能作种），整熟地，六月下种，到翌年五月子熟收子，所以这翌年五月是"又五月"，即第二个五月。但原文错简，"又五月"反而在秋种"五月"之前，讲不通，所以二者应该倒过来，故在译文中用"（　）"括出。

〔3〕格柯：格是杖，柯是柄，格柯疑是单杖的"枷"，即《释名·释用器》所说"加杖于柄头"的"枷"。《马首农言》"种植"说："打谷耞板，俗名拉戈。"音近格柯，即是单板的耞。说详拙作《思适磋言》，《中国农史》1983年第2期。

〔4〕蒿篅（chuán）：蒿草编成的容器。孟方平说现在不见有用蒿草作容器的，《要术》所有作容器的"蒿"字都是"稿"的俗假字，不知何据。其实《要术》本文和引书以蒿草作容器以及食用和杂用的相当多，不能少见多怪，以今况古。

〔5〕一亩收十石：一亩地收到十石胡荽子。需要核算一下。启愉按：芫荽的果实，1市升重约330克，1亩的产量，现今大约是100公斤左右。后魏1石，约合今4市斗，1亩约合今1.016市亩。换算如下：

1市石＝100市升　1公斤＝1 000克
330克 × 100市升＝33 000克
33 000克 ÷ 1 000克＝33公斤（1市石的重量）
100公斤 ÷ 33公斤＝3.03市石（1市亩的产量）
后魏1亩＝1.016市亩
100公斤 × 1.016市亩＝101.6公斤
101.6公斤 ÷ 33公斤＝3.08市石（后魏的亩产）

但记载的是1亩收10石，10 × 4市斗＝4市石，比3.08市石几乎超过1市石，产量很高，似乎夸大了。古人爱用一五、一十之类的概数，恐怕不能作准。

〔6〕"此菜旱种，非连雨不生，所以不同春月要求湿下"，这是对"不须耧润"说的，疑是注文而误为正文。

〔7〕"但"，各本同，日译本疑"且"之误。

〔8〕"若种者"，孟方平同志认为"若"是"夏"字之误。据文内所记，催芽和出土，是春迟而夏速；夏日气温高，所以白天要用箔盖，并且夜间要防虫，春天则都无须。

〔9〕渫(xiè):焯(chāo)。这字在《要术》烹饪各篇用得很多,也写作“煠”、“㸍”,意思是在沸汤中暂滚一下就捞出来,目的在解去其苦、辣、涩乃至腥恶的气味。

〔10〕“作粥清、麦䴵末”,原作“作粥津、麦䴵味”,不可解。据卷九《作菹藏生菜法》的“葵菘芜菁蜀芥咸菹法”条改正。麦䴵(huàn),即黄衣,一种整粒小麦作成的酱曲,见卷八《黄衣黄蒸及蘖》篇。

〔11〕“蘸、芥菹”:蘸菹、芥菹。见卷九《作菹藏生菜法》的“蘸菹法”和“蜀芥咸菹法”。

〔12〕《要术》中菹法很多,但没有“裹菹”。下面《荏蓼》作蓼菹是用“绢袋盛,沉着酱瓮中”,颇像“裹菹”,未知是否此类。存疑。

【译文】

(十月受足了霜,然后收获。)

(准备收子的,让根仍然留在地里,间拔去让它稀疏些,密了就长不好。用草覆盖在上面。盖着的宿根又长出嫩苗,可以供给生吃,又不会冻死。

(到第二个五月,种实成熟了,整株拔出来,晒干,不能让它潮湿,湿着便会郁坏。用“格柯”打下来,盛在蒿草编成的容器里。冬天也可以藏在地窖里,到夏天取出来。只要不受潮,也可以保存五六年。

(一亩地可以收到十石胡荽子。拿到都市里卖掉,一石子可以换到一匹绢。

(如果原来种的地松和肥美,不需要重新耕翻的,等到子实成熟时,有些好子稍稍掉落在地里之后,然后拔掉。这时只要深细地锄地一遍,随即耢平。到六月里下连雨时,落子自然长出,不久也会长满一地,却省去耕翻播种的劳累。)

(秋天种的,五月间原先种的子实成熟了,拔掉,赶快耕翻,过十几天,再耕一遍,一到六月,又耕一遍,耕得很松和软熟,软熟得像种大麻的地一样。就在六月里天旱时,用耧犁耩出播种沟,把种实搓破,撒在沟里,然后耢平,一切都和种春胡荽一样。所不同的,这既然是旱时下种,所以不必要地湿润时耧耩下种。这种旱种的菜,非遇到连雨是不会出苗的,所以跟春播的要求地湿时下种不同。下种后,没有遇到连雨,即使一个月还没出苗,也不要惊怪。麦茬地也可以种,但必须赶紧耕转,耕得松和软熟。这菜虽然名为“秋种”,实际上总要在六月种下。六月里没有不下连绵雨的,遇上连雨,就发芽出苗了，它的根强壮，发科也大。七月种的，雨多时也可以；如果雨少，就不能全都出苗，〔而且〕根细弱，发科也小，远远比不上六月种的，那便有十倍的损失。种胡荽，大都不能在地湿的时候踩进地里去。

（苗长到几寸长时，把稠密的锄出来，可以供食，也可以出卖。）

作菹菜的，到十月受足了霜，然后收割。一亩地收得两大车，一车值三匹绢。如果要留着冬天供食，就用草盖在上面，整个冬天都有得吃。

春天稍稍种些供日常吃的，自然可以采用畦种。畦种的方法，全同种葵一样。

〔夏天〕种的，用手搓开原胡荽子，使成两爿，盛在笼子里，一天淋两次水，让它发了芽，然后种下去。过两夜就出苗了。白天用箔盖上，夜间去掉。白天不盖，太热，不出苗；夜间不去掉，会有虫在里面活动。

凡是种菜，种子难得出苗的，都可以用水浸、淋，让它发芽，再种下去，就没有不出苗的了。

作胡荽菹的方法：在沸水里焯一下，捞出来，放入大瓮中，灌进暖盐水浸着，过夜。第二天，汲清水荡洗干净，拿出来，装入另外的容器中，用盐和醋浸着，香美好吃，没有苦味。也可以在洗干净之后，加入稀粥浆和麦䴷末，像作蘸菹和芥菹的方法，另有一种味道。如果作“裹菹”，也必须先焯去苦汁，然后才可以作。

种兰香第二十五

兰香者[1]，罗勒也；中国为石勒讳[2]，故改，今人因以名焉。且兰香之目，美于罗勒之名，故即而用之。

韦弘《赋叙》曰[3]："罗勒者，生昆仑之丘，出西蛮之俗。"

按：今世大叶而肥者，名朝兰香也。

【注释】

〔1〕兰香：即罗勒（Ocimum basilicum），唇形科，一年生芳香草本。古时以其嫩茎叶作香菜供食。

〔2〕石勒（274—333）：羯族人，十六国时期后赵的建立者，在位15年。建都襄国（今河北邢台）。死后其侄石虎继位。不久国亡。

〔3〕韦弘：《汉书·韦贤传》，贤次子名弘，官至东海太守。但各家书目无韦弘著述记载，恐未必是其人。此条类书亦未引。

【译文】

兰香，就是罗勒；中国为了避石勒的名讳，所以改名兰香，现在人也就这样叫开了。而且兰香的名称，实际比罗勒还好，所以我也顺便用它了。

韦弘《赋叙》说："罗勒，生在昆仑的山丘，用它是西蛮的习俗。"

〔思勰〕按：现在有叶大而肥壮的，称为朝兰香。

三月中，候枣叶始生，乃种兰香。早种者，徒费子耳，天寒不生。治畦下水，一同葵法。及水散子讫；水尽，簁熟粪，仅得盖子便止。厚则不生，弱苗故也。昼日箔盖，夜即去之。

昼日不用见日,夜须受露气。生即去箔。常令足水。

六月连雨,拔栽之。掐心着泥中,亦活。

作菹及干者,九月收。晚即干恶。

作干者:大晴时,薄地刈取,布地曝之。干乃挼取末,瓮中盛。须则取用。拔根悬者,裛烂,又有雀粪、尘土之患也。

取子者,十月收。

自余杂香菜不列者〔1〕,种法悉与此同。

《博物志》曰:"烧马蹄、羊角成灰,春散着湿地,罗勒乃生。"

【注释】

〔1〕杂香菜:芫荽、罗勒、香薷都有"香菜"的名称。现在通指芫荽。《要术》是泛指,所谓杂项香菜,指芫荽、罗勒以外的香菜,下面《荏蓼》的紫苏、姜芥、薰菜和《种蘘荷芹藘》的马芹子都是。

【译文】

三月中,看到枣树开始露叶芽时,才可种兰香。种早了,天冷不出苗,白白耗费种子。作畦,浇水,都跟种葵的方法一样。趁畦里有水撒下种子;等水渗尽了,筛些熟粪在上面,只要盖没种子就够了。盖厚了就长不出苗,因为它的力量很软弱。白天用箔覆盖,夜间就揭去。白天不能让它见太阳,夜间须要让它受到露水滋润。出苗后就把箔撤去。常常使它有足够的水。

六月接连下雨时,拔出移栽。掐下苗心插在泥里,也能活。

作菹菜或干菜的,到九月就要收。收晚了会干硬,味道变涩。

作干菜的:在大晴天,贴近地面割下来,摊在地上晒。晒干了,就揉碎它,取碎末盛在瓮里搁着,到需要时可以随时取出来食用。如果连根拔出挂起来,容易郁烂,又受着麻雀粪和灰尘的污染。

准备作种子的,到十月里〔种子成熟时〕收。

其余的杂项香菜没有列入记载的,种法都和兰香一样。

《博物志》说:"拿马蹄和羊角烧成灰,春天撒在湿地里,就生出罗勒。"

荏、蓼第二十六

紫苏、姜芥、薰菜[1]，与荏同时[2]，宜畦种。

《尔雅》曰："蔷，虞蓼。"[3]注云："虞蓼，泽蓼也[4]。""苏，桂荏。""苏，荏类，故名桂荏也。"[5]

《本草》曰[6]："芥葙（音租），一名水苏[7]。"

《吴氏》曰[8]："假苏，一名鼠蓂，一名姜芥。"

《方言》曰："苏之小者谓之穰菜。"注曰："薰菜也。"[9]

【注释】

〔1〕姜芥：又名假苏，就是唇形科的荆芥（Schizonepeta tenuifolia），有强烈香气。　　薰菜：是唇形科的香薷（Elsholtzia ciliata），全草有芳香气味。

〔2〕荏：是唇形科的白苏（Perilla frutescens），一年生芳香草本。荏主要是用来榨荏子油的。

〔3〕"蔷，虞蓼"与下文"苏，桂荏"，并《尔雅·释草》文。余均注文，与郭璞注文相同，惟均无"也"字。

〔4〕泽蓼：当是蓼科的水蓼（Polygonum hydropiper）。《要术》的蓼，当是蓼科的香蓼（Polygonum viscosum）。

〔5〕苏：是唇形科的紫苏，是白苏的一个变种（var. crispa），《尔雅》注说是"荏类"，没有错。由于古有所谓"味辛似桂"，所以别名"桂荏"。《要术》烹饪各篇，用苏很多。

〔6〕《御览》卷九七七"苏"引作《本草经》，但《本草经》"水苏"项下无此记载，而是陶弘景《本草经集注》插进去的："水苏……一名芥葙（原注："音祖"）。"《要术》"音租"原作"音粗"，葙有租、祖二音，无"粗"音，今改正。

〔7〕水苏：唇形科的Stachys japonica，具辛香气。以上各种唇形科辛香植物，古时都供食用，古本草书也都列入菜部。

〔8〕《吴氏》，指吴普的《吴氏本草》。本条的假苏和上条的水苏是两种，本条不是上条的注文，可《御览》卷九七七“苏”引本条列为上条的注文，误。《蜀本草》注引《吴氏本草》说：假苏“名荆芥，叶似落藜而细，蜀中生啖之。”《唐本草》注也说：“此药（指假苏）即菜中荆芥也，‘姜’、‘荆’声讹耳（按假苏一名‘姜芥’）。……今人食之。”说明吴普并没有混假苏为水苏。

〔9〕见《方言》卷三，“穰菜”作“蘸菜”。注是郭璞注。

【译文】

紫苏、姜芥、薰菜，和荏同时，宜于作畦下种。

《尔雅》说：“蔷，是虞蓼。”注解说：“虞蓼，就是泽蓼。”〔《尔雅》又说：〕“苏，是桂荏。”〔注解说：〕“苏是荏类，所以叫桂荏。”

《本草》说：“芥葅，又叫水苏。”

《吴氏〔本草〕》说：“假苏，又叫鼠蓂，又叫姜芥。”

《方言》说：“苏中有小的，叫作穰菜。”郭璞注解说：“就是薰菜。”

三月可种荏、蓼。荏，子白者良，黄者不美。荏，性甚易生。蓼，尤宜水畦种也。荏则随宜，园畔漫掷，便岁岁自生矣。

荏子秋未成[1]，可收蓬于酱中藏之。蓬，荏角也；实成则恶。

其多种者，如种谷法。雀甚嗜之，必须近人家种矣。

收子压取油，可以煮饼。荏油色绿可爱，其气香美，煮饼亚胡麻油，而胜麻子脂膏。麻子脂膏，并有腥气。然荏油不可为泽，焦人发[2]。研为羹臛，美于麻子远矣。又可以为烛。良地十石，多种博谷则倍收，与诸田不同。为帛煎油弥佳。荏油性淳，涂帛胜麻油。

蓼作菹者，长二寸则剪，绢袋盛，沉于酱瓮中。又长，更剪，常得嫩者。若待秋，子成而落，茎既坚硬，叶又枯燥也。

取子者,候实成,速收之。性易凋零,晚则落尽。

五月、六月中,蓼可为齑以食苋。

崔寔曰:"正月,可种蓼。"

《家政法》曰:"三月可种蓼。"

【注释】

〔1〕"未",原作"末",殿本《辑要》引同,误。这里指成熟前的嫩穗子,注文明说"实成则恶",岂能待到"秋末"成熟时?《证类本草》卷二七"荏子"引唐萧炳《四声本草》也说:"欲熟,人采其角食之,甚香美。"元刻《辑要》引正作"未",是唯一正确的字,据改。

〔2〕焦人发:使头发枯焦。按:荏油是干性油(大麻油也是),很容易和氧结合而凝固,所以涂在物体上会在物体表面生成一层坚固的膜,因此可以用来涂布帛作成油布。但用来搽头发却不行,因为它会氧化而使头发发黄枯焦,并且胶结。

【译文】

三月,可以种荏和蓼。荏,种子白色的好,黄色的不好。荏,很容易生长。蓼,尤其适宜在水畦里种。荏就很随便,在菜园旁边隙地上撒子,以后便年年落子自然生长了。

荏子秋天还没有成熟以前,可以把它的"蓬"摘下来,腌渍在酱里面。"蓬",就是〔嫩穗子〕荏角;但到结果成熟时就不好吃了。

要多种时,就像种谷子的方法种。荏子麻雀非常喜欢吃,必须种在近住宅的地里〔,便于驱赶麻雀〕。

收荏子榨出荏油,可以炸面食吃。荏油绿色可爱,气味也香美,炸面食虽然比芝麻油差些,但比大麻油好。大麻油都有腥气。然而,荏油不能用来作润发油,它会使头发枯焦的。把荏子研碎调入荤腥菜肴中,味道好远远超过大麻子。荏子还可以用来作火炬式的"烛"。一亩好地,可以收到十石荏子;多种荏子,换取谷子,〔荏子价高,〕因而可以博得加倍的收益。这样,就和别的地大不相同了。荏油煎成涂油布的油,尤其好。荏油纯净,涂油布胜过大麻油。

用蓼作菹菜的,苗有二寸长时,就剪下,用绢袋盛着,沉在酱瓮里。又长出来,再剪〔,照样处理〕。这样,就经常有嫩苗吃。如果等到秋天，子实成熟掉落，这时茎已经坚硬，叶也枯萎了。

准备收种子的，到果实成熟时，赶快收割。种子容易掉落，收晚了会掉光的。

五月、六月里，蓼可以作成〔细碎型的调味〕齑菜，配苋菜一道吃。

崔寔说："正月，可以种蓼。"

《家政法》说："三月可以种蓼。"

种姜第二十七

《字林》曰："姜，御湿之菜。""茈（音紫），生姜也。"

潘尼曰："南夷之姜。"〔1〕

【注释】

〔1〕据《御览》卷九七七"蒜"所引，此句是潘尼《钓赋》文。

【译文】

《字林》说："姜是祛除湿邪的菜。""茈，音紫，就是生姜。"

潘尼说："南夷的姜。"

姜宜白沙地〔1〕，少与粪和。熟耕如麻地，不厌熟，纵横七遍尤善。

三月种之。先重耧耩，寻垅下姜，一尺一科，令上土厚三寸。

数锄之。六月作苇屋覆之〔2〕。不耐寒热故也〔3〕。

九月掘出，置屋中。中国多寒，宜作窖，以谷稈合埋之〔4〕。

中国土不宜姜〔5〕，仅可存活，势不滋息。种者，聊拟药物小小耳。

崔寔曰："三月，清明节后十日，封生姜〔6〕。至四月立夏后，蚕大食，芽生，可种之。九月，藏茈姜、蘘荷〔7〕。其岁若温，皆待十月。”“生姜，谓之茈姜。”

《博物志》曰：“妊娠不可食姜，令子盈指。”〔8〕

【注释】

〔1〕姜喜疏松肥沃的砂质壤土或壤土，忌干旱、霜冻。姜的根系很不发达，入土既浅，根的数量和分枝也少，所以土壤必须翻耕较深（《要术》重耩两次），并充分耙细耱透。

〔2〕姜要求阴湿而温暖的环境，既不耐寒，又不耐热，尤忌强烈的日光直射，所以必须搭盖荫棚遮荫。现在长江流域多搭棚遮荫，山东姜区则多采用“插姜草法”适当遮荫。

〔3〕“寒热”，姜虽然不耐寒又不耐热，尤忌强烈日光直射，但在这里是防热，似宜作“暑热”。

〔4〕“稈”，各本多误，元刻《辑要》引作“稈”，是，从之。

〔5〕“中国”，就后魏疆域大致而言。按：我国以长江流域、珠江流域及云贵一带比较温暖多湿的地区，姜的栽培最盛。北方主要分布在山东泰山山脉以南的丘陵地区，河南、陕西、辽宁等省的少数地区也有少量栽培。贾氏所说，只能是北方严寒而又干旱的地区，并非“中国”全部。

〔6〕封生姜：把生姜封起来。这是种姜在栽培前进行催芽处理的最早记载。在山东俗称“炕姜”。泰安姜农是将经过日晒的种姜泥封在缸内催芽。炕姜所需时间约为一个月，温度较高则短些，与崔寔所说大致相当。

〔7〕藏：这里是泛指，不限于如《要术》的鲜姜窖藏，其所用为紫姜，尤宜于渍藏、酱藏等。　　茈姜：即子姜。《文选》卷八司马相如《上林赋》“茈姜、蘘荷”李善注：“张揖曰：‘茈姜，子姜也。’”“茈”即紫字，以其“芽色微紫，故名”（《王氏农书》）。　　蘘荷：见下篇。

〔8〕今本《博物志》卷二载此条，“盈”作“多”，指歧指。

【译文】

姜宜于种在白色砂质壤土的地里，稍微施上些粪。地要耕熟像种大麻的地一样，并且不嫌熟，纵横耕七遍尤其好。

三月种下。先用楼犁耩出种植沟，要在沟内重复耩两次，再随着沟植下种姜，相距一尺植一科，上面盖上三寸厚的土。

出苗后要多锄。到六月，在姜行间要搭盖苇箔凉棚遮荫。因为姜苗不耐〔暑〕热。

到九月，掘出来，存放在屋里。北方很寒冷，该作成土窖，杂和着禾谷稿秆一起窖埋。

“中国”的土地对姜不适宜，种下去只是存活而已，子姜并不很繁息。所以要种，姑且少少地准备点药用罢了。

崔寔说：“三月，清明节后十天，用泥土把生姜封起来。到四月立夏节之后，蚕〔大眠起后〕盛食的时候，封着的生姜发芽了，就可以挖出来种植。九月，藏紫姜和蘘荷。如果当年气候暖和，都可以等到十月里藏。”“生姜，叫作紫姜。”

《博物志》说：“怀孕的妇人不可吃生姜，吃了会使胎儿多长歧指。”

种蘘荷、芹、藘第二十八堇、胡葸附出

《说文》曰："蘘荷，一名葍蒩。"[1]

《搜神记》曰[2]："蘘荷，或谓嘉草。"[3]

《尔雅》曰："芹，楚葵也。"[4]

《本草》曰："水靳，一名水英。"[5]

"藘，菜，似蒯。"[6]

《诗义疏》曰："藘，苦菜，青州谓之芑。"[7]

【注释】

〔1〕《说文》是对"蘘"字作这样的注解："蘘，蘘荷也，一名葍蒩。"

〔2〕《搜神记》：志怪小说集，东晋干宝撰。所记多为神怪灵异事，也保存了一些民间传说。原书已佚，今本由后人辑录而成。

〔3〕《御览》卷九八〇"蘘荷"引《搜神记》："今世攻蛊，多用蘘荷根，往往验。蘘荷，或谓嘉草。"后人辑录的二十卷本《搜神记》(《丛书集成》本)即将《御览》这条辑入。

〔4〕见《尔雅·释草》，无"也"字。

〔5〕《神农本草经》菜部下品有"水靳"，记其别名"一名水英"。这条《本草》当出此。"靳"，《要术》原作"靳"，显系近似致误，据《本草经》改正。

〔6〕本草书不载"藘"的药品，此条与上条《本草》无关，怀疑或是字书文而脱其书名。"似蒯"，按："藘"是菊科莴苣或苦苣一类的植物，不可能和莎草科的蒯相像，而菊科的蓟，却和苦苣属的某些种很相像，字形也很相似，"蒯"疑是"蓟"字之误。

〔7〕卷九《作菹藏生菜法》"藘菹法"引《诗义疏》是："藘，似苦菜……青州谓之芑。"说明"藘"不等于"苦菜"，此处应脱"似"字。青州，今山东

淄博至潍坊等地,东晋州治在今益都。

【译文】

《说文》说:"蘘荷,又叫葍(fú)蒩。"

《搜神记》说:"蘘荷,或者称为嘉草。"

《尔雅》说:"芹,是楚葵。"

《本草》说:"水蕲(qín),又名水英。"

"藘(jù),是菜,像蒯(?)。"

《诗义疏》说:"藘,〔像〕苦菜,青州叫作芑(qǐ)。"

蘘荷宜在树阴下[1]。二月种之。一种永生,亦不须锄。微须加粪,以土覆其上。

八月初,踏其苗令死。不踏则根不滋润。

九月中,取旁生根为菹;亦可酱中藏之。

十月中,以谷麦糠覆之[2]。不覆则冻死。二月,扫去之。

《食经》藏蘘荷法[3]:"蘘荷一石,洗,渍。以苦酒六斗,盛铜盆中,着火上,使小沸。以蘘荷稍稍投之,小萎便出,着席上令冷。下苦酒三斗[4],以三升盐着中。干梅三升[5],使蘘荷一行。以盐酢浇上,绵覆罂口。二十日便可食矣。"

《葛洪方》曰[6]:"人得蛊,欲知姓名者,取蘘荷叶着病人卧席下,立呼蛊主名也。"

芹、藘[7],并收根畦种之。常令足水。尤忌潘泔及咸水。浇之即死。性并易繁茂,而甜脆胜野生者。

白藘,尤宜粪,岁常可收。

马芹子[8],可以调蒜齑[9]。

堇及胡葸[10],子熟时收子。收又[11],冬初畦种之。

开春早得,美于野生。惟穊为良,尤宜熟粪。

【注释】

〔1〕蘘荷:姜科的Zingiber mioga,多年生草本,与姜同属。花穗和嫩芽可供食用,地下根茎亦供食用,并供药用。

〔2〕"糠",各本均作"种",壅覆宿根绝不可能用谷麦的种粒,误。《四时纂要·三月》"种蘘荷"采《要术》作"糠",据改。

〔3〕《食经》:据《隋书》、新旧《唐书》经籍志记载,以《食经》为名的书,或存或亡多达八种(不包括大部头一百多卷的《淮南王食经》),著者有崔浩、马琬、竺暄、卢仁宗等,书都已失佚。《要术》的《食经》出自何种,无可推测。崔浩(?—450),后魏大臣,今山东武城人,为北方士族首领。或谓此书出自崔浩,实属悬测。细察《要术》烹饪等篇引《食经》所用物料,多有南方口味,而且词有吴越方言,疑是南朝人所写。《要术》引《食次》文也很多,有同样情况。

〔4〕"下苦酒三斗"的"下",应指出自容器,即从"铜盆中"舀出,但《食经》文往往简省得不易明白,也有颠倒,卷七、八、九酿造、烹调各篇,它的行文特点就是这样。封藏的容器是"罂",最后才指出。"以盐酢浇上",即指上文三斗醋(苦酒)和上三升盐的盐醋液汁,因为盐只能撒上,不能浇上,"盐酢(醋)"连词,实指液汁。而且这个盐醋液汁是调和在另一容器中的,到一层干梅、一层蘘荷在罂中铺好了,才浇进这个另一容器中预先调好了的盐醋液汁。它的行文就是这样想当然而颠来倒去。

〔5〕干梅:用青梅盐渍日晒而成,用来调味。《要术》卷四《种梅杏》有"白梅",为同类物品。

〔6〕《葛洪方》:各家书目未见著录。卷六《养鹅鸭》又引该书鹅辟"射工"一条,则此书似是厌胜类书,恐非医方。本条与《搜神记》用蘘荷辟蛊,如出一辙。

〔7〕芹:可能是水芹(Oenanthe javanica),伞形科,多年生水生宿根草本植物。以其嫩茎和叶柄作蔬菜。引《本草》的水靳,即水芹。　蘧:即"苣"字,不能确指是什么苣,但不出菊科莴苣属(Lactuca)或苦苣菜属(Sonchus)的植物。下文白蘧也应是莴苣属的植物。

〔8〕马芹子:南宋郑樵《通志》卷七五说马芹"俗谓胡芹"。《要术》烹饪各篇引《食经》、《食次》用胡芹很多。李时珍说马芹子就是野茴香(《本草纲目》卷二六)。野茴香是伞形科的Angelica citriodora。

〔9〕蒜齑:捣蒜作成的调味齑菜,卷八《八和齑》正是用马芹子作为捣

齑的和料。

〔10〕堇(jǐn)：当是堇菜科的堇菜(Viola verecunda)，多年生草本，春末开花，带紫色，夏结蒴果。李时珍说堇就是旱芹(伞形科的Apium graveolens，即俗称"芹菜"者)，吴其濬说是紫花地丁(堇菜科的Viola philippica)。　胡葸(xǐ)：即葈耳(Xanthium sibiricum)，又名苍耳，菊科，一年生粗壮草本。五六月开花，六至八月结有刺的倒卵形瘦果。

〔11〕"收又"二字，不好解释，也许是"收后"之误。但没有"收后"，同样不碍"初冬畦种"程序，《要术》不会这样累赘，"收又"可能是衍文。

【译文】

蘘荷宜于种在树荫底下。二月里种。种一次，以后宿根年年自己生长。也不要锄。只需稍微加些粪，再用土盖上。

八月初，把地上的茎叶踏死。不踏死，地下根茎的滋养不够。

九月中，掘出旁边长出的根茎作菹菜，也可以在酱中腌作酱菜。

十月中，拿谷麦稃壳盖在上面。不盖上就会冻死。到二月，扫去稃壳。

《食经》渍藏蘘荷的方法："蘘荷一石，洗干净，用水泡着。拿铜盆盛着六斗醋，搁在火上烧，使醋稍稍烧开。拿少量的蘘荷〔分次〕投入热醋里，让它稍稍变软了，便拿出来，摊在席子上，让它冷却。再舀出三斗醋，〔装在另一容器里，〕放进三升盐。再将冷却的蘘荷一层层地铺在罂子里，每一层加进三升干梅。然后拿调好的盐醋液汁浇在上面，用丝绵把罂口封盖严。二十天后便可以吃了。"

《葛洪方》说："人中了蛊生病时，如果想知道放蛊人的姓名，只要拿蘘荷叶放入病人的卧席下面，病人立即会叫出放蛊人的姓名来。"

芹和藘，都是收取宿根，作畦种植。常常要使它有足够的水。但是最忌用米泔水和咸水来浇。浇上就会死。这两种菜都容易繁息茂盛；种的又甜又脆，胜过野生的。

白藘，尤其宜于加粪，一年中常常有得采收。

马芹子，可以用来调和蒜齑。

堇和胡葸，种子成熟时收子。初冬作畦种下。明年开春，便早早有嫩苗采收，比野生的好。总要种得稠密为好，尤其宜于施上熟粪。

种苜蓿第二十九

《汉书·西域传》曰[1],罽宾有苜蓿[2]。大宛马,武帝时得其马。汉使采苜蓿种归,天子益种离宫别馆旁。

陆机《与弟书》曰:"张骞使外国十八年,得苜蓿归。"

《西京杂记》曰[3]:"乐游苑自生玫瑰树,下多苜蓿。苜蓿,一名'怀风',时人或谓'光风';光风在其间,常肃然自照其花,有光彩,故名苜蓿'怀风'。茂陵人谓之'连枝草'。"[4]

【注释】

〔1〕见《汉书》卷九六《西域传》。罽(jì)宾、大宛是《西域传》中二国名,《要术》所引分别记载在该二国项下。《要术》是掇引其意,不是原文。

〔2〕苜蓿:这是紫花苜蓿(Medicago sativa),豆科,多年生宿根草本,即张骞出使西域传进者。古代所称苜蓿,即指此种。现在我国北方栽培很广,为重要绿肥和牧草。《要术》主要用作饲料,还没有作为绿肥。

〔3〕《西京杂记》:旧题西汉刘歆撰,经考证,作者实为东晋葛洪。"西京"指西汉京都长安。所记多为西汉遗闻佚事,也间有怪诞的传说。

〔4〕今本《西京杂记》卷一载有此条,多有异文,"光风"下是:"风在其间,常萧萧然,日照其花,有光彩,故名苜蓿为'怀风'。"比较明顺。《要术》"肃然自照",费解,有脱讹,末一"苜蓿"下也宜有"为"字。乐游苑,西汉宣帝所建,故址在今西安城南、大雁塔东北。茂陵,原为茂乡,因汉武帝陵墓所在,因名茂陵。汉宣帝时建茂陵县,治所在今陕西兴平东北。

【译文】

《汉书·西域传》记载,罽宾国有苜蓿。大宛国有好马,汉武帝时得到了大宛马。

汉朝出使西域的人，采得苜蓿种子回来，天子便在离宫别馆的旁地，多加种植。

陆机给他弟弟的信里说："张骞出使外国十八年，带得苜蓿种回来。"

《西京杂记》说："乐游苑中有野生的玫瑰树，树下多长着苜蓿。苜蓿，又名'怀风'，当时人也有叫它'光风'的；风吹在枝叶间，〔萧萧地发出响声，太阳〕照着它的花，反映出光彩，因此叫苜蓿为'怀风'。茂陵人管它叫'连枝草'。"

地宜良熟。七月种之。畦种水浇，一如韭法。亦一剪一上粪，铁耙耧土令起，然后下水。

旱种者，重耧耩地，使垅深阔，窍瓠下子，批契曳之。

每至正月，烧去枯叶。地液辄耕垅[1]，以铁齿镉楱镉楱之，更以鲁斫斸其科土[2]，则滋茂矣。不尔，瘦矣。

一年三刈。留子者，一刈则止。

春初既中生啖，为羹甚香。长宜饲马，马尤嗜[3]。

此物长生，种者一劳永逸。都邑负郭，所宜种之。

崔寔曰："七月、八月，可种苜蓿。"

【注释】

〔1〕地液：指返浆。启愉按：华北平原地区，现在大体上在惊蛰前后地面开始解冻融化，这时融层还薄，冻层仍厚。随着气温的继续上升，土层融化逐渐加厚，融雪和解冻水分聚积地表（下面有冻层托水），地面形成显著潮湿状态，通常称为"返浆"。返浆阶段是春季保墒最有利的时期。《要术》称返浆初期为"地释"，即化冻，称返浆盛期为"地液"，就是地面显著潮湿的状态。　　耕垅：耕翻沟间的垄。垅，同"垄"。启愉按：《要术》的"垅"，通常指播种沟或栽植沟，但这里的"垅"指条播的行间，即播种沟间，因为种着苜蓿的沟是不能耕翻的。但紫苜蓿的根系强大，会延伸到行间，现在耕翻行垄，不但松土保墒，并且耕断延伸的旧根，促使新根生长，起到更新复壮的作用。下文用鲁斫掘锄宿根外旁的土，作用相同。《四时纂要·十二月》"烧苜蓿"条："耕垄外，根斩（断），覆土掩之，即不衰。"目的也相同。

〔2〕鲁斫：一种重型钝刃的锄头，《王氏农书》说就是"镬"，见图十六。

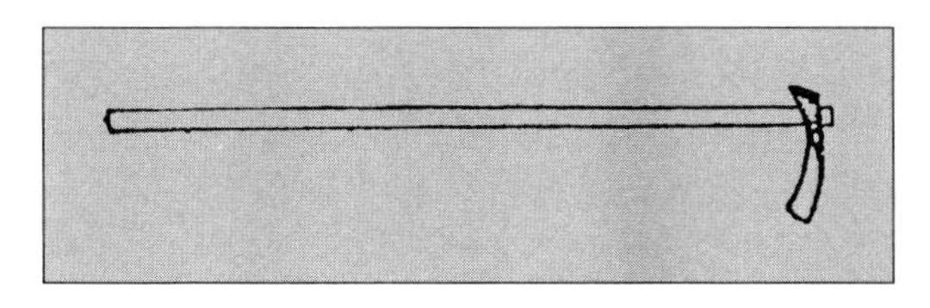

图十六　镬

〔3〕“嗜”下《辑要》引《要术》有“之”字，宜有，不然，或与“此物”连读，就费解了。

【译文】

地要肥要整熟。七月里下种。畦种，浇水，都和种韭菜的方法一样。也是每剪一次，上一次粪，用手用钉耙把土耧松，然后浇水。

大田旱种的，用耧犁在播种沟内重耩两次，把沟耩得深些阔些，用窍瓠下子，拖着批契覆土。

每到正月，用火烧掉地上的枯叶。到来春土壤返浆时，随即耕翻沟间的垅，接着拖铁齿耙耙过，再用鲁斫刨锄宿根外旁的土。这样，就自然滋生茂盛了。不然的话，就瘦弱了。

一年可以割三次。准备留种的，割一次便停止。

初春嫩苗既可以生吃，就是烧羹吃也很香。特别宜于饲马，马非常喜欢吃。

这种植物寿命长，种一次，〔以后年年萌发新苗，〕一劳永逸。城市近郊地方，应该多种些。

崔寔说：“七月、八月，可以种苜蓿。”

杂说第三十

崔寔《四民月令》曰[1]:"正旦,各上椒酒于其家长,称觞举寿,欣欣如也。上除若十五日,合诸膏、小草续命丸[2]、散、法药[3]。农事未起,命成童以上,入太学,学'五经'[4]。"谓十五以上至二十也。"砚冰释,命幼童入小学[5],学篇章。"谓九岁以上,十四以下。篇章谓六甲、九九、《急就》、《三仓》之属[6]。"命女工趋织布,典馈酿春酒。"

染潢及治书法[7]:凡打纸欲生[8],生则坚厚,特宜入潢。凡潢纸灭白便是,不宜太深,深则年久色暗也。人浸蘖熟[9],即弃滓,直用纯汁,费而无益。蘖熟后,漉滓捣而煮之,布囊压讫,复捣煮之,凡三捣三煮,添和纯汁者,其省四倍,又弥明净。写书,经夏然后入潢,缝不绽解。其新写者,须以熨斗缝缝熨而潢之;不尔,入则零落矣。豆黄特不宜裛[10],裛则全不入黄矣。

凡开卷读书,卷头首纸[11],不宜急卷;急则破折,折则裂。以书带上下络首纸者,无不裂坏;卷一两张后,乃以书带上下络之者,稳而不坏。卷书勿用鬲带而引之[12],非直带湿损卷[13],又损首纸令穴;当衔竹引之。书带勿太急,急则令书腰折。骑蓦书上过者,亦令书腰折。

书有毁裂,𠝹方纸而补者[14],率皆挛拳,瘢疮硬厚。瘢痕于书有损。裂薄纸如薤叶以补织[15],微相入,殆无际会,自非向明举而看之,略不觉补。裂若屈曲者,还须于正纸上,逐屈曲形势裂取而补之。若不先正元理,随宜裂斜纸者,则令书拳缩。

凡点书、记事,多用绯缝[16],缯体硬强,费人齿力,俞污染书[17],又多零落。若用红纸者,非直明净无染,又纸性相亲,久而不落。

雌黄治书法[18]:先于青硬石上,水磨雌黄令熟;曝干,更于瓷碗中研令极熟;曝干,又于瓷碗中研令极熟[19]。乃融好胶清,和于铁杵臼中,熟捣。丸如墨丸,阴干。以水研而治书,永不剥落。若于碗中和用之者,胶清虽多,久亦剥落。凡雌黄治书,待潢讫治者佳;先治入潢则动。

书橱中欲得安麝香、木瓜,令蠹虫不生。五月湿热,蠹虫将生,书经夏不舒展者,必生虫也。五月十五日以后,七月二十日以前,必须三度舒而展之。须要晴时,于大屋下风凉处不见日处。日曝书,令书色暍。热卷,生虫弥速。阴雨润气,尤须避之。慎书如此,则数百年矣。

【注释】

[1]《要术》引《四民月令》文,其有关作物和副业生产的,分别引录在有关各篇中,这里是综引十二个月的非生产的杂项事情的安排,都是节引。文内注文,凡是《四民月令》原有的,概加引号,以与贾氏的插注相区别。

又，各月下的染潢、治书、潄生绢、作假蜡烛等法，都是贾氏附带插进去的，一律缩进二格排印，以示区别。

〔2〕小草：中草药中远志科的远志（Polygala tenuifolia），别名小草，中医用作安神化痰药。

〔3〕"法药"，"十二月"重见，但《玉烛宝典》引《四民月令》均作"注药"，应是"注药"之误。《周礼·天官·疡医》郑玄注："注，谓附着药。"贾公彦疏："注谓注药于中，食去脓血耳。"孙诒让《周礼正义》说："附着药，盖犹今治创疡者之傅药。《玉烛宝典》引崔寔《四民月令》云'正月上除合注药'是也。"北宋沈括《补笔谈》卷一"辩证"："至今齐谓'注'为'咒'。"说明"注药"是外敷疮疡之药，使附着于疮疡之上，亦犹"注射"、"灌注"之"注"，本草书和经典文献中未闻有"法药"之称。凡药都要依法修治，"合诸膏、小草续命丸"，亦不例外，以依法配合解释"法药"，不妥。

〔4〕太学：中国古代传授儒家经典的最高学府，在京都。东汉在洛阳。崔寔时大有发展，太学生曾多至三万人。　　五经：指《易》、《书》、《诗》、《礼》、《春秋》。始称于汉武帝时。

〔5〕小学：古时称地方乡学为小学，对"太学"而言。其公家学校有庠、序，私学则有蒙馆、私塾之类。

〔6〕六甲：指六十甲子，古时训蒙从这学起。　　九九：即最基础的乘法九九歌诀，也是童蒙必学的最初算术知识。　　《急就》：西汉史游撰，罗列各种名物的不同文字，编成韵言，以便记诵，作为学童识字课本。今传有唐代颜师古注本。　　《三仓》：也作"三苍"，秦时《仓颉篇》、《爰历篇》、《博学篇》的合称，至汉代又有增益，也是编成韵文的学童文字学教本。今已不传，清人有辑佚本。

〔7〕染潢：指用黄檗汁把纸染成黄色。潢，通常和装潢即装裱分不开，但《要术》所记只是单纯染黄色，无一字涉及装裱，不知入水染潢之后怎样处理书纸。西晋陆云（262—303）《陆士龙集》卷八《与兄平原（陆机）书》："前集兄文为二十卷，适讫一十，当黄之。""黄"即入潢，也是先编书而后入潢。唐张彦远《历代名画记》卷三《论装背（褙）褾轴》："自晋代以前，装背不佳，〔南朝〕宋时范晔始能装背。"果如此，似乎北方贾思勰那时装潢技术还不怎样精良？又，这是因上面讲到读书，贾思勰顺便插进去的材料，故缩进二格排印。以下仿此。

〔8〕打纸：底纸。宋姚宽《西溪丛语》卷下："《要术》……云，'凡打纸欲生，生则坚厚'，则打纸工盖熟纸工也。"但既已打熟，为什么还要求"生"，此释不解决问题。《历代名画记·论装背褾轴》："勿用熟纸背，必皱起，宜用白滑漫薄大幅生纸。"此说直捷明白。但《要术》并无装褙处理，"打纸"不

能解释为在原纸背面打褙上去的纸。排除这种情况，只能解释为写书“打底”的纸，即写书的原纸。这是未经打熟磨光的生纸，纤维间的毛细管未被过分压缩，所以比较厚而柔韧，特别宜于入潢，因为它的吸收性能较强。

〔9〕“蘗”，各本均讹作“蘖”，经典亦多有沿讹，亦犹“薛”（莎草）之沿误为“薛”（藾蒿），都是长撇上移变作短撇的点点差误，可意义毫厘千里。蘗是黄檗，芸香科的Phellodendron amurense，也叫黄柏树，皮厚，含黄色素，可作染料；蘖是芽蘖也。这里指黄柏，故改。

〔10〕豆黄：据卷八《作酱等法》指蒸熟的黄豆。这里是晒干磨成豆粉作为调和黏糊的材料，用来粘连书纸。元陶宗仪《辍耕录》卷二九“粘接纸缝法”引书记载：“古法用楮树叶、飞面、白芨三物调和如糊，以之粘接纸缝，永不脱解，过如胶漆之坚。”明佚名《墨娥小录》“粘合糊法”：“糊内入白芨末、豆粉少许，永不脱落，甚佳。”飞面谓面粉临空分散撒入。白芨是兰科的Bletilla striata，其肉质块茎含有多量的黏液质，可作糊料，黏性强。

〔11〕卷头首纸：《要术》那时的书是卷轴式的，即卷子本，还没有装订成册。此指卷子开头的空白纸幅，术语称为“引首”。引首伸长出去包在卷子外面起保护作用的叫“包首”，通常用绫绢作成。引首下面还有一白幅叫“玉池”，也叫“池纸”。卷子中间书纸不连接的空幅叫“隔水”。卷末的白幅叫“拖尾”。《要术》除引首外，其他都没有提到，书卷的装潢似乎颇为简朴。北宋米芾（1051—1107）《书史》：“装书褾前须用素纸一张，卷到书时，纸厚已如一轴子，看到跋尾，则不损。……纸多有益于书。”《要术》的引首似乎卷到书纸时还没有厚如轴子，所以要再卷一两张书纸才行。

〔12〕勿用鬲（è）带而引之：不要鬲着书带来卷。《仪礼·士丧礼》“苴绖大鬲”，郑玄注：“鬲，搤也。”《仪礼·丧服》作“苴绖大搹”，郑玄注：“搹，扼也。”鬲、搹、搤都是同字异写，即“扼”字，就是掐住，扼制住。“勿用”即“不用”，就是不要。“引”是卷书。这句是说不要把书带两头掐紧了来卷书，那会把书的上下两边（天头地脚）弄坏的。这是参照《齐民要术今释》作解释的。

〔13〕“湿”，各本相同，但书带不会用湿的，石声汉疑“澁”之误，即涩滞之意。

〔14〕劙（lì）：割。

〔15〕裂薄纸如薤叶：启愉按：薤叶线形，半圆柱状，中空，宽约2—3毫米。薄纸无论如何不能薄如薤叶，不好讲，只能是叶基部被抱合着的像叶鞘的鳞茎之鳞被，白色膜质，略可当之。如果“如薤叶”指纸的宽度，那只有2—3毫米宽的纸条，破坏处稍大，要补多少条，是并排补还是交织？牢不牢？能不绉缩？疑窦颇多。所以译文姑作如“〔　〕”内的改译，以就正方家。

〔16〕“缝”，各本相同，讲不通。下句既说“缯体硬强”，应是“缯”字之误。

〔17〕明抄作“俞”，无意思；他本作“愈”，也勉强。疑应作“渝”，谓绯红褪色污染书纸。

〔18〕雌黄：矿物名，晶体，橙黄色，可作颜料。北宋沈括（1031—1095）《梦溪笔谈·故事》：“馆阁新书净本有误书处，以雌黄涂之。尝校改字之法：刮洗则伤纸；纸贴之又易脱；粉涂则字不灭，涂数遍方能漫灭。唯雌黄一漫即灭，仍久而不脱。”雌黄色与潢后纸色相似，所以字迹涂灭后可以在上面再写上。北齐颜之推《颜氏家训·书证》：“以雌黄改‘宵’为‘冐’。”正是这样改法。因而以改窜文字为“雌黄”，成语“信口雌黄”，本此。所谓“雌黄治书”，就是调制好雌黄锭子，要用时像磨墨一样磨出黄汁来使用。

〔19〕上句没有加水，这里“曝干”云云重复，疑是衍文。否则，上句应脱“加水”字样。

【译文】

崔寔《四民月令》说：“正月元旦，〔全家的小辈，〕分别给家长敬上花椒酒，举杯祝贺长寿，大家都非常快乐。正月第一个逢除的日子，或者十五日，配制各种药膏、小草续命丸、散药和外用〔注〕药。农业生产还没有开始，叫成童以上的少年上太学，学‘五经’。“这是说十五岁以上到二十岁的少年。”砚台上的墨不再结冰了，叫幼童上小学，学篇章。“这是说九岁以上到十四岁的男孩。篇章，指六甲、九九、《急就篇》、《三仓》这类启蒙教材。”命令管纺织的女工勤力织布，命令管饮食的家人酿造春酒。”

纸的染潢和书的保护方法：凡写书的底纸，要用生纸，因为生纸比较厚而柔韧，特别宜于入潢染上黄色。染黄色只要不见白色底子就可以了，不宜染得太深；太深了年份久了会变成暗褐色。现在一般人把黄檗浸出黄汁后，就把渣滓丢掉，只用第一道纯汁，既浪费又没有好处。应该在黄檗浸熟之后，捞出渣滓来捣碎，煮过，用布袋盛着压出液汁来；又拿渣滓再捣再煮，再压出液汁。这样，可以捣三次煮三次。将三次所得的液汁，添加到第一道的纯汁里，可以节省四倍，〔而且黄汁经过过滤，〕更加清明洁净。写好的文章，要经过一个夏天然后才入潢，那纸张接缝的地方不会脱黏开裂。新写好的，〔如果急于入潢，〕必须拿熨斗在接缝处一缝缝地熨帖过，〔使粘合牢固，〕然后染黄；不然的话，一投入潢汁，就会散开脱落了。豆黄特别不可窝坏，窝坏了就染不上黄色。

凡打开卷子本书卷来读，卷头首纸不可卷得太紧；太紧了会拗折，折了便会破裂。打开后如果用书带上下络定首纸的，也没有不裂坏的；应该在卷过一两张书纸之后，再将首纸连同书纸一起用书带上下络定，才能稳妥不被弄坏。卷书的时候，不要鬲着书带来卷，这样不但带子〔阻滞着〕会把书的天头地脚磨坏，还会把首纸穿出洞来；应该绕着竹轴来卷书卷。书带不可系得太紧，紧了会中腰折断。横扣在书上压过，也会拦腰折断。

书有损坏和破裂的地方，如果撕一块大纸补贴在下面，往往绉缩不平整，结着又硬又厚的疤痕。疤痕却把书损害了。应该撕点很薄的纸，薄得像薤叶〔下面白色膜质的鳞被〕那样，用来织补，就显得细致入微，两相吻合，几乎看不出接合的痕迹，要不是把书纸举起来透着亮光看过去，简直觉察不出是贴补过的。裂开的地方如果是弯曲的，就该蒙张纸在上面，随着原纸弯曲的形状，撕下蒙上去的纸来补。假如不先对正原来裂口的纹理，随便撕条斜纸来补，也会使书绉缩不平。

通常涂灭文字或者在书上记写点什么，常是用红〔绸〕贴在上面，可绸子坚厚抗力强，撕断它很费齿力，而且〔褪色时〕会污染着书，又容易脱黏掉落。如果用红纸贴上去，不但清明干净，不会污染，而且纸与纸性质相同，相亲相黏结，久久不会脱落。

雌黄治书的方法：先在青硬石上，用水磨雌黄，把它磨熟，〔晶体解离成粉末状；〕晒干，再在瓷碗里研到极细极匀熟；再晒干，又在瓷碗里研到极细极熟（?）。然后将好牛皮清胶加热融化，连同研熟的雌黄一起放入铁臼中，拿铁杵捣和匀熟。最后把它作成像墨一样的墨锭，阴干备用。用时加水研磨出黄汁，用笔蘸来涂改文字，永远不会剥落褪色。要是在碗里临时将雌黄调和胶汁来用，胶汁再和得多，久了还是会剥落。凡用雌黄涂改文字，等潢好之后再涂改为好；如果先涂改而后入潢，黄色便渗出褪散了。

书橱中要放些麝香、木瓜，可以避免蠹虫发生。五月天气湿热，蠹虫快要发生，书卷如果经过一个夏天没有展开过的，一定会生虫。从五月十五日以后，到七月二十日以前的这段时期内，必须把所有的书卷都展开过，要展开三次。须要选在晴天，在大屋子里风凉不见太阳的地方展开。在太阳底下晒书，书的颜色会变暗。晒热了卷书，生虫更快。阴雨天空气潮湿，尤其要避免展书。像这样谨慎地保护书卷，可以保存几百年。

"二月。顺阳习射，以备不虞。春分中，雷且发声，先后各五日，寝别内外。"有不戒者，生子不备。"蚕事未起，命缝人浣冬衣，彻复为夹。其有嬴帛，遂供秋服。凡浣故帛，用灰汁则色黄而且脆。捣小豆为末，下绢簁，投汤中以洗之，洁白而柔韧，胜皂荚矣。可粜粟、黍、大小豆、麻、麦子等。收薪炭。"炭聚之下碎末，勿令弃之。捣，簁，煮淅米泔溲之，更捣令熟。丸如鸡子，曝干。以供笼炉种火之用，辄得通宵达曙，坚实耐久，逾炭十倍。

漱素钩反生衣绢法：以水浸绢令没，一日数度回转之。六七日，水微臭，然后拍出，柔韧洁白，大胜用灰。

上犊车篷軬[1]，及糊屏风、书帙令不生虫法：水浸石灰，经一宿，挹取汁[2]，以和豆黏及作面糊[3]，则无虫。若黏纸写书，入潢则黑矣。

作假蜡烛法：蒲熟时，多收蒲薹[4]。削肥松，大如指，以为心。烂布缠之。融羊牛脂，灌于蒲薹中，宛转于板上，挼令圆平。更灌，更展，粗细足，便止。融蜡灌之。足得供事。其省功十倍也。

【注释】

〔1〕"篷軬"：据《方言》卷九郭璞注，"即车弓"。所谓车弓，就是作为撑持车篷的骨架，用竹木制成，弯曲如弓，故名。"篷"，各本均作"蓬"，这里是指"车弓"，即车篷，字宜作"篷"。軬（fàn，又 bèn），车篷。

〔2〕"挹"，各本均作"浥"，这里是指舀出石灰水，字宜作"挹"。

〔3〕豆黏：《墨娥小录》"打叠纸骨用糊法"："用糯米浸软，研细，滤净，

逼去水，稀稠得中，加入豆粉及筛过石灰各少许，打成糊。以打叠纸骨，仿造器用。……待一年后，骨中药发，其坚似石，永不致发蒸生蠹也。”又有豆粉黏糊，已见上文注释〔10〕。《要术》所说豆黏，当是此类。但加入石灰汁的豆黏和面糊，不能用来粘合写书的纸。

〔4〕蒲薹：香蒲科香蒲（Typha orientalis）的花穗，雌雄花穗紧密排列在同一花轴上，形如蜡烛，俗亦称蒲槌。

【译文】

“二月。顺应转暖的天气，练习射箭，以防备意外事件的发生。春分节，将要打雷了，在春分前五天和后五天之内，男女要分床。“不遵守这条戒约的，生出的婴儿形体不完备。”养蚕的事还没有开始，命令缝制衣服的缝人，浣洗冬天的衣服，拆出绵衣中的丝绵，并裁制夹衣。假如还有多余的绸料，可以做成秋衣。〔思勰按〕：凡洗涤旧帛，用灰汁来洗，颜色会发黄，质地也会变脆。拿小豆捣成粉末，用绢筛筛下细粉，放入热水中，用来洗帛，又洁白又柔韧，比皂荚还好。可以粜卖谷子、黍子、大豆、小豆、大麻子、麦子等。收买柴炭。”〔思勰按：〕炭堆下面的碎末，不要给丢掉。把它捣细，筛过，用煮沸的米泔水来溲和，再捣匀捣熟。然后团成鸡蛋大的圆子，晒干。这样，可以烧着保存在火笼、火炉里作为火种，就可以烧过通宵到天亮，它坚实耐久，比炭强十倍。

漂洗做衣服的生绢的方法：用水浸生绢让它没水，每天回转荡涤几次。六七天后，水稍微发臭的时候，再拍打洗荡去污质和臭气，又柔韧又洁白，大大胜过用灰汁漂洗。

上牛车车弓和糊屏风、书帙使不生虫的方法：用水浸泡石灰，过一夜，舀取清汁，用来调和豆黏，以及调和面糊，就不会生虫。但如果用来粘贴写书的纸，书入潢时，就会变黑。

作假蜡烛的方法：香蒲成熟的时候，多收些蒲薹。拿多含松脂的松木，削成指头粗细的条，作为烛心。用烂布裹在蒲薹外面，融些牛羊脂膏，灌进蒲薹里面，趁热放在平板上来回搓转，把它搓平搓圆。再灌，再搓，到粗细合适时停止。然后融些蜡浇在外面包着。这样，便可以用了。可以〔比其他作法〕省十倍工夫。

“三月。三日及上除，采艾及柳絮。“絮，止疮痛。”是月也,冬谷或尽,椹麦未熟,乃顺阳布德,振赡穷乏,务施九族,自亲者始。无或蕴财,忍人之穷;无或利名,罄家继富:度入为出,处厥中焉。蚕农尚闲〔1〕,可利沟渎,葺治墙屋;修门户,警设守备,以御春饥草窃之寇。是月尽夏至,暖气将盛,日烈暵燥,利用漆油,作诸日煎药。可粜黍。买布。

"四月。茧既入簇,趋缲,剖绵〔2〕;具机杼,敬经络。草茂,可烧灰。是月也,可作枣糒〔3〕,以御宾客。可籴穬及大麦〔4〕。收弊絮〔5〕。

"五月。芒种节后,阳气始亏,阴慝将萌〔6〕;暖气始盛,蛊蠹并兴。乃弛角弓弩,解其徽弦〔7〕;张竹木弓弩〔8〕,弛其弦。以灰藏旃、裘、毛毳之物及箭羽〔9〕。以竿挂油衣,勿辟藏。"暑湿相着也。"是月五日,合止痢黄连丸、霍乱丸〔10〕。采葸耳。取蟾蜍"以合血疽疮药。"及东行蝼蛄〔11〕。"蝼蛄,有刺;治去刺,疗产妇难生,衣不出。"霖雨将降,储米谷、薪炭,以备道路陷滞不通。是月也,阴阳争,血气散。夏至先后各十五日,薄滋味,勿多食肥醲;距立秋,无食煮饼及水引饼。"夏月食水时,此二饼得水,即坚强难消,不幸便为宿食伤寒病矣〔12〕。试以此二饼置水中即见验。唯酒引饼,入水即烂矣。"可粜大小豆、胡麻。籴穬、大小麦。收弊絮及布帛。至后籴䴬䵃〔13〕,曝干,置罂中,密封,"使不虫生。"至冬可养马。

【注释】

〔1〕"蚕农尚闲",有问题,应如《玉烛宝典》引作"农事尚闲"。按:阴历三月已进入蚕忙季节,《四民月令》严格规定:三月"谷雨中,蚕毕生,乃同妇子,以勤其事,无或务他,以乱本业;有不顺命,罚之无疑。"(《玉烛宝典》引)可见"蚕"事并不闲,怎么可能拖着蚕女分身投入掏沟修墙的作业?

〔2〕剖绵：指利用下茧、蛹口茧等不能缫丝的来剖制丝绵，《要术》原误作"線"，据《玉烛宝典》引改正。

〔3〕枣糒(bèi)：是炒米粉和以枣泥的点心。《要术》原误作"弃蛹"，据《玉烛宝典》及《御览》卷八六〇"糗糒"引《四民月令》改正。

〔4〕"䵃"，《要术》原误作"麫"，据《玉烛宝典》及《文选·潘岳〈马汧督诔〉》李善注引《四民月令》改正。

〔5〕"收"字，《玉烛宝典》和《要术》引都没有。按：《四民月令》对农副产品的收进和卖出，总是先说粜、卖，后说籴、收，粜、籴专指谷物，可"弊絮"不能"籴"，只能是"收"，五月有"收弊絮"，六月、七月还有"收缣縳"，所以这里补入"收"字。

〔6〕阴慝(tè)：阴恶，阴气。

〔7〕徽弦："八月"重见。五月解下，八月缚上，这不是弓本身的弦，应是弓弰(弓的末梢)的弲中钩住弓弦的套绳，即所谓"耳索"。《考工记·弓人》唐贾公彦疏："〔弓〕引之则臂用力，放矢则箫用力。""箫"即弓弰。开弓时用力在臂膀，放箭时则借助于弓弰的回弹力。但回弹容易震伤弓弰，所以弓弦不能直接缚在弓弰上，其间必须有缓冲弹力的装置。这缓冲装置一是在弲中加钉厚牛皮或软木，叫作"垫弦"，二是在垫弦中穿贯耳索，弓弦就缚在耳索上。这里徽弦，应是耳索。

〔8〕"张"，《玉烛宝典》和《要术》所引都一样，不好解释。按："张"指上弓弦，既然是"张"，就不能"弛其弦"；反之，"弛其弦"就不可能再"张"弓，二者不能同时进行。此字疑是"弢"字的形似之误。弢(tāo)是弓袋，是说把弓解去弓弦，装入弓袋中，以防湿热使弓胶解离。《资治通鉴》卷一九一《唐纪·高祖》："〔李〕世民谓诸将曰：'虏所恃者弓矢耳，今积雨弥时，筋胶俱解，弓不可用。'"

〔9〕旃(zhān)：同"毡"。　　毳(cuì)：鸟兽的细毛。

〔10〕黄连：毛茛科多年生草本，学名Coptis chinensis。中医学上以其根状茎入药，是治痢疾和慢性肠炎的要药。　　霍乱：中医学病名，不是现代所称的烈性传染病的霍乱，所指范围颇广，包括上吐下泻、食物中毒、中暑等突发性的急剧病症。

〔11〕蟾(chán)蜍(chú)：蟾蜍科的大蟾蜍(Bufo bufo gargarizans)，俗称"癞蛤蟆"。其体肉烘干研末及其耳后腺和皮肤腺的分泌物蟾酥，均可配制治痈毒恶疮等药。　　蝼蛄：蝼蛄科，学名Gryuotalpa africana，俗名"土狗"。前足特别发达，尖端有扁齿4枚，形成开掘足，掘土伤害农作物很大。后足节大，内缘有3—4枚刺。《神农本草经》："主产难，出肉中刺。"以后本草医方等书都有此类记载。《四民月令》原文"有刺；治去刺"，"治去刺"即

指“出肉中刺”,不是治病时“要弄掉它的刺”。

〔12〕伤寒:中医学病名,不是现代所称的肠急性传染病的伤寒,所指范围颇广,包括各种外邪侵袭引起的恶寒发热等病。积食不化,消化机能紊乱,也会引起“伤寒”。

〔13〕麱(fū)䴬(xiè):麦麸,麦屑。“䴬”,《玉烛宝典》和《要术》所引都一样,应是“麲”字之误。按:这二字意义相同,都是麦屑的意思,但读音不同,前者读xiè,后者读suǒ。崔寔(?—170)是东汉后期人,问题在《玉篇》以前没有“䴬”字,只是“麲”字。《说文》“麦部”:“麲,小麦屑之覈。从麦,肖声。”清徐灏《说文解字注笺》及桂馥《说文解字义证》及《四民月令》正作“麲”,可作参证。

【译文】

“三月。初三日和第一个除日,收采艾和柳絮。“柳絮可以止疮痛。”这个月,冬天储蓄的粮食,或者已经吃完,而桑椹和麦子还没有成熟,应该顺应万物向荣的天道,散布恩德,赈济穷困挨饿的人,尽先施与同宗族的人,从最亲的人开始。不要隐藏物资,忍心看着穷人挨饿;也不要贪图虚名,耗尽家里所有,去接济富有的人。总之,要量入为出,处事要适中而可。农业的事还有些闲空,可以开通沟渎,修治墙壁房屋;加固门户,警惕着设置守护的人,以防御春天饥饿走险的盗贼。从这个月起到夏至,气温逐渐增高,太阳光强烈,晒热晒干的力量强,有利于油漆各种器物,也有利于利用太阳煎制各种药膏。可以粜卖黍子。可以买布。

“四月。蚕已经上簇结茧,赶速进行缫丝,剖制丝绵;准备机杼,细心地上经络纬。草茂盛了,可以割来烧草灰。这个月,可以作炒米粉同枣泥相和的点心,准备招待宾客。可以籴进䴸麦、大麦。收买旧丝绵。

“五月。芒种节之后,阳气开始亏损,阴恶的东西将要萌生;暖气开始旺盛,各种害虫都活跃起来。该解去角弓弩的弦,并解下它的徽弦;把竹木制的弓弩装入弓袋,解下它的弦。用灰保藏毛子、裘皮、毛羽用品和箭翎。用竿子把油衣挂起来,不要褶叠着收藏。“因为天热潮湿会黏结。”这个月初五日,配合止痢黄连丸、霍乱丸。收采葈耳。捉蟾蜍“可以配制流血恶疮的药。”以及东行蝼蛄。“蝼蛄,有刺;可以治出肉中的刺,又治疗产妇难产,胞衣不下。”连天的淫雨快要降下了,该储备些米谷、柴炭，作为道路泥泞陷滞不通的准备。这个月，阴气渐渐滋长，阳气渐渐消退，人血气的消耗较多〔，脾胃消化差〕。所以，在夏至前和夏至后的各十五天之内，应该吃得清淡些，不要多吃肥腻浓厚的食物；到立秋以前，也不可吃'煮饼'和水溲的死面饼。"夏天喝的冷水多，这两种面食碰上冷水，便坚硬难以消化，弄得不好，便会得积食伤寒的病。把这两种面食浸入水中试验着看，就可以看出它不化解的效验。只有用酒溲和的发面做成的面食，入水就烂了。"可以粜卖大豆、小豆、芝麻。籴进𪎊麦、大麦、小麦。收买旧丝绵、绸子和布。夏至之后，籴入麦麸和麦屑，晒干，盛入瓦器中密封着，"避免生虫。"到冬天可以养马。

"六月。命女工织缣缚〔1〕。"绢及纱縠之属。"可烧灰〔2〕，染青、绀杂色。

"七月。四日，命治曲室，具箔槌，取净艾。六日，馔治五谷、磨具〔3〕。七日，遂作曲；及曝经书与衣裳；作干糗〔4〕；采葸耳。处暑中，向秋节，浣故制新，作袷薄，以备始凉。粜大小豆。籴麦〔5〕。收缣练〔6〕。

"八月。暑退，命幼童入小学，如正月焉。凉风戒寒，趣练缣帛，染彩色。

河东染御黄法：碓捣地黄根令熟〔7〕，灰汁和之，搅令匀，搦取汁，别器盛。更捣滓，使极熟，又以灰汁和之，如薄粥；泻入不渝釜中，煮生绢。数回转使匀，举看有盛水袋子，便是绢熟。抒出，着盆中，寻绎舒张。少时，捩出，净搌去滓。晒极干。以别绢滤白淳汁，和热抒出，更就盆染之，急舒展令匀。汁冷，捩出，曝干，则成矣。治釜不渝法，在《醴酪》条中。大率三升地黄，染得一匹御黄。地黄多则好。柞柴、桑薪、蒿灰等物，皆得用之。

“擘绵治絮，制新浣故；及韦履贱好，预买以备冬寒。刈萑[8]、苇、刍茭。凉燥，可上角弓弩，缮理檠正[9]，縳徽絃[10]，遂以习射。弛竹木弓弧[11]。粜种麦。籴黍。

【注释】

〔1〕縳(juàn)，各本作“练”，误。《玉烛宝典》引作“縳”，练(練)应是“縳”字残烂后错成的。

〔2〕烧灰：烧草灰。按：丝麻织品的纤维不容易染上颜色，必须借助于媒染剂才能使颜色固着于纤维上。草木灰含有碳酸钾，溶在水中可作植物性染料的媒染剂，使颜色染上。

〔3〕五谷：按，作曲原料，有生有熟；熟的有蒸有炒。《要术》的曲，用小麦或谷子，引《食次》的“女曲”则用糯米，但是酱曲，不是酒曲。这里提到“五谷”作曲，虽然崔寔早年曾做过酿酒生意，但用五谷作曲，恐不可能，近现代除小麦外，也只有用大麦、豌豆、籼米等作曲，没有五谷都用上的。崔寔的曲，可能品种有不同，可惜没有具体交代。又，馔治也只能把曲原料簸净，然后入锅炒，不可能蒸，因为次日还没有干，不能入磨。

〔4〕干糗(qiǔ)：干粮。

〔5〕“麦”上《玉烛宝典》引有“籴”字，《要术》脱，据补。按：崔寔规划的是庄园式的经营活动，农产品都是在出产时收进，少缺时卖出，这里七月是继五月、六月之后接续收进新麦(六月籴麦见《玉烛宝典》)。

〔6〕“练”，《要术》和《玉烛宝典》同，误。按：八月才开始“趣练缣帛”，七月应无“练”可收。前著《四民月令辑释》已疑为“縳”字之误。后得日本渡部武教授来信，告知日本前田家藏旧钞卷子本《玉烛宝典》此字作“缚”，但“缚”在这里毫不相干，显然是“縳”字抄错。

〔7〕卷五《伐木》附有“种地黄法”，即用来染色者。

〔8〕萑(huán)：芦类植物。

〔9〕檠(qíng)：辅正弓弩的器具。“正”上《要术》原有“锄”字，无可解释，《玉烛宝典》没有，是衍文，据删。

〔10〕縳(zhuàn)：卷、束。“徽絃”，《要术》原误作“铠絃”，这正是五月解去的“徽弦”，本月缚上，据《玉烛宝典》引改正。

〔11〕“弛”，《要术》作“弛”，同“弛”，《玉烛宝典》引作“施”。但“施”是“弛”的假借字，不作设施讲。本月正开始习射，要缚上弓弦，字宜作“张”。又，此句应与“遂以习射”倒换过来。

【译文】

“六月。命令女工织双丝细绸和〔縳〕。“縳是绢和轻纱、绉纱之类。”可以烧草灰，染青色、天青等杂色。

“七月。初四日，命令家人整治好曲室，准备好放曲的箔席和曲架，采取干净的艾。初六日，馔治五谷，准备磨具。初七日就作曲。这个月，可以晒经书和衣裳；作干粮；采葈耳。从处暑到重阳节，把旧衣洗干净，添制新衣，作好夹衣和薄绵衣，作为天气转凉的准备。粜卖大豆、小豆。籴进麦。收买细绸和縳。

“八月。暑气已退。叫幼童上小学，同正月一样。凉风警戒我们天气快冷了，催促加紧煮练生绸生绢，染上彩色。

河东染御黄的方法：用碓把地黄根捣碎捣熟，加入灰汁调和，搅匀，用手搦挤出黄汁，倒在另外的容器里盛着。把地黄的渣滓再捣，捣得极熟，又用灰汁调和，调成像稀粥一样，然后倒在不褪污的铁锅里，用来煮生绢。多次回转翻动，提起来看，绢里夹着水灌进去的水泡子，绢就熟了。拉出来，搁在盆里，抽出绢头舒展开来。过一会，拧干，取出，把渣滓抖拭干净。拿出去晒到极干。再用白绢滤出第一道的地黄纯汁，〔用火煮，〕趁热舀出盛在盆里，就把熟绢放入盆中去染黄色，急速舒展翻动，让它染得均匀。等汁冷了，拧干，取出来晒干，就染成了。治铁锅不褪污的办法，在卷九《醴酪》篇中。大致三升地黄，可以染得一匹御黄绢子。地黄多时，颜色更好。柞柴灰、桑柴灰、蒿灰等，都可以用。

“撕松丝绵，作成绵絮，缝制新衣，浣洗旧衣。趁熟皮鞋又贱又好的时候，预先买下，准备冬天寒冷时穿。收割荻、芦苇、饲料草。天气凉爽干燥，可以上好角弓弩，将坏弓修理好，把歪曲的弓放在校弓器上校正，缚上徽弦，就可以练习射箭。〔缚上〕竹木弓弧的弦。粜卖麦种。籴进黍子。

“九月。治场圃[1]，涂囷仓，修箪、窖。缮五兵，习战射，以备寒冻穷厄之寇。存问九族孤、寡、老、病不能自存者，分厚彻重，以救其寒。

“十月。培筑垣墙，塞向、墐户。“北出牖谓之向。”上辛，命典馈渍曲，酿冬酒。作脯腊〔2〕。农事毕，命成童入太学，如正月焉。五谷既登，家储蓄积，乃顺时令，敕丧纪，同宗有贫窭久丧不堪葬者〔3〕，则纠合宗人，共兴举之；以亲疏贫富为差，正心平敛，无相逾越；先自竭，以率不随。先冰冻，作凉饧〔4〕，煮暴饴。可析麻〔5〕，缉绩布缕。作白履、不借〔6〕。"草履之贱者曰'不借'。"卖缣帛、弊絮。籴粟、豆、麻子。

"十一月。阴阳争，血气散。冬至日先后各五日，寝别内外。砚冰冻，命幼童读《孝经》、《论语》、篇章小学〔7〕。可酿醢。籴秔稻、粟、豆、麻子。

"十二月。请召宗族、婚姻、宾、旅，讲好和礼，以笃恩纪。休农息役，惠下必浃。遂合耦田器，养耕牛，选任田者，以俟农事之起。去猪盍车骨，"后三岁可合疮膏药。"及腊日祀炙箑〔8〕，箑，一作篪。"烧饮，治刺入肉中及树瓜田中四角，去蓲虫。"东门磔白鸡头〔9〕。"可以合法药〔10〕。""

【注释】

〔1〕治场圃：古代场、圃同地，按季节交换，即春种时耕翻场地作为菜圃，秋收时筑实菜圃作为打谷场。最早见于《诗经·豳风·七月》。但直到清初张履祥《补农书》，还说这种春圃秋场同地互换的做法，在浙江湖州乡间还往往可以见到。

〔2〕"作脯腊"是十月的另一安排，有人读成从"上辛"日连贯下来都在这一天是不妥的，因为《玉烛宝典》所引是"是月也，作脯腊"，所以在"酿冬酒"句圈断。

〔3〕贫窭(jù)：贫寒，贫穷。

〔4〕饧：即糖。

〔5〕"析"，《要术》各本作"柝"或"拆"，《玉烛宝典》又作"折"，都是"析"字之误。

〔6〕白履：白鞋。《仪礼·士冠礼》："素积、白屦。"又有"黑屦"、"纁

(大红色)屦”。在古代,白鞋、黑鞋、红鞋都是常穿的鞋子。

〔7〕“小学”,《要术》原作“入小学”,“入”字衍,据《玉烛宝典》删去。按:汉代的教育制度,八九岁的小孩入小学学识字和计数,十二三岁的大小孩进一步学《孝经》、《论语》,仍在小学;成童以上则入太学学“五经”,在京都。现在十一月砚台磨墨要结冰了,所以只叫小孩诵读“小学”,不作书写作业。汉代称文字学为“小学”,就是因为学童先学文字,故有此称。而且小学已在八月复学(“八月……命幼童入小学”),学生都已上学,本月再来个“入小学”就讲不通。

〔8〕炙箑:实即炙脯,参见卷二《种瓜》注释。《本草纲目》有爊肉可治出肉中刺的记载。或释为“挂炙肉的竿子”,但竿子不能治出肉中刺。“箑”,各本多纷乱,《玉烛宝典》作“遷”,无此字。此从明抄(卷二《种瓜》作“萐”,字通)。

〔9〕磔(zhé):分裂。

〔10〕“法药”,应依《玉烛宝典》作“注药”。

【译文】

“九月。把菜圃地筑坚实作为打谷场,用泥涂抹芦苇之类编成的粮囤,修治贮藏种子的箪和土窖。修缮各种兵器,练习战斗和射箭,以防御冬天饥寒穷困的盗寇。慰问同宗族中那些孤、寡、老、病不能自己养活的人,拿出厚实多余的东西分些给他们,救济他们的贫困。

“十月。修筑围墙和墙壁,堵塞好向窗,用泥涂封好门缝。“北面开的窗洞叫作‘向’。”上旬的辛日,命令管饮食的家人浸渍酒曲,酿造冬酒。制作脯肉和腊肉。农业的事已经完毕,叫成童上太学,同正月一样。五谷已经收进来,各家都有了积蓄,可以顺着收敛的时令,整顿埋葬死人的丧纪:就是同宗族中有死亡已久的人,只因家贫还没能力埋葬入土的,现在该纠合同宗的人,大家来办理,按照亲疏的关系和贫富的能力来分别负担,无私公平地分摊钱财,不要相争避多就少,并且先尽自己的力量作表率,来带动不愿顺从的人。在冰冻以前,作干硬的饴糖,煮速成的薄饴。可以细擘麻纤维,缉绩成织布用的麻缕。作白鞋、‘不借’。“贱的草鞋叫‘不借’。”卖去熟绸熟绢、旧丝绵。籴进谷子、豆子、大麻子。

“十一月。阴气和阳气一消一长地相争,人的气血在消散。在冬至前五天和后五天之内,男女要分床睡。砚台里的墨都结冰了,叫幼童诵读《孝经》、《论语》、篇章识字课本，〔不练习写字。〕可以酿制肉酱。籴进粳稻、谷子、豆子、大麻子。

"十二月。邀请宗族、姻亲、宾客和外乡来的客户，会集在一起，讲究和好的礼节，加深彼此之间的亲爱团结。让从事农作的人休息，停止服役，对下面的人施恩惠，务必使他们深深地感到融洽。于是就配合修理好农具，养好耕牛，选定胜任农田耕作的人，作为春耕即将开始的准备。收藏猪牙床骨"三年之后可以配制治疮膏药。"及腊日祭祀用的炙箑，箑，一本作簇。"烧煳用水吞下，治出刺入肉中的刺；〔用棒子穿着，〕插在瓜田四角，可以除去蟗虫。"又在东门斩下白鸡的头，也收藏着。"可以配制外用的〔注〕药。""

《范子计然》曰[1]："五谷者，万民之命，国之重宝。故无道之君，及无道之民，不能积其盛有余之时，以待其衰不足也。"[2]

《孟子》曰："狗彘食人之食而不知检，涂有饿殍而不知发，"言丰年人君养犬豕，使食人食，不知法度检敛；凶年，道路之旁，人有饿死者，不知发仓廪以赈之。"原孟子之意，盖"常平仓"之滥觞也。人死，则曰：'非我也，岁也。'是何异于刺人而杀之，曰：'非我也，兵也。'"[3]"人死，谓饿、役死者，王政使然，而曰：'非我杀之，岁不熟杀人。'何异于用兵杀人，而曰：'非我杀也，兵自杀之。'"

凡籴五谷、菜子，皆须初熟日籴，将种时粜，收利必倍。凡冬籴豆谷，至夏秋初雨潦之时粜之，价亦倍矣。盖自然之数。

鲁秋胡曰："力田不如逢年。"[4]丰年尤宜多籴。

《史记·货殖传》曰："宣曲任氏为督道仓吏[5]。秦之败，豪杰皆争取金玉，任氏独窖仓粟。楚汉相拒荥阳[6]，民不得耕，米石至数万，而豪杰金玉，尽归任氏。任氏以此起富。"其效也。且风、虫、水、旱，饥馑荐臻，十年之内，俭居四五，安可不预备凶灾也？

【注释】

〔1〕《范子计然》：《旧唐书·经籍志下》五行类、《新唐书·艺文志三》农家类均著录（前者作《范子问计然》），均作“十五卷。范蠡问，计然答”。书已佚。范蠡，春秋末越国大夫，助越王勾践灭吴者。计然，或说姓计名然，或说姓辛，字文子。曾南游于越，范蠡师事之。或说“计然”根本不是人名，而是范蠡所著书的篇名，是“预计而然”的意思。近又有人考证说计然就是越国大夫文种。其书或出后人伪托。

〔2〕《类聚》卷八五“谷”引到这条，文句相同（多几个虚词）。

〔3〕见《孟子·梁惠王上》。注文是节引赵岐注，但“役”，今本赵注作“疫”。“原孟子之意……”是贾氏的申说。

〔4〕西汉刘向《列女传》卷五“鲁秋洁妇”条载有秋胡此语。其文曰：“洁妇者，鲁秋胡子妻也。既纳之五日，去而官于陈。五年乃归。未至家，见路旁妇人采桑，秋胡子悦之，下车谓曰……‘力田不如逢丰年，力桑不如见国卿……’至家……唤妇。至，乃向采桑者也。……遂去而东走，投河而死。”没有“丰年尤宜多籴”这句。鉴于上文讲趁时收籴，下文有“其效也”的申说，这句姑且看作是贾氏的话。

〔5〕宣曲：其地失考，据《史记》唐人注解，当在今关中地区。“任氏”，今本《史记·货殖列传》作“任氏之先”。

〔6〕荥阳：今河南荥阳。项羽刘邦交战时，曾在这里相持抗争。

【译文】

《范子计然》说：“五谷是千千万万人民的命，国家的贵重财宝。正因如此，没有德行的君主和没有德行的人民，〔就拼命地吃用和挥霍〕，不能在丰盛有余的时候积蓄下来，准备到歉收不足的时候应用。”

《孟子》说：“猪狗吃着人吃的粮食，却不知自己检点；路上有饿死的人，还不知道开仓赈济，〔赵岐注解说：〕“这是说丰年人君养着猪狗，让它吃人吃的粮食，却不知道遵守法纪自己约束收敛；荒年，路旁有饿死的人，还不知道开仓放粮来赈济。”〔思勰按〕：推究孟子的用意，似乎是“常平仓”的滥觞。到人死了，却说：‘不是我害死的，是年岁不好啊！’这同刺死了人，却说‘不是我刺死的，是刀刺死的’，有什么两样？”“人死了，是指死于饥饿和劳役，这是国君政治腐败造成的，现在却说：‘不是我害死的，是年岁收成不好害死的。’这同用刀杀死人，却说‘不是我杀死的，是刀自己杀死的’，有什么不同？”

凡收籴五谷和蔬菜种子，都该在初成熟时籴进，到快要下种时粜出，一定可以得到加倍的利益。凡在冬天籴进豆子谷子，到夏秋间开始多雨淋潦的时候粜卖，价格也会增长一倍。这是自然的道理。

鲁国的秋胡说：“努力种田，不如遇上丰年。”所以丰年尤其要多收籴粮食。

《史记·货殖传》说：“宣曲任氏〔的先人〕，做过督运粮食管粮仓的官。秦国败亡的时候，有钱势的人家都争着收进金玉，唯独任氏却把仓里的粮食窖藏起来。楚汉两军在荥阳相持战争的时候，农民没法耕种，一石米贵到几万文钱，结果，有钱势人家的金玉，全都归了任氏。任氏就这样起家致富。”这就是储备粮食的效验。而且风、虫、水、旱的灾害，使得饥荒年岁接连发生，十年之中，倒有四五年是收成微薄的，又怎么可以不为预防凶荒灾害作准备呢？

《师旷占》五谷贵贱法：“常以十月朔日，占春粜贵贱：风从东来，春贱；逆此者，贵。以四月朔占秋粜：风从南来、西来者，秋皆贱；逆此者，贵。以正月朔占夏粜：风从南来、东来者，皆贱；逆此者，贵。”

《师旷占》五谷曰：“正月甲戌日，大风东来折树者，稻熟。甲寅日，大风西北来者，贵。庚寅日，风从西、北来者，皆贵。二月甲戌日，风从南来者，稻熟。乙卯日，稻上场〔1〕，不雨晴明，不熟。四月四日雨，稻熟；日月珥〔2〕，天下喜。十五日、十六日雨，晚稻善；日月蚀〔3〕。”

《师旷占》五谷早晚曰：“粟米常以九月为本；若贵贱不时，以最贱所之月为本〔4〕。粟以秋得本，贵在来夏；以冬得本，贵在来秋。此收谷远近之期也，早晚以其时差之。

粟米春夏贵去年秋冬什七，到夏复贵秋冬什九者，是阳道之极也，急粜之勿留，留则太贱也。”

“黄帝问师旷曰[5]：‘欲知牛马贵贱？’‘秋葵下有小葵生，牛贵；大葵不虫，牛马贱。’”[6]

《越绝书》曰[7]：“越王问范子曰：‘今寡人欲保谷，为之奈何？’范子曰：‘欲保谷，必观于野，视诸侯所多少为备。’越王曰：‘所少可得为困，其贵贱亦有应乎？’范子曰：‘夫知谷贵贱之法，必察天之三表，即决矣。’越王曰：‘请问三表。’范子曰：‘水之势胜金，阴气蓄积大盛，水据金而死，故金中有水。如此者，岁大败，八谷皆贵。金之势胜木，阳气蓄积大盛，金据木而死，故木中有火。如此者，岁大美，八谷皆贱。金木水火更相胜，此天之三表也，不可不察。能知三表，可以为邦宝。’……越王又问曰：‘寡人已闻阴阳之事，谷之贵贱，可得闻乎？’答曰：‘阳主贵，阴主贱。故当寒不寒，谷暴贵；当温不温，谷暴贱。……’王曰：‘善！’书帛致于枕中，以为国宝。”

“范子曰：‘……尧、舜、禹、汤，皆有预见之明，虽有凶年，而民不穷。’王曰：‘善！’以丹书帛，致于枕中，以为国宝。”[8]

《盐铁论》曰：“桃李实多者，来年为之穰。”[9]

《物理论》曰：“正月望夜占阴阳，阳长即旱，阴长即水[10]。立表以测其长短，审其水旱，表长丈二尺：月影长二尺者以下[11]，大旱；二尺五寸至三尺，小旱；三尺五寸至四尺，调适，高下皆熟；四尺五寸至五尺，小水；五尺五寸至六尺，大水。月影所极，则正面也；立表中正[12]，乃得其定。”

又曰：“正月朔旦，四面有黄气，其岁大丰。此黄帝用事，土气黄均，四方并熟。有青气杂黄，有螟虫。赤气，大旱。黑气，大水。正朝占岁星，上有青气，宜桑；赤气，宜豆；黄气，宜稻。”

《史记·天官书》曰〔13〕：“正月旦，决八风：风从南方来，大旱；西南，小旱；西方，有兵；西北，戎菽为，“戎菽，胡豆也。为，成也。”趣兵；北方，为中岁；东北，为上岁；东方，大水；东南，民有疾疫，岁恶。……正月上甲，风从东方来，宜蚕；从西方，若旦黄云，恶。”

《师旷占》曰：“黄帝问曰：‘吾欲占〔岁〕苦乐善恶〔14〕，可知否？’对曰：‘岁欲甘，甘草先生；“荠〔15〕。”岁欲苦，苦草先生；“葶苈〔16〕。”岁欲雨，雨草先生；“藕。”岁欲旱，旱草先生；“蒺藜〔17〕。”岁欲流，流草先生〔18〕；“蓬〔19〕。”岁欲病，病草先生。“艾。”’”

【注释】

〔1〕“稻上场”，明清刻本在“不雨晴明”之下，则“稻上场不熟”为句，意谓到应收割时仍不熟，较妥。

〔2〕珥(ěr)：日、月两旁的光晕。

〔3〕“日月蚀”，句未全，其下有脱文。

〔4〕“所”谓处所，即最贱所处之月，亦犹下文引《越绝书》之“诸侯所”(诸侯的地方)。有的书说“所”下“脱去‘在’字”，其实没有“在”字也可以。

〔5〕黄帝是上古人物，师旷是春秋时晋国的乐师，时代远隔，二人怎能对话。但假托的书，往往如此。

〔6〕《类聚》卷八二及《御览》卷九七九“葵”都引到这条，作：“《师旷占》曰：‘黄帝问师旷曰……’”故知此条仍是《师旷占》文。文句全同，但

“牛贵”作“牛马贵”,据上下文,《要术》脱“马”字。

〔7〕《越绝书》: 东汉袁康撰,原书25卷,今存15卷。记吴越两国史地及伍子胥、范蠡、文种、计倪等人的事迹,多采传闻异说。越王即指勾践,范子即指范蠡。以下引文见《越绝书·越绝外传枕中》篇,文句颇有不同(《四部丛刊》本),而“诸侯”无“侯”字,“可得为困”之“困”作“因”,比《要术》好解释。

〔8〕“范子曰”这条仍是《越绝书·越绝外传枕中》之文,文字稍有不同。

〔9〕见《盐铁论·非鞅》,文作:“夫李梅多实者,来年为之衰;新谷熟者,旧谷为之亏:自天地不能两盈,而况于人事乎?”“衰”是指果实的“大小年”,大年之后有小年。而“穰”指丰熟,则是大年连续,变为“两盈”,大有不同。唐杜佑《通典》卷一〇《食货》引《盐铁论》亦作“衰”。

〔10〕阳长、阴长: 长是生长的长,不是长短的长。高为阳,低为阴,月高则测竿之影短,认为是阳长,即阳盛,所以旱;月低则影长,认为是阴长,即阴盛,所以水。

〔11〕“者”,疑衍,或宜倒在“以下”之下。

〔12〕立表中正: 立竿必须笔直,正中不偏,即与地面垂直。《周礼·春官·冯相氏》贾公彦疏引《易纬通卦验》:“冬至日,置八神,树八尺之表,日中视其影。”“神,读如引。言八引者,栽杙于地,四维四中引绳以正之。”“四维”即四角,这是四面八方拉绳打桩来引正立竿。

〔13〕《史记·天官书》记明是汉人魏鲜的占候法,文字稍异。注文是裴骃《集解》引孟康的注。但司马贞《索隐》引韦昭注,“戎菽”释为大豆。

〔14〕“占〔岁〕苦乐善恶”,南宋系统本作“占乐善一心”或“苦乐善一心”,明清刻本又作“占药善一心”,均误。《御览》卷一七及卷九九四引均作“知岁苦乐善恶”,《要术》“一心”显系“恶”字的残文析为二字,并脱“岁”字,今据以补正。

〔15〕荠: 即荠菜(Capsella bursa-pastoris),十字花科。味甘淡,《诗经·邶风·谷风》:“其甘如荠。”

〔16〕葶苈: 学名Rorippa montana,十字花科。味苦辛,《神农本草经》陶弘景注:“子细黄,至苦。”

〔17〕蒺藜: 学名Tribulus terrestris,蒺藜科,生于沙丘干旱地。

〔18〕二“流”字,《御览》卷一七及卷九九四引均作“溜”或“潦”,乍看起来和“旱”相对,其实错误。按,流草即蓬草。蓬草生于旱地,不生于薮泽,与“潦”违戾。《四时纂要·正月》引《师旷》说:“蓬先生,主流亡。”蓬草的枯茎和种子随风飞扬,故有“飞蓬”之名。这里“流”指流亡、逃荒,故

以飞蓬飘离不定喻之。

〔19〕蓬：蓬草。学名Erigeron acer，菊科。

【译文】

《师旷占》占卜五谷贵贱的方法："通常在十月初一日，预卜当年春天粜卖的贵贱行情：风从东面来，明年春天粜价贱；从西面来，粜价贵。四月初一日，预卜当年秋天的粜卖：风从南面、西面来，秋粜都贱；从北面、东面来，秋粜都贵。正月初一日，预卜当年夏天的粜卖：风从南面、东面来，夏粜都贱；从北面、西面来，夏粜都贵。"

《师旷占》占卜五谷的好坏说："正月甲戌日，大风从东面吹来折断大树的，稻的收成好。甲寅日，大风从西北来，价钱贵。庚寅日，风从西面北面来，都贵。二月甲戌日，风从南面来，稻的收成好。乙卯日，不下雨，晴明，（稻一直到可以收割上场时，）仍然会歉收不好。四月初四日有雨，稻的收成好。这一天，日月外周有光晕，天下丰收。十五、十六日有雨，晚稻好；日月亏食……"

《师旷占》占卜收籴五谷早晚的方法说："粟和米常常以九月的价格作为本价；如果贵贱变化不定，就以最贱的那个月作为本价。粟如果在秋天合到本价，它贵的时期在明年夏天〔，就在今年秋天籴进〕；如果在冬天合到本价，那贵的时期在明年秋天〔，就在今年冬天籴进〕。这是收谷远近时间的规律，其间早晚按照合到本价的时间来酌定。粟米如果春夏之交的价格比去年秋冬贵十分之七，到夏天又比秋冬贵十分之九，这已经到了阳道的极点，赶快脱手粜去，不能再留了，留着会暴跌太贱的。"

"黄帝问师旷说：'我想知道牛马价格的贵贱〔，有什么征候没有〕？'〔师旷答道：〕'秋葵下面生出小葵，牛〔马〕就贵；大葵不生虫害，牛马就贱。'"

《越绝书》说："越王问范子说：'寡人现在要保护谷物，该怎么办？'范子答道：'想要保护谷物，必须视察原野，看各地方所产多少以为准备。'越王问道：'少的地方〔因而〕可以增加生产，那么，价格的贵贱，有什么应验没有？'范子回答：'要知道谷价的贵贱，方法是必须察看天的三表，知道三表就可以决定了。'越王说：'请问三表是什么？'范子回答：'水势胜过金，就是阴气蓄积太盛，太盛了水就死在金里，所以金中有水。像这样，年成会大败，八种谷物都贵。金势胜过木，就是阳气蓄积太盛，太盛了金就死在木里，所以木中有火。像这样，年成就大好，八种谷物都贱。金、木、水、火交替相胜，这就是天的三表，不可以不明察。明察了三表，可以视为国家之宝。'……越王又问道：'阴阳的道理，寡人已经听说了；谷价的贵贱，可以讲给我听听吗？'范子答道：'阳主贵，阴主贱。因此，该寒冷而不寒冷，〔阳气太盛，〕谷价便会暴涨；当温暖而不温暖，〔阴气太盛，〕谷价便会暴跌。……'越王说：'很好！'就把这些写在帛上，藏在枕内，作为传国之宝。"

"范子说：'……尧、舜、禹、汤，都有先见之明，因此虽然遇上荒年，人民也不会受饿。'越王说：'很好！'就用银朱写在帛上，藏在枕内，作为传国之宝。"

《盐铁论》说："桃李今年结实多的，第二年〔就结少了〕。"

《物理论》说："正月十五日夜里，占候阴阳的消长，阳长就旱，阴长就水。〔方法是〕在地上竖立一根一丈二尺长的测竿作为'表'，用来测出月亮映到测竿上的影子的长短，来审定这一年是水还是旱，就是：月影长二尺以下的，大旱；二尺五寸到三尺，小旱；三尺五寸到四尺，水旱调匀，高低田收成都好；四尺五寸到五尺，小水；五尺五寸到六尺，大水。月亮升高到极点即正中的时刻，投射的竿影是正面相当的，就是与地面垂直的〔，测影要在这个时刻测〕。竖立测竿必须笔直，正中不偏，才能测得准确。"

又说："正月初一，四面有黄气，这一年大丰收。这是黄帝管事，土气黄而均匀，所以四方都丰熟。如果有青气杂着黄气，有螟虫。有赤气，大旱。有黑气，大水。正月初一占验岁星，上面有青气，桑好；有赤气，豆好；有黄气，稻好。"

《史记·天官书》说："正月初一，占八方面的风，决定年岁：风从南方来，大旱；从西南来，小旱；从西方来，有战争；从西北来，戎菽有为，"戎菽，就是胡豆。为，就是年成好。"很快将起战争；从北方来，中等年成；从东北来，上好丰年；从东方来，大水；从东南来，百姓有瘟疫，年成很坏。……正月上旬的甲日，风从东方来，蚕好；从西方来，或者早晨有黄云，年岁恶。"

《师旷占》说："黄帝问道：'我想占卜〔一年的〕苦、乐、善、恶，可以知道吗？’师旷答道：‘要是这年是甘的，先生的是甘草；“就是荠。”这年是苦的，先生的是苦草；“就是葶苈。”这年是多雨的，先生的是雨草；“就是藕。”这年是干旱的，先生的是旱草；“就是蒺藜。”这年百姓多流亡的，先生的是流草；“就是蓬。”这年百姓多病的，先生的是病草。“就是艾。”’”

齐民要术卷第四

园篱第三十一

凡作园篱法，于墙基之所[1]，方整深耕。凡耕，作三垅，中间相去各二尺。

秋上酸枣熟时[2]，收，于垅中概种之。至明年秋，生高三尺许，间劚去恶者，相去一尺留一根，必须稀概均调，行伍条直相当。至明年春，剝敕传切去横枝[3]；剝必留距。若不留距，侵皮痕大，逢寒即死。剝讫，即编为巴篱，随宜夹縛，务使舒缓。急则不复得长故也。又至明年春，更剝其末，又复编之，高七尺便足。欲高作者，亦任人意。

非直奸人惭笑而返，狐狼亦自息望而回。行人见者，莫不嗟叹，不觉白日西移，遂忘前途尚远，盘桓瞻瞩，久而不能去。"枳棘之篱"[4]，"折柳樊圃"[5]，斯其义也。

其种柳作之者，一尺一树，初即斜插，插时即编。其种榆荚者，一同酸枣。如其栽榆与柳，斜直高共人等[6]，然后编之。

数年成长，共相蹙迫，交柯错叶，特似房笼。既图龙蛇之形，复写鸟兽之状，缘势嵚崎[7]，其貌非一。若值巧人，随便采用，则无事不成；尤宜作机。其盘纡茀郁[8]，奇文互起，萦布锦绣，万变不穷。

【注释】

〔1〕墙基：指篱笆基脚。按：园圃可以筑围墙代篱笆，但这里没有筑围墙，不能死板解释。而篱笆起着围墙的作用，所以不妨视种植篱笆的基脚地为“墙基”。

〔2〕酸枣：鼠李科，学名Ziziphus jujuba。灌木或小乔木，多刺，俗名“野枣”，古名“棘”或“樲”。下文“棘”即指此。

〔3〕剶（chuán）：修剪，切断。

〔4〕枳：古时兼指芸香科的枸橘（Poncirus trifoliata）和香橙（Citrus junos）。这里指枸橘，常绿灌木而多刺，适宜作篱笆。

〔5〕“折柳樊圃”，《诗经·齐风·东方未明》的一句。“枳棘之篱”，未详所出，也许是当时的成语。

〔6〕各本都作“斜直”，仅金抄和《辑要》引作“斜植”。“斜直”指当初栽植时，柳枝是斜插的，榆的苗木是直栽的，都到长到一人高时编结起来，这样是可以解释的。如果是“斜植”，该读成“如其栽榆，与柳斜植”，考虑到这是榆柳混栽，似乎读成“斜直高共人等”好些。或者解作斜插的柳，直着长到一人高时编之，也勉强可以。

〔7〕嵚（qīn）崎：山高峻的样子。

〔8〕茀（fú）郁：山势曲折的样子。

【译文】

凡作园圃的篱笆，方法是：先方方整整地整理出篱笆基脚，然后深耕。要耕出三条播种沟，沟与沟相距二尺。

秋天酸枣成熟时，收来，密密地播种在沟里。到明年秋天，酸枣苗长高到三尺左右时，就间隔着掘去不好的苗株，相隔一尺留一株，必须稀密均匀，株行距要整齐对直。到第三年春天，把横枝切掉；切的时候，必须保留基部的一小段。如果不保留而齐基部切光，那皮上的伤口太大，遇上冷天，便会冻死。切完了，随即编成篱笆，看怎样合适就怎样交叉绑缚起来，但必须绑得松活一些。因为太紧就不能长了。到第四年春天，又把末梢切掉，再编结起来，编到七尺高，就够了。如果要再高些，也可以随人喜欢。

〔这样作起来的篱笆，〕不但坏人看了惭愧地笑笑回头走了，狐狸和狼看见也觉得没有指望，只得掉尾回去。过路人看见，没有不赞叹的，在篱边徘徊观赏，不知不觉太阳已经偏西，竟忘记向前赶远路，久久舍不得离开。〔古话说的〕“枳棘的篱笆”，〔《诗经》说的〕“折取柳枝来围护园圃”，都是这个意思。

如果扦插柳枝作篱笆的，相距一尺插一根。插时就斜着插下，插好就编起来。如果播种榆荚的，方法同酸枣一样。如果榆和柳混栽的，当时斜插的柳和直栽的榆等到长到一人高的时候，再混编起来。

几年之后植株长成了，株株彼此挤紧着，枝叶互相交错着，很像窗槅的玲珑模样。看上去有像画着龙蛇蟠屈的图形，又有像描摹着鸟兽飞奔的状态，随着形势高昂奇特地展现着，形状有种种变化。如果遇着心灵手巧的人，就着它的形状顺势雕凿，没有什么作不出的，而尤其宜于作各种式样的小几和座子。它回旋盘曲，奇异的图文层出不穷，缠绕交织，像锦绣一样，千变万化，没有穷尽。

栽树第三十二

凡栽一切树木，欲记其阴阳，不令转易。阴阳易位则难生。小小栽者，不烦记也。

大树髡之[1]，不髡，风摇则死。小则不髡。

先为深坑，内树讫，以水沃之，着土令如薄泥，东西南北摇之良久，摇则泥入根间，无不活者；不摇，根虚多死。其小树，则不烦尔。然后下土坚筑。近上三寸不筑，取其柔润也。时时溉灌，常令润泽。每浇水尽，即以燥土覆之，覆则保泽，不然则干涸。埋之欲深，勿令挠动。

凡栽树讫，皆不用手捉，及六畜骶突。《战国策》曰："夫柳，纵横颠倒树之皆生。使千人树之，一人摇之，则无生柳矣。"[2]

凡栽树，正月为上时，谚曰："正月可栽大树。"言得时则易生也。二月为中时，三月为下时。然枣——鸡口，槐——兔目，桑——虾蟆眼，榆——负瘤散[3]，自余杂木，鼠耳、虻翅，各其时。此等名目，皆是叶生形容之所象似，以此时栽种者，叶皆即生。早栽者，叶晚出。虽然，大率宁早为佳，不可晚也。

树，大率种数既多，不可一一备举，凡不见者，栽莳之法，皆求之此条。

《淮南子》曰："夫移树者，失其阴阳之性，则莫不枯槁。"[4]高诱曰:"失,犹易。"

《文子》曰[5]:"冬冰可折,夏木可结,时难得而易失。木方盛,终日采之而复生;秋风下霜,一夕而零。"[6]"非时者,功难立。"

崔寔曰:"正月,自朔暨晦,可移诸树:竹、漆、桐、梓、松、柏、杂木。唯有果实者,及望而止;"望谓十五日。"过十五日,则果少实。"

《食经》曰:"种名果法:三月上旬,斫取好直枝,如大母指,长五尺,内着芋魁中种之。无芋,大芜菁根亦可用。胜种核;核三四年乃如此大耳。可得行种。"

凡五果,花盛时遭霜,则无子。常预于园中,往往贮恶草生粪。天雨新晴,北风寒切,是夜必霜,此时放火作煴[7],少得烟气,则免于霜矣[8]。

崔寔曰:"正月尽二月,可剶树枝。二月尽三月,可掩树枝[9]。""埋树枝土中,令生,二岁以上,可移种矣。"

【注释】

〔1〕髡(kūn):修剪树枝。

〔2〕见《战国策·魏策》,除文句多有不同外,基本内涵亦异,"千人"作"十人"不说,而"柳"作"杨","摇"作"拔",不知孰是。《韩非子·说林上》亦载此条,"千人"亦作"十人"。

〔3〕负瘤散,不明所指。《今释》说榆树叶芽都是小颗粒形,可能以此比拟作"负瘤","散"是舒展开来。但这三字似乎是连成一个名词的,则所指不明。

〔4〕见《淮南子·原道训》,仅个别字差异。高诱注"易"下有"也"字,大概也是被北方传本略去的。

〔5〕《文子》:撰人失名。《汉书·艺文志》著录《文子》九篇,注说:"老子弟子,与孔子并时;而称周平王问,似依托者也。"后魏李暹说文子就是计

然，范蠡师事之，其说无可考。书今存。

〔6〕见《文子·上德》，文句全同。注文虽不见于今本，仍疑是原有的。《文子》是杂录各书而成的托伪书，不少资料采自《淮南子》，故《淮南子·说林训》已载此条，文句“木方盛”以下有个别字差异而已。“结”，屈曲。《广雅·释诂一》：“结，曲也。”泰州市叶爱国同志提供。

〔7〕煴（yūn）：没有火焰只有烟气的火堆。

〔8〕启愉按：《要术》此段文字最早记载了用熏烟法防霜，是简便有效的办法，直到现在还常采用。这较之《氾书》的刮霜法是一大飞跃。果树开花时，对低温极为敏感，最怕的是春季晚霜为害。熏烟法是烧着带湿的燃烧物不冒火焰，使烟雾上腾，在地面上形成烟幕，同时烟堆分布合适，时间掌握得当，就有提高果园气温的作用，能起到防霜的良好效果。但关键还必须预测哪一夜有霜。霜的形成条件是地面附近的空气湿度大，而气温突然下降，使水汽凝华而变成霜。现在雨后初晴，近地面空气湿度正大，而又转晴，水分蒸发多，因此水汽含量骤增，遇上北风冷空气吹得紧，气温急剧下降，正给凝华成霜创造了冷变条件，所以这一夜晚，必然会出现霜害。这是如响斯应的富于科学性的古代气象预报，是贾思勰观察入微的经验总结。

〔9〕掩树枝：压树枝。即无性繁殖的压条法。

【译文】

凡移栽一切树木，都要记住它的向阳面和背阴面，栽下时不可改变它。改变原来的阴阳面，就不容易成活。小小的树苗移栽时，可以不必记它的阴阳面。

移栽大树，要把主侧枝适当地截短，如果不截短，风吹摇动着根部，就会死去。小树就不必截短。

先掘出一个深坑，把树栽下去，大量灌进水，让水把泥湿透成为稀泥，同时向东西南北四面摇动较长时间，摇过泥土就进入根里面，没有不活的；不摇的话，根里面空虚，往往死去。移栽小树，不必这样做。然后填入掘出的土，把土筑实。最上面的三寸土不筑，为的是松软保墒。常常灌水，保持经常湿润。每浇一次水，水渗尽之后，上面要盖一层细干土，盖过的就能保持湿润，不盖就会板结干涸。要栽得深，不能摇动它。

一切树栽好之后，都不能用手去捉摸，也不能让六畜去觝撞。《战国策》说：“柳树，直插、横插、倒插，都可以成活。但是一千人栽下的柳树，有一个人都给它们摇摇，就不会有活柳了。”

凡移栽树木，正月是上好时令，农谚说："正月可以栽大树。"这是说时令合宜，容易成活。二月是中等时令，三月是最差的时令。不过，〔按照叶芽萌发的物候来掌握，那么，〕枣树是叶芽像鸡嘴时移，槐树像兔子眼时移，桑树像虾蟆眼时移，榆树像"负瘤散"时移，其他各种树，像老鼠耳朵、牛虻翅膀等，各按它们的物候来移。这些名目，都是叶芽萌发时所像的形状。在这时移栽，叶子都会随即长出。移得早了，叶子却出得迟。虽然这样，大致还是早些移为好，不可太迟。

树的种类很多，不能一一列举，本篇没有讲到的，移栽的方法，都可以按照上面说的去做。

《淮南子》说："移栽树木，如果失去它原来的阴阳方向，就没有不枯死的。"高诱注解说："失，就是改变。"

《文子》说："冬天的冰可以折断，夏天的树枝可以屈曲，这样的时间难得而容易失去。树木正茂盛的时候，整天采摘叶子，它还会长出；秋风一起下了霜，一夜工夫全掉光了。""这是说不在合适的时候，做事难得立功。"

崔寔说："正月，从初一到月末之日，可以移栽各种树：竹子、漆树、桐树、梓树、松树、柏树和各种杂树。只有果树，要在望日以前移；"望日是说十五日。"如果十五日以后移，结实就少了。"

《食经》种名果的方法说："三月上旬，切取好果树的直长枝条，像大拇指粗细的，五尺长，插在芋魁中种下去。没有芋魁，用大芜菁根也可以。这样，比种果核强；种果核要三四年才长得同样大。这样，名果可以较快地推广开来。"

各种果树，花开得旺盛时遇到霜，便不能结实。应该常常在园里预先积蓄一些杂草枯叶、牲畜生粪，作为准备。雨后新晴，北风吹得紧，气温急剧下降，这一夜必然出现霜冻。这时就放火烧草堆，让它只冒烟，不发火焰，烟气熏着，就可以避免霜害了。

崔寔说："正月到二月底，可以修剪树枝。二月到三月底，可以压树枝。""把低下的树枝压埋在土中，让它发生新枝，两年以后，可以切取来移栽。"

种枣第三十三诸法附出

《尔雅》曰[1]:“壶枣;边,要枣;桥,白枣;樲,酸枣;杨彻,齐枣;遵,羊枣;洗,大枣;煮,填枣[2];蹶泄,苦枣;皙,无实枣[3];还味,棯枣。”郭璞注曰:“今江东呼枣大而锐上者为‘壶’;壶,犹瓠也。要,细腰,今谓之‘鹿卢枣’[4]。桥,即今枣子白熟。樲,树小实酢;《孟子》曰:‘养其樲枣。’[5]遵,实小而员,紫黑色,俗呼‘羊矢枣’[6];《孟子》曰:‘曾皙嗜羊枣。’[7]洗,今河东猗氏县出大枣[8],子如鸡卵。蹶泄,子味苦。皙,不着子者。还味[9],短味也。杨彻、煮填,未详。”

《广志》曰:“河东安邑枣[10];东郡谷城紫枣[11],长二寸;西王母枣[12],大如李核,三月熟;河内汲郡枣[13],一名墟枣;东海蒸枣[14];洛阳夏白枣;安平信都大枣[15];梁国夫人枣。大白枣,名曰‘蹙咨’,小核多肌;三星枣;骈白枣;灌枣。又有狗牙、鸡心、牛头、羊矢、猕猴、细腰之名。又有氐枣、木枣、崎廉枣、桂枣、夕枣也。”

《邺中记》[16]:“石虎苑中有西王母枣,冬夏有叶,九月生花,十二月乃熟,三子一尺。又有羊角枣,亦三子一尺。”

《抱朴子》曰[17]:“尧山有历枣。”[18]

《吴氏本草》曰:“大枣,一名良枣。”[19]

《西京杂记》曰:“弱枝枣、玉门枣、西王母枣、棠枣、青花枣、赤心枣。”[20]

潘岳《闲居赋》有“周文弱枝之枣”[21]。丹枣[22]。

按:青州有乐氏枣,丰肌细核,多膏肥美,为天下第一。父老相传云:“乐毅破齐时[23],从燕赍来所种也。”齐郡西安、广饶二县所有名枣[24],即是也。今世有陵枣、幪弄枣也。

【注释】

〔1〕此处引录的是《尔雅·释木》关于枣部分的全文,“壶枣”前有“枣”字,余同。郭璞注原分注在各该枣名之下,《要术》综引在一起,因此重复了正文的枣名。

〔2〕填枣:大概是一种蒸后晒干的枣,参见注释〔14〕。

〔3〕无实枣:即今无核枣,亦名空心枣,果核退化为薄膜,可以连果肉一起吃,为我国特有的名贵品种,品质优良。今产于山东乐陵、庆云,河北沧县等地。

〔4〕鹿卢枣:清郝懿行(1755—1823)《尔雅义疏》:“鹿卢,与辘轳同,谓细腰也。”即今葫芦枣(Ziziphus jujuba var. lageniformis),果实中上部有一缢痕,呈葫芦状,故名。品质上等。在北京及产枣区均有分布。

〔5〕见《孟子·告子上》郭注所引。“枣”,今本《孟子》作“棘”。

〔6〕羊矢枣:即下文的梗枣,亦即软枣,也就是《说文》的梬枣,是柿树科的君迁子(Diospyros lotus)。浆果熟时由黄色变为蓝黑色,含鞣质,有涩味。虽有枣名,实非枣类。但郝懿行《尔雅义疏》认为羊枣味甜美(羊是善的意思),郭璞以为是羊矢枣,“恐误”。

〔7〕见《孟子·尽心下》郭注所引。“曾晳”,《要术》各本都误作“曾子”。按:《孟子》原文是:“曾晳嗜羊枣,而曾子不忍食羊枣。”曾子(前505—前436),名参,曾晳是他的父亲。嗜羊枣的是曾晳,不是曾参,据《孟子》和郭注原文改正。日译本《要术》承误未改。曾晳:春秋时孔子学生曾参的父亲。

〔8〕猗氏县:今山西临猗。

〔9〕还味:“还”读为“旋”,即不久,引申为短暂,即所谓“短味”,意谓淡薄少味。但郝懿行解释为俗名“马枣”者。马枣并不短味。

〔10〕安邑:今山西安邑镇及夏县地。《史记·货殖列传》所称“安邑千树枣”,即其地。

〔11〕谷城:属东郡的谷城,在今山东东阿。

〔12〕西王母:古地名,在西陲边荒,见《尔雅·释地》。后魏杨衒之《洛阳伽蓝记》卷一“景林寺”有西王母枣记载。

〔13〕河内:此泛指黄河之北。　　汲郡:晋置,有河南汲县(今为卫辉)、新乡等地,在黄河以北。

〔14〕蒸枣:北宋苏颂(1020—1101)《本草图经》记“天蒸枣”称:“南

郡人煮而后曝，及干，皮薄而皱，味更甘于它枣，谓之天蒸枣。”则《广志》所称的“蒸枣”和《尔雅》的“填枣”，大概只是一种蒸干的枣。

〔15〕《晋书·地理志》安平国有信都县，即河北冀县（今为冀州区）。该地好枣，魏晋以来文献记载颇多。

〔16〕《邺中记》：东晋陆翙撰，二卷。十六国时后赵石虎（295—349）迁都于邺（今河北临漳西南），该书所记皆石虎邺都事。书已佚，清人有辑佚本一卷。

〔17〕《抱朴子》：东晋葛洪（284—364）撰，为神仙方药、禳邪却祸及论世事吉凶之书，其中炼丹及治病等记载，对化学和制药学的发展有一定贡献。

〔18〕今本《抱朴子》已非完帙，所引不见于今本，当系佚文。

〔19〕《证类本草》卷二三“大枣”引《吴氏本草》只说明药效，“一名良枣”则见于《本草经集注》陶弘景所加者，陶氏可能是采自《吴氏本草》。

〔20〕《西京杂记》卷一：“初修上林苑，群臣远方各献名果异树，亦有制为美名，以摽奇丽……枣七……”凡七种，《要术》少一种“樗枣”。

〔21〕唐李善（约630—689）注《文选·闲居赋》此句引《广志》的传说称：“周文王时有弱枝之枣，甚美，禁之不令人取，置树苑中。”

〔22〕《文选》卷一六潘岳《闲居赋》无“丹枣”二字，也不可能有，这里有窜误，也许由《西京杂记》的“樗枣”窜入，而又误为“丹枣”。

〔23〕乐毅：战国时燕国大将，公元前284年率军击破齐国，先后攻下七十多城，因功封于昌国，其地即在今益都附近。

〔24〕齐郡：今山东中部及偏东一带，后魏时郡治在益都（今寿光南）。　　西安：县名，故治在今青州。　　广饶：县名，今山东广饶。二县均属齐郡。齐郡属青州。贾思勰是益都（寿光）人，与西安、广饶都是家乡邻县，所以他对二县所产乐氏枣知之甚稔。

【译文】

《尔雅》说：“有壶枣；边是要枣；桥（jī）是白枣；樲（èr）是酸枣；杨彻是齐枣；遵是羊枣；洗是大枣；煮是填枣；蹶泄是苦枣；晳是无实枣；还（xuán）味是棯（rěn）枣。”郭璞注解说：“现在江东将大而上端尖锐的枣叫作‘壶’；壶就是形状像瓠的意思。‘要’是细腰，现在叫作‘鹿卢枣’。‘桥’就是现在成熟时白色的枣。‘樲’是树小果实酸的枣，也就是《孟子》所说‘养其樲枣’的樲。‘遵’是果实小而圆的，果皮紫黑色，俗名‘羊矢枣’，就是《孟子》说的‘曾〔晳〕喜欢吃羊枣’的羊枣。‘洗’，现在河东猗氏县出的大枣，果实有鸡蛋大。‘蹶泄’，果实味苦。‘晳’是没有核的枣。‘还味’就是淡薄少味。‘杨彻’、‘煮填’，未详。”

《广志》说：“河东安邑的枣；东郡谷城的紫枣，有二寸长；西王母枣，像李核那么大，三月成熟；河内汲郡的枣，又叫墟枣；东海有蒸枣；洛阳夏熟的白枣；安平信都的大枣；梁国夫人枣。有大白枣，名叫'蹙咨'，核小肉多；有三星枣；有骈白枣；有灌枣。又有狗牙、鸡心、牛头、羊矢、猕猴、细腰的名目。此外还有氐枣、木枣、崎廉枣、桂枣、夕枣。"

《邺中记》说："石虎的王家园林中有西王母枣，冬夏都有叶，九月开花，十二月才成熟，三个枣子有一尺长。又有羊角枣，也是三个枣子一尺长。"

《抱朴子》说："尧山有历枣。"

《吴氏本草》说："大枣，一名良枣。"

《西京杂记》说："〔上林苑中〕有弱枝枣、玉门枣、西王母枣、棠枣、青花枣、赤心枣。"

潘岳《闲居赋》中有"周文弱枝之枣"的句子。（丹枣？）

〔思勰〕按：青州有一种乐氏枣，多肉细核，汁多肥美，为天下第一。父老相传说："它是乐毅攻破齐国时，从燕国带来种下的。"如今齐郡的西安、广饶二县所产的著名好枣，就是这种枣。又现在还有陵枣、幪弄枣。

常选好味者，留栽之。候枣叶始生而移之。枣性硬，故生晚；栽早者，坚垎生迟也。三步一树，行欲相当。地不耕也。欲令牛马履践令净。枣性坚强，不宜苗稼，是以不耕[1]；荒秽则虫生，所以须净；地坚饶实[2]，故宜践也。

正月一日日出时，反斧斑驳椎之，名曰"嫁枣"[3]。不椎则花而无实；斫则子萎而落也。候大蚕入簇，以杖击其枝间，振去狂花。不打，花繁，不实不成。

全赤即收。收法：日日撼胡感切而落之为上。半赤而收者，肉未充满，干则色黄而皮皱；将赤味亦不佳；全赤久不收，则皮硬，复有乌鸟之患。

晒枣法：先治地令净。有草莱，令枣臭。布椽于箔下，置枣于箔上，以杈聚而复散之[4]，一日中二十度乃佳。夜仍不聚。得霜露气，干速[5]，成。阴雨之时，乃聚而苫盖之。五六日后，别择取红软者，上高厨而曝之。厨上者已干，虽厚一尺亦不坏。择去脺烂者〔6〕。脺者永不干，留之徒令污枣。其未干者，晒曝如法。

其阜劳之地〔7〕，不任耕稼者，历落种枣则任矣。枣性炒故。

凡五果及桑，正月一日鸡鸣时，把火遍照其下，则无虫灾。

【注释】

〔1〕“不耕”，各本只一“耕”字，与上句“不宜苗稼”矛盾，仅殿本《辑要》引有“不”字，《学津》本从之。“不耕”与上文“地不耕也”相符，“不”字必须有，据补。

〔2〕地坚饶实：地坚实了结的果实多。启愉按：实际是经过牛马反复践踏后，将地表的部分浮根踩断，使发生新根，根系下扎，增强树的抗旱抗寒能力，同时踩死杂草不致耗夺肥分，因而促使多结果实，不是把地踩坚实了会增加果实。

〔3〕嫁枣：启愉按：这样做的目的在破坏韧皮部，阻止地上部养分的向下输送，以促进开花和果实生长，因而提高座果率，增加生产。这和后来北方产枣区一直采用的“开甲”等技术相似，其原理与“环状剥皮”相同。但开甲的时机掌握在开花盛期进行，有时还不止一次，过早过迟都会失去阻止养分下行的时效。可《要术》早在正月初一进行，则被椎打破坏的地方到开花前就已愈合，实际已起不到阻止养分下行的作用，至少作用很微小，因之恐怕很难提高座果率。椎打只能打伤韧皮部，不能用斧刃砍伤木质部外围的新木质层，否则，会阻碍地下部的水分和无机养料的向上输送，果实就长不好，就会干瘪掉落。这是对的。

〔4〕杌：木杌。晒谷物时摊开扒拢的一种农具，见图十七（采自《王氏农书》）。

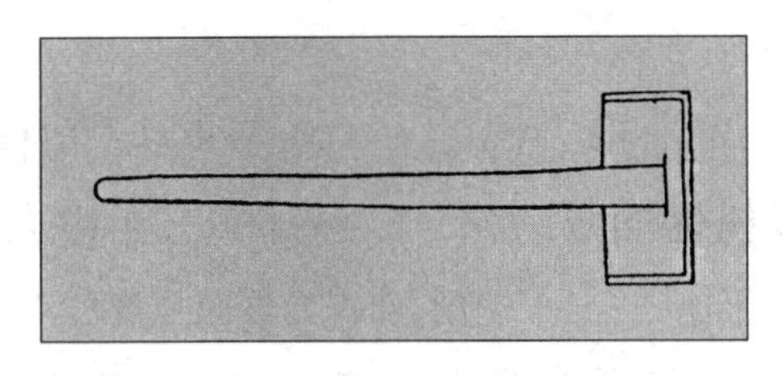

图十七　杌

〔5〕干速：干得快。夜间气温降低，有霜露气，而枣子经过一天曝晒，内热，枣子本身又呼吸生热，因此内温高于外温，枣子水分继续蒸发，所以必须摊着，促使干得快。

〔6〕胮（pāng）：膨胀，浮月中。

〔7〕明抄等作“阜劳”，他本作“旱劳”、“旱涝”，都不好解释。有人疑是“阜旁”之误，即小山坡边上的地方，但小坡边地不是绝对不能种庄稼的。“阜劳”如果解释为高阜劳累之地，望文生义也未必正确。此二字存疑。

【译文】

常常选味道好的枣树，留着它的根蘖苗作为栽子，等到枣叶开始发芽时截取来移栽。枣树的特性坚硬，所以发芽迟；移栽过早，由于性硬，成活也迟。三步栽一株，株行距要对直不偏斜〔，成方形布置〕。地不耕的缘故。要让牛马在地面上践踏，把地踩干净。枣树根系的蔓延力强，树下不宜种庄稼，所以其地不耕翻；不耕翻草荒了容易生虫，所以要保持干净；地坚实了结的果实多，所以要牛马践踏。

正月初一在太阳出来的时候，用斧背在树干上花花驳驳无定处地捶打，叫作“嫁枣”。不捶打，就只开花不结实。如果用斧刃砍，以后果实便会萎瘪脱落。到大蚕上簇的时候，用杖子在树枝中间击打，震落过多的狂花。不打，花太多，不结实，就是结实也不是好果实。

枣子整个红了就收。收法：天天摇晃树枝让它自然掉落最好。半个红时就收，肉还没有饱满，干后颜色黄，皮皱；快红时味道也不好；全红了长久不收，皮会变硬，而且还有被乌鸦鸟类啄食的害处。

晒枣的方法：先把地面整治干净。如果荒草多，会使枣发臭。用椽木支架着席箔，枣放在席箔上，拿木朳扒拢作一堆，过一会又扒散开来，一天中扒拢又扒散二十遍才好。夜间仍然摊着不扒拢。夜间得到霜露气，干得快，这样就好。只有阴雨的时候，才扒拢堆起来，用苫子盖好。五六天之后，选择红软的，搁到高架上去晒。上到高架上的是已经干的，就是堆聚到一尺厚也不会坏。把膨烂软糊糊的剔出去不要。膨烂的永远不会干，留下只会污染好枣。还有没有干的，继续照样再晒。

高阜劳累（？）不好种庄稼的地，疏疏落落地栽上些枣树是会长成的。因为枣树耐旱耐热。

所有果树和桑树，在正月初一鸡鸣的时候，拿火把在树下通通照一遍，就没有虫灾。

《食经》曰："作干枣法：新菰蒋，露于庭，以枣着上，厚三寸，复以新蒋覆之。凡三日三夜，撤覆露之，毕日曝，取干，内屋中。率一石，以酒一升，漱着器中[1]，密泥之。经数年不败也。"

枣油法：郑玄曰："枣油，捣枣实，和，以涂缯上，燥而形似油也。"[2]乃成之。

枣脯法：切枣曝之，干如脯也。

《杂五行书》曰："舍南种枣九株，辟县官，宜蚕桑。服枣核中人二七枚，辟疾病。能常服枣核中人及其刺，百邪不复干矣。"

种梗枣法：阴地种之，阳中则少实。足霜，色殷[3]，然后乃收之。早收者涩，不任食之也。《说文》云："梬枣也，似柿而小。"[4]

作酸枣麨法[5]：多收红软者，箔上日曝令干。大釜中煮之，水仅自淹。一沸即漉出，盆研之。生布绞取浓汁，涂盘上或盆中，盛暑日曝使干；渐以手摩挲，散为末。以方寸匕投一碗水中[6]，酸甜味足，即成好浆。远行用和米麨，饥渴俱当也。

【注释】

〔1〕漱：喷润。或释漱为"洗"，失当。一石枣只用一升酒，"液比"为100∶1，如何洗得过来？实际洗到一部分时，酒已被枣子沾得干净了。就是喷润也不可能周遍，何况是洗？那"一升"就非改字不可。这也是以今况古强作"新解"的一例。

〔2〕郑玄的话，未详所出。《释名·释饮食》"柰油"的作法，与此条"枣

油”完全相同(见本卷《种梅杏》注释),怀疑“郑玄”是《释名》被《食经》搞错的,而今本《释名》又误“枣”为“柰”。又,“枣油法”和“枣脯法”二条列在《食经》下面《杂五行书》前面,按贾氏写书体例,应仍是《食经》文。

〔3〕殷(yān):黑红色。

〔4〕今本《说文》只是:“梬,梬枣也,似柿。”无“而小”二字;可《文选·司马相如〈子虚赋〉》“樝梨梬栗”,李善注引《说文》“而小”下面还多“名曰楔”。段玉裁注《说文》即据《要术》和李善注补上“而小,一曰楔”五字。《说文》无“楔”字,段氏说因“楔”是“梬”的俗字,故不列。但二字读音不同,纵使同物,自是二字。

〔5〕麨(chǎo):原指炒米炒麦磨成(或先磨后炒)的干粮。由于这种干粮为粉末状,因亦称干制的果实粉末为“麨”。

〔5〕方寸匕:古代量取药末的计量单位。陶弘景《名医别录序例》:“方寸匕者,作匕正方一寸,抄散取不落为度。”一方寸匕约合今2.74毫升。

【译文】

《食经》说:“作干枣的方法:拿新采的茭白叶子,铺在庭院地面上,将枣子摊在上面,三寸厚,再用新茭白叶子盖在上面。经过三天三夜,撤去上面盖的,让枣子露出,整整晒上一天,到快干,搬进屋里来。大率一石枣子,用一升酒喷润过,盛到容器里,用泥密封着。这样,可以经过几年不坏。”

枣油的作法:郑玄说(?):“枣油,是把枣子捣烂,和匀,涂在帛上,干后像油一样。”这样就作成了。

枣脯的作法:把枣子切开来晒,干了就像肉脯似的成为果脯了。

《杂五行书》说:“在房屋南边种上九株枣树,可以辟除县官的骚扰,又对蚕桑生产好。吃下十四枚枣仁,可以避免生病。能时常吃些枣仁和枣树刺,一切邪恶都不能侵犯。”

种楔(ruǎn)枣的方法:要种在背阴地上;如果种在向阳地,结实就少。受了足够的霜,果实变成红黑色之后,再采收。收得早了,味道涩,很不好吃。《说文》说:“就是梬(yǐng)枣,像柿子,但果形小。”

作酸枣麨的方法:多收集红软的酸枣,摊在席箔上晒干。放入大锅里煮,水只要淹没枣面就够了。水一开就捞出来,放在盆里研烂。用没有经过煮练的生布绞得浓汁,涂抹在盘上或盆中。大热天在太阳底下晒干，用手指慢慢摩挲使散成粉末〔，收起来〕。抄一方寸匕的粉末投在一碗水里，又酸又甜，味道正够好，就成为一碗好饮浆。出门远行的时候，用来调和炒米粉，既解渴又充饥，两样都解决了。

种桃柰第三十四[1]

《尔雅》曰[2]:"旄,冬桃[3]。榹桃,山桃。"郭璞注曰:"旄桃,子冬熟。山桃[4],实如桃而不解核。"

《广志》曰:"桃有冬桃,夏白桃,秋白桃,襄桃,其桃美也;有秋赤桃。"

《广雅》曰:"抵子者,桃也。"[5]

《本草经》曰[6]:"桃枭[7],在树不落,杀百鬼。"

《邺中记》曰:"石虎苑中有句鼻桃,重二斤。"

《西京杂记》曰:"榹桃,樱桃,缃核桃,霜桃,言霜下可食;金城桃,胡桃,出西域,甘美可食;绮蒂桃,含桃,紫文桃。"[8]

【注释】

〔1〕"种桃柰",金抄、明抄同,明清刻本无"柰"字。按:本篇内容并没有提到"柰",下面另有《柰林檎》篇记述柰的种法,此"柰"字应是衍文。

〔2〕见《尔雅·释木》。郭璞注分列在各该条下,"而"下多"小"字,"小"字似应有。

〔3〕冬桃:今陕西商州、扶风等地所产冬桃,果实在初期生长极慢,至立秋后始渐肥大,到十一、十二月成熟。

〔4〕山桃(Prunus davidiana):蔷薇科,野生。果圆形,果肉薄,不堪食。可用作桃的砧木。

〔5〕《广雅·释木》却是:"栀子,桶桃也。"按:《广雅》无"……者……也"例,《要术》"者"疑是"桶"的残文。"肴"错成,而又误"栀"的残文为"抵"。栀子别名"桶桃",但和桃不相干,而《要术》引之,可能贾氏所用《广雅》已错成这样。

〔6〕《类聚》卷八六、《初学记》卷二八及《御览》卷九六七都引到《本草经》这条。据《证类本草》卷二三所录，这条是《神农本草经》和陶弘景《集注》的综合。

〔7〕桃枭：桃子被桃褐腐病侵害，在树自干不落。其病原为桃褐腐核盘菌，使果实变褐色，腐败而僵化，悬挂枝头，如枭首状。又名桃奴。

〔8〕此条与《种枣》引《西京杂记》在同一项内，作"……桃十……"《要术》少一种"秦桃"，次序亦异。

【译文】

《尔雅》说："旄（máo）是冬桃。榹（sī）桃是山桃。"郭璞注解说："旄桃，果实冬天成熟。山桃，果实像桃，但肉不脱核。"

《广志》说："桃有冬桃，夏白桃，秋白桃，襄桃，它的桃子好；又有秋赤桃。"

《广雅》说："抵子（？），是桃（？）。"

《本草经》说："桃枭，在树上不脱落，可以杀百鬼。"

《邺中记》说："石虎的园林中有句鼻桃，一个有两斤重。"

《西京杂记》说："〔上林苑中〕有榹桃，樱桃，缃核桃，霜桃——是说下过霜才可以吃；金城桃，胡桃——出在西域，甜美可吃；绮蒂桃，含桃，紫文桃。"

桃，柰桃，欲种，法〔1〕：熟时合肉全埋粪地中。直置凡地则不生，生亦不茂。桃性早实，三岁便结子，故不求栽也。至春既生，移栽实地〔2〕。若仍处粪地中〔3〕，则实小而味苦矣。栽法：以锹合土掘移之。桃性易种难栽，若离本土，率多死矣，故须然矣。

又法：桃熟时，于墙南阳中暖处，深宽为坑〔4〕。选取好桃数十枚，擘取核，即内牛粪中，头向上；取好烂粪和土，厚覆之，令厚尺余。至春桃始动时，徐徐拨去粪土，皆应生芽，合取核种之，万不失一。其余以熟粪粪之〔5〕，则益桃味。

桃性皮急，四年以上，宜以刀竖劙其皮〔6〕。不劙者，皮急则死。

七八年便老，老则子细。十年则死。是以宜岁岁常种之。

又法：候其子细，便附土斫去；枿上生者，复为少桃：如此亦无穷也。

桃酢法：桃烂自零者，收取，内之于瓮中，以物盖口。七日之后，既烂，漉去皮核，密封闭之。三七日酢成，香美可食。

《术》曰〔7〕："东方种桃九根，宜子孙，除凶祸。胡桃、柰桃种〔8〕，亦同。"

【注释】

〔1〕"桃柰桃欲种法"六字，各本同，但有问题。按："柰桃"古时有这名称，下文引《术》就有。据唐孟诜《食疗本草》："樱桃，俗名李桃，亦名柰桃。""柰桃"虽是樱桃的异名，但下文已有樱桃及其栽植法，而且栽植法和桃不同，这里不应异法混举。篇中亦无一字提及"柰桃"。据此，此二字应有窜误或是衍文。上文引《西京杂记》少一种"秦桃"，引文后紧接着就是种桃法的正文，怀疑是"秦桃"误窜入此，而"秦"字残烂后也容易错成"柰"字。这一情况，跟《种枣》引《西京杂记》少一种"樗枣"而引《闲居赋》多出一种"丹枣"很相像。总之，此二字不宜有，那只剩下"桃欲种法"四字，指桃宜"种"(直接种核)，不宜"栽"，与下篇"李欲栽"相对，"欲"字没有错。

〔2〕实地：比较肥沃的熟地，生长良好。但如果一直留在粪地中生长，又会受肥害，果实小而味苦。

〔3〕"粪地"，原无"地"字，《四时纂要·三月》采《要术》作"既移不得更于粪地，必致少实而味苦"，据补。

〔4〕"深宽为坑"，据下文"即内牛粪中"，坑中应先放入牛粪，《四时纂要·七月》采《要术》这句下面就有"收湿牛粪内在坑中"句。《要术》应有脱文。

〔5〕"其余"，疑应作"其后"。

〔6〕这是采用"纵伤法"以促进生长旺盛。《多能鄙事》卷七："至六年以刀劙其皮，令胶出，可多活五年。"

〔7〕《术》：《要术》引用不少，但不见各家书目，未知何书。从所引录的内容看来，当是杂采辟邪厌胜之术而成的书。

〔8〕柰桃：樱桃的异名。

【译文】

桃是要种的，种法是：桃子成熟时，连肉带核整个地埋在多粪地里。如果径直埋在一般的地里，不大会发芽，就是发芽也长不茂盛。桃树结实早，三年便结实，所以用不着找树栽移栽。到明年春天发芽之后，移栽到实地里。如果仍然留在粪地里，果实小，味道也苦。移栽的方法：用锹连同泥土一起挖出来移栽。桃树容易种，难栽，如果离开生根的本土，大多会死去，所以必须带土移栽。

又一方法：桃子成熟时，在墙壁南面向阳温暖的地方，掘一个又深又宽的坑〔，里面放入牛粪〕。选得几十个好桃子，擘取桃核，随即放入牛粪里面，核头向上，再拿烂熟的好粪同泥土相和，覆盖在上面，盖到一尺多厚。到明年春天，桃叶开始萌芽的时候，轻轻拨去上面的粪土，桃核都应已经出了芽。这时，连同核壳取出来种下去，万无一失。以后用熟粪粪上，桃子的味道会更好。

桃树的特性是树皮紧，四年之后应该用刀竖向地划破它的皮。不划破的话，树皮紧绷着，树会死去。

七八年树便老了，老了果实就细小。十年便死去。因此，该年年种些依次替补。

又一方法：等到果实变细小的时候，贴地面斫去老树，〔保护好根颈部，〕让它蘖生新株，又是少壮的新桃树了。这样也可以保持较长年岁。

作桃醋的方法：桃子烂熟自己掉落的，收来，放入瓮子里，用覆盖物盖好瓮口。七天之后，完全烂了，漉去皮和核，严密地封闭着。过二十一天，醋已作成，味道香美。

《术》说："东方种桃树九株，宜子孙，辟除灾祸。种胡桃或柰桃也一样。"

樱　桃

《尔雅》曰[1]："楔，荆桃。"郭璞曰："今樱桃。"

《广志》曰[2]："楔桃，大者如弹丸，子有长八分者，有白色肥者，凡三种。"

《礼记》曰[3]："仲夏之月……天子……羞以含桃。"郑玄注曰："今谓之樱桃。"

《博物志》曰："樱桃者，或如弹丸，或如手指。春秋冬夏，花实竟岁。"〔4〕

《吴氏本草》所说云："樱桃，一名牛桃，一名英桃。"〔5〕

二月初，山中取栽，阳中者还种阳地，阴中者还种阴地。若阴阳易地则难生，生亦不实：此果性，生阴地，既入园圃，便是阳中，故多难得生。宜坚实之地，不可用虚粪也〔6〕。

【注释】

〔1〕见《尔雅·释木》，正注文并同。

〔2〕"《广志》"，原作"《广雅》"，误。《广雅》是训诂书，《广志》是方物志，此条记樱桃种类，应出《广志》，《类聚》卷八六、《初学记》卷二八、《御览》卷九六九"樱桃"引均作《广志》，据改。

〔3〕见《礼记·月令》。今本郑玄注作："含桃，樱桃也。"《吕氏春秋·仲夏纪》高诱注作："含桃，鸎桃，鸎鸟所含食，故言'含桃'。"《初学记》卷二八、《御览》卷九六九引高注则作："含桃，樱桃，为鸟所含，故曰'含桃'。"

〔4〕今本《博物志》佚此条。所云"春秋冬夏，花实竟岁"，可疑。《白帖》卷九九、《类聚》卷八六引《博物志》均无此说。另外，《御览》卷九七一"橙"引有《博物志》另一条佚文是："成都……六县，生金橙，似橘而非，似柚而芬香。夏秋冬，或华或实。大如樱桃，小者或如弹丸。或有年，春秋冬夏，华实竟岁。"则所指为金柑（Fortunella spp.），《要术》很可能由《博物志》的金橙条割裂错入。

〔5〕《本草图经》说："谨按书传引《吴普本草》曰：'樱桃，一名朱茱，一名麦甘酣。'今本草无此名，乃知有脱漏多矣。"《类聚》卷八六引《吴氏本草》作"一名麦英，甘酣"，《本草图经》"麦"下疑脱"英"字。《要术》"牛桃"，《御览》卷九六九引作"朱桃"，"牛"应是"朱"字之误，盖谓樱桃朱色也。"所说"二字无意义，疑衍。

〔6〕"虚粪也"，疑应作"虚粪地"，指疏松粪熟之地。

【译文】

樱　桃

《尔雅》说："楔是荆桃。"郭璞注解说："就是现在的樱桃。"

《广志》说:“楔桃,有大的像弹丸大小的,有果实八分长的,有白色而多肉的,一共有三种。”

《礼记》说:“仲夏五月……天子……美食用含桃。”郑玄注解说:“现在叫作樱桃。”

《博物志》说:“樱桃,或者如弹丸,或者如手指。春秋冬夏(?),一年到头开花结实(?)。”

《吴氏本草》说:“樱桃,又名〔朱〕桃,又名英桃。”

二月初,到山里找野生树苗拿回来栽,长在向阳地的还是栽在向阳地,长在背阴地的还是栽在背阴地。假如阴阳改换了方位,就难得成活,就是活了也不结实:这是它的生活习性。原来长在阴地的,移到果园里来,便是到了阳地,所以往往难得成活。又,宜于栽在坚实的地里。不可栽在疏松的粪〔地里〕。

蒲　萄

汉武帝使张骞至大宛,取蒲萄实,于离宫别馆旁尽种之。西域有蒲萄,蔓延,实并似蘡[1]。

《广志》曰“蒲萄有黄、白、黑三种”者也。

蔓延,性缘不能自举,作架以承之。叶密阴厚,可以避热。

十月中,去根一步许,掘作坑,收卷蒲萄悉埋之。近枝茎薄安黍穰弥佳。无穰,直安土亦得。不宜湿,湿则冰冻。二月中还出,舒而上架。性不耐寒,不埋即死。其岁久根茎粗大者,宜远根作坑,勿令茎折。其坑外处,亦掘土并穰培覆之。

摘蒲萄法:逐熟者一一零叠一作“条”[2]摘取,从本至末,悉皆无遗。世人全房折杀者,十不收一。

作干蒲萄法:极熟者一一零叠摘取,刀子切去蒂,勿令汁出。蜜两分,脂一分,和,内蒲萄中,煮四五沸,漉出,阴干便成矣。非直滋味倍胜,又得夏暑不败坏也。

藏蒲萄法：极熟时，全房折取。于屋下作廕坑，坑内近地凿壁为孔，插枝于孔中，还筑孔使坚，屋子置土覆之〔3〕，经冬不异也。

【注释】

〔1〕蘡：即葡萄科的蘡薁（Vitis adstricta），落叶木质藤本。浆果小球形，紫黑色。

〔2〕“一作‘条’”，这是校刻《要术》不同本子的校注，跟卷八《作酱等法》的“一本作‘生缩’”一样，均北宋本原有，说明是北宋初刻《要术》时所校不同本子的异文。“条”字仅金抄有。“零叠”指零星小串，不同于整穗的“全房”。“零叠”一本作“零条”，意思相同。

〔3〕“屋子”，很难解释。从“置土覆之”看来，置土覆在坑口上，必须有承托之物，“屋子”应是承托覆土之物，但未悉何字错成。

【译文】

葡　萄

汉武帝派张骞出使大宛，带回来葡萄种实，于是在离宫别馆的旁地上全都种上。

西域有葡萄，它茎的蔓延和果实都像蘡薁。

《广志》说：“葡萄有黄、白、黑三种。”

葡萄枝茎蔓延开来，生性攀援别物，不能自己直立生长，所以要作棚架把它支撑起来。叶子稠密荫蔽厚，可以在下面乘凉。

到十月里，离开根一步左右，掘一个坑，把葡萄枝蔓收拢卷起来，全埋在坑里面。近枝茎薄薄地放些黍秸更好。没有黍秸，直接放上燥土也可以。不宜受潮湿，湿了会结冰冻坏的。到明年二月里，再整理出来，舒展理直，搭上架去。葡萄天性不耐寒，不埋便会冻死。年岁久些根粗茎壮的，该离根远些掘坑，免得把枝茎硬弯过来折断。坑外边也要掘些燥土，连同黍秸一起培壅覆盖着。

摘葡萄的方法：依次把成熟的一一作零星小串摘下来，从头到尾都不要有遗漏。一般人却是整穗地折断下来，十成收不到一成。

作干葡萄的方法：选极熟的葡萄，一一作零星小串摘下来，用刀子切去蒂尖，不要弄破皮让汁流出来。用两分蜜一分油脂和匀，倒入葡萄里，煮四五沸，漉出，阴干，便成功了。这样，不但味道加倍的好，而且可以过夏不会败坏。

鲜藏葡萄的方法：葡萄极熟的时候，整穗地折取下来。在房子地下掘一个阴坑，坑的四壁近地面的地方，凿出许多小孔，把果穗的柄插进孔里，再用土筑坚实，坑口用〔椽箔支撑着〕，堆上土覆盖着。这样，可以过冬还同新鲜的一样。

种李第三十五

《尔雅》曰:“休,无实李。痤,接虑李。驳,赤李。”〔1〕

《广志》曰:“赤李。麦李,细小有沟道。有黄建李,青皮李,马肝李,赤陵李。有糕李,肥黏似糕。有柰李,离核,李似柰。有劈李,熟必劈裂。有经李,一名老李,其树数年即枯。有杏李,味小醋,似杏。有黄扁李。有夏李;冬李,十一月熟。有春季李,冬花春熟。”〔2〕

《荆州土地记》曰〔3〕:“房陵、南郡有名李。”〔4〕

《风土记》曰:“南郡细李,四月先熟。”〔5〕

西晋傅玄《赋》曰〔6〕:“河、沂黄建〔7〕,房陵缥青。”

《西京杂记》曰〔8〕:“有朱李,黄李,紫李,绿李,青李,绮李,青房李,车下李〔9〕,颜回李,出鲁,合枝李,羌李,燕李。”

今世有木李,实绝大而美。又有中植李,在麦后谷前而熟者。

【注释】

〔1〕这是《尔雅·释木》“李”部分的全文,“接”原作“椄”。按:《说文》:“椄,续木也。”即今嫁接。郭璞注“无实李”说:“一名赵李。”按《尔雅》“无实枣”例,疑是果核退化的无核李。又注“椄虑李”说:“今之麦李。”赤李,即与李同属的红李(Prunus simonii),又名“杏李”。

〔2〕《类聚》卷八六、《初学记》卷二八、《御览》卷九六八都引有《广志》此条,详略不一,李的种类多少和李名亦有互异。“黄扁李”、“夏李”、“冬李”,《御览》引有“此三李种邺园”句。邺园,指后赵(319—350)石虎都邺(今河北临漳西南)时所建的林苑,则《广志》作者郭义恭应是东晋时人。《要术》“赤陵李”疑应作“房陵李”,“李似柰”的“李”,《御览》也有,虽可

解释,有些多余,如“杏李,似杏”例,疑是衍文。

〔3〕《荆州土地记》:不见各家书目,惟《类聚》、《御览》等有引到。但相同内容《要术》引作《荆州土地记》者,《类聚》、《初学记》、《御览》或引作《荆州记》,则该书亦简称《荆州记》。《初学记》引有刘澄之《荆州记》,《御览》引用书目有范汪、庾仲雍、盛弘之三种《荆州记》。胡立初据《荆州土地记》所记郡县设置时期和隶属关系考证,认为此书不出范、庾、刘三种《荆州记》,而不是盛弘之《荆州记》,因盛书为刘宋时书,为后出也。《要术》又引有《荆州地记》〔卷一〇“榛(九五)”〕及《荆州记》〔卷一〇“甘(一五)”〕,或亦《荆州土地记》的省称。但另引有“盛弘之《荆州记》”,则是盛书。书均已佚。

〔4〕《类聚》卷八六、《初学记》卷二八均引作《荆州记》,前者少“南郡”,后者作“南居”,“居”是“郡”的残文错成。房陵,今湖北房县。南郡,郡名,约有今湖北东部和南部地区。

〔5〕《类聚》引《风土记》是:“南郡有细李,有青皮李。”《初学记》、《御览》引同《要术》,但“南郡”都误作“南居”。

〔6〕据《初学记》及《御览》所引,此为傅玄《李赋》。引文同。傅玄(217—278),西晋哲学家、文学家。学问渊博,精通音律,诗擅长乐府,并对当时玄学空谈进行了批判。原有集,今佚,后人辑本仅其少部分。《要术》卷一〇“枣(八)”又引其《枣赋》,“木堇(一二二)”引其《朝华赋序》。

〔7〕沂:指沂水,即今山东沂河。

〔8〕今本《西京杂记》记录“李十五”,《要术》少三种,名称也有不同。类书所引,亦有互异。

〔9〕车下李:即郁李(Prunus japonica),与李同属。参见卷一〇“郁(二五)”。

【译文】

《尔雅》说:“休是无实李。痤是接虑李。驳是赤李。”

《广志》说:“有赤李。麦李,果实细小,有一道纵沟。有黄建李,青皮李,马肝李,赤(?)陵李。有糕李,肉肥而黏,像糕。有柰李,肉离核,形状像柰。有劈李,成熟后总是自己裂开。有经李,又名老李,其树几年就枯死。有杏李,味道有点酸,形状像杏子。有黄扁李。有夏李;冬李,十一月成熟。有春季李,冬天开花,春天成熟。”

《荆州土地记》说:“房陵、南郡有名李。”

《风土记》说:“南郡有细李,四月就成熟。”

西晋傅玄《〔李〕赋》说："河、沂的黄建李，房陵的缥青李。"

《西京杂记》说："有朱李，黄李，紫李，绿李，青李，绮李，青房李，车下李，颜回李——产在鲁国，合枝李，羌李，燕李。"

现在有木李，果实极大，味道也好。又有中植李，在麦熟后谷子熟前成熟。

李欲栽。李性坚，实晚，五岁始子，是以藉栽。栽者三岁便结子也〔1〕。

李性耐久，树得三十年；老虽枝枯，子亦不细。

嫁李法：正月一日，或十五日，以砖石着李树歧中，令实繁〔2〕。

又法：腊月中，以杖微打歧间，正月晦日复打之，亦足子也。

又法：以煮寒食醴酪火桥着树枝间〔3〕，亦良。树多者，故多束枝，以取火焉。

李树桃树下，并欲锄去草秽，而不用耕垦。耕则肥而无实；树下犁拨亦死之。

桃、李大率方两步一根。大概连阴，则子细而味亦不佳〔4〕。

《管子》曰："五沃之土，其木宜梅李。"〔5〕

《韩诗外传》云〔6〕："简王曰：'春树桃李，夏得阴其下，秋得食其实。春种蒺藜，夏不得采其实，秋得刺焉。'"〔7〕

《家政法》曰："二月徙梅李也。"

作白李法：用夏李。色黄便摘取，于盐中挼之。盐入汁出〔8〕，然后合盐晒令萎，手捻之令褊。复晒，更捻，极褊乃止。曝使干。饮酒时，以汤洗之，漉着蜜中，可下酒矣。

【注释】

〔1〕三岁便结子：三年便结实。由于实生苗要通过阶段发育的胚胎和

幼龄阶段，所以开花结实年龄都比较迟。但树栽已经过幼龄阶段，它的“发育年岁”带过来继续有效，所以可以缩短结果年龄而提前结果。凡属自根营养繁殖的扦插、压条、根蘖分株等法，都能提早结果。

〔2〕“以砖石”两句：启愉按：用砖石压在树杈中，因韧皮部被压紧或受伤，有阻碍有机养料向下输送的作用，不过受压面积偏于一面而有限，多结果的效果不可能怎样满意。但另一方面，如果树枝还没有长粗硬，则可使树枝向外散开，有利于通风受日，增进光能利用，增加醣类等有机养料的制造；同时树枝倾斜角度加大，生长速度比直枝减慢些，则醣类等养分消耗也较小，就有可能存留起来供给结果的需要。下文两个又法，一是用杖子击伤，略同“嫁枣法”，一是用柴火灼伤，同用砖石压伤，方法有异，作用相同。

〔3〕寒食：旧时节名，在清明前一日或二日。　　醴酪：一种饴糖杏仁麦粥，卷九有《醴酪》专篇。　　火桥(tiàn)：这里是从灶膛里抽出来的燃烧着的柴枝。

〔4〕“大概连阴”两句：枝叶荫翳相连，这是培养果树最忌的。通风不好，阳光荫蔽，光能作用恶劣，枝叶难以合成果实所需要的有机物质，结果自然果实少而小，味道也差。而且荫翳还是病虫害的潜藏渊薮，为害更大。上文桃李树下不宜种庄稼，以避免庄稼施肥使树过于荫茂，其理相同。

〔5〕见《管子·地员》。《要术》是节引。

〔6〕《韩诗外传》：西汉韩婴撰，今本十卷，有残缺。其书杂述古事古语，而以《诗经》诗句印证之，非阐释《诗经》本义者。韩婴，汉文帝时任博士，齐、鲁、韩“三家诗”中“韩诗”的开创者。其“韩诗”已亡，今仅存《外传》。三家诗西汉时皆立于学官，置博士以阐说其诗学。

〔7〕见《韩诗外传》卷七，“简王”作“简主”(赵简主)。《要术》是节引。蒺藜，蒺藜科的Tribulus terrestris，一年生草本。果实被刺。

〔8〕盐入汁出：盐的主要成分是氯化钠，高浓度的钠会破坏植物体内的正常代谢而出现外渗现象，大量渗出液汁，而使果实萎瘪，俗称“拔水”。腌菜，盐渍生菜等，同此作用。

【译文】

李是要取树栽来栽的。李树天性坚强，结实迟，五年才结实，所以要利用树栽来栽。栽的三年便结实。

李树生性耐久，有三十年寿命；老树虽然有着枯枝，但果实并不变细小。

“嫁李”的方法：正月初一日或十五日，用砖头石块压在李树树杈中间,可以使它多结果实。

又一方法:腊月中用木杖在桠杈间轻轻敲打,正月末日再打一次,也可以多结果实。

又一方法:用寒食节煮醴酪的火柝,搁在树枝中间,也是好的。李树多的,特意多束些柴枝烧着,以取得足够的火柝。

李树、桃树下面,都必须锄去杂草,但不可以耕翻种庄稼。耕种了树长得荫茂,但结实少;树根被犁拨伤,也会死。

桃树、李树,大致两步见方栽一株。太密时枝叶荫翳相连,果实就细小,味道也不好。

《管子》说:"五沃的土地,宜于种梅树李树。"

《韩诗外传》说:"简王说:'春天种桃李,夏天可以在树下遮荫,秋天可以得到果实。春天种蒺藜,夏天不能采得果实,秋天只得到刺。'"

《家政法》说:"二月,移栽梅树李树。"

作白李的方法:用夏熟李。李皮变黄就摘下,放在盐里揉搓。盐渗进去,李汁也外渗出来,再连盐一并晒到萎软,用手捻扁。再晒,再捻,到极扁才停止。然后晒干。饮酒时,用热水洗净,捞出来放进蜜里,就可以下酒了。

种梅杏第三十六杏李麨附出

《尔雅》曰:“梅,柟也。”“时,英梅也。”〔1〕郭璞注曰:“梅,似杏,实醋。”“英梅,未闻。”〔2〕

《广志》曰:“蜀名梅为‘藤’,大如雁子。梅杏皆可以为油、脯。黄梅以熟藤作之。”

《诗义疏》云:“梅,杏类也;树及叶皆如杏而黑耳。实赤于杏而醋,亦可生噉也。煮而曝干为蘇〔3〕,置羹、臛、齑中。又可含以香口。亦蜜藏而食。”

《西京杂记》曰:“侯梅,朱梅,同心梅,紫蒂梅,燕脂梅,丽枝梅。”〔4〕

按:梅花早而白,杏花晚而红;梅实小而酸,核有细文,杏实大而甜,核无文采。白梅任调食及齑,杏则不任此用。世人或不能辨,言梅、杏为一物,失之远矣。〔5〕

《广志》曰:“荥阳有白杏,邺中有赤杏,有黄杏,有柰杏。”〔6〕

《西京杂记》曰:“文杏,材有文彩。蓬莱杏,东海都尉于台献〔7〕,一株花杂五色,云是仙人所食杏也。”

【注释】

〔1〕引文见《尔雅·释木》,均无“也”字。柟(nán),即楠字,是樟科的楠木(Phoebe zhennan),别名“梅”,但不是蔷薇科的梅(Prunus mume)。

〔2〕今本郭璞注“英梅”是“雀梅”,跟《要术》引作“未闻”不同,可注意。雀梅即郁李(Prunus japonica)。

〔3〕“蘇”,字书没有此字,《御览》卷九七〇引《诗义疏》及《初学记》卷

二六引《毛诗草木疏》均作"蘇"。《永乐大典》卷二八〇八"梅"字下引《要术》亦作"蘇"。清末吾点疑是"橑"字之误，左边的"木"错成"禾"，右边的"尞"错成"昔"，又左右倒错了变成"蕛"。"蘇"也是由右边错成"魚"而倒错。按："橑"，《说文》："干梅之属。"《周礼·天官·笾人》有"干橑"。这里正是"煮而曝干"，应是"橑"字之误。郝懿行《尔雅义疏》引《要术》转引《诗义疏》作"腊"，则是根据《初学记》卷二八引《诗义疏》作"腊"来的。

〔4〕《西京杂记》记载是"梅七"，《要术》少一种，名称也有不同。

〔5〕贾思勰对植物种类的鉴别，有独到的正确见解。梅和杏不容易分辨，古人往往混为一物，就是现在也常有人混淆。贾氏就形态、性状等方面予以辨别，指出花色、花期、果味、用途等方面二者不同，特别是核外形的差异，尤为正确。他说，梅的核上有细纹，杏核则无"文采"。按：杏核核面平滑无纹，没有斑孔，是杏在植物分类上的重要特征，也给贾氏抓住了。他的这种细心观察精神值得称道。

〔6〕《御览》卷九六八"杏"引《广志》无"黄杏"，余同。"荣阳"，应是"荥阳"之误。《王氏农书·百谷谱六·梅杏》引《广志》作"荥阳"。

〔7〕"东海都尉于台"，《御览》卷九六八引《西京杂记》同，但今本《西京杂记》作"东郭都尉干吉"，则东郭干吉是人名，有不同，但今本可能是错的。都尉，郡的高级武官。东海，汉时东海郡，郡治在今山东郯城北。

【译文】

《尔雅》说："梅，就是柟。""时，是英梅。"郭璞注解说："梅，像杏子，果实酸。""英梅，未闻。"

《广志》说："蜀人把梅称为'橑'(lǎo)，有雁蛋那么大。梅杏都可以作'果油'和果脯。黄梅用熟橑作成。"

《诗义疏》说："梅是杏一类的；树和叶子都像杏，不过颜色黑些。果实比杏子红，味道酸，也可以生吃。煮过晒干成为〔橑〕，可以加在鱼肉菜肴中调味，也可以作成调味的齑菜。又可以含在口里使口气变香。还可以用蜜腌渍着吃。"

《西京杂记》说："〔上林苑中〕有侯梅，朱梅，同心梅，紫蒂梅，胭脂梅，丽枝梅。"

〔思勰〕按：梅花开得早，花是白色的，杏花开得晚，花是红色的；梅的果实小，味道酸，核上有细纹，杏的果实大，味道甜，核上没有花纹。白梅可以调和菜肴和作齑菜，杏子却没有这种用途。可现在的人有分辨不清的，说梅和杏是同一种植物，就错得远了。

《广志》说："〔荥〕阳有白杏，邺中有赤杏，有黄杏，有柰杏。"

《西京杂记》说："〔上林苑中〕有文杏，木材有花纹。蓬莱杏，东海都尉于台所献，一株树上有五种颜色的花，说是仙人所吃的杏。”

栽种与桃李同[1]。

作白梅法：梅子酸，核初成时摘取，夜以盐汁渍之，昼则日曝。凡作十宿，十浸十曝，便成矣。调鼎和齑，所在多入也。

作乌梅法：亦以梅子核初成时摘取，笼盛，于突上熏之，令干，即成矣。乌梅入药，不任调食也。

《食经》曰：“蜀中藏梅法：取梅极大者，剥皮阴干，勿令得风。经二宿，去盐汁[2]，内蜜中。月许更易蜜。经年如新也。”

作杏李麨法：杏李熟时，多收烂者，盆中研之，生布绞取浓汁，涂盘中，日曝干，以手摩刮取之。可和水为浆，及和米麨，所在入意也。

作乌梅欲令不蠹法：浓烧穰[3]，以汤沃之，取汁，以梅投中，使泽。乃出蒸之。

《释名》曰：“杏可为油。”[4]

【注释】

〔1〕这句含义不清楚。《要术》桃要种，李要栽，那么梅、杏与桃、李相同，究竟是种还是栽？还是二者或种或栽都可以？现在通常繁殖法，梅是嫁接，也可播种，杏则常用嫁接。

〔2〕“去盐汁”，应有先经盐渍的过程，通常“经二宿”上应有“盐汁渍”字样，但《食经》文常是这样想当然。

〔3〕“浓烧穰”，不好讲，“浓”字疑应在“取”字下作“取浓汁”，上条即作“绞取浓汁”，传抄中上窜致误。

〔4〕《释名·释饮食》无此句，今本有误。今本有如下记载：“柰油，捣柰实，和以涂缯上，燥而发之，形似油也。柰油亦如之。”问题就出在“柰

油亦如之”，因为与上文重出，决非原文，错在“柰油”是“杏油”之误。《要术》引作“杏可为油”，正是根据“杏油亦如之”引述的。《御览》卷八六四“油”引《释名》正作：“柰油……形似油也。杏油亦如之。”《永乐大典》卷八八四一“油”字下引《释名》也是“杏油”。又，“柰油”的作法，与《种枣》引郑玄的“枣油法”完全相同，怀疑郑玄是《释名》之误，而被《食经》误题。“枣”字残烂后容易错成“柰”字，今本《释名》乃误“枣油”为“柰油”。毕沅《释名疏证》也认为可疑。

【译文】

梅杏栽种的方法与桃李相同。

作白梅的方法：酸梅子在核刚长成的时候摘下来，夜里用盐汁浸渍着，白天在太阳底下晒。这样夜浸日晒，一共浸上十夜，晒上十天，便作成了。用来调和鱼肉厚味，或者加入齑菜中，样样都用得上。

作乌梅的方法：也是在梅核刚长成的时候摘下来，用笼子盛着，放在烟囱上熏，把它熏干，就作成了。乌梅只作药用，不能调和菜肴。

《食经》记载蜀人藏梅的方法说：“拿极大的梅子，剥去皮，阴干，不要让它见风。〔浸入盐汁中。〕经过两夜，去掉盐汁，浸入蜜里面。一个月左右，再换蜜浸渍。这样，可以经过一年还同新鲜的一样。”

作杏麨、李麨的方法：杏子、李子成熟时，多多收集熟烂的，在盆中研糊了，用未经煮练的生布绞得浓汁，涂在盘子上，太阳底下晒干后，用手指摩散刮下来。可以用来和水作成饮浆，以及和入炒米粉里，随人喜欢，都合口味。

作好的乌梅使它不生虫的方法：烧黍秸成灰，用热汤灌进去，绞得浓灰汁，拿乌梅泡在里面，让它吸汁润泽，然后取出，蒸过。

《释名》说：“杏子可以作成‘杏油’。”

《神仙传》曰〔1〕：“董奉居庐山，不交人。为人治病，不取钱。重病得愈者，使种杏五株；轻病愈，为栽一株。数年之中，杏有十数万株，郁郁然成林。其杏子熟，于林中所在作仓。宣语买杏者：'不须来报，但自取之，具一器谷，便得一器杏。' 有人少谷往，而取杏多，即有五虎逐之。此人怖遽，檐倾覆，所余在器中，如向所持谷多少。虎乃还去。自是以后，买杏者皆于林中自平量，恐有多出。奉悉以前所得谷，赈救贫乏。"[2]

《寻阳记》曰[3]："杏在北岭上，数百株，今犹称董先生杏。"

《嵩高山记》曰[4]："东北有牛山，其山多杏。至五月，烂然黄茂。自中国丧乱，百姓饥饿，皆资此为命，人人充饱。"[5]

史游《急就篇》曰："园菜果蓏助米粮。"[6]

按杏一种，尚可赈贫穷，救饥馑，而况五果、蓏、菜之饶，岂直助粮而已矣？谚曰[7]："木奴千，无凶年。"盖言果实可以市易五谷也。

杏子人，可以为粥[8]。多收卖者，可以供纸墨之直也。

【注释】

〔1〕《神仙传》：东晋葛洪（284—364）撰，叙述古代传说中的各个神仙故事。十卷，今存。

〔2〕与今本《神仙传》有异文，如"不交人"作"不种田"等。《类聚》卷八七"杏"所引极简略，《御览》卷九六八"杏"所引稍简。"于林中所在作仓"，二书均引作"于林中所在作箪食一器"（《类聚》脱"作"字），则以箪作为量器，即以一箪谷换一箪杏。又"董奉"下《御览》多"字君实"（鲍崇城刻本。中华影印本作"君异"）。

〔3〕《寻阳记》：《隋书·经籍志》不著录，时代撰人不详，书已佚。另有张僧鉴《浔阳记》是另一书，因寻阳之作浔阳，始于唐初。寻阳，即今江西九江市。

〔4〕《嵩高山记》：《隋书·经籍志》不著录，时代撰人不详，书已佚。

《要术》卷一〇“槃多(一一四)”引有《嵩山记》,同是此书。嵩高山,即嵩山,在河南登封北。

〔5〕《类聚》卷八七、《御览》卷九六八都引到这条,文同,惟末后多“而杏不尽”句。

〔6〕见《急就篇》卷二,文同。

〔7〕“谚曰”,各本均作“注曰”,惟张步瀛校作“谚曰”。启愉按:《急就篇》只有唐颜师古注,不但颜注无此注,中间隔着贾氏按语,也联系不上,而且贾氏也无由用颜注。《四时纂要・五月》正作“俗曰”。今从张校作“谚曰”。

〔8〕卷九《醴酪》有“杏酪粥”。

【译文】

《神仙传》说:“董奉隐居在庐山,不和人来往。给人治病,不要钱。重病治好了的,叫他栽上五株杏树;轻病治好了的,栽上一株。几年之中,累计有杏树十几万株,郁郁苍苍成为大片杏林。杏子成熟时,在杏林里到处作着仓囤。告诉来买杏子的人说:‘不必当面来说,自己去拿就是了,带着一个容器的谷来,就换得同一容器的杏子去。’有人带少量的谷去,拿了多量的杏子,就有五只老虎来追。这人吓慌了赶快跑,担子也倾倒了,里面剩下的杏子,刚好跟原来带去的谷一样多,虎也就回去了。从这以后,买杏的人都在林中自觉地平心量取,唯恐多拿去。董奉就把所有的谷全都赈济给贫困的人。”

《寻阳记》说:“杏树在〔庐山〕北岭上,有几百株,现在还称为‘董先生杏’。”

《嵩高山记》说:“嵩山东北有座牛山,山上杏树很多。到五月,杏子成熟了,一片黄澄澄的茂盛得很。自从‘中国’战乱以来,百姓挨饥受饿,都靠这杏子来活命,个个都能吃饱。”

史游《急就篇》说:“园菜、果、蓏可以辅助米粮。”

〔思勰〕按:一种杏子,尚且可以赈济贫困,救活饥民,何况五果、蓏、菜之类,那么丰饶,岂是仅仅饥荒代粮而已的?〔谚语〕说:“木奴千,无凶年。”这就是说果实可以在市场上直接换得五谷呀!

杏仁可以作粥。多收集起来卖去,可以供给纸墨的费用。

插梨第三十七

《广志》曰[1]:"洛阳北邙张公夏梨[2],海内唯有一树[3]。常山真定[4],山阳钜野[5],梁国睢阳[6],齐国临菑[7],钜鹿[8],并出梨。上党楟梨[9],小而加甘。广都梨[10]——又云钜鹿豪梨——重六斤[11],数人分食之。新丰箭谷梨[12],弘农、京兆、右扶风郡界诸谷中梨[13],多供御。阳城秋梨、夏梨[14]。"

《三秦记》曰[15]:"汉武果园,一名'御宿',有大梨如五升,落地即破。取者以布囊盛之,名曰'含消梨'。"[16]

《荆州土地记》曰:"江陵有名梨。"

《永嘉记》曰[17]:"青田村民家有一梨树[18],名曰'官梨',子大一围五寸[19],常以供献,名曰'御梨'。梨实落地即融释。"

《西京杂记》曰:"紫梨;芳梨,实小;青梨,实大;大谷梨;细叶梨;紫条梨;瀚海梨,出瀚海地,耐寒不枯;东王梨,出海中。"[20]

别有朐山梨;张公大谷梨,或作"糜雀梨"也。[21]

【注释】

〔1〕《御览》卷九六九"梨"引《广志》多有异文,《初学记》卷二八所引,略同《御览》,《类聚》卷八六所引,极简,有误字。"豪梨",《御览》作"膏梨",《初学记》作"稾梨","豪"有"大"义,据"重六斤",二书均形近致误。又《文选卷一六·潘岳〈闲居赋〉》李善注引《广志》"张公夏梨"下有"甚甘"二字。

〔2〕北邙:即北邙山,在今河南洛阳北。

〔3〕海内:犹言"国内"。

〔4〕常山：郡名，治真定县，故城在今河北正定南。

〔5〕山阳：郡名，属县有钜野，故城在今山东巨野南。

〔6〕梁国：见《晋书·地理志》，属县有睢阳，故城在今河南商丘南。

〔7〕临菑：即临淄，《晋书·地理志》有齐国，属县有临淄，即今山东临淄区。

〔8〕钜鹿：《晋书·地理志》有钜鹿国，辖钜鹿县，在今河北平乡。

〔9〕上党：郡名，有今山西东南隅地区。　　楟（tíng）梨：山梨。

〔10〕广都：县名，属于蜀郡，故治在今四川双流。

〔11〕重六斤：约合今3斤。今四川苍溪的苍溪梨，平均果重2斤，大的达3斤，山西万荣的金梨还要大，大的可达4斤。

〔12〕新丰：县名，故治在今陕西临潼东。

〔13〕弘农：郡名，郡治在今河南灵宝南。　　京兆：郡名，郡治在今陕西长安西北。　　右扶风郡：汉右扶风地，三国魏改扶风郡，晋因之，故治在今陕西泾阳西北。"右"，金抄作"左"，他本作"又"，均误。按：汉三辅只有右扶风、左冯翊，《广志》沿称其旧名（右扶风亦称"右辅"，唐李商隐《行次西郊》诗尚有"右辅地畴薄，斯民尝苦贫"之句），《御览》卷九六九及《王氏农书·百谷谱六·梨》引《广志》均作"右"，是。

〔14〕阳城：这里可能指古阳城县，在今河南登封。

〔15〕《三秦记》：《隋书·经籍志》不著录，时代撰人不详（仅类书引作辛氏《三秦记》），书已佚。据各书所引，似为记秦地风土及秦汉旧闻佚事之书。汉时五升，约合今1升。

〔16〕《类聚》卷八六、《初学记》卷二八、《御览》卷九六九均引有《三秦记》（后二书题为"辛氏《三秦记》"）此条，以《类聚》所引较佳："汉武帝园，一名樊川，一名御宿，有大梨，如五升瓶，落地即破。其主取者，以布囊承之，名'含消梨'。"《要术》"盛"，似宜作"承"，"瓶"亦宜有。

〔17〕《永嘉记》：《隋书·经籍志》不著录，类书有引作郑缉之《永嘉记》，又引作《永嘉郡记》。郑缉之是刘宋时人。原书已佚。永嘉郡郡治在永宁，在今浙江温州。各本落"曰"字，据张步瀛校加。《类聚》卷八六、《初学记》卷二八、《御览》卷九六九均引有《永嘉记》此条，前二书简略，《御览》特详，"子大一围五寸"下是："树老，今不复作子。此中梨子佳，甘美少比。实大出一围，恒以供献，名曰御梨。吏司守视，土人有未知味者。梨实落至地即融释。"

〔18〕青田：山名，在今浙江青田西北。青田县始置于唐。

〔19〕一围五寸："一围"是度量物件粗细的名称，约为一尺，宋王得臣《麈史·辨误》："围则尺也。"即两手拇指食指所围合一环的约数。一围五

寸是说梨大周围有一尺又五寸。魏晋一尺五寸约合今一尺多点，这样大的梨算是大梨，但也并不稀奇，浙东的"散花梨"就有，而青田正属浙东。或以一围作一周解释，译成"很大，周围有五寸"，五寸合今尺才三寸五六分，那就太小了，与"很大"大相径庭。

〔20〕《西京杂记》记载"梨十"，《要术》所引少"缥叶梨，金叶梨"二种，次序亦异。瀚海，通常指北方大沙漠。

〔21〕此条是贾氏另录他书梨名而不再烦引书名，非《西京杂记》之文。"朐山梨"，《御览》卷九六九引左思《齐都赋》有"果则朐山之梨"。朐山：此指山东朐山，在山东临朐东南。张公大谷梨：《文选·闲居赋》"张公大谷之梨"刘良注："洛阳有张公，居大谷，有夏梨，海内唯此一树。"即《广志》所记的"张公夏梨"。

【译文】

《广志》说："洛阳北邙山的张公夏梨，海内只有这一株。常山的真定，山阳的钜野，梁国的睢阳，齐国的临菑，以及钜鹿，都出梨。上党的楟梨，果实小，但特别甜。广都梨——又说是钜鹿豪梨——有六斤重，可以供几个人分着吃。新丰的箭谷梨，以及弘农、京兆、右扶风郡界上许多山谷里的好梨，大多是进贡皇家的。阳城有秋梨、夏梨。"

《三秦记》说："汉武帝的果园，又名'御宿'，有大梨，有五升大，落到地上就破了。摘取的人，先用布袋盛着再摘，名为'含消梨'。"

《荆州土地记》说："江陵有名梨。"

《永嘉记》说："青田的村民家有一株梨树，名为'官梨'，梨子很大，周围有一围五寸，常常进贡给皇家，所以叫作'御梨'。梨子落到地上就破碎到不可收拾。"

《西京杂记》说："〔上林苑中〕有紫梨；芳梨，果实小；青梨，果实大；大谷梨；细叶梨；紫条梨；瀚海梨，出在瀚海地方，耐寒不枯；东王梨，出海中。"

此外还有朐（qú）山梨；张公大谷梨，有人叫"糜雀梨"。

种者，梨熟时，全埋之〔1〕。经年，至春地释，分栽之，多着熟粪及水。至冬叶落，附地刈杀之〔2〕，以炭火烧头。二年即结子。若穞生及种而不栽者〔3〕，则着子迟。每梨有十许子，唯二子生梨，余皆生杜〔4〕。

插者弥疾[5]。插法：用棠、杜[6]。棠，梨大而细理；杜次之；桑，梨大恶；枣、石榴上插得者，为上梨，虽治十，收得一二也[7]。杜如臂以上，皆任插。当先种杜，经年后插之。主客俱下亦得；然俱下者，杜死则不生也。杜树大者，插五枝；小者，或三或二。

梨叶微动为上时，将欲开莩为下时。

先作麻纫汝珍反缠十许匝；以锯截杜，令去地五六寸。不缠，恐插时皮披。留杜高者，梨枝繁茂，遇大风则披。其高留杜者，梨树早成；然宜高作蒿箪盛杜，以土筑之令没；风时，以笼盛梨，则免披耳。斜攕竹为签[8]，刺皮木之际，令深一寸许。折取其美梨枝阳中者，阴中枝则实少。长五六寸，亦斜攕之，令过心，大小长短与签等；以刀微劙梨枝斜攕之际，剥去黑皮。勿令伤青皮，青皮伤即死。拔去竹签，即插梨，令至劙处，木边向木，皮还近皮[9]。插讫，以绵幕杜头，封熟泥于上，以土培覆，令梨枝仅得出头。以土壅四畔。当梨上沃水，水尽以土覆之，勿令坚涸。百不失一。梨枝甚脆，培土时宜慎之，勿使掌拨[10]，掌拨则折。

其十字破杜者，十不收一。所以然者，木裂皮开，虚燥故也。

梨既生，杜旁有叶出，辄去之。不去势分，梨长必迟。

凡插梨，园中者，用旁枝；庭前者，中心。旁枝，树下易收；中心，上耸不妨[11]。用根蒂小枝，树形可喜，五年方结子；鸠脚老枝，三年即结子，而树丑。[12]

《吴氏本草》曰："金创，乳妇，不可食梨。梨多食则损人，非补益之物。产妇蓐中，及疾病未愈，食梨多者，无不致病。欬逆气上者，尤宜慎之。"[13]

凡远道取梨枝者，下根即烧三四寸，亦可行数百里犹生。

藏梨法：初霜后即收。霜多即不得经夏也。于屋下掘作深廕坑，底无令润湿。收梨置中，不须覆盖，便得经夏〔14〕。摘时必令好接，勿令损伤。

凡醋梨，易水熟煮，则甜美而不损人也。

【注释】

〔1〕把整个梨果埋在地里，使种子在地里顺利地通过后熟和春化过程，以提高发芽力。方法简便，没有种子的分离、浸洗、干燥和贮藏保管等一系列的繁细手续，而且果肉腐烂后留着水分和养料。前文种桃也采用整个全埋法，今关中有些地方种桃仍有采用全果埋种者。据果农经验，发芽早，生长快，结果大而多。

〔2〕附地刈杀之：意谓贴近地面割去苗秆，现在叫“平茬”，有促使根系发育和提早萌生新枝的作用。再用炭火烧灼伤口，有使新条萌发较早、生长较快的作用，同时抑制“伤流”外溢，防止伤口腐变。下文对远地梨枝的烧灼处理，也是防止伤口腐变。

〔3〕“穞”(lǔ)，各本均作“橹”，元刻《辑要》同，误；吾点最早校改为“穞”，殿本《辑要》同，据改。

〔4〕余皆生杜：其余都长成杜梨。由于异花受粉而形成种子的杂种性，多数栽培果树的种子变异性很大，而栽培梨的种子尤其不易保纯，种下去只有十分之二长成梨，其余都变成杜梨，所以贾氏强调嫁接繁殖。现在也是这样。

〔5〕插者弥疾：用嫁接法繁殖，结果更快。这涉及植物的阶段发育问题。多年生果树的发育有它本身的阶段性，只有完成了阶段发育，才能生殖生长，开花结实。假如梨的实生苗是五年结果，现在进行嫁接繁殖，如果接穗是满足了二年的发育年龄的，那只要三年便结果实，因为它的“发育年龄”带过来保留着有效，因而使新个体缩短了相应的结果年限。

〔6〕古人多以为棠就是杜，《要术·种棠》指出二者不同。梨属的杜梨(Pyrus betulaefolia)、豆梨(P. calleryana)和褐梨(P. phaeocarpa)，都有棠梨的异名，而褐梨又别名棠杜梨。

〔7〕梨和枣、石榴不同科，亲缘很远，但仍有一二成的成活率，而且品质上等，说明古人善于探索试验，嫁接技术也高。梨和桑也不同科，上文桑砧

的梨很坏很坏，但后代文献有相反记载，说是很好，而且结果早（见南宋温革《分门琐碎录》及《本草纲目》卷三〇）。

〔8〕攕（jiān）：削。

〔9〕木边向木，皮还近皮：木质部对准木质部，韧皮部对准韧皮部。这是嫁接成活的关键问题。必须使接穗和砧木的伤口密接，尤其是二者的形成层必须密接，否则必然失败。二者的形成层互相密接后，产生愈合组织，并分化产生新的输导组织，使接穗和砧木的营养物质得以互相传导，从而形成一个新的共同体，成为新个体。这共同体保持着二者的优点，因而形成"青出于蓝而胜于蓝"的新果品。同理，刮黑皮时不能伤及含形成层的绿色皮层，否则，嫁接必然失败而死亡。

〔10〕掌（chēng）：碰动。"掌"（撑）的别体。参看卷五"种榆法"注释〔2〕。

〔11〕启愉按：接穗的着生部位（旁生枝或中心枝）和接活后树型的高矮没有必然的因果关系（虽然枝条的顶端优势因着生部位而有不同），贾氏所见，也许是偶然的巧合。但在1 400多年前能提出这样的"枝变"问题来，值得注意。

〔12〕根蒂小枝：近根部的小枝条。由于它还处在幼龄阶段，拿它作接穗，结果较迟，但树形保持着正常生长形态，舒畅好看。　　鸠脚老枝：斑鸠脚爪样的结果枝。实际是指短果枝群，长一次结一个疙瘩的，本身已经难看，但由于结果枝是二年生枝，缩短它相应的幼龄期，所以可以提早二年结果，但树形畸形难看。

〔13〕《吴氏本草》此条不见类书及本草书引录。《名医别录》有"金疮，乳妇，尤不可食"，可能采自《吴氏本草》。

〔14〕便得经夏：便可以过夏。启愉按：《要术》的栽培梨是北方白梨（Pyrus bretschneideri）系统的品种，一般耐贮藏，秋收后可以贮藏至来年四至六月。当然有机械损伤和病虫伤害的果实都不好贮藏。今华北、西北栽培梨的重要品种，绝大部分属于白梨系统。《要术》引《永嘉记》的青田梨应是南方沙梨（Pyrus pyrifolia）系统的品种。

【译文】

梨的繁殖如果采用种法，可以在梨子成熟时把它整个地埋在地里。经过一年后到春天土地解冻时，分出种苗来移栽，多用些熟粪作基肥，多浇些水。到冬天落叶之后，贴近地面割去苗秆，用炭火烧灼茬口。这样，再过两年，就结果实了。如果是野生苗，以及不移栽的实生苗，结实都迟。每个梨有十来颗种子，但只有两颗种子长成梨，其余都长成杜梨。

用嫁接法繁殖，结果更快。嫁接的方法：用棠梨或杜梨作砧木。用棠梨作砧木的，梨子大，果肉细嫩；杜梨作砧木的次之。桑树砧木的梨子很坏很坏。枣树和石榴树上接得的是上等好梨，不过嫁接十株，只能成活一两株。杜梨有臂膀以上粗的，都可以接。应该先种杜梨，经过一年到第三年再接。杜梨砧木带着接好的梨穗同时移栽定植也可以；但同时移栽定植就怕杜梨栽不活，那梨也就跟着死了。杜砧粗大的，可以接上五枝；小的接上三枝或两枝。

嫁接的时间，叶芽开始萌动是最好的时令，快要展开长叶是最晚的时限。

预先作好麻绳，在树桩上缠扎十来道，用锯子在缠扎的上缘锯断，让杜砧离地五六寸高。不缠扎的话，怕插接穗时树皮被插破。杜砧留得高的，梨的枝叶茂盛，但遇上大风接合处会被披裂。杜砧留得高的，梨树长得比较快；但接时该用蒿草围裹在杜砧外围，围内用土填满筑实，把砧面盖没掉；刮风时，再用竹笼围护梨穗，可以避免披裂。拿竹片斜削成一条尖形竹签，刺入砧木上的皮层和木质部之间，刺进一寸左右深〔，就这样插着，给接穗开好这个插口〕。切取好梨树上向阳面的枝条作为接穗，背阴面的枝条结实少。五六寸长，也斜削成一面倾斜的尖条，要通过木质部的中心削出头，〔使形成层以斜面露出，〕尖条的大小长短都和竹签相等；再在尖条开始斜削的那个地位上，环绕着轻轻地切割一圈，把圈以下的表层黑皮剔去。可不能剔伤〔含形成层的〕绿色皮层，绿色皮层受伤便接不活了。这时拔去插着的竹签，就插进梨穗，插到切割一圈那儿为止，要让砧木和接穗二者的木质部对准木质部，韧皮部对准韧皮部〔，使形成层密接〕。插好后，用丝绵蒙住砧面接口，再拿熟泥封在上面，又用泥土培覆着，让梨穗仅仅露出个头。然后再在杜砧四周用土培壅起来。对着梨穗浇上水，水吸尽了，再盖上细土，不让泥土干涸坚硬。这样的接法，接一百株活一百株。梨树很脆，培土时要小心，不要碰动它，碰动了就会夭折。

如果采用横竖两刀把砧木劈成十字形的接法，接十株也活不了一株。所以会这样，是砧木开裂，树皮也会开破，里面空虚干燥的缘故。

梨树既已接活，杜砧边上有叶长出，就该去掉。不去掉，养分被分耗，梨树必然长得慢。

凡嫁接梨树，砧木在园圃中的，要用旁生枝作接穗；在院子里的，要用中心枝作接穗。用旁生枝，树型低矮，容易采收果实；用中心枝，树型向上高耸，长在院子里不占低空，不碍事。用近根部的小枝条作接穗，树形好看，但要五年才结果实；用斑鸠脚爪样的结果枝作接穗，三年便结果实，但树形难看。

《吴氏本草》说："刀箭所伤的疮，哺乳的妇人，都不可吃梨。梨吃多了对人有损害，不是补益的东西。产后坐月子的妇女，病没有好的人，多吃梨没有不发病的。咳嗽喘急冲气的人，尤其要谨慎。"

凡从远地取梨枝作接穗的，剪下后随即在剪口一端三四寸的地方烧一下，也可以走几百里路还能成活。

藏鲜梨的方法：经过初霜后随即收摘。受霜次数多了，就不能过夏。在屋子地下掘个深深的阴坑，坑底要干燥。就把梨放进坑里，不必覆盖，便可以过夏。摘时一定要好好接着，不能让它受损伤。

凡是酸梨，换过水煮熟，味道就甜美，而且吃了不会伤人。

种栗第三十八

《广志》曰:“栗,关中大栗,如鸡子大。”〔1〕

蔡伯喈曰〔2〕:“有胡栗。”〔3〕

《魏志》云:“有东夷韩国出大栗,状如梨。”〔4〕

《三秦记》曰:“汉武帝果园有大栗,十五颗一升。”〔5〕

王逸曰:“朔滨之栗。”〔6〕

《西京杂记》曰:“榛栗;瑰栗;峄阳栗,峄阳都尉曹龙所献,其大如拳。”〔7〕

【注释】

〔1〕与《类聚》卷八七、《御览》卷九六四“栗”引《广志》有异文。

〔2〕蔡伯喈:即蔡邕(132—192),东汉文学家、书法家。

〔3〕此条不见今十卷本《蔡邕集》中。《类聚》卷八七、《御览》卷九六四均引有蔡邕《伤故栗赋》,是为有人伤折蔡氏祠前栗树而作,《赋》中并无“胡栗”,可《初学记》卷二八却引作《伤胡栗赋》,该是错字。不过《要术》引作“有胡栗”,当出蔡氏别的文章,不能说是“故”字之误。栗产于我国辽宁以西各地,王逸《荔枝赋》有“北燕……之巨栗”,如果“胡”作胡地讲(不作“大”字讲),其产地正属“胡”地。

〔4〕韩国,今本《三国志·魏志》和《后汉书》均作“马韩”。马韩为古代三韩之一,在今朝鲜半岛南部。《三国志·魏志》卷三〇记载马韩“出大栗,大如梨”。《后汉书·东夷传》亦载“马韩……出大栗如梨”。“出”,金抄作“生”,他本只剩半字作“山”,据《魏志》、《后汉书》及类书引改正。

〔5〕《类聚》卷八七、《初学记》卷二八、《御览》卷九六四均引到《三秦记》此条,文字基本相同,惟“一升”《类聚》引作“一斗”,《初学记》凡二引

亦作"一斗"。启愉按：汉1升约合今2合，只有200毫升，15颗栗只装满200毫升，这是小栗，而《广志》等所载有如梨如拳的大栗，此既云"大"，似应作"一斗"。"果园"，仅金抄如文，他本均作"栗园"，似是实误。《类聚》等三书均引作"果园"，《插梨》引《三秦记》亦作"汉武果园"。

〔6〕据《类聚》卷八六、《初学记》卷二八、《御览》卷九六四所引，这是出自王逸《荔枝赋》，文作："北燕荐朔滨之巨栗。"（《初学记》误作"果"）朔滨，朔方边境，据王逸《荔枝赋》所指"北燕"，是今河北北部等地。

〔7〕《西京杂记》记载"栗四"，《要术》少一种"侯栗"。"峄阳都尉"，《御览》卷九六四引作"峄阳太守"，都有问题。启愉按：峄（yì）阳，山名，又名葛峄山（见《汉书·地理志》"东海郡下邳县"），在今江苏邳州西南。汉制，都尉是郡的佐贰官，掌武职，东海郡都尉治所在费县（今山东费县），而峄阳非郡名，不得称"峄阳都尉"或"太守"。何况《种梅杏》引《西京杂记》已有"东海都尉于台"，这里又有"峄阳都尉曹龙"，而峄阳山非东海都尉驻地，汉武帝"初修上林苑时"，各地官员都赶在那时献名果，则东海郡有于台和曹龙两个都尉，尤为可疑。

【译文】

《广志》说："关中的大栗，像鸡蛋那么大。"

蔡伯喈说："有胡栗。"

《魏志》说："东夷韩国出大栗，形状像梨。"

《三秦记》说："汉武帝果园中有大栗，十五颗装满一〔斗〕。"

王逸说："朔滨的巨栗。"

《西京杂记》说："〔上林苑中〕有榛栗；瑰栗；峄阳栗，是峄阳都尉（？）曹龙所贡献，结的栗子有拳头大。"

栗，种而不栽。栽者虽生，寻死矣。

栗初熟出壳[1]，即于屋里埋着湿土中[2]。埋必须深，勿令冻彻。若路远者，以韦囊盛之。停二日以上，及见风日者，则不复生矣。至春二月，悉芽生，出而种之。

既生，数年不用掌近。凡新栽之树，皆不用掌近，栗性尤甚也。三年内，每到十月，常须草裹，至二月乃解。不裹则冻死。

《大戴礼·夏小正》曰[3]:"八月,栗零而后取之,故不言剥之。"[4]

《食经》藏干栗法:"取穰灰,淋取汁渍栗。出,日中晒,令栗肉焦燥。可不畏虫,得至后年春夏。"

藏生栗法[5]:"着器中;晒细沙可燥[6],以盆覆之。至后年二月[7],皆生芽而不虫者也。"

【注释】

〔1〕出壳:指自总苞开裂自然脱落。启愉按:出壳不是剥出来,应是老熟后苞裂自落,即戴德所说"栗零而后取之"。《本草纲目》卷二九"栗"引《事类合璧》:"其苞自裂而子坠者,乃可久藏;苞未裂者,易腐也。"现在群众叫"拾落果"。

〔2〕板栗怕干,怕热,怕冻。种子干燥容易失去发芽力,温度过高容易霉烂,受冻容易僵死。所以贮藏时必须保持适宜的温度和湿度,《要术》说埋在湿土中,《食经》说保藏在有一定湿度的细沙容器中,都是为了避免"三怕"。现在各地采用层积沙藏法,最为稳妥。《要术》、《食经》还进一步就此催芽。

〔3〕《大戴礼》:亦称《大戴记》、《大戴礼记》,相传西汉戴德编纂。今残缺。

〔4〕《大戴礼记·夏小正》篇"八月":"'栗零'。零也者,降也;零而后取之,故不言剥也。""栗零"是《夏小正》本文,"零也者"以下是戴德的解释,即所谓《大戴传》。"零"指栗老熟后自总苞发育而成的壳斗中自然脱落,即所谓"降也"。由于《夏小正》上一条是"剥枣"(击枣),所以这里申明不是像枣那样要"剥打",而是拾取。

〔5〕"藏生栗法"仍是《食经》文,《四时纂要·九月》引《食经》正有沙藏栗法,《王氏农书·百谷谱七·栗》也引作《食经》文。

〔6〕"晒细沙可燥",仅金抄如文,他本讹脱殊甚。"可"是"好"、"合适"的意思,意即沙晒到合适、恰好的程度。这是沙藏保鲜法,沙不要求晒到极燥,北宋寇宗奭《本草衍义》卷一八"栗"说:"栗欲干,莫如曝;欲生收,莫如润沙中藏,至春末夏初,尚如初收摘。"《要术》、《食经》都进一步催芽,《要术》讲埋在"湿土中",《食经》讲埋在有合适湿度的细沙中,其理相同。《食经》有它自己的习用语,"可"即其一例,贾氏则常用"好"字,如"好

溜”、“好熟”等等。“可”不是错字,《王氏农书》改为“令”,晒使燥,却错了。

〔7〕明抄等作“二月”,金抄等作“五月”。这是催芽播种,汉魏六朝的“后年”常指后一年,即明年,据上文“至春二月,悉芽生,出而种之”,故从明抄。

【译文】

栗树要种,不能栽。栽的虽然也能成活,但不久便会死掉。

栗子成熟自总苞开裂自然脱落,就〔拾取来〕放在屋里用湿土埋着。必须埋得深些,不要让它冻坏。如果从远地取种的,要用皮袋盛着带回来。栗子停搁着两天以上,以及遇上风和太阳晒,便不能发芽了。到来春二月间,都已发了芽,就拿出来种下。

已经长出的苗株,几年之内都不能〔让人畜〕碰撞它。凡属新栽的树,都不能碰撞,栗树尤其如此。三年之内,每到十月,常常要用草包裹着,到明年二月解掉。不裹便会冻死。

《大戴礼·夏小正》说:“八月,栗子自总苞中自己脱落下来,然后才拾取,所以不〔像枣子那样〕说要打落。”

《食经》藏干栗的方法:“拿秸秆灰〔用热水〕淋取灰汁,浸泡栗子。再捞出来,在太阳底下晒,晒到栗肉完全干燥,可以不怕虫害,而且还能保存到明年春天到夏天。”

保藏鲜栗的方法:“把栗子放入容器里;拿细沙晒到合适的程度,〔和入栗子里,〕再用盆子覆盖在容器口上。到明年二月里,都发芽了,而不生虫。”

榛〔1〕

《周官》注曰:“榛,似栗而小。”〔2〕

《说文》曰:“榛,似梓〔3〕,实如小栗。”

《卫诗》曰:“山有蓁。”〔4〕《诗义疏》云〔5〕:“蓁,栗属。或从木。有两种:其一种,大小枝叶皆如栗,其子形似杼子〔6〕,味亦如栗,所谓‘树之榛栗’者。其一种,枝茎如木蓼〔7〕,叶如牛李色〔8〕,生高丈余;其核中悉如李,生作胡桃味,膏烛又美〔9〕,亦可食噉。渔阳、辽、代、上党皆饶〔10〕。其枝茎生樵、爇烛〔11〕,明而无烟。”

栽种与栗同。

【注释】

〔1〕榛：桦木科的榛(Corylus heterophylla)。果实为小坚果，像橡子，可食用，亦可榨油。但栗为山毛榉科，《诗义疏》说榛属于栗一类，古人因某些相似而混淆，不足为怪。

〔2〕这是《周礼·天官·笾人》的郑玄注文，非《周礼》本文，原无“注”字，殿本《辑要》引有，据加。

〔3〕“榛”，古亦作“亲”，《说文》“亲，亲实如小栗。从木，辛声。”没有“似梓”的说法。但“亲”字横写就变成了“梓”，“从木辛”也可以讹合为“似梓”。

〔4〕见《诗经·邶风·简兮》，“蓁”作“榛”。邶风、鄘风可泛称为“卫诗”。

〔5〕《御览》卷九七三“榛”引《诗义疏》与《要术》相同而稍简；又引有“陆机《毛诗疏义》”，则内容大不相同。《诗经·简兮》孔颖达疏引陆机《疏》，亦与《诗义疏》大异。《御览》二书并引，其自为二书甚明，陆机的《毛诗草木鸟兽虫鱼疏》绝不是佚名的《诗义疏》。而清儒总认为后者就是前者，段玉裁谓“贾氏引《草木虫鱼疏》，皆谓之《诗义疏》”，说得很确定。今人亦多承袭其说。胡立初批评为“昧于考索”，试就二书所记细作对比，亦属确评。又，“树之榛栗”是《诗经·鄘风·定之方中》的一句。“悉如李”疑应作“悉如栗”，承上文“牛李”误书。

〔6〕杼子：也叫橡子，即山毛榉科麻栎(Quercus acutissima)的果实。别名有栩、柞、栎。西晋崔豹《古今注》：“杼实曰橡。”

〔7〕木蓼：未详。

〔8〕牛李：鼠李科的鼠李(Rhamnus davurica)。

〔9〕膏烛：将苇、麻茎、松木片之类缠扎成束，灌以植物或动物性油脂，或掺以植物种子等含油脂的耐燃物质，作成火炬式的“烛”，古称“膏烛”，也叫“庭燎”。

〔10〕渔阳：郡名，治渔阳县。故治在今北京密云。　辽：指辽河地区。　代：郡名，治代县，在今河北蔚县。　上党：已见上篇。

〔11〕爇(ruò)：烧。

【译文】

榛

《周礼》注说：“榛像栗子，但果实小。”

《说文》说：“榛，像梓树(?)，果实像小的栗子。”

《诗经·邶风》的诗说:“山中有蓁。”《诗义疏》解释说:“蓁是属于栗一类的。字也从木写作‘榛’。有两种:一种,树的大小、枝叶都像栗树,果实形状像杼子,味道也像栗子,就是《诗经》所说‘栽种榛栗’的榛。另一种,枝茎像木蓼,叶子颜色像牛李,树一丈多高;果壳里面完全像李(?),新鲜时有胡桃仁的味道,用来作膏烛很好,也可以吃。渔阳、辽、代、上党都很多。它的枝茎拿来烧火,或者点着当‘烛’,明亮而没有烟。”

榛的栽种方法和栗相同。

柰、林檎第三十九

《广雅》曰[1]:“橁、棯、苃,柰也。”

《广志》曰[2]:“柰有白、青、赤三种。张掖有白柰[3],酒泉有赤柰[4]。西方例多柰,家以为脯,数十百斛以为蓄积,如收藏枣栗。”

魏明帝时[5],诸王朝,夜赐冬成柰一奁[6]。陈思王《谢》曰[7]:“柰以夏熟,今则冬生;物以非时为珍,恩以绝口为厚。”诏曰[8]:“此柰从凉州来[9]。”

《晋宫阁簿》曰[10]:“秋有白柰。”

《西京杂记》曰:“紫柰,绿柰。”[11]

别有素柰,朱柰。[12]

《广志》曰:“里琴,似赤柰。”[13]

【注释】

〔1〕《广雅》,原作《广志》,误题。罗列各字指说同一事物,正是《广雅》的体例,事实上也正见于《广雅·释木》,文作:“橁、棯、椴,㮏也。”故为改正。王念孙《广雅疏证》说此条与柰无关,四字指的都是“死木”,由于“柰”俗也写作“㮏”,故误认死木的“㮏”为果树的“柰”。惟《玉篇·木部》也有“棯,柰也”的解释,如果《玉篇》采自《广雅》,则《广雅》原作“柰也”。

〔2〕“《广志》曰”,原作“又曰”,由于上条已误题为《广志》,因此本条题作“又曰”,其实本条才是《广志》文,今改正。此条《类聚》卷八六、《初学记》卷二八、《御览》卷九七〇都有引到,详简不一。

〔3〕张掖:郡名,治所在今甘肃张掖。

〔4〕酒泉:郡名,治所在今甘肃酒泉。

〔5〕魏明帝：曹叡，曹魏第二主，227—239年在位。曹植死于232年。

〔6〕"冬成柰"，仅金抄如文，他本均作"东城柰"。据下文"冬生"及曹植称"冬柰"，故从金抄。又《类聚》卷八六引梁刘孝仪《谢始兴王赐柰启》称："子建畅其寒熟。""寒熟"亦即"冬成"。

〔7〕《曹子建集》(《四部丛刊》本)卷八载有《谢赐柰表》，是："即夕殿中虎贲宣诏，赐臣等冬柰一奁……"以下同《要术》，末后有"非臣等所宜荷之"。

〔8〕《初学记》卷二八、《御览》卷九七〇都引到此诏(有错字)，并说"道里既远，来转暖，故柰变色"。

〔9〕凉州：治所在今甘肃武威。

〔10〕《晋宫阁簿》：《隋书·经籍志》不著录，各类书亦无引录，但另引有《晋宫阁名》、《晋宫阁记》等不少，当是同类之书，但原书已佚，无可查考。《御览》卷九七〇引有《晋宫阁名》，是："华林园有白棕四百株。"华林园在西晋都城洛阳。后魏杨衒之《洛阳伽蓝记》卷一"景林寺"条记载华林园有"柰林"。

〔11〕《西京杂记》记载是"柰三"，《要术》少"白柰"一种，可能因上项资料已有引到而省去。

〔12〕此条是贾氏掇举柰的不同名目。"素柰"有左思《蜀都赋》的"素柰夏成"(见《文选》卷四)。"朱柰"有《初学记》卷二八引孙楚《井赋》的"沉黄李，浮朱柰"。

〔13〕"里琴，似赤柰"，仅金抄如文；明抄等误作"理琴以赤柰"，遂使有人误解为用赤柰来理琴瑟。"里琴"或"来禽"都是林檎的异名，"以"必须是"似"，《类聚》卷八七、《御览》卷九七一"林檎"引《广志》均作"似"。

【译文】

《广雅》说："楮(zhǎn)、棯(yǎn)、苉(ōu)，都是柰。"

《广志》说："柰有白、青、赤三种。张掖有白柰，酒泉有赤柰。西方各地大都产柰多，各家都作成柰脯，几十到百斛地积蓄着，像收藏干枣、栗子一样。"

魏明帝时，各封王来朝见他，夜间每人赏赐了一匣冬成柰。陈思王曹植《谢赐柰表》说："柰是夏天成熟的，现在竟然冬天还新鲜的；像这样过了时令的东西才很珍贵，而陛下割舍着来赏赐，恩情更是隆厚。"回答的诏书说："这柰是从凉州来的。"

《晋宫阁簿》说："秋天有白柰。"

《西京杂记》说："〔上林苑中〕有紫柰，绿柰。"

另外还有素柰、朱柰。

《广志》说："里琴，像赤柰。"

柰、林檎不种[1]，但栽之。种之虽生，而味不佳。

取栽如压桑法。此果根不浮秽，栽故难求，是以须压也。

又法：于树旁数尺许掘坑，泄其根头，则生栽矣。凡树栽者，皆然矣。

栽如桃李法。

林檎树以正月、二月中，翻斧斑驳椎之，则饶子。

作柰麨法：拾烂柰，内瓮中，盆合口，勿令蝇入。六七日许，当大烂，以酒淹，痛抨之，令如粥状。下水，更抨，以罗漉去皮、子。良久，清澄，泻去汁，更下水，复抨如初，嗅看无臭气乃止[2]。泻去汁，置布于上，以灰饮汁，如作米粉法[3]。汁尽，刀劚[4]，大如梳掌，于日中曝干，研作末，便成。甜酸得所，芳香非常也。

作林檎麨法：林檎赤熟时，擘破，去子、心、蒂，日晒令干。或磨或捣，下细绢筛；粗者更磨捣，以细尽为限。以方寸匕投于碗水中，即成美浆。不去蒂则大苦，合子则不度夏，留心则大酸。若干啖者，以林檎麨一升，和米麨二升[5]，味正调适。

作柰脯法：柰熟时，中破，曝干，即成矣。

【注释】

〔1〕柰：即苹果。　林檎：即沙果，也叫花红。《广志》的"里琴"，即林檎，古又名"来禽"。

〔2〕此下疑有脱文，因为在瓮中吸去水分、割成薄片又拿出来很不方便，这时该倾倒在大盆中沉淀，做上项操作就很方便。下文说"如作米粉法"，卷五《种红蓝花栀子》"作米粉法"正是"贮出淳汁，着大盆中"，然后再澄清、去水、吸湿、刀割"如梳（掌）"。所以，这下面宜有"贮出，着大盆中，清澄"，而被脱漏。

〔3〕见卷五《种红蓝花栀子》“作米粉法”。

〔4〕“刀𠜱”，各本讹作“刀鄜”或“力𠜱”、“刀㓱”，《王氏农书·百谷谱七·柰林檎》引《要术》作“刀𠜱”，是。

〔5〕“米麨”，各本均作“米面”，米面不能生吃，《种枣》“酸枣麨法”有“远行用和米麨”，《种梅杏》“杏李麨法”有“及和米麨”，据改。

【译文】

柰和林檎都不用种子种，而只是用栽子栽。种的虽然也能成活生长，但果实的味道不好。

取得栽子的方法，可以采用像桑枝一样的压条法。这两种果树近地面的侧根难得发生根蘖苗，所以天然的树栽难得，必须采用压条的方法取得树栽。

还有一个取栽的方法：在离开树旁几尺的地方掘个坑下去，〔切断侧根，〕露出根头，〔促使伤口萌发不定芽，〕长成根蘖苗，就可以切取来作新栽了。凡是不易取栽的树，都可以采用这个办法。

移栽的方法和桃李一样。

林檎树在正月、二月里，用斧背花花驳驳地在树上搥打，会多结果实。

作柰麨的方法：拾得烂柰，放入瓮子里，用盆子把瓮口盖严，不要让苍蝇进去。六七天后，便会大烂，倒进酒去淹没着，用力搅拌抨击，让它成为稀粥那样。加水，再用力抨击，拿筛罗漉去果皮和籽子。过了很久，澄清之后，倒去上面的清汁，又加水，再像原先一样的抨击，一直到嗅着没有臭气才停手。〔然后倒出来在大盆里盛着，让它澄清。〕再倒去上面的清汁，用布盖在上面，〔布上〕加灰使吸去水液，像作米粉的做法。水液吸干了，用刀划成像梳把的薄片，在太阳底下晒干，研成粉末，便成功了。这种柰麨，甜酸合适，又很芳香，不是寻常的东西。

作林檎麨的方法：林檎红熟的时候，摘来劈破，去掉种子、果心和蒂，在太阳底下晒干。把它磨碎或捣碎，用细绢筛子筛下粉末；粗的再磨再捣，到全都弄成细粉为止。抄一方寸匕的粉末投入一碗水里，便成了好饮浆。不去掉果蒂味道太苦，连着种子不能过夏，留着果心太酸了。如果要吃干的，用一升林檎麨，和上二升米麨，味道正合适。

作柰脯的方法：柰成熟时，拿来中半破开，晒干，便成功了。

种柹第四十

《说文》曰："柹[1]，赤实果也。"

《广志》曰："小者如小杏。"[2]又曰："梬枣，味如柹。晋阳梬，肌细而厚，以供御。"[3]

王逸曰："苑中牛柹。"[4]

李尤曰："鸿柹若瓜。"[5]

张衡曰："山柹。"[6]

左思曰："胡畔之柹。"[7]

潘岳曰："梁侯乌椑之柹。"[8]

【注释】

〔1〕《说文》作"𣑭"，今写作"柹"。

〔2〕《御览》卷九七一"柹"引《广志》作："柹有小者如杏。"

〔3〕本条《御览》引于卷九七三"梬枣"。梬枣，即柹树科的君迁子。君迁子是嫁接柹的主要砧木，贾氏即用以嫁接柹。晋阳，今山西太原。"肌"，各本误作"脆"或"肥"，据《御览》引改正。

〔4〕《御览》卷九七一引作王逸《荔支赋》，是："宛中朱柹。""宛"是地名，即今河南南阳。"宛"、"苑"古通，《要术》写作"苑"，仍指南阳。《本草衍义》："华州有一等朱柹，比诸品中最小，深红色。"《要术》"牛柹"，疑应作"朱柹"。

〔5〕《御览》卷九七一引作李尤《七款》，文同。"若"，各本均误作"苦"，据《御览》引改正。惟"七"是一种文体，称"七体"，《后汉书·李尤传》称其著有《七叹》等篇，"七款"疑是"七叹（歎）"的形似之误。

〔6〕"山柹"，出张衡《南都赋》，《文选》卷四载该赋："乃有樱、梅、山

柿……"

〔7〕"胡畔之柿",左思魏都、蜀都、吴都《三都赋》中不见此句,未详所出。

〔8〕见潘岳《闲居赋》(《文选》卷一六)。乌椑(bēi),即椑柿,果汁可染渔网、漆雨具等,又名漆柿,即柿树科的油柿(Diospyros kaki var. sylvestris),是柿的变种。

【译文】

《说文》说:"柿是果肉全红的果子。"

《广志》说:"小的像小杏子。"又说:"楔枣,味道像柿子。晋阳楔枣,果肉细厚,是进贡皇家的。"

王逸说:"宛中的〔朱〕柿。"

李尤说:"大柿像瓜那样大。"

张衡说:"有山柿。"

左思说:"胡畔的柿。"

潘岳说:"梁侯乌椑的柿。"

柿,有小者,栽之;无者,取枝于楔枣根上插之,如插梨法。

柿有树干者,亦有火焙令干者〔1〕。

《食经》藏柿法:"柿熟时取之,以灰汁澡再三度。干令汁绝,着器中。经十日可食。"

【注释】

〔1〕干:启愉按:这里"干"是指脱涩,本草书上多称脱涩为"干"。《王氏农书·百谷谱七·柿》:"又有烘柿,〔烘后〕器内盛之,待其红软,其涩自去,味甘如蜜。"柿有甜柿、涩柿两大类。甜柿在树上自然脱涩,成熟后摘下来就可以吃,这就是《要术》说的树上干的一类。涩柿必须经过人工脱涩才能吃,这就是《要术》说的火焙干的一类。下文引《食经》浸泡在灰汁中,也是一法。目的都在破坏果皮的细胞组织,使不能行正常呼吸作用,经过一定的日子后,使果肉完成由可溶性单宁转化为不可溶性单宁的过程,就达到

脱涩的目的,可以吃了。

【译文】

柿的繁殖,有现成的小树,就掘来移栽;没有,就切取枝条在椟枣近地面的短截桩上嫁接,像接梨的方法一样。

柿子有在树上自然干的,也有用火焙干的。

《食经》藏柿的方法:“柿子成熟时,拿来在灰汁中再三次浸泡过。〔拿出来,〕到灰汁全干时,再放入盛器中。经过十天,就可以吃了。”

安石榴第四十一

陆机曰:“张骞为汉使外国十八年,得涂林。涂林,安石榴也。”〔1〕

《广志》曰:“安石榴有甜酸二种。”

《邺中记》云:“石虎苑中有安石榴,子大如盂碗,其味不酸。”

《抱朴子》曰:“积石山有苦榴。”〔2〕

周景式《庐山记》曰〔3〕:“香炉峰头有大磐石,可坐数百人,垂生山石榴。三月中作花,色如石榴而小淡,红敷紫萼,烨烨可爱。”〔4〕

《京口记》曰〔5〕:“龙刚县有石榴。”〔6〕

《西京杂记》曰有“甘石榴”也〔7〕。

【注释】

〔1〕《类聚》卷八六、《御览》卷九七〇及《本草图经》均引作陆机《与弟云书》,文同(“石”《类聚》作“熟”),惟“涂林”不重文,重文“涂林”是安石榴的异名,不重文则是地名。《本草纲目》卷三〇引《博物志》:“汉张骞使西域得涂林安石国榴种以归,故名安石榴。”安石国即安息国,在今伊朗东北部,张骞赴西域时为全盛期,领有伊朗高原全部及美索不达米亚“两河流域”。安石榴,即石榴,传说得自西域安石国,故名。

〔2〕此条不见今本《抱朴子》。积石山:在青海东南部,延伸至甘肃南部边境。“苦榴”,各本同。《本草纲目》卷三〇“安石榴”说:“实有甜、酸、苦三种。《抱朴子》言苦者出积石山,或云即山石榴也。”前此之本草医书无苦石榴记载,李时珍也未必得见有“苦榴”这条的《抱朴子》,当是根据《要术》演为此说。惟石榴亦名“若榴”,“若”、“苦”二字相差极微,《要术》中每有彼此互误,“苦榴”是否“若榴”之误,已无可查证。

〔3〕《庐山记》：各家书目不著录，书已佚。周景式，字里未详。惟《御览》卷九一〇“猴”引有周景式《孝子传》说“余尝至绥安县”云云，据胡立初就绥安置县时期考证，周当是南朝宋齐间人。庐山，即今江西庐山。

〔4〕《初学记》卷二八、《御览》卷九七〇都引到《庐山记》这条。“三月”，仅金抄如字，二书引同，他本作“二月”，太早，盖石榴入夏始花也。

〔5〕《京口记》：《隋书·经籍志二》著录“《京口记》二卷，宋太常卿刘损撰”。但新旧《唐书》艺文志撰人均作“刘损之”，而《类聚》又引作刘祯，《御览》又引作刘桢，莫可究诘。书已佚。惟《京口记》可疑，也许是《襄国记》之误，见下注。

〔6〕《京口记》此条，类书未引，可疑。启愉按：“京口”，古城名，在今江苏镇江，为刘裕世居籍里。自刘裕称帝（宋武帝），京口遂成重镇，《京口记》乃记其里闾山川胜迹之书。《御览》引其记北固山，即在京口城北，“京口”不可能有属县“龙刚县”。且龙刚县始置于晋，属桂林郡（见《晋书·地理志下》），与京口根本不相干。《御览》卷九七〇引有：“《襄国记》曰：‘龙岗县有好石榴。’”与《要术》此条内容相同。襄国即今河北邢台，为后赵石勒所都，石虎迁都于邺，改为襄国郡。据《晋书·地理志》称，当时北方少数民族各国所建郡县，“并不可知”，《襄国记》和《邺中记》都是后赵的京都志，则后赵曾在襄国京畿建置有龙岗（刚）县，而史志不载，当亦为作史者所未审。“襄国”二字残烂后，很容易错成“京口”，怀疑《京口记》很可能是《襄国记》之误。

〔7〕《西京杂记》只有“安石榴”三字。

【译文】

陆机说：“张骞作为汉使出使外国十八年，得到涂林。涂林（？），就是安石榴。”

《广志》说：“安石榴有甜酸两种。”

《邺中记》说：“石虎园林中有安石榴，果实有茶缸或饭碗那么大，味道不酸。”

《抱朴子》说：“积石山有苦榴。”

周景式《庐山记》说：“香炉峰顶上有一块坚厚而平的大磐石，可以坐几百人，上面长着山石榴，向下面斜挂着。三月中开花，颜色像石榴花，稍微淡些，红色的柎，紫色的萼，灿灿可爱。”

《京口记》说：“龙刚县有石榴。”

《西京杂记》说的〔上林苑中〕有“甘石榴”。

栽石榴法：三月初，取枝大如手大指者，斩令长一尺半，八九枝共为一窠，烧下头二寸[1]。不烧则漏汁矣。掘圆坑，深一尺七寸，口径尺。竖枝于坑畔，环圆布枝，令匀调也。置枯骨、礓石于枝间，骨、石，此是树性所宜。下土筑之。一重土，一重骨石，平坎止。其土令没枝头一寸许也。水浇常令润泽。既生，又以骨石布其根下，则科圆滋茂可爱。若孤根独立者，虽生亦不佳焉。

十月中，以蒲、藁裹而缠之。不裹则冻死也。二月初乃解放。

若不能得多枝者，取一长条，烧头，圆屈如牛拘而横埋之[2]，亦得。然不及上法根强早成。其拘中亦安骨石。

其劚根栽者，亦圆布之，安骨石于其中也。

【注释】

〔1〕烧下头二寸：《要术》对插条或接穗采用烧下头二三寸的方法有不少处。石榴的繁殖方法，现在也多采用扦插法。插条中贮藏营养物质的多少和动态，与插条的再生能力有密切关系，烧下头据说可以防止养分的走失，现在果农仍有采用者（烧截断的主根）。另外，可以防止微生物的侵害。

〔2〕圆屈如牛拘而横埋之：将插条盘成一圈的横埋扦插法，现在叫“盘状扦插”或“盘枝扦插”，西北等地在繁殖石榴时仍有采用。

【译文】

栽石榴的方法：三月初，切取像拇指粗细的枝条，截成一尺半长，八九枝作为一窠，每枝都将下头二寸烧一下。不烧的话，液汁就会漏掉。在地里掘一个圆坑，一尺七寸深，口径一尺。拿枝条竖立在坑边缘，环绕着坑周围布放插条，让它们排列均匀。在插条中间放入枯骨和砾石，枯骨和砾石，这是和树的生长习性相宜的。然后填进土，筑实。一层土，搁一层枯骨砾石，到平坑口为止。填进的土，让它盖没枝条上端一寸左右。浇水，时常保持润泽。成活长出之后，又用枯骨砾石布放在根旁边，科丛就围成圆形，滋长茂盛可爱。如果是一根孤枝单独插植的，就是成活了也长不好。

十月中，用蒲草或藁秆缠裹着保暖。不缠裹便会冻死。到二月初，再解掉它。

假如不能得到许多枝条的，可以取一根长枝条，也烧过下头，盘曲成圆形，像牛鼻圈一样，横埋在地里，也可以。然而不如上面方法的根系强壮和长成得早。圈里面也要放置枯骨和砾石。

如果斫取根蘖苗来栽的，也在坑里作圆形布置，中间放进枯骨和砾石。

种木瓜第四十二

《尔雅》曰:“楙,木瓜。”[1]郭璞注曰:“实如小瓜,酢,可食。”

《广志》曰:“木瓜,子可藏;枝可为数号,一尺百二十节[2]。”

《卫诗》曰:“投我以木瓜。”[3]毛公曰:“楙也。”《诗义疏》曰:“楙,叶似柰叶,实如小瓤瓜,上黄,似着粉,香。欲啖者,截着热灰中,令萎蔫,净洗,以苦酒、豉汁、蜜度之,可案酒食。蜜封藏百日,乃食之,甚益人。”[4]

【注释】

〔1〕见《尔雅·释木》,正注文并同《要术》。木瓜,蔷薇科落叶灌木或小乔木。果实长椭圆形,淡黄色,味酸涩,有香气。学名未统一,或以为就是榠樝(Chaenomeles sinensis),也有认为榠樝是另一种。

〔2〕“枝可为数号,一尺百二十节”:启愉按:节是“策”的意思,如果泥于枝上的节,不但不可能,文意也不连贯。《淮南子·主术训》:“执节于掌握之间。”高诱注:“节,策也。”段玉裁注《说文》“策”字:“曰算,曰筹,曰策,一也。”“策”就是古时用以计算的筹子,“数号”就是计数的筹码。一根筹子为一策,所以“百二十节”就是一百二十根筹子。“一尺”,指一百二十根筹子叠起来的高度,夸张其片薄积多的情况。

〔3〕《诗经·卫风·木瓜》句。毛《传》作:“木瓜,楙木也。”

〔4〕《御览》卷九七三引《诗义疏》较简而多误。《诗经》孔颖达疏、《尔雅》邢昺疏常引陆机《疏》云云,但“木瓜”均无引,今本陆机《毛诗草木鸟兽虫鱼疏》亦无此条。释“木瓜”二书一有一无,说明二书并非等同。而丁晏即以《要术》此条辑入陆机《疏》,清儒多认为《诗义疏》就是陆机《疏》,其实不妥。

【译文】

《尔雅》说:"楙(mào),是木瓜。"郭璞注解说:"果实像小瓜,有酸味,可以吃。"

《广志》说:"木瓜,果实可以渍藏;树枝可以作算筹,一百二十根筹子叠起来只有一尺高。"

《诗经·卫风》的诗说:"赠给我木瓜。"毛公解释说:"木瓜就是楙。"《诗义疏》说:"楙的叶子像柰叶,果实像小瓤(lián)瓜,上面黄色,像敷着粉,有香气。要吃的话,横切开来埋在热灰中,让它变萎软,拿出来洗干净,在醋、豉汁和蜜调和的液汁里浸泡过,可以下酒食。用蜜封藏一百天,再吃,对人很有益。"

木瓜,种子及栽皆得,压枝亦生。栽种与桃李同。

《食经》藏木瓜法:"先切去皮,煮令熟,着水中,车轮切。百瓜用三升盐,蜜一斗渍之。昼曝,夜内汁中。取令干,以余汁密藏之[1]。亦用浓杭汁也[2]。"

【注释】

〔1〕"密藏",各本均作"蜜藏",误;金抄原亦作"蜜",后校改作"密"。

〔2〕杭:杭木,当是山毛榉科栎属(Quercus)的植物。其树皮浸出液富含鞣质,红色,可以渍藏果子防腐和腌咸鸭蛋。

【译文】

木瓜,种种子和取栽来栽都可以,压条也能成活。栽种的方法与桃李相同。

《食经》藏木瓜的方法:"先切去皮,煮熟,横切成圆片,放在水里面。一百个瓜用三升盐、一斗蜜浸着。白天漉出来晒,夜间仍然浸在汁里。最后让它干萎,再用剩下的汁紧密封藏。也可以用浓的杭皮汁浸渍。"

种椒第四十三

《尔雅》曰:“檓,大椒。”〔1〕

《广志》曰:“胡椒出西域。”

《范子计然》曰:“蜀椒出武都,秦椒出天水。”〔2〕

按:今青州有蜀椒种,本商人居椒为业,见椒中黑实,乃遂生意种之。凡种数千枚,止有一根生。数岁之后,便结子〔3〕,实芬芳,香、形、色与蜀椒不殊,气势微弱耳。遂分布栽移,略遍州境也。

【注释】

〔1〕见《尔雅·释木》。

〔2〕《类聚》卷八九、《御览》卷九五八“椒”及《证类本草》卷一三“秦椒”都引到《范子计然》此条,文较详。《要术》的椒是芸香科的花椒(Zanthoxylum bungeanum)。蜀椒、秦椒:或说都是花椒,因产地不同而分名。本草书以秦椒为花椒,而蜀椒又名川椒、巴椒,另列一目。《尔雅》的“大椒”,或说就是秦椒,以其果实较大。又有以为蜀椒、秦椒是与花椒同属的竹叶椒〔Z. armatum(Z. planispinum)〕,为常绿灌木(花椒是落叶灌木),果实似花椒,可作花椒的代用品,但气味较劣。武都,山名,在今四川绵竹。天水,郡名,汉置,有今甘肃天水等地。天水之名始于汉,春秋时的“范子计然”无由知之,则其书似为伪托。

〔3〕花椒雌雄异株,单株无由结实,则传说只长出一株,不确。

【译文】

《尔雅》说:“檓(huǐ),是大椒。”

《广志》说:“胡椒出在西域。”

《范子计然》说："蜀椒出在武都，秦椒出在天水。"

〔思勰〕按：现在青州有蜀椒的种，原来是有一商人囤积蜀椒做生意，看见椒中的黑色种子，便转念头要种它。一共种了几千颗，只长出一株树苗。几年之后，便结出果实；果实芬芳，香气、形状、色泽都跟蜀椒没有什么差别，只是势头稍微弱一些。此后分布引种开来，差不多遍布了青州一州。

熟时收取黑子。俗名"椒目"。不用人手数近捉之，则不生也〔1〕。四月初，畦种之。治畦下水，如种葵法。方三寸一子，筛土覆之，令厚寸许；复筛熟粪，以盖土上。旱辄浇之，常令润泽。

生高数寸，夏连雨时，可移之。移法：先作小坑，圆深三寸；以刀子圆劚椒栽，合土移之于坑中，万不失一。若拔而移者，率多死。

若移大栽者，二月、三月中移之。先作熟蘘泥，掘出即封根，合泥埋之。行百余里，犹得生之。

此物性不耐寒，阳中之树，冬须草裹。不裹即死。其生小阴中者，少禀寒气，则不用裹。所谓"习以性成"〔2〕。一木之性，寒暑异容；若朱、蓝之染，能不易质？故"观邻识士，见友知人"也。

候实口开，便速收之。天晴时摘下，薄布曝之，令一日即干，色赤椒好〔3〕。若阴时收者，色黑失味。

其叶及青摘取，可以为菹；干而末之，亦足充事。

《养生要论》曰〔4〕："腊夜令持椒卧房床旁，无与人言。内井中，除温病。"〔5〕

【注释】

〔1〕"不用人手数（shuò）近捉之，则不生也"：启愉按：花椒种子只能阴干，不宜曝晒，否则会使种子油分挥发，影响发芽力。但种子的外壳也多

含油质，不利于水分的透入，现在有的地方种前还要加以碱水浸泡，用手搓洗的脱脂处理，使之易于透水发芽。《要术》所说即使确实有手摸了不发芽的事情，也只能是和其他原因凑合在一起，恐怕不是手摸之过。

〔2〕习以性成：启愉按：生物的遗传性有保守性的一面，就是生物在长期生长发育中逐渐同化外界条件所形成的稳定性；同时也有它的对立面，就是变异性的一面，就是生物体因外界条件的变化，因而产生与自己不完全相似的变异。"习以性成"虽然包含着这两方面的情况，但这里是突出变异性的一面的。贾氏认为"性"是可变的，卷三《种蒜》列举的大蒜、芜菁、豌豆、谷子的种种变化现象，都是变异性的很好例证。这里再就椒树的变异加以分析说明。所谓"习"，指的就是椒树从幼龄期就得到寒冷环境的锻炼，所谓"性成"，就是因锻炼而形成了与原来不同的增强抗寒能力的特性。形成这种特性的原因是阴冷的气候条件，《要术》明显指出此特性是后天获得的，不是先天固有的，正说明环境变化可以产生变异。

〔3〕这是花椒果实采收和保质保量的合理措施，所说完全正确，在今天也是不能违背的。

〔4〕《养生要论》：《隋书·经籍志》不著录，但医方类著录有《养生要术》一卷，无撰人姓名，未知是否同一书。书已佚。

〔5〕《四时纂要·十二月》、《类聚》卷五、《御览》卷三三"腊"都引到这条，但书名互异。"卧房床旁"，三书都引作"卧井旁"。"温病"，金抄、明抄同，他本作"瘟病"。

【译文】

花椒成熟时，收取里面黑色的种子。俗名"椒目"。不要让人用手常常捉摸它，那会不发芽的。四月初，畦种育苗。作畦，浇水，同种葵的方法一样。三寸见方下一颗种子，筛细土盖在上面，盖一寸左右厚；再筛上熟粪盖在土上。旱时就浇水，常常保持润泽。

苗长到几寸高，夏天遇到连雨的时候，可以移栽。移栽的方法：先掘个小圆坑，口径和深都是三寸；用刀子在秧苗周围绕圈切割下去，连同宿土一并挖出来，移栽到坑里，万无一失。如果拔出来移栽，大多会死去。

要是移栽大株的栽子，在二月、三月里移栽。先作好用稿秆和熟的泥，植株掘出来后，就用这种和熟的泥封裹根部，连泥埋到坑里。这样封裹过的树栽，可以搬运一百多里还能成活。

花椒这种植物本性不耐寒，原来长在阳地上的树，冬天必须用草包裹。不裹便会冻死。长在比较阴冷地方的树，从小经受了寒冷的锻炼，就不必包裹。这就是所谓“习惯形成本性”。一棵树的性质，由于寒温的环境不同，植物耐寒能力的表现也不同；正像布帛放入红色或蓝色的染液里，能不改变颜色吗？所以，“看邻居可以推知某人的品质，看朋友可以推知某人的为人”〔道理是一样的〕。

等到果实裂开了口子，便赶快收获。趁天晴时摘下来，薄薄地摊开着晒，要尽一天之内晒干，这样颜色就红，品质也好。如果在阴天摘下，颜色会变黑，香味也会失去。

花椒叶子趁青嫩时采摘来，可以腌作菹菜；晒干研成粉末，也可以作香料供食。

《养生要论》说：“腊日的夜里，叫人拿着花椒，睡在卧房床边，不要同人说话。〔早晨起来〕丢进井里，辟除温病。”

种茱萸第四十四

食茱萸也；山茱萸则不任食。〔1〕

二月、三月栽之。宜故城、堤、冢高燥之处。凡于城上种莳者，先宜随长短掘堑，停之经年，然后于堑中种莳，保泽沃壤，与平地无差。不尔者，土坚泽流，长物至迟，历年倍多，树木尚小。

候实开，便收之，挂着屋里壁上，令荫干，勿使烟熏。烟熏则苦而不香也。

用时，去中黑子。肉酱、鱼鲊〔2〕，偏宜所用。

《术》曰："井上宜种茱萸；茱萸叶落井中，饮此水者，无温病。"〔3〕

《杂五行书》曰："舍东种白杨、茱萸三根，增年益寿，除患害也。"

又《术》曰："悬茱萸子于屋内，鬼畏不入也。"

【注释】

〔1〕食茱萸：芸香科，学名Zanthoxylum ailanthoides，与花椒同属。果实为裂果，红色，味辛香，供食用。又名"榄子"。　山茱萸：山茱萸科，学名Macorcarpium officinalis。核果红色，甘酸，果肉供药用，不作食用。

〔2〕鱼鲊(zhǎ)：一种鱼肉中糁以米饭，经过乳酸发酵酿制成的荤食品，带有酸香味。卷九有《作鱼鲊》专篇，各种鲊全用茱萸调味。

〔3〕此条与本节末尾引《术》文，类书均未引。此条中“温病”，金抄、明抄同，他本作“瘟病”。

【译文】

这指的是食茱萸；山茱萸是不好吃的。

二月、三月里移栽。宜于栽在旧城墙、堤岸、土丘等比较高燥的地方。凡是栽在城墙上的，先要随着需要的长短掘一条坑沟，搁着过一两年之后，再移栽到沟里。这样，沟里保住了墒，土也肥沃，与平地没有差别。不然的话，地土坚硬，水分也流失了，植株生长很慢很慢，经过许多年岁，树木还是小小的。

等到果实裂开时，便收回来，挂在屋内墙壁上，让它阴干，但不能被烟熏。烟熏了味道变苦，又没有香气。

食用时，去掉里面的黑子。用在肉酱、鱼鲊中，特别相宜。

《术》说：“井边上宜于种茱萸；茱萸的叶子落到井中，饮用这种井水的，不害温病。”

《杂五行书》说：“房屋东边种三株白杨、三株茱萸，延年益寿，可以辟除祸害。”

又《术》说：“在屋里挂着茱萸子，鬼害怕不敢进来。”

齐民要术卷第五

种桑、柘第四十五养蚕附

《尔雅》曰[1]:“桑,辨有葚,栀。”注云:“辨,半也。”[2]“女桑,桋桑。”注曰:“今俗呼桑树小而条长者为女桑树也。”“檿桑,山桑。”注云:“似桑[3]。材中为弓及车辕。”

《搜神记》曰[4]:“太古时,有人远征。家有一女,并马一匹。女思父,乃戏马云:‘能为我迎父,吾将嫁于汝。’马绝韁而去,至父所。父疑家中有故,乘之而还。马后见女,辄怒而奋击。父怪之,密问女。女具以告父。父射马,杀,晒皮于庭。女至皮所,以足蹙之曰:‘尔马,而欲人为妇,自取屠剥,如何?’言未竟,皮蹶然起[5],卷女而行。后于大树枝间,得女及皮,尽化为蚕,绩于树上。世谓蚕为‘女儿’,古之遗言也。因名其树为‘桑’,桑言丧也。”

今世有荆桑、地桑之名[6]。

【注释】

〔1〕引文见《尔雅·释木》,文同。注都是郭璞注。

〔2〕辨,半也:辨是一半的意思。这可以有两种解释。按:桑树通常雌雄异株,则一半有椹可以指雌雄异株的桑,别名为“栀”。但桑树也偶有雌雄同株的,则一株中只有雌花结果,也可以说一半有椹,那么,雌雄同株的桑,才另名为“栀”。似以后者较通顺,因为它不是通常的,所以有“栀”的异名。

〔3〕似桑:这就不是桑。现代字书有解释檿桑是山毛榉科的柞树的,今人也有这样认为的;又有解释是桑科的柘树的。总之,檿桑不是桑,有可能是柞树。

〔4〕今本《搜神记》都是后人辑集成书,颇见糅杂。《丛书集成》本《搜神记》二十卷,据《秘册汇函》本排印,此条在卷一四,词句多有增饰。《御览》卷八二五“蚕”引《搜神记》,文句基本同《要术》。

〔5〕蹶(guì)然:急遽貌。

〔6〕金抄、劳季言校宋本及明清刻本均作“地桑”;明抄作“虵桑”,院刻《吉石盦》影印本同,但日人小岛尚质影写本院刻却作“地桑”。

【译文】

《尔雅》说:“桑树,辨有葚的,叫作栀。”〔郭璞〕注解说:“辨是一半的意思。”又,“女桑,就是桋(yí)桑。”注解说:“现在俗习上把树型低矮而枝条长的桑树叫作女桑树。”又,“檿(yǎn)桑,就是山桑。”注解说:“像桑,木材可以制弓和车辕。”

《搜神记》说:“远古时代,有一人离家远行。家里只有个女儿,还有一匹马。女儿想念父亲,对马开玩笑说:‘你能替我把父亲接回来,我就嫁给你。’马便挣断韁绳跑去,到了父亲那里。父亲〔见到了马,〕疑心家里出了事,便骑着它回到家里。到家之后,马一见到女儿,就发怒狠踢。父亲觉得奇怪,私下问女儿,女儿把事情经过告诉了父亲。父亲把马射死,剥下皮来晒在院子里。女儿走到马皮旁边,用脚踢皮说:‘你是马呀,却想要人来作妻子,现在杀死剥皮,不是自作自受吗?还有什么话说!’话还没有说完,皮很快跃起,把女儿卷着走了。后来在大树的树枝中间,找到了女儿和马皮,都变成了蚕,在树上吐丝绩茧。因此,世人把蚕叫作‘女儿’,就是这古代留下来的遗说。因而也就叫那棵树为‘桑’,桑就是‘丧’的意思。”

现在有荆桑、地桑的名目。

桑椹熟时,收黑鲁椹〔1〕,黄鲁桑,不耐久。谚曰:“鲁桑百,丰绵帛。”言其桑好,功省用多。即日以水淘取子,晒燥〔2〕,仍畦种。治畦下水,一如葵法。常薅令净。

明年正月,移而栽之。仲春、季春亦得。率五尺一根。未用耕故。凡栽桑不得者,无他故,正为犁拨耳。是以须概,不用稀;稀通耕犁者,必难慎,率多死矣;且概则长疾。大都种椹长迟,不如压枝之速。无栽者,乃种椹也。其下常劚掘种菉豆、小豆。二豆良美,润泽益桑〔3〕。栽后二年,慎勿采、沐。小采者,长倍迟。

大如臂许，正月中移之，亦不须髡。率十步一树。阴相接者，则妨禾豆。行欲小掎角，不用正相当[4]。相当者则妨犁。

须取栽者，正月、二月中，以钩弋压下枝，令着地；条叶生高数寸，仍以燥土壅之。土湿则烂。明年正月中，截取而种之[5]。住宅上及园畔者，固宜即定；其田中种者，亦如种椹法，先概种二三年，然后更移之。

凡耕桑田，不用近树。伤桑、破犁，所谓两失。其犁不着处，劚地令起，斫去浮根，以蚕矢粪之。去浮根，不妨耧犁，令树肥茂也。

又法：岁常绕树一步散芜菁子。收获之后，放猪啖之，其地柔软，有胜耕者。[6]

种禾豆，欲得逼树[7]。不失地利，田又调熟。绕树散芜菁者，不劳逼也。

剶桑，十二月为上时，正月次之，二月为下。白汁出则损叶[8]。大率桑多者宜苦斫[9]，桑少者宜省剶。秋斫欲苦，而避日中；触热树焦枯，苦斫春条茂。冬春省剶，竟日得作。

春采者，必须长梯高机，数人一树，还条复枝，务令净尽；要欲旦、暮，而避热时。梯不长，高枝折；人不多，上下劳；条不还，枝仍曲；采不净，鸠脚多；旦暮采，令润泽；不避热，条叶干。秋采欲省，裁去妨者[10]。秋多采则损条。

椹熟时，多收，曝干之，凶年粟少，可以当食。《魏略》曰[11]："杨沛为新郑长。兴平末，人多饥穷，沛课民益畜干椹，收䝁豆，阅其有余，以补不足，积聚得千余斛。会太祖西迎天子[12]，所将千人，皆无粮。沛谒见，乃进干椹。太祖甚喜。及太祖辅政，超为邺令，赐其生口十人，绢百匹，既欲厉之，且以报干椹也。"今自河以北，大家收百石，少者尚数十斛。故杜葛乱后[13]，饥馑荐臻，唯仰以全躯命；数州之内，民死而生者，干椹之力也。

【注释】

〔1〕黑鲁椹：黑鲁桑的桑椹。鲁桑当是很早以前由山东人民培育而成的桑树品种，到《要术》时已有黑鲁桑、黄鲁桑的分化。降至近代，则发展为自成系统的鲁桑系。今山东中部和南部都有黑鲁桑、黄鲁桑分布。黑鲁、黄鲁都是好桑种，而好中稍差的黄鲁之所以不及黑鲁，《要术》指出是黄鲁的树龄比较短，这和实际符合。

〔2〕晒燥：晒去水分。不能理解为晒干，只能稍晒去其水湿。按：鲜椹容易腐败变质，一般随采随即淘汰取子，随即播种，《氾书》、《要术》都是这样。取子后只能阴干（《氾书》就这样），在暑日下曝晒会损害种子发芽力，即使要晒，也只能稍晒以促使水湿快燥。椹子极细，水湿黏着是没法播种的。椹子的发芽力，在自然条件下随着存放时间的延长而降低，存放二至三个月，可使大部分椹子丧失生命力。这就是金元农书《士农必用》总结的"隔年春种，多不生"。

〔3〕豆类是宜于桑园合理间作的作物，其枝叶繁密覆蔽地面，能减少土壤水分的蒸发，也抑制杂草的生长；根系密布行间而较浅，能使土壤质地疏松，通气良好，也有利于保墒；特别是根瘤菌有固氮作用，可以提高土壤肥力。

〔4〕这样的布置是横行偏斜，竖行对直，成偏品字形的配置。清卢燮宸《粤中蚕桑刍言》："直行正对，横行不必正对。"可以比较充分地利用日光和地力。

〔5〕这就是压条法，采用了曲枝压条法，促使生根，长出新梢芽，形成新植株，然后切离移栽。一条能发生多条新株。《辑要》介绍的方法更为翔实细致。压条苗从母株直接分生育成，能保持母株的优良特性，并缩短了幼龄期，比播种的实生苗生长要快。

〔6〕这种间作芜菁的安排相当巧妙。芜菁是直根肥大、入土较深的蔬菜，收根要耕翻或挖掘，与禾豆的收割地上部不同，所以芜菁要离树远些，不能逼树，以免伤树，禾豆不妨近树，以尽地利。而芜菁猪很爱吃，猪是杂食性牲畜，特别喜爱用嘴拱土。放猪在地里反复践踏，"翻天覆地"地拱土觅食，把土践拱得稀烂软熟，比耕过还好，同时杂草也踩死，还拉粪便在地里，等于上粪。这样，把肥根植物和拱土动物搭配在一起，肥根成了猪的诱饵，拱土变成了耕具，拉粪代替了施肥，独具匠心的巧妙安排，发挥了特异的综合性

经济效益。

〔7〕桑苗第一次移栽布局稠密，地是不耕的，但桑间的空地还是要利用的，那就该用锄头翻地种豆子，易于掌握分寸，不致伤苗。现在第二次移栽定植，株行距很宽，更要尽量利用土地，可以耕翻，离树较近播种禾豆，使达到最大的利用面积。禾豆的生长期长，需要进行中耕和肥水管理，豆类还有固氮作用，对肥地和改良土壤的理化性质，对桑树的生长繁茂都大有好处。并且种前翻耕还会切断部分吸收根，可以减低根压，防止桑树剪伐后树液流失过多。

〔8〕阴历十二月，桑树处于休眠状态，树液流的上升活动几乎停止，这时剪伐枝条，养分损失最少，所以最为适时。春天桑芽萌动，休眠期已过，树液流动逐渐活跃，因此正月、二月剪伐都不是很好时期。所谓“白汁出”，就是桑枝韧皮部内分布着乳管，内含白色乳汁，在树液流动旺期剪伐会大量流失，则严重影响枝条的发育而减损产叶量。

〔9〕苦斫：加重剪伐。桑树枝条丛杂稠密，消耗营养物质，尤其通风透光不良，光合作用减弱，所以必需加重剪除所有冗枝和病虫害枝，使养分集中，减少病虫为害，促使明春芽条茂盛。

〔10〕秋采桑叶只能截去有妨碍的条叶，如倒生枝、横生枝、骈生枝等类。叶片也不能采尽，必须保留梢端一部分的叶，使光合作用继续进行，新梢继续生长。如果采剪狠了，必然影响当年和来年枝条的生长。

〔11〕《魏略》：三国魏时鱼豢撰，新旧《唐书》经籍志著录之。书已佚。今《三国志·魏志·贾逵传》裴松之注引《魏略》有杨沛的传，《要术》是节引。

〔12〕太祖：魏太祖曹操（155—220）。

〔13〕杜葛乱：指杜洛周和葛荣叛乱。后魏孝昌元年（525）杜洛周起兵反魏。翌年，葛荣也起兵。人民遭受严重祸殃。这次变乱是贾思勰亲身经历的。

【译文】

桑椹成熟时，收取黑鲁桑的桑椹，黄鲁桑，树龄比较短。农谚说：“鲁桑一百，多绵多帛。”是说这种桑树好，功夫省而产量多。当天就用水汰洗清净，选出好种子，晒去水分，接着畦种育苗。治畦浇水等方法，都跟种葵的方法相同。畦里要经常拔草使干净。

明年正月，起苗移栽。二月、三月也可以。标准是五尺栽一株。这样密是地里不再耕的缘故。凡栽桑所以长不好，没有别的原因，正是被犁拨伤的缘故。所以必须栽得密，不能稀。稀到可以通过耕犁时，必然不小心容易碰伤桑株，那就大多会死去；而且密的长得也快。直接种椹的大多长得迟，不如压条长得快。在没有栽子的情况下，只好种椹。在桑株行间常常可以掘地种绿豆、小豆。这两种豆肥美，又保持润泽，对桑树有益。栽后两年之内，千万不要采叶、剪枝。小桑采叶，生长加倍的迟。

长到有臂膀粗细时，正月中再一次移栽，用不着截干。标准是十步栽一株栽定。〔离得近了，〕树荫相连接，妨害下面种着的谷类和豆子。行间布置要稍为偏斜，不要彼此都对直。对直了妨碍犁地。

须要取得桑栽的，在正月、二月间，用带钩的小木桩钩压低下的桑枝，让它与地面相贴接；等到新条叶长到几寸高的时候，再拿燥土壅在上面。用湿土就会烂坏。到明年正月间，就截断它取出移栽。栽在住宅上和园边的，固然宜于就这样栽定；栽在大田里的，还是该同种椹法那样，先稠密地"假植"两三年，然后再移出栽定。

凡是耕桑田，不能逼近桑树。既伤害桑树，又破损犁镵，所谓"两失"。犁不到的地方，可以把土掘松，斫去近地面的浮根，再施上蚕屎作肥料。去掉浮根，不致妨碍耧犁播种，同时也可以使树长得肥好茂盛。

又一方法：每年绕着树根离开一步撒下芜菁子。芜菁收获之后，放猪到地里吃芜菁的残根剩茎。这样，地就松和软熟，比耕过还好。

种禾谷和豆类，要求靠树近些。这样既不失地利，同时地也松和软熟。绕着树撒芜菁子的，便不能逼树太近。

剪伐桑枝，十二月是上好时令，正月次之，二月最差。因为晚了剪后有白汁流出，就会减损叶的产量。大率枝条稠密的，该尽量加重剪伐，枝条少的，就该轻剪。秋天剪伐，要求重剪，但要避免日中去剪；日中犯着热，树枝容易枯焦。重剪之后，明春的芽条茂盛。冬天春天，要求轻剪，整天可以剪。

春天采桑叶，必须要用长梯和高几上去采，几个人同采一株树。要求：采过后枝条要放回原来的位置，条叶务必要采得干净；采的时间，定要在早晨或傍晚，避免热起来的时候。梯子不长，高的枝条会攀折；人不多，上上下下很劳累；枝条攀过来不放回原处，以后会弯曲；采不干净，留着的桠杈多；早晨、傍晚采，叶片有润泽；不避热的时候，条叶会干萎。秋天采条叶要少些，只剪去一些有障碍的条叶。秋天采狠了，以后的枝条受损失。

桑椹成熟时，多多收积，晒干，荒年粮食不足时，可以救饥。《魏略》说："杨沛担任新郑县长时，兴平末年（195），很多百姓饥饿穷困，杨沛叫大家多积蓄干桑椹，采集黑小豆；并加以检查，把还有未收的一并收来，补足采收不足的，最后积累到一千多斛干椹。恰巧魏太祖出兵向西边去迎接天子，带领部队一千多人，都没有粮食。杨沛晋见太祖，就把干椹献出来。太祖很欢喜。到魏太祖掌握政权时，破格提升杨沛为邺令，并且赏给他十名俘虏作奴隶，一百匹绢，一方面是勉励他，另一方面也是报答他的进献干椹。"现在从黄河以北，大户人家收藏干椹到一百石，少的也有几十斛。所以杜葛战乱之后，连年饥荒，只靠干椹保全了性命，几州之内，老百姓死里逃生，全靠干椹的力量呀！

种柘法〔1〕：耕地令熟，耧耩作垅。柘子熟时，多收，以水淘汰令净，曝干。散讫，劳之。草生拔却，勿令荒没。

三年，间劚去，堪为浑心扶老杖。一根三文。十年，中四破为杖，一根直二十文。任为马鞭、胡床。马鞭一枚直十文，胡床一具直百文。十五年，任为弓材，一张三百。亦堪作履。一两六十。裁截碎木，中作锥、刀靶。音霸。一个直三文。二十年，好作犊车材。一乘直万钱。

欲作鞍桥者，生枝长三尺许，以绳系旁枝，木橛钉着地中，令曲如桥。十年之后，便是浑成柘桥。一具直绢一匹。

欲作快弓材者〔2〕，宜于山石之间北阴中种之。

其高原山田，土厚水深之处，多掘深坑，于坑中种桑柘者，随坑深浅，或一丈、丈五，直上出坑，乃扶疏四散。此树条直〔3〕，异于常材。十年之后，无所不任。一树直绢十匹。

柘叶饲蚕，丝好。作琴瑟等弦，清鸣响彻，胜于凡丝远矣。

【注释】

〔1〕柘：桑科的Cudrania tricuspidata，又名"黄桑"、"奴柘"。叶可饲

蚕。果为聚花果,可食,也可酿酒。

〔2〕快弓:快是劲疾的意思。《考工记·弓人》:“凡取干之道七,柘为上……”《御览》卷九五八引《风俗通》:“柘材为弓,弹而放快。”谓弹力强,矢出劲疾。

〔3〕这又是一项独具匠心的新技术。为了取得桑、柘的直长主干做材料,采取深坑胁长的办法,不用人工管理,而自然培育成挺拔通长的优良木材。这木材很贵重,一株值绢十四。

【译文】

种柘的方法:把地耕翻整熟,用耧耩出播种沟。柘树果实成熟时,多采收,用水淘汰洗净,选取种子,晒干。撒种在沟内,然后耢平。有草长出,拔掉,不要让草掩没柘苗。

三年后,把密的疏间掘去,可以整根地作老人用的拐杖。一根值三文钱。十年,砍来可以十字破开成四根杖,一根值二十文。可以用来作马鞭或作成小杌子。一根马鞭值十文,一张小杌子值一百文。十五年,可以作弓干材料,一张弓值三百文。也可以作木鞋。一双值六十文。制作剩下的碎木料,可以作锥子或刀的把子。一个值三文。二十年,好用来作牛车的木材。一辆车值一万文钱。

想要作成马鞍的“鞍桥”的,将三尺左右长的活枝条,基部用绳缚在旁边的枝条上,而上端用木桩钉定在地中,让它像桥一样弯曲着。十年之后,便长成天然的柘木鞍桥了。一具值一匹绢。

想要作快弓材料的,该种在山石之间北面背阴的地方。

此外,在高原山田上,土层厚、地下水位低的地方,多掘深坑,〔深到一丈或一丈五尺,〕在坑里面种桑树或柘树。这树被胁迫着随着坑的深浅向上挺直长出,长高到一丈或一丈五尺,然后才出坑分枝四散开来。这树主干挺拔通直,和普通的材木大不相同。十年之后,什么器具都可以制作。一株值十四绢。

用柘叶饲蚕,丝的质地好。用它来作琴瑟等乐器的弦,声音清越响亮,一般的丝是远远比不上的。

《礼记·月令》曰〔1〕:“季春……无伐桑柘。郑玄注曰:“爱养蚕食也。”……具曲、植、筥、筐。注曰:“皆养蚕之器。曲,箔也。植，槌也[2]。”后妃斋戒，亲帅躬桑……以劝蚕事……无为散惰。”

《周礼》曰：“马质……禁原蚕者。”[3]注曰：“质，平也，主买马平其大小之价直者。”“原，再也。天文，辰为马；蚕书，蚕为龙精，月直‘大火’则浴其蚕种：是蚕与马同气。物莫能两大，故禁再蚕者，为伤马与？”[4]

《孟子》曰：“五亩之宅，树之以桑，五十者可以衣帛矣。”[5]

《尚书大传》曰[6]：“天子、诸侯，必有公桑、蚕室，就川而为之。大昕之朝，夫人浴种于川。”[7]

《春秋考异邮》曰[8]：“蚕，阳物，大恶水，故蚕食而不饮[9]。阳立于三春，故蚕三变而后消；死于七，三七二十一，故二十一日而茧。”

《淮南子》曰：“原蚕一岁再登，非不利也；然王者法禁之，为其残桑也。”[10]

《氾胜之书》曰[11]：“种桑法：五月取椹着水中，即以手溃之，以水灌洗，取子，阴干。治肥田十亩，荒田久不耕者尤善，好耕治之。每亩以黍、椹子各三升合种之。黍、桑当俱生，锄之，桑令稀疏调适。黍熟，获之。桑生正与黍高平，因以利镰摩地刈之，曝令燥；后有风调，放火烧之，常逆风起火[12]。桑至春生。一亩食三箔蚕[13]。”

【注释】

〔1〕引文与今本《礼记·月令》颇有异文。

〔2〕植：就是槌，是蚕架的直柱，因亦称蚕架为蚕槌，它是固定在梁柱间不能移动的。四根直柱的两边各挂一根椽木，椽木上承搁蚕箔。一个蚕架通常可以放十层箔。录《王氏农书》蚕槌图作参考（图十八）。

图十八　蚕槌

〔3〕见《周礼·夏官·马质》。头一条注文，今本郑玄注没有，贾公彦疏有如下解释："质，平也，主平马力及毛色与贾直之等。"下一条今本郑玄注有。

〔4〕古所谓"原蚕"，主要指二化性蚕，即春蚕后入夏再一次孵化。郑玄说，古人禁养原蚕，为的是恐怕伤马。按：辰星即房宿。《尔雅·释天》："天驷，房也。"故而辰星即为天驷。《释天》又称："大辰：房、心、尾也。大火，谓之大辰。"房宿既是天驷，则马亦与'大火'相应。《晋书·天文志》："大火，于辰（按指十二辰）为卯。""大火"配卯，卯配在月建上是二月，就是大火星中在南方的浴蚕种的月份。故辰龙为天马，马属大火，蚕为龙精，在大火二月浴种，准备孵化，所以郑玄说蚕和马是同气相通的。这是郑玄援引纬学解经之说。

〔5〕见《孟子·梁惠王上》，文同。又《尽心上》有类似记载。五亩之宅：据古人解释，古代在井田制的规划下，农家二亩半的宅地在田间，叫作"庐"，就是《诗经·小雅·信南山》说的"中田有庐"；二亩半的宅地在邑城，叫作"廛"，就是《诗经·豳风·七月》说的"入此室处"（搬进这廛里来住）。农夫耕作时住在田间的庐，收获完毕后住进城中的廛。城乡宅地共五亩，就是《孟子》说的"五亩之宅"。

〔6〕《尚书大传》：解释《尚书》的书。旧题西汉伏生撰，可能是其弟子等杂录所闻而成。其中除《洪范五行传》今尚完整外，其余各卷只存佚文。清人有辑佚本。

〔7〕清陈寿祺辑校《尚书大传》卷一辑有此条。《要术》是节引。《礼

记·祭义》有类似记载。大昕（xīn）之朝（zhāo），古注云季春朔日之朝，即三月初一的早上。

〔8〕《春秋考异邮》：《春秋纬》的一种，书已佚。听说是北方养的三眠四龄蚕品种，但二十一天是不够的，就是早蚕至少也得二十三四天才老熟。

〔9〕《御览》卷八二五"蚕"引《春秋考异邮》作："蚕，阳者，火，火恶水，故食不饮……"（清鲍崇城刻本。中华影印本前一"火"字作"大"）后人亦以火性属蚕，如清沈秉成《蚕桑辑要》"蚕性总说"："蚕，阳物，属火，恶水，故食而不饮。"《要术》"大恶水"，疑应作"火，恶水"。

〔10〕见《淮南子·泰族训》。残桑，会残害桑树。按：桑树枝条过夏入秋后长势逐渐减缓。现在养二化蚕自春至夏连续二期采剪条叶，本身供应不免匮乏，则势必肆意采沐，只顾目前，不想以后，这本身就是"残桑"。再者，树上很少留着青枝绿叶，光合作用大为减弱，加之入秋生长缓慢，而生长期又短，到明春萌芽生长推迟，赶不上早蚕采食，春蚕也不得不低温延缓其催青孵化。尤其在北方寒冷干燥地区，秋条长出既迟，生长期更短，新梢组织不充实，容易遭受早霜为害，严重影响明年的条叶和产叶量。这是既残桑又残蚕。纬学盛于东汉，郑玄是纬学的传播者，他以纬学解释经文的禁养原蚕，蒙上一层神秘色彩。西汉早期《淮南子》这篇文章的作者，显然没有受到纬学之类的影响，他的"残桑说"是合理的。

〔11〕《类聚》卷八八、《事类赋》卷二五引到《氾书》此条，有脱误，不如《要术》完好。又此条讲种桑，似宜在"种柘法"前而被倒乱。

〔12〕贴近地面割去桑苗，现在叫"平茬"。平茬有促使根系发育的作用，再放火烧茬，可使桑苗根颈部的潜伏芽至来春较早萌发，新条生长较快；烧后会消灭一些越冬害虫，剩余的草木灰，也有施肥的效果。但不能过烧伤芽，《士农必用》告诫说："火不可大，恐损根。"黍是禾谷类中生长期最短的，长势比桑苗快，到成熟时已高出桑苗，所以可以割去黍穗，多一季收成，而留着黍秸作助燃材料。

〔13〕食（sì）：喂养。

【译文】

《礼记·月令》说："季春三月……不要砍伐桑树、柘树。郑玄注解说："为了爱护养蚕的饲料。"……具备好曲、植、圆匾、方筐。注解说："都是养蚕的器具。曲是蚕箔。植是搁蚕箔的架子。"皇后皇妃清心斋戒，亲自率领命妇们采桑……劝勉养蚕的事……不允许散漫懒惰。"

《周礼》说："马质……禁止养原蚕。"注解说："质是评定的意思，马质是主管买马时评定马的价格多少的。""原是'再'的意思。就天文说，辰星为马；依蚕书说，蚕是龙精，'大火'星中在南方的月份，浴洗蚕种：所以说，蚕和马是血气相通的同类。两个同类的东西不能同时壮大，所以禁养原蚕，为的是恐怕伤害马吧？"

《孟子》说："五亩的宅地上，种上桑树，五十岁的人可以穿上绸衣了。"

《尚书大传》说："天子、诸侯，一定有公桑和蚕室，都靠近河边设置。三月初一的清晨，夫人到河里浴蚕种。"

《春秋考异邮》说："蚕是阳性的动物，非常讨厌水，所以它只吃桑而不饮水。阳建立于三春，所以蚕经过三次蜕皮后便老熟了；它'死'在七的日子，三七是二十一，所以它活了二十一天就结茧。"

《淮南子》说："原蚕一年有再一次的收获，不是没有利益的；然而君王所以要立法禁止，为的是它会残害桑树呀。"

《氾胜之书》说："种桑树的方法：五月收取成熟的桑椹，浸在水里，用手揉烂桑椹，再灌水清洗出种子，阴干。整治出十亩肥田，许久没有耕种的荒田尤其好，细熟地把地耕治好。每亩用黍子和椹子各三升混合播种。黍和桑一齐发芽出苗，锄地，把桑苗锄到稀密合适。黍成熟的时候，收割〔黍穗〕。这时桑苗正和黍〔秸〕一样高，用锋利的镰刀贴近地面〔连同黍秸一齐〕割下来，都摊在地上晒干。后来有风向合适时，便逆着风放火烧掉。到明年春天，桑茬上又长出新株来了。一亩的桑叶可以养三箔蚕。"

俞益期《笺》曰〔1〕："日南蚕八熟〔2〕，茧软而薄。椹采少多。"

《永嘉记》曰〔3〕："永嘉有八辈蚕〔4〕：蚖珍蚕，三月绩。柘蚕，四月初绩。蚖蚕，四月初绩〔5〕。爱珍，五月绩。爱蚕，六月末绩。寒珍，七月末绩。四出蚕，九月初绩。寒蚕。十月绩。凡蚕再熟者，前辈皆谓之'珍'。养珍者，少养之。

"爱蚕者，故蚖蚕种也〔6〕。蚖珍三月既绩，出蛾取卵，七八日便剖卵蚕生，多养之，是为蚖蚕。欲作'爱'者，取蚢珍之卵，藏内罂中，随器大小，亦可十纸，盖覆器口，安硎苦耕反泉[7]、冷水中，使冷气折其出势。得三七日，然后剖生，养之，谓为‘爱珍’，亦呼‘爱子’。绩成茧，出蛾生卵，卵七日，又剖成蚕，多养之，此则‘爱蚕’也。

“藏卵时，勿令见人。应用二七赤豆，安器底，腊月桑柴二七枚，以麻卵纸[8]，当令水高下，与重卵相齐。若外水高，则卵死不复出；若外水下，卵则冷气少，不能折其出势。不能折其出势，则不得三七日；不得三七日，虽出不成也。不成者，谓徒绩成茧，出蛾，生卵，七日不复剖生，至明年方生耳。欲得荫树下。亦有泥器口，三七日亦有成者。”

《杂五行书》曰：“二月上壬，取土泥屋四角，宜蚕，吉。”

【注释】

〔1〕俞益期《笺》：即俞益期的书信。俞益期，东晋末期豫章（郡治在今江西南昌）人，性气刚直，不为世俗所屈，远走岭南交州。《笺》就是他以交州所见写给韩康伯的信。韩康伯与俞同时，曾任丹阳尹、豫章太守、吏部尚书等职。

〔2〕《水经注》卷三六《温水》引俞益期《与韩康伯书》记述越南的槟榔、两熟稻和八熟蚕。八熟蚕只有“桑蚕年八熟茧”六字。槟榔和两熟稻，《要术》分引于卷一〇“槟榔（三三）”和“稻（二）”。

〔3〕《御览》卷八二五引作《永嘉郡记》。前二段与《要术》基本相同，但有脱误；第三段《御览》没有。

〔4〕八辈蚕：即一年中有八批蚕。八批蚕的关系，试列表如下：

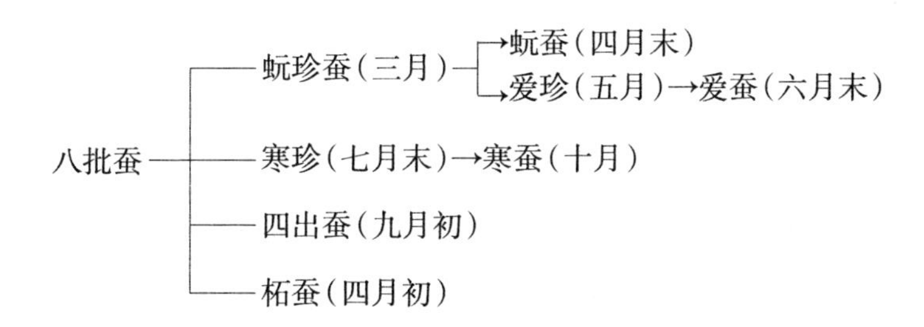

以上除柘蚕为另一种外，其余七种都是桑蚕。但四出蚕（四化蚕，即第四代）的上一代是什么蚕，没有记述，化种不明。寒珍七月末才结茧，其上代是什么，从何而来，亦不明。那时贾氏地区有一化三眠蚕和二化四眠蚕，没有提到多化蚕；多化蚕出现在浙江温州地区。

〔5〕“四月初绩”，各本及《御览》引均同，误。据下文，蚖蚕既是蚖珍蚕的二化蚕，而蚖珍三月作茧，到蚖蚕再结茧时在四月初，相距日子太短。而且爱珍和蚖蚕同为蚖珍的二化蚕，所不同的只是爱珍由于对蚖珍的卵经过低温处理后，比自然休眠期七天再延长了十四天，然后孵化（为了与蚖蚕的二化期岔开），那么爱珍作茧也只能比蚖蚕迟十几天，可是爱珍作茧在五月，跟蚖蚕相差达一个多月，不合理，也不可能。据此，“四月初”应是“四月末”之误。这样，其世代之间才能保持交替平衡。清末费南辉《西吴蚕略》卷下“种类”引《永嘉记》即作“四月末绩”。

〔6〕“蚖蚕”，各本及《御览》引并同。但再熟蚕的前辈既称为“珍”，蚖珍与蚖蚕，各为一辈，为直系，而爱蚕对蚖蚕则各为一系，没有直接的亲缘关系；而且下文明说爱蚕是经过低温处理后的蚖珍的三化蚕，即蚖珍种的第三代，则此处“故蚖蚕种也”，应是“故蚖珍种也”之误。

〔7〕硎（kēng）：即坑。

〔8〕“麻”，各本同，无可解释，黄麓森校记：“麻乃庪之讹。”“庪”同“庋”（guǐ），支搁的意思，指用桑枝支架蚕卵纸使不着罂底，应是“庪”字之误。

【译文】

俞益期的书信中说：“日南的蚕，一年连养八熟，茧软，茧层薄。桑树可以采得稍多的桑椹。”

《永嘉记》说：“永嘉一年中有八批蚕：蚖（yuán）珍蚕，三月结茧。柘蚕，四月初结茧。蚖蚕，四月〔末〕结茧。爱珍，五月结茧。爱蚕，六月末结茧。寒珍，七月末结茧。四出蚕，九月初结茧。寒蚕。十月结茧。凡蚕再一次孵化的，前一化都称为‘珍’。养珍的要少养些。

“爱蚕，原来是蚖〔珍〕种的第三代：蚖珍三月结茧之后，出蛾，产卵，过七八天，卵便破开出了蚁蚕，要多养，这叫作蚖蚕。要想作爱蚕的，将蚖珍的卵，藏在罂子里，看罂子的大小，也可以放进十张蚕种纸，把罂口盖好，放到坑谷冷泉或冷水中去，让冷气遏阻蚖珍卵的发育孵化。这样，可以〔人工低温滞育〕二十一天，然后才孵化出蚁，要少养一些，这叫作‘爱珍’，也叫‘爱子’。爱珍结茧之后，出蛾，产卵，卵〔自然休眠〕七天，又破卵出蚁，这蚁要多养，就是‘爱蚕’了。

“藏卵在罂中的时候，不要让人看见。藏法：该用十四颗赤豆放在罂底，再用腊月的桑柴枝十四根〔支架住〕蚕卵纸，要使罂外面水的高度同罂内最上面的一层卵纸相齐。要是外面的水太高，蚕卵会像‘死’的样子，当年不再孵化；如果外水太低，那就冷气太少，不能阻遏卵的孵化势头。不能阻遏孵化的势头，那就达不到滞育二十一天的目的；不能滞育二十一天，就会提早孵化出蚁，这是不行的。所谓不行，就是说这爱珍蚕白白地结成茧，白白地出蛾产卵，可这卵过七天不再孵化成爱蚕，要到明年才能出蚁呢。罂子要放在树荫下面。〔没有树荫〕，也有人用泥泥封罂口，过二十一天，也有成功的〔，经爱珍阶段而育成爱蚕〕。”

《杂五行书》说：“二月第一个逢壬的日子，取土和成泥，涂抹屋的四角，养蚕好，吉利。”

按[1]：今世有三卧一生蚕，四卧再生蚕。白头蚕，颉石蚕，楚蚕，黑蚕，儿蚕，有一生再生之异，灰儿蚕，秋母蚕，秋中蚕，老秋儿蚕，秋末老獬儿蚕，绵儿蚕，同功蚕，或二蚕三蚕，共为一茧。凡三卧四卧，皆有丝、绵之别[2]。

凡蚕从小与鲁桑者，乃至大入簇，得饲荆、鲁二桑[3]；若小食荆桑，中与鲁桑，则有裂腹之患也[4]。

杨泉《物理论》曰：“使人主之养民，如蚕母之养蚕，其用岂徒丝茧而已哉？”

《五行书》曰[5]：“欲知蚕善恶，常以三月三日，天阴如无日，不见雨，蚕大善。

“又法：埋马牙齿于槌下，令宜蚕。”

《龙鱼河图》曰：“埋蚕沙于宅亥地，大富，得蚕丝，吉利。以一斛二斗甲子日镇宅，大吉，致财千万。”

【注释】

〔1〕按语讲的是当时蚕的品种和种类，该接写在引《永嘉记》的下面，这是错简。本篇本文和引书之间，次序先后，他处也多有倒乱。但问题不大，均仍其旧。

〔2〕"别"，各本相同，可以解释为三眠蚕和四眠蚕所生产的，都有丝和绵的分别。但这样分别，有什么意义，又容易使人误解为两种不同品种的蚕，有专产丝和专产绵的分别。假如"别"是"利"的形似之误，则"皆有丝、绵之利"，倒稳妥得多。

〔3〕荆、鲁二桑：即荆桑和鲁桑。荆桑，实际是一种实生桑，不是桑的某一品种。实生桑根系发达，生长健旺，本质坚硬，树龄长，但缺点是叶形小，叶肉薄，花果多，侧枝多。优良品种的鲁桑系反之。由于实生桑的性状趋向于野生型，现在各地随俗异名，实生桑仍有荆桑、野桑、草桑等名称。宜于作嫁接砧木。

〔4〕有裂腹之患：按：鲁桑枝条长，节间短，产叶量高，而叶片呈某种圆形，比较大，叶肉厚，含水量较多，叶质润嫩。稚蚕原来饲叶质较差的荆桑，一旦改饲鲁桑，由于叶嫩吃口好，蚕儿贪吃过多，而含水量又多，因此撑腹不消化，所谓"裂腹之患"，而胃肠型脓病、空头性软化病等也会由此诱发。

〔5〕《五行书》：各家书目不见著录，书已佚。《要术》引《杂五行书》多条，都是些厌胜之术，而此书兼及占验，恐怕未必是同一书而脱去"杂"字。

【译文】

〔思勰〕按：现在有三眠一化蚕，四眠二化蚕。有白头蚕，颉石蚕，楚蚕，黑蚕，儿蚕——有一化、二化的差别，灰儿蚕，秋母蚕，秋中蚕，老秋儿蚕，秋末老獬（xiè）儿蚕，绵儿蚕，同功蚕——两条或三条蚕共同作一个茧。凡三眠四眠的蚕，都有丝和绵的〔利益〕。

凡蚕从小饲鲁桑的，以后直到大蚕上簇前，可以兼饲荆桑和鲁桑；如果从小饲荆桑的，中间换给鲁桑，就有裂腹的危害。

杨泉《物理论》说："如果君主爱养百姓，能够像蚕母养蚕一样，其成效岂是仅仅丝和茧绵而已呵？"

《五行书》说："要想知道蚕的好坏，就看三月初三这一天，如果是阴天，没有太阳，又不见雨，蚕的年岁特别好。

"又一方法：拿马的牙齿埋在蚕架直柱底下，可以使蚕兴旺。"

《龙鱼河图》说："在住宅北方的亥方位的地里埋下蚕沙，可以使人大富，蚕丝的收成好，吉利。用一斛二斗沙蚕，在甲子日埋下镇宅，大吉，可以招致千万财富。”

养蚕法：收取种茧，必取居簇中者。近上则丝薄，近地则子不生也[1]。泥屋用“福”、“德”、“利”上土。屋欲四面开窗，纸糊，厚为篱。屋内四角着火。火若在一处，则冷热不均。初生，以毛扫[2]。用荻扫则伤蚕。调火令冷热得所。热则焦燥，冷则长迟。比至再眠，常须三箔：中箔上安蚕，上下空置。下箔障土气，上箔防尘埃。小时采“福”、“德”上桑，着怀中令暖，然后切之。蚕小，不用见露气[3]；得人体，则众恶除。每饲蚕，卷窗帏，饲讫还下。蚕见明则食，食多则生长。

老时值雨者，则坏茧，宜于屋里簇之：薄布薪于箔上，散蚕讫，又薄以薪覆之。一槌得安十箔。

又法：以大科蓬蒿为薪[4]，散蚕令遍，悬之于栋梁、椽柱[5]，或垂绳钩弋、鹗爪、龙牙[6]，上下数重，所在皆得。悬讫，薪下微生炭以暖之。得暖则作速，伤寒则作迟。数入候看，热则去火。蓬蒿疏凉，无郁浥之忧；死蚕旋坠，无污茧之患；沙、叶不作，无瘢痕之疵。郁浥则难缲，茧污则丝散，瘢痕则绪断[7]。设令无雨，蓬蒿簇亦良；其在外簇者，脱遇天寒，则全不作茧[8]。

用盐杀茧，易缲而丝韧；日曝死者，虽白而薄脆，缣练衣着，几将倍矣，甚者，虚失岁功：坚、脆悬绝，资生要理，安可不知之哉？

崔寔曰：“三月，清明节，令蚕妾治蚕室，涂隙穴，具槌、杼[9]、箔、笼。”

《龙鱼河图》曰："冬以腊月鼠断尾。正月旦，日未出时，家长斩鼠，着屋中，祝云：'付勅屋吏，制断鼠虫；三时言功，鼠不敢行。'"

《杂五行书》曰："取亭部地中土涂灶，水、火、盗贼不经；涂屋四角，鼠不食蚕；涂仓、箪，鼠不食稻；以塞坎，百日鼠种绝。"

《淮南万毕术》曰："狐目狸脑，鼠去其穴。"注曰："取狐两目，狸脑大如狐目三枚，捣之三千杵，涂鼠穴，则鼠去矣。"

【注释】

〔1〕子不生：卵不孵化。这是不受精卵，所以不孵化，而其蚕为病弱蚕。但上簇时蚕头过密，不匀，光线上明下暗，即使健康无病的蚕也会游到下部结茧（大蚕有背光性），那就不会是近地面的不孵化了。

〔2〕以毛扫：用羽毛刷下。按：蚁体细弱柔嫩，用外物扫刷都会引起损伤，甚至碰死，最好的办法是让它自己游离蚕连，不加任何外力折腾。这就有用桑收法收蚁的办法。桑收法在文献上出现很晚，最早见于南宋后期陈元靓的《博闻录》，它告诫说，"切不可以鹅翎扫拨"，可见用羽毛扫也不是好办法。

〔3〕不用见露气：指不宜用带露湿的桑叶。用湿叶饲蚕，无论小蚕大蚕都不相宜。蚕食湿叶，水分过多，胃肠消化不了，多发"泻病"，就是排泄的污粪或污液如下痢状，为胃肠型脓病，终至食欲减退而死。

〔4〕蓬蒿：即菊科的白蒿（Artemisia stelleriana）。

〔5〕椽柱（zhǔ）：《种榆白杨》篇再见。"柱"通"拄"，支承之意，椽柱即指椽木，不是椽和柱子。

〔6〕钩弋、鹗爪、龙牙：钩弋是单个的枝杈钩子，鹗爪是周围有两三个钩子的，龙牙是有成排钩子的。

〔7〕启愉按：大蚕食桑量约占整个蚕龄的90%以上，从桑叶中蒸发出的水分多，大蚕排粪多，从蚕沙中散发出的水分和不良气体也多，蚕座环境本身已经湿重，所以大眠后最忌多湿而高温。如果上簇后再加上簇中通气不良，湿度温度过高，形成蒸郁发热环境，必然影响蚕体健康，结茧解舒不良，断头多，缫折大。茧丝的外围被覆着具有黏性的丝胶蛋白，簇中湿度大

时，丝胶不易干燥，因而解舒恶化。簇中温度过高则引起丝胶蛋白的变性，即变易于溶解为不易溶解，同样造成煮茧时离解困难，断绪增加。这些都构成“蒸郁的茧难缫”。其次，蚕死蚕皮破裂污染好茧，蛹死蛹皮破裂污染本茧，成为“内印茧”。由于污汁使丝胶胶着面积过小，其茧层松散不紧，成为绵茧，只好打丝绵。再次，蓬蒿疏爽悬空，蚕沙、残叶容易掉落，不致被绩进茧内，形成疤痕。缫丝被疤痕阻滞，自然会断了丝绪。

〔8〕不作茧：一般情况下，温度高，吐丝快；温度低，吐丝慢；而温度过低则停止吐丝。不但停止吐丝，还会产生畸形丝缕，即所谓“纇(lèi)节”，即丝疙瘩。原因是虽然吐丝停止，但是由于丝腺腔内的内压作用，绢丝物质仍向外溢，可没有被蚕儿牵引，因而形成丝疙瘩，直接影响生丝的“清洁度”。

〔9〕梼(zhé)：蚕箔阁架的横档。

【译文】

养蚕的方法：收取种茧，必须选取蚕簇中部的茧。近蚕簇上部的茧，孵出的蚕产丝薄，下部近地面的茧，产卵不孵化。涂蚕室的泥要用“福”、“德”、“利”方位上的土。房屋要四面开窗，用纸糊窗，窗帘要厚。屋里面要四角生火盆。火盆如果集中在一处，冷热就不均匀。收刚刚孵出的蚁蚕要用羽毛刷下。用荻花来刷会伤蚁。掌握好火的冷热使合适。太热使蚕体枯燥，太冷生长缓慢。从稚蚕到二眠，常常要用三张箔：中间一箔放蚕，上下两箔空着。下箔阻隔潮气，上箔遮蔽尘土。蚕小时采回“福”、“德”方位上的桑，先在怀里捂暖，然后切细喂饲。蚕小时不宜饲带露湿的叶；怀中捂暖之后，蚕儿不会发各种病。每次饲蚕，都要卷上窗帘，饲完了仍然放下。〔小蚕有趋光性，〕蚕儿见到光亮就吃叶，吃多了生长就快些。

蚕老熟时〔在屋外上簇〕，遇着下雨就会坏茧，所以该在屋里上簇：在蚕箔上薄薄地铺上一层簇材料，将蚕散在簇上之后，再在上面薄薄地覆盖一层簇材。一个蚕架可以放置十层箔。

又一方法：用大棵的干蓬蒿作为簇材，将蚕在那上面放遍，挂在栋梁、椽木上，或者挂在用绳缚着的单个的、两三个的、成排的竹木钩子上，上下几重，到处都可以。挂好之后，蓬蒿下面生点小小的炭火，以增添温暖。温暖了作茧就快，伤冷时作茧就慢。常常进去察看，如果太热就把炭火拿开。蓬蒿稀疏凉爽，没有蒸郁的弊病；死蚕会随时掉落，没有污茧的害处；蚕沙、残叶不会夹绩在茧里面，没有结疤的疙瘩。蒸郁的茧难缫，染污的茧，丝松散，结疤的茧，缫丝会断。即使没有雨，用蓬蒿作簇还是好的，因为如果簇在屋外，万一气温骤然变冷，就完全不作茧了。

用盐杀蛹的茧，容易缫，丝质也坚韧；太阳晒死的茧，虽然白，但茧层薄，丝质也脆，用它织成的细绸、熟绢做成衣服，产量几乎要少一半，甚而至于白费一年的工夫：坚韧和脆薄，相差悬殊，经营生产的关键，怎么可以不考究呢？

崔寔说："三月，清明节，命令管养蚕的婢妾整治蚕室，涂塞室中的裂缝和孔洞，准备好蚕架的直柱、椽木、蚕箔、桑笼。"

《龙鱼河图》说："冬天腊月里斩断老鼠尾巴。又，正月初一太阳还没出来时，家长斩杀老鼠，放在屋子里，念咒语说：'嘱咐管房屋的小神，制裁断绝了鼠虫；三时向上面报告功劳，老鼠就不敢行动。'"

《杂五行书》说："取邮亭地中的泥土涂在灶上，水、火、盗贼都不会来侵犯；涂在房子的四角，老鼠不会吃蚕；涂在粮仓和种箪上，老鼠不会吃稻；用来塞洞，百日之后，老鼠绝种。"

《淮南万毕术》说："狐的眼睛，野猫的脑，可以使老鼠离开洞穴。"注解说："取得狐的两只眼睛，野猫的脑像狐眼大小的三枚，合在一起捣三千杵，涂在老鼠洞口，老鼠便离去了。"

种榆、白杨第四十六

《尔雅》曰[1]:"榆,白枌[2]。"注曰:"枌榆,先生叶,却着荚;皮色白。"

《广志》曰:"有姑榆,有朗榆。"[3]

按:今世有刺榆[4],木甚牢韧,可以为犊车材。梜榆[5],可以为车毂及器物。山榆,人可以为芜荑。凡种榆者,宜种刺、梜两种,利益为多;其余软弱,例非佳木也。

【注释】

〔1〕见《尔雅·释木》,正文与郭璞注并同。

〔2〕白枌(fén):即今白榆(Ulmus pumila),榆科,即通常所指的榆,故东北、陕西等地通称"榆树",河南、河北称"家榆"。本篇所种,也以此种为中心,也就是所谓的"凡榆"。树皮暗灰色,幼枝灰白色。春间先叶开花,不久结果,翅果春夏间成熟,由绿色变成黄白色,俗名"榆钱"。北方常以果荚和面粉等蒸食;青荚蒸过晒干可酿酒;老熟的含油量多,可榨油,并可制酱。但《尔雅》注说"先生叶",不确,应作"先生花"。

〔3〕《御览》卷九五六"榆"引《广志》作:"有姑榆,有郎榆。郎榆无荚,材又任车用,至善。……"《类聚》卷八八"榆"引同《御览》,有错脱。姑榆,即《尔雅·释木》的"无姑",是榆科的大果榆(Ulmus macrocarpa),也叫"黄榆"。先叶开花,春夏间结大翅果,产于北方。其果实的加工品,现在中药上还保留着"芜荑"的名称。唐陈藏器《本草拾遗》说:"作酱食之……此山榆仁也。"因其果仁可作酱,因亦称其酱为"芜荑",就是贾氏说的山榆仁可以作芜荑酱。山榆也就是大果榆。朗榆,即榆科的榔榆(Ulmus parvifolia)。翅果小形,深秋成熟。大果榆和榔榆的木材都坚实,可作车辆、

农具等,非如贾氏所说“其余的榆树都不坚韧”。

〔4〕刺榆:是榆科的Hemiptelea davidii,小枝具硬刺,花与叶同时展放。果实半边生翅,翅歪斜,初秋成熟。木质坚韧、致密。

〔5〕梜榆:这种榆木特别宜于加工镟作材,可供镟成多种中空的器物,在木理上有其特性,和刺榆、山榆不同。但未详是何种榆木。

【译文】

《尔雅》说:“榆,就是白枌。”注解说:“就是枌榆,先生叶,随后长荚;树皮白色。”

《广志》说:“有姑榆,有朗榆。”

〔思勰〕按:现在有刺榆,木材很坚韧,可以用来作牛车的木料。梜榆,可以作车毂和各种器皿。山榆,果仁可以作“芜荑酱”。凡〔作为用材木〕种的榆树,该种刺榆和梜榆两种,得到的利益多;其余的榆树都不坚韧,不是好木材。

榆性扇地,其阴下五谷不植。随其高下广狭,东西北三方所扇,各与树等。种者,宜于园地北畔,秋耕令熟,至春榆荚落时,收取,漫散,犁细畤,劳之。

明年正月初,附地芟杀,以草覆上,放火烧之。一根上必十数条俱生,只留一根强者,余悉掐去之。一岁之中,长八九尺矣。不烧则长迟也。

后年正月、二月,移栽之。初生即移者,喜曲,故须丛林长之三年,乃移种。初生三年,不用采叶,尤忌捋心;捋心则科茹不长[1],更须依法烧之,则依前茂矣。不用剥沐。剥者长而细,又多瘢痕;不剥虽短,粗而无病。谚曰:“不剥不沐,十年成毂。”言易粗也。必欲剥者,宜留二寸。

于堑坑中种者,以陈屋草布堑中,散榆荚于草上,以土覆之。烧亦如法。陈草速朽,肥良胜粪。无陈草者,用粪粪之亦佳。不粪,虽生而瘦。既栽移者,烧亦如法也[2]。

【注释】

〔1〕捋心则科茹不长：截去顶梢，树干就长不高。小榆树被截去顶梢后，顶端生长优势被消除，植株为了保持地上部与地下部的平衡，截口和下部会长出丛密的分枝杈，变得臃肿矮脞，影响长干，使树干长不高，影响日后取材。

〔2〕“既栽移者，烧亦如法也”，可疑。启愉按：苗木贴地刈去，今称“平茬”。平茬行于苗期，促其速长；移栽定植后，一般不再平茬。《氾书》种桑法，《要术》本篇园北种榆和下文近市之地种榆，都这样；《种榖楮》篇也是这样；时间都在“明年正月”的幼苗期。至元代的《农桑辑要·栽桑》引《务本新书》和《士农必用》也是十月平茬，放火烧之，未见移栽定植后再平茬者。据此，这里“既栽移者”，疑有误，疑“者”应作“前”，是注解正文的“烧亦如法”的。

【译文】

榆树的特性是郁闭度大，荫蔽面广，在它的树荫下面喜光的五谷长不好。随着它庞大树冠的高低宽狭，它所荫蔽的东、西、北三面，与树冠相等。所以，种榆树应该种在园地的北面。秋天先把地耕熟，到春天榆荚成熟掉落时，收取榆荚，撒播，用犁细浅地犁一遍，再耢平。

明年正月初，贴近地面割去苗株，用草盖在上面，放火烧它。不久一根苗茬上一定会长出十几条新条，只留一条挺直健壮的，其余的都掐掉。在这一年中，就长到八九尺高了。不烧过就长得慢。

又明年正月、二月里，掘出苗木移栽。如果在幼苗初生时就移栽，容易弯曲，所以必须在丛密的苗林中长养三年，〔胁使直立向上生长，〕然后再移栽。栽后的头三年，不要采叶，尤其禁忌截去顶梢，截去顶梢后就会枝杈丛脞过密，使树干长不高，结果只有照上面的办法重新平茬烧过，才能依旧茂盛起来。也不要剪枝。修剪过的，树干长得又长又细，还有许多瘢痕；不修剪的，虽然长得矮些，但粗壮没有毛病。农谚说：“不剪不裁，十年长成车毂材。”正是说容易长得粗大。一定要剪枝的话，基部必须留下二寸。

种在沟坑中的，先在坑底铺上盖房子的陈草，把榆荚撒在草上，再盖上土。以后也要依照上面的方法平茬烧过。陈草很快就腐烂，比粪还肥美。没有陈草，用粪粪上也好。如果不施粪，虽然也长苗，但瘦弱。所谓平茬烧过，是在栽子移栽〔之前〕。

又种榆法：其于地畔种者，致雀损谷；既非丛林，率多曲戾。不如割地一方种之。其白土薄地不宜五谷者，唯宜榆及白榆[1]。

地须近市。卖柴、荚、叶，省功也。梜榆、刺榆、凡榆：三种色，别种之，勿令和杂。梜榆，荚叶味苦；凡榆，荚味甘。甘者春时将煮卖，是以须别也。耕地收荚，一如前法。先耕地作垅，然后散榆荚。垅者看好，料理又易。五寸一荚，稀概得中。散讫，劳之。榆生，共草俱长，未须料理。

明年正月，附地芟杀，放火烧之。亦任生长，勿使棠杜康反近[2]。又至明年正月，斸去恶者；其一株上有七八根生者，悉皆斫去，唯留一根粗直好者。

三年春，可将荚、叶卖之。五年之后，便堪作椽。不梜者，即可斫卖。一根十文。梜者镟作独乐及盏。一个三文。十年之后，魁、碗、瓶、榼、器皿，无所不任[3]。一碗七文，一魁二十，瓶、榼各直一百文也。十五年后，中为车毂及蒲桃缸。缸一口，直三百。车毂一具，直绢三匹。

其岁岁料简剥治之功[4]，指柴雇人——十束雇一人——无业之人，争来就作。卖柴之利，已自无赀；岁出万束，一束三文，则三十贯；荚叶在外也。况诸器物，其利十倍。于柴十倍，岁收三十万。斫后复生，不劳更种，所谓一劳永逸。能种一顷，岁收千匹。唯须一人守护，指挥，处分，既无牛、犁、种子、人功之费，不虑水、旱、风、虫之灾，比之谷田，劳逸万倍。

男女初生，各与小树二十株，比至嫁娶，悉任车毂。一树三具，一具直绢三匹，成绢一百八十匹：娉财资遣，粗得充事。

《术》曰:“北方种榆九根,宜蚕桑,田谷好。”〔5〕

崔寔曰〔6〕:“二月,榆荚成,及青收,干,以为旨蓄。“旨,美也;蓄,积也。司部收青荚,小蒸,曝之,至冬以酿酒,滑香,宜养老。《诗》云:‘我有旨蓄,亦以御冬’也〔7〕。”色变白,将落,可作醔醶。随节早晏,勿失其适。“醔,音牟;醶,音头:榆酱。””

【注释】

〔1〕“白榆”,各本同。但本篇的“榆”即指白榆,也就是“凡榆”,因其种植家常广泛,现在河南、河北通称“家榆”,而东北、陕西等地通称“榆树”,名称独占其余榆种。这样,“榆及白榆”就重沓含混,也和下文“三种色”不协调。黄麓森疑是“白杨”之误,《农政全书》卷三八引《要术》即作“白杨”。这可能是徐光启改的,我认为改得对。

〔2〕“棠杜康反”,北宋本如文,《辑要》引同;南宋本作“掌止两反”,实是误解。启愉按:“棠”、“掌”都是“牚”的别体(不是棠梨、手掌),即“牚”字,今写作“撑”,《要术》是碰动、抵触的意思。“牚”,古本音“杜康反”(音堂),后来读“直庚切”(音称)。南宋本的“掌止两反”,本字原不误,但音注读成手掌字,就大错了。

〔3〕三种榆树都生长在原地,不给移栽。刺榆和普通的榆树,继续平茬砍去卖掉,促使速长新株。株间稠密,都采取小树育成法。只有梜榆是留着育成大树取大材的。但五寸一株,即使经过疏间恶株,其林片丛林仍然很密,无法培育大树。这中间必然是经过多次砍伐使大株保持稀疏的。如五年可以镟作陀螺时,就砍伐去一些使之稀疏,而将留下的培育成十年的较大材木。十五年的更大材木,也是这样。不过原文省去没有说明。榼(kē),盛酒的器具。

〔4〕北宋本作“料简”,他本作“科简”。科简只是科斫枝条,与“剝治”同义;料简则是选择甄别,去其恶株及冗长枝条。简选人才,甄择事物,古文献称“料简”者甚多,“科简”是形似之误。

〔5〕《类聚》卷八八、《御览》卷九五六“榆”引有《杂五行书》,都是:“舍北种榆九株,蚕大得。”与《术》相类似。

〔6〕《类聚》卷八八、《御览》卷九五六都引作崔寔《四民月令》,较简,无注文。

〔7〕引《诗》见《诗经·邶风·谷风》。

【译文】

又种榆树的方法：在庄稼地边上种榆树的，招惹雀鸟，损害谷物；又不在丛林之中，树干往往长得弯曲歪斜。所以不如分出一片地来专门种榆树。那种白色土壤的瘦地，不宜于种五谷的，却宜于种榆树和白〔杨〕。

地须要靠近市集。卖柴、卖榆荚和嫩叶，都省工夫。梜榆、刺榆和普通的榆树，这三种要分开来种，不要混杂在一起。梜榆的荚和叶味道苦，普通榆树的荚叶味道甜。甜的春天可以煮熟了出卖，所以必须分开来种。耕地和收荚的方法，都跟前面说的一样。先把地耕出播种沟，然后播种榆荚在沟里。条播的整齐匀直，又容易料理。五寸下一颗荚，稀密正合适。播完后，用耢耢平。榆荚出苗后，杂草也同时生长，这时不必去料理锄治。

明年正月，贴近地面割去苗株，放火烧它。烧后也任它自己生长，不要去碰撞它。又到明年正月，掘去长得不好的恶株；其余一株根茬上长出有七八条新条的，只留下一根粗壮挺直的好枝条，其余的都砍掉。

到第三年春天，可以采得荚、叶出卖。五年之后，便可以作椽木。不是梜榆的刺榆和普通的榆，可以砍掉卖去。一根值十文钱。梜榆可以用来镟成陀螺和小杯子。一个值三文钱。十年之后，镟成大囊碗、饭碗、瓶子、酒罐子和其他器皿，样样都可以作。一个碗七文钱，一个大囊碗二十文钱，瓶子和酒罐子各值一百文钱。十五年之后，可以作车毂和镟作葡萄缸。缸一口值三百文钱。车毂一具值三匹绢。

每年简选和修剪的人工，可以指柴来雇人——十捆柴雇一个工——没有职业的人，便争着来帮工。单只卖柴的利益，已经非常丰足；一年一万捆柴，一捆三文钱，就已经是三万文钱了；荚叶还不在内。况且还有各种器具物件，利益十倍于柴价。柴价的十倍，就是每年收三十万文钱。加上砍去的刺榆和普通的榆，根茬上又会长出新条来，不须要再种，真所谓“一劳永逸”。假如能种上一顷地，一年可以收到一千匹绢。只须要一个人看护，指挥，处理，既没有牛、犁、种子、人工的劳费，也不怕水、旱、风、虫的灾害，比起种谷类的田来，劳逸相差万倍。

男女婴儿刚生下时，各人给他预先种二十株小树，等到结婚的年龄，树已长到可以作车毂。一株树可以作三具车毂，一具值三匹绢，一共就有一百八十匹绢。这样，聘礼或嫁妆，勉强可以应付了。

《术》说："房屋北面种榆树九株，对蚕桑很相宜，对谷田也好。"

崔寔说："二月，榆荚结成了，趁青嫩时采收，晒干，准备作'旨蓄'。"旨，就是美好；蓄，就是蓄积。管采收的人(?)收集青嫩的榆荚，稍微蒸一下，晒干，到冬天用来酿酒，酒又滑又香，宜于养老。《诗经》说：'我有旨蓄，可以过冬。'"榆荚成熟颜色变白，快要落下时，可以收来作'瞀瞀酱'。随时掌握好早晚时间，不要错过适宜的时机。"瞀音牟；瞀音头。瞀瞀是榆仁酱。""

白杨，一名"高飞"，一名"独摇"〔1〕。性甚劲直，堪为屋材；折则折矣〔2〕，终不曲挠。奴孝切。榆性软，久无不曲，比之白杨，不如远矣。且天性多曲，条直者少；长又迟缓，积年方得〔3〕。凡屋材，松柏为上，白杨次之，榆为下也。

种白杨法：秋耕令熟。至正月、二月中，以犁作垅，一垅之中，以犁逆顺各一到，畤中宽狭，正似葱垅。作讫，又以锹掘底一坑作小堑。斫取白杨枝，大如指、长三尺者，屈着垅中，以土压上，令两头出土，向上直竖。二尺一株。明年正月中，剶去恶枝。一亩三垅，一垅七百二十株，一株两根，一亩四千三百二十株。〔4〕

三年，中为蚕椭都格反〔5〕。五年，任为屋椽。十年，堪为栋梁。以蚕椭为率，一根五钱，一亩岁收二万一千六百文。柴及栋梁、椽柱在外〔6〕。

岁种三十亩，三年九十亩。一年卖三十亩，得钱六十四万八千文。周而复始，永世无穷。比之农夫，劳逸万倍。去山远者，实宜多种。千根以上，所求必备。

【注释】

〔1〕白杨：杨柳科杨属(Populus)的植物，为速生用材树种，常见的有毛白杨(Populus tomentosa)和银白杨(P. alba)。"高飞"形容它长得快，长得

高;“独摇”形容它很快挺拔,高出其他的混生树种。

〔2〕“折则折矣”,各本相同,有误。“折”作为弯曲讲,与“曲挠”无别;如果作为折断讲,用作栋梁,将是不得了的祸害。清吴其濬《植物名实图考长编》卷二一“白杨”引《悬笥琐探》:“白杨……修直端美,用为寺观材,久则疏裂,不如松柏材劲实也。”与《要术》所说“性甚劲直……凡屋材,松柏为上,白杨次之”符合。但虽不“曲挠”,日久却易析裂开拆,则“折”应是只差一点的“析”字之误,才讲得通。

〔3〕按:“榆树”确实容易挠曲,生长较慢,赶不上速生树种的白杨。白杨高大通直,不易弯曲,但容易析裂,用作建筑材料,不及松柏。

〔4〕这反映贾思勰当时的亩制是阔1步长240步的长条亩。1步6尺,1亩长1 440尺,每2尺1株,每株2根,1步的宽度开成3条插植沟,则

$$1\,440 \div 2 = 720\text{株(1沟株数)}$$
$$720 \times 2 \times 3 = 4\,320\text{根(1亩总根数)}$$

或谓株行距太密,不能长成大树,其实它是按时砍伐卖出,其选留者自可育成大树。“株”,各本同,上文既称“一株两根”,下文亦以一树为一根,此处亦宜称“根”。

〔5〕樀(zhé):搭蚕箔架的小横木。

〔6〕“在外”应作“不在此例”讲,否则,小白杨已全数斫去卖光,还哪来“栋梁、椽柱”之利?

【译文】

白杨,又名“高飞”,又名“独摇”。木材性质强劲条直,可以用作房屋材料;固然〔日子长了会析裂〕,但始终不弯曲。榆树性质疏软,日子长了没有不弯曲的,比起白杨来,差得远了。而且它天性就多弯曲,挺直的少;生长又慢,要许多年才能成材。凡建筑房屋的木材,松柏最好,其次是白杨,榆树最不好。

种白杨的方法:秋天把地耕熟。到次年正月、二月中,犁出播种沟,一沟之中,用犁逆耕一遍,又顺耕一遍,使墒沟深些阔些,正像种葱的沟那样。沟开好之后,再用锹在沟底掘出一道道小横沟。斫取白杨枝条,像手指粗细三尺长的,弯曲着放入小横沟中,拿土压在上面,让枝条的两端露出土面,向上面直竖着。相隔二尺埋插一株。明年正月中,修剪去不好的侧枝。一亩地上直着开出三条插植沟,一条沟插植七百二十株,一株两根,一亩总共四千三百二十〔根〕。

长到三年，可以砍来作蚕架的椽条。五年，可以作房屋的椽木。十年，便可以作栋梁。拿蚕椽作标准计算，一根值五文钱，一亩地一年总共可以收得二万一千六百文钱。柴和栋梁、椽木不在此例。

一年种三十亩，三年种九十亩。一年砍卖三十亩，总共可以得钱六十四万八千文。〔砍后又长出新株，每年轮流着砍卖，〕一周轮过又重新开始，永远没有穷尽。比起种庄稼的农夫来，一劳一逸，相差万倍。离开山地远的地方，实在应该多种。种得千根以上，什么材料都有求必应。

种棠第四十七

《尔雅》曰:“杜,甘棠也。”郭璞注曰:“今之杜梨。”[1]

《诗》曰:“蔽芾甘棠。”毛云:“甘棠,杜也。”[2]《诗义疏》云:“今棠梨,一名杜梨,如梨而小,甜酢可食也。”

《唐诗》曰:“有杕之杜。”毛云:“杜,赤棠也。”[3]“与白棠同,但有赤、白、美、恶。子白色者为白棠,甘棠也,酢滑而美。赤棠,子涩而酢,无味,俗语云:‘涩如杜。’赤棠,木理赤,可作弓干。”[4]

按:今棠叶有中染绛者,有惟中染土紫者;杜则全不用。其实三种别异,《尔雅》、毛、郭以为同,未详也。[5]

【注释】

〔1〕见《尔雅·释木》,无“也”字。今本郭璞注作:“今之杜棠。”但《诗经·召南·甘棠》孔颖达疏引郭注同《要术》。

〔2〕见《诗经·召南·甘棠》。毛《传》文同。蔽芾(fèi),树木枝叶小而密。

〔3〕见《诗经·唐风·杕杜》。毛《传》文同。此诗句并见《小雅·杕杜》。杕(dì),树木孤立貌。

〔4〕自“与白棠同”以下到此,亦《诗义疏》文,与《唐风·杕杜》孔疏引陆机《疏》文基本相同。今本陆机《毛诗草木鸟兽虫鱼疏》则有异文。《御览》卷九七三《诗义疏》与陆机《疏》两引之。

〔5〕据上文《尔雅》、郭注、《诗经》毛《传》、《诗义疏》等的解释,棠、杜颠来倒去,又相同又不相同,确实分不清。综合历史文献资料,大体上指“棠”、“白棠”为棠梨,“杜”、“赤棠”为杜梨。并参看卷四《插梨》注释。贾氏通过树叶能否作染料分棠、杜为二种。按:棠梨叶中含有多种花青素类

和多元酚类，可以染红色或紫色。染红或染紫是由于所含色素类别有偏重偏轻，实际还是同一种棠梨。

【译文】

《尔雅》说："杜，是甘棠。"郭璞注解说："就是现在的杜梨。"

《诗经·召南》说："弱小的甘棠树呀。"毛《传》说："甘棠，就是杜。"《诗义疏》说："现在的棠梨，也叫杜梨，果实像梨，但小些，味道甜酸，可以吃。"

《诗经·唐风》说："挺立的杜树呀。"毛《传》说："杜，就是赤棠。"〔《诗义疏》说：〕"赤棠与白棠相同，但果实有赤色、白色、好吃、不好吃的分别。果实白色的是白棠，就是甘棠，味道带酸，滑美好吃。赤棠果实又涩又酸，没有味道，俗话说：'像杜一样涩嘴。'赤棠，木理赤色，可以作弓干。"

〔思勰〕按：现在的棠，叶子有的可以染大红色，有的只可染紫褐色；至于杜叶，却是全不中用。其实这三种植物是各不相同的，而《尔雅》、毛公、郭璞以为是相同的，我就不清楚了。

棠熟时，收种之。否则，春月移栽。

八月初，天晴时，摘叶薄布，晒令干，可以染绛。必候天晴时，少摘叶，干之；复更摘。慎勿顿收：若遇阴雨则浥，浥不堪染绛也。

成树之后，岁收绢一匹。亦可多种，利乃胜桑也。

【译文】

棠果成熟时，收来种下。否则，就在春天〔掘取天然栽子〕移栽。

八月初，天晴的时候，摘取叶子，薄薄地摊开，晒干，可以染大红色。必须等候天晴的时候，少量地摘一些，晒干；再摘一些，再晒干。千万不可一下子大量地采摘：因为如果遇上阴雨天，叶子就会郁坏，郁坏了便染不成大红了。

树长大之后，每年所收叶子的利益，相当于一匹绢。也可以多种，利益胜过桑树。

种榖楮第四十八

《说文》曰："榖者，楮也。"[1]

按：今世人乃有名之曰"角楮"，非也。盖"角"、"榖"声相近，因讹耳。其皮可以为纸者也。

【注释】

〔1〕《说文》无"者"字。《说文》无"……者……也"例，"者"，后人误入。榖、楮、构三名是同一种树，即今桑科的构树（Broussonetia papyrifera）。其树皮是造纸原料。

【译文】

《说文》说："榖，就是楮。"

〔思勰〕按：现在有人把这种树叫作"角楮"，是不对的。这是因为"角"和"榖"读音相近，所以弄错了。榖是一种树皮可以造纸的树。

楮宜涧谷间种之。地欲极良。秋上楮子熟时，多收，净淘，曝令燥。耕地令熟。二月，耧耩之，和麻子漫散之，即劳。秋冬仍留麻勿刈，为楮作暖。若不和麻子种，率多冻死。明年正月初，附地芟杀，放火烧之。一岁即没人。不烧者瘦，而长亦迟。

三年便中斫。未满三年者，皮薄不任用。斫法：十二月为上，四月次之[1]。非此两月而斫者，楮多枯死也。每岁正月，常放火烧之[2]。自有干叶在地，足得火燃。不烧则不滋茂也。二月中，间斸去恶根。斸者地熟楮科，亦所以留润泽也。

移栽者，二月莳之。亦三年一斫。三年不斫者，徒失钱无益也。

指地卖者，省功而利少。煮剥卖皮者，虽劳而利大。其柴足以供燃。自能造纸，其利又多。

种三十亩者，岁斫十亩；三年一遍。岁收绢百匹。

【注释】

〔1〕“四月”，各本及《四时纂要》、《辑要》引并同，有问题。启愉按：阴历十二月树木尚在休眠期，此时斫树根合时。正月回暖，树液开始流动，此时斫树没有十二月好，但也不失为“次之”。等到四月，树液流动旺盛，此时斫树，如何能与十二月同样适时？四月未入雨季，天旱多风，尤为不利。砍斫失时，树多“枯死”，正是由于根压加强，树液流失过多，又兼天热之故。况且，正月根颈部脱离休眠，开始复苏，《要术》各种榆的平茬和烧茬都掌握在正月，以促使根系发育和潜伏芽的早发。所以，“四月”明显不合理，应是“正月”之误，而沿误已久。

〔2〕小楮树都是三年一斫，斫后烧过，促使速长新株。这里每年正月都要烧一次，则是烧长着的植株，也能促使长茂，有所不明。

【译文】

楮树宜于种在山涧山谷之间。地要极肥沃。秋天楮树果实成熟时，多多采收，用水汰洗清净，取出晒到干燥。把地耕整匀熟。二月，用耧耩地，和进大麻子一同撒播，随即耢盖。从秋到冬仍然把麻株留着，不要割掉，作用是给楮苗保暖。如果不和进麻子混种，楮苗大多会冻死。到明年正月初，贴近地面平茬砍去，放火烧它。这样，长满一年，就长到比人还高了。不烧茬的话，新苗瘦弱，而且生长也慢。

长满三年，便可以砍来剥皮了。未满三年的，皮太薄，不合用。砍法：十二月最好，〔正〕月次之。不是这两个月砍去的，楮树大多会枯死。每年正月，常要放火烧过。地里自然有干叶留着，足够引火助燃的。如果不烧过，就长不茂盛。二月中，间掘去其中恶劣的根株。斸掘过，地匀熟了，科条长得茂盛，同时也使土壤保持润泽。

移栽的，二月间移栽。也要三年砍去收获一次。三年不砍收，白白损失钱财，没有益处。

指着楮林趸批地卖给人家，人工是省了，但利益也少。煮过剥下皮来卖的，虽然劳累些，但利益也大。它的柴枝足够供应烧煮。假如能够自家造纸，那利益就更加大了。

种三十亩地的楮树，每年砍收十亩；三年一个循环。每年可以收得一百匹绢。

漆第四十九[1]

凡漆器，不问真伪，过客之后，皆须以水净洗，置床箔上，于日中半日许曝之使干，下晡乃收，则坚牢耐久。若不即洗者，盐醋浸润，气彻则皱，器便坏矣。其朱里者，仰而曝之——朱本和油，性润耐日故。

盛夏连雨，土气蒸热，什器之属，虽不经夏用，六七月中，各须一曝使干。世人见漆器暂在日中，恐其炙坏，合着阴润之地，虽欲爱慎，朽败更速矣。

凡木画、服玩、箱、枕之属，入五月，尽七月、九月中，每经雨，以布缠指，揩令热彻，胶不动作，光净耐久。若不揩拭者，地气蒸热，遍上生衣，厚润彻胶便皱，动处起发，飒然破矣。

【注释】

〔1〕篇题院刻、金抄、明抄均仅一"漆"字，但卷首总目则作"种漆"；他本均据总目在这篇题上加"种"字。但篇中所记只是漆器的收贮和保管方法，并无一字记载种法，篇首也不见漆树的"解题"。这一矛盾，可能今本脱漏，也可能贾氏想写而没有写上。总目有"种"，篇题无"种"，均仍宋本之旧。

【译文】

凡是漆器，不管是真漆还是假漆，送过客人之后，都必须用水洗干净，放在下面有支架的席箔上，在太阳底下晒上半天左右，让它干燥，到太阳将落下时收起，就坚牢耐久。如果不立即洗净，让盐醋余沥浸润着，恶质侵蚀到漆的下面，漆便会起皱，漆器也就坏了。里面是朱红漆的漆器，可以敞开口仰着晒——朱红漆本来是和着油的，性质柔润，耐得住太阳晒。

盛夏季节，连天下雨，地面水汽蒸郁发热，又潮湿，所有各种什用漆器，虽然不一定都在夏天使用过的，在六月、七月里，也必须都取出来晒一次，让它们干燥。现在一般人看到漆器暂时在太阳下面搁着，便惟恐烤坏了，就全都收来放在阴湿的地方。这样，虽然一心想谨慎地爱护它，其实朽烂败坏得更快。

凡漆画、玩赏的小件漆器、漆箱、漆枕之类，一到五月，一直到七月、九月里，每下过一场雨，就用布裹着手指，揩拭漆面使完全热透，胶就黏牢不致走动，漆器也就光亮洁净耐久了。如果不这样揩拭过，地面水汽蒸郁发热，使漆面全都上了霉，浓厚的湿热渗透到胶里面，便会起皱，皱的漆面高起，一碰就破了。

种槐、柳、楸、梓、梧、柞第五十

《尔雅》曰:"守宫槐,叶昼聂宵炕。"注曰:"槐叶昼日聂合而夜炕布者,名'守宫'。"孙炎曰:"炕,张也。"[1]

【注释】

〔1〕见《尔雅·释木》,文同。注是郭璞和孙炎注。

【译文】

《尔雅》说:"守宫槐,是叶子白天合拢,夜间炕张的。"注解说:"槐树叶子白天合拢而夜间张开的,名叫'守宫槐'。"孙炎注解说:"炕是张开的意思。"

槐子熟时[1],多收,擘取,数曝,勿令虫生。五月夏至前十余日,以水浸之,如浸麻子法也。六七日,当芽生。好雨种麻时,和麻子撒之。当年之中,即与麻齐。麻熟刈去,独留槐。槐既细长,不能自立,根别竖木,以绳拦之。冬天多风雨,绳拦宜以茅裹;不则伤皮,成痕瘢也。明年斸地令熟,还于槐下种麻。胁槐令长。

三年正月,移而植之,亭亭条直,千百若一。所谓"蓬生麻中,不扶自直"[2]。若随宜取栽,非直长迟,树亦曲恶。宜于园中割地种之。若园好,未移之前,妨废耕垦也。[3]

【注释】

〔1〕槐：豆科的槐(Sophora japonica)。结荚果，不开裂，有种子1—6颗，种子间明显狭缩，成念珠状。果期秋末冬初。

〔2〕蓬生麻中，不扶自直：古代成语。《大戴礼记·曾子制言上》及《劝学》篇都曾引用。《荀子·劝学》中也有，“自”作“而”。贾氏用这成语对植物被生长环境胁迫不得不挺直上长的现象进行解释，并运用于生产实践中。榆苗长在“丛林”中，桑、柘长在深坑中，这里槐苗长在麻秆丛中，都同此作用。因为植物有争阳光竞长的特性，生长在丛林环境中的树木个体，树干比散生的树木明显通直而高耸。贾氏正是以直觉的经验利用这一特性采取良好的养干措施。榆树容易弯曲，让它在丛林中长三年，矫正短曲而为直长。槐树幼苗期间，由于苗的顶端芽密而节间又短，极易发生树干弯曲、枝条杂乱的现象，所以必须进行密植，防止其弯曲，抑制其乱枝。而第二年是培养通直树干的关键阶段，更须加强养干措施。贾氏的养干方法仍是使苗木长在大麻秆丛中，利用麻秆胁使它争阳光挺直上长。这同柔弱的蓬茎被麻株逼着争阳光向上挺长的道理是一样的，所以贾氏引用这古语来说明，十分贴切。

〔3〕这条注文似宜在上文“移而植之”下面。

【译文】

槐树荚果成熟时，多多采收，擘开取得种子，晒干，〔在贮藏中〕多晒几次，不要让它生虫。〔到次年〕五月夏至前十几天，用水浸种〔催芽〕，像浸大麻子的方法。过六七天，就会出芽。雨水好，可以种雄麻的时候，和进麻子一同撒播。当年就能长到和麻株一样高。大麻成熟后，割去麻株，单独留下槐苗。〔但长在麻丛中的〕槐苗，又细又长，不能自己独立，该在每根旁边竖插一根木条，用绳拦定在木条上。冬天风多雨多，绳拦的地方还该用茅草裹护着；不然的话，会使树皮受伤，受了伤就会结疤痕。到明年，把地锄熟，在槐苗下面再种上大麻。胁迫槐苗使它向上直长。

到第三年正月，掘出移栽，植株亭亭耸立，挺拔通直，千百株都是这样。这就是“蓬生麻中，不扶自直”的效应。如果不这样，随便取栽来栽，不但长得缓慢，树也弯曲难看。应该在园子里另外划出一块地来种。因为如果园地肥好，〔那么混着别的东西时〕，在槐苗没有移栽之前，园地就被妨碍着没法耕种了。

种柳[1]：正月、二月中，取弱柳枝，大如臂，长一尺半，烧下头二三寸，埋之令没。常足水以浇之。必数条俱生，留一根茂者。余悉掐去。别竖一柱以为依主，每一尺以长绳柱拦之。若不拦，必为风所摧，不能自立。

一年中，即高一丈余。其旁生枝叶，即掐去，令直耸上。高下任人，取足，便掐去正心，即四散下垂，婀娜可爱。若不掐心，则枝不四散，或斜或曲，生亦不佳也。

六七月中，取春生少枝种，则长倍疾。少枝叶青气壮，故长疾也。

杨柳[2]：下田停水之处，不得五谷者，可以种柳。八九月中水尽，燥湿得所时，急耕则鳎榛之。至明年四月，又耕熟，勿令有块，即作谖垅：一亩三垅，一垅之中，逆顺各一到，谖中宽狭，正似葱垅。从五月初，尽七月末，每天雨时，即触雨折取春生少枝，长一尺以上者，插着垅中，二尺一根。数日即生。

少枝长疾，三岁成椽。比如余木，虽微脆，亦足堪事。一亩二千一百六十根，三十亩六万四千八百根。根直八钱，合收钱五十一万八千四百文。百树得柴一载，合柴六百四十八载。载直钱一百文，柴合收钱六万四千八百文。都合收钱五十八万三千二百文。岁种三十亩，三年种九十亩；岁卖三十亩，终岁无穷。

凭柳可以为楯、车辋、杂材及枕[3]。

《术》曰："正月旦取杨柳枝着户上，百鬼不入家。"

种箕柳法[4]：山涧河旁及下田不得五谷之处，水尽干时，熟耕数遍。至春冻释，于山陂河坎之旁，刈取箕柳，三寸截之，漫散，即劳。劳讫，引水停之。至秋，任为簸箕。

五条一钱,一亩岁收万钱。山柳赤而脆,河柳白而韧。

《陶朱公术》曰[5]:"种柳千树则足柴。十年之后,髡一树,得一载;岁髡二百树,五年一周。"

【注释】

〔1〕柳:此指垂柳(Salix babylonica),杨柳科,即下文所称"弱柳"。唐陈藏器《本草拾遗》:"柳……江东人通名杨柳,北人都不言'杨'。"说明垂柳北方只称为"柳",与《要术》相同。直到现在称垂柳为"杨柳",还是江南某些地方的通名。《要术》采用的是"插干繁殖法"的"低干插干"。由于插干粗,所含养分多,幼树长势旺盛。

〔2〕杨柳:指蒲柳,即杨柳科杨属的青杨(Populus cathayana)或柳属的水杨(Salix gracilistyla),不是南方人也叫"杨柳"的垂柳。

〔3〕凭柳:未详。《农政全书校注》释为较粗大的柳材,凭借以制较大器物,故称"凭柳"。

〔4〕箕柳:指柳属的杞柳(Salix purpurea),河北、河南等地俗名"簸箕柳"。为丛生落叶灌木,枝条细长柔韧,主要用来编制簸箕、筐篮、笆斗等物。生长迅速,春间生长的枝条,当年能长高到二三米,可以作编制用料。

〔5〕《陶朱公术》:各家书目不著录,所记似是农家治生之书,当系后人托名范蠡之作。原书已佚。

【译文】

扦插柳枝:正月、二月中,截取弱柳的枝条,像臂膀粗细的,一尺半长,在截口下端二三寸的地方烧一烧,整枝埋插掩没在土里。经常浇灌足够的水。过后一定同时长出几条新枝条,只留下一条壮茂的。其余的都掐去。在新枝旁边另外插一根直柱作为支撑的"靠山",〔随着新枝的长高,〕每隔一尺用长绳系在柱上拦定。如果不拦定,必然被风摧伤,不能自立生长。

一年之内,就长到一丈多高。它旁边长出的枝条和叶,随即掐掉,让它挺直上耸生长。主干的高矮,随着人的喜爱留足之后,就得掐去顶梢,这样,它的侧枝便四面散开,弯曲垂下来,婀娜多姿,十分可爱。假如不掐去顶梢,枝干便不会四散开来,或者歪斜,或者弯曲,就是长大也杂乱不好。

六七月里，切取当年春天长出的新枝条来扦插，生长加倍的快。新枝条叶子绿，势头也健壮，所以长得快。

扦插杨柳：低田渍水的地方，不能种五谷的，可以扦插杨柳。八九月里水干之后，燥湿合适的时候，赶快耕翻，随即用铁齿耙耙过。到明年四月，又把地耕熟，不要让它有土块，随即犁出扦插墒沟：一亩地犁出三条沟，一沟之中，用犁逆耕一遍，又顺耕一遍，使沟深些阔些，正像种葱的沟那样。从五月初到七月底，每遇到下雨时，就趁雨切取当年春天长出的新枝梢一尺多长的，插植在沟中。相距二尺插一枝。几天就活了。

当年的新枝梢长得快，三年就可以作椽木。跟其余的木材相比，虽然稍微脆些，也还是可以应用的。一亩地有二千一百六十根，三十亩共有六万四千八百根。一根值八文钱，总共收得五十一万八千四百文钱。一百棵树可以收得一车柴，三十亩共可收柴六百四十八车。一车柴值一百文钱，共可收得柴钱六万四千八百文。两共合计收钱五十八万三千二百文。一年种三十亩，三年种九十亩；每年砍卖三十亩，〔周而复始，〕永远没有穷尽。

凭柳可以作栏杆、车轮外辋、杂用材料，以及枕头等。

《术》说："正月初一早晨，取杨柳枝条插在门户上，百鬼不敢进到家里来。"

种箕柳的方法：山涧、河边上，以及低田不能种五谷的地方，到水尽干涸的时候，把地耕几遍使细熟。到春天化冻的时候，在山边河旁的低洼地方，割得箕柳枝条，截成三寸长的短段，撒播在地里，随即耢平。耢后，从水源处引水进来浅渍着。到秋天，长出的柳条就可以编制簸箕。每五条值一文钱，一亩地一年可以收得一万文钱。山箕柳赤色而脆，河箕柳白色而韧。

《陶朱公术》说："种得一千株柳树，可以有足够的柴。十年之后，剪伐一株条干，可以得到一车柴；每年剪伐二百株，五年一个循环。"

楸、梓[1]

《诗义疏》曰："梓，楸之疏理色白而生子者为梓。"

《说文》曰:“檟,楸也。”〔2〕

然则楸、梓二木,相类者也。白色有角者名为梓。以楸有角者名为“角楸”,或名“子楸”;黄色无子者为“柳楸”,世人见其木黄,呼为“荆黄楸”也。

【注释】

〔1〕《说文》楸、梓互训,认为是同一种植物,《诗义疏》以楸之有子者为梓,实际也认为二者同物。启愉按:楸是异花授粉植物,如果单株自花授粉,由于花粉在柱头上不能发芽或发芽后不能受精,往往开花而不结实。但如果两株实生树生长在一起,或者不同无性系的单株生长在一起,经过昆虫传粉,便能结实。古人误认为结实的是梓树,不结实的是楸树,不仅《诗义疏》如此。贾氏指出二者相类,并非一种,是正确的。楸是紫葳科的Catalpa bungei;梓是同属的C. ovata,树皮灰白色。二者都结长荚果。楸树木材细致,耐湿,梓树木材耐朽,都是建造良材。至于所称又有一种黄色无子的“荆黄楸”,则有未详。

〔2〕《说文》文同。《说文》又称:“梓,楸也。”“楸,梓也。”二者互训,指为同一植物。但贾氏指出“二木相类”,并非同一种是正确的。

【译文】

楸、梓

《诗义疏》说:“梓,楸中木材纹理较疏、颜色白而能结果实的,是梓。”

《说文》说:“檟(jiǎ),就是楸。”

虽然这样,实则楸和梓是两种树木,只是相类似而已。木材白色能结荚果的,是梓。楸中有结荚果的,名为“角楸”,也叫“子楸”;有木材黄色不结子的,称为“柳楸”,世人见到它木材黄色,管它叫“荆黄楸”。

亦宜割地一方种之。梓、楸各别,无令和杂。

种梓法:秋,耕地令熟。秋末初冬,梓角熟时,摘取曝干,打取子。耕地作垅,漫散即再劳之。明年春,生。有草拔令去,勿使荒没。后年正月间,斸移之,方两步一树。此树须大,不得概栽。

楸既无子，可于大树四面掘坑，取栽移之[1]，亦方两步一根。两亩一行[2]，一行百二十树，五行合六百树。十年后，一树千钱，柴在外。车、板、盘、合、乐器，所在任用。以为棺材，胜于松柏。

《术》曰："西方种楸九根，延年，百病除。"

《杂五行书》曰："舍西种梓、楸各五根，令子孙孝顺，口舌消灭也。"

【注释】

〔1〕这就是掘伤侧根促使伤口不定芽发生根蘖苗以供繁殖的方法，《要术》称为"泄根"。除这里楸树外，尚用于柰、林檎和下文白桐等。

〔2〕两亩一行：两亩合起来栽一行树。1亩的横阔是1步（6尺），根蘖苗的行距是2步，所以是2亩合拢来栽1行。1亩长240步，株距也是2步，所以$240 \div 2 = 120$株。其栽植面积是10亩合并的，所以$10 \div 2 = 5$行，$120 \times 5 = 600$株。

【译文】

也应该划出一块地来单独种。梓树、楸树也应该分开来，不要让它们混杂。

种梓树的方法：秋天，把地耕熟。秋末初冬，梓树荚果成熟时，采摘回来，晒干，打下种子。把地耕出播种沟，撒下种子，随即耢两遍。明年春天，出苗了。有草就拔掉，不要让它遮没幼苗。后年正月间，掘出移栽，株行距都相隔两步栽一株。这种树须要长得大，所以不能栽得密。

楸树既不结种子，可以在大树四周掘坑，〔促使发生根蘖苗，〕取来移栽，也是两步见方栽一株。两亩合起来栽一行树，一行一百二十株，五行总共六百株。十年之后，一株树值钱一千文，〔修剪枝条所得的〕柴薪在外。木材作车架、木板、盘子、盒子，以及乐器，样样都合用。用作棺木的材料，比松柏还好。

《术》说："房屋西面种楸树九株，可以使人长寿，消除百病。"

《杂五行书》说："房屋西面种梓树、楸树各五株，可以使子孙孝顺，不会有口舌争吵。"

梧 桐

《尔雅》曰："荣，桐木。"注云："即梧桐也。"又曰："榇，梧。"注云："今梧桐。"〔1〕

是知荣、桐、榇、梧，皆梧桐也。桐叶〔2〕，花而不实者曰"白桐"。实而皮青者曰梧桐；按：今人以其皮青，号曰"青桐"也〔3〕。

【注释】

〔1〕两条引文均见《尔雅·释木》，文同。注都是郭璞注。按：《说文》："梧，梧桐木。""荣，桐木也。""桐，荣也。""梧"、"荣"、"桐"三字相连排列，前者为梧桐，后二者"荣"、"桐"互训，都是泡桐，即《要术》所谓"白桐"。郭璞解释《尔雅》两种都是梧桐，段玉裁说"乃不可通"（指"荣"应是白桐）。

〔2〕"桐叶"，意谓其叶似桐，即白桐的叶有些像梧桐叶，省去"似"、"如"类字。

〔3〕青桐：即梧桐（Firmiana simplex），梧桐科，古又名"榇"。 白桐：玄参科泡桐属的泡桐（Paulownia fortunei），单名桐或荣，又名荣桐。雌雄异株，木材轻软，不易传热，声学性好，共鸣性强，是良好的乐器用材。郭璞注《尔雅》认为是梧桐，与榇相同，不对。贾氏说白桐只开花不结果，或是单株或同性植株生长在一起的关系。

【译文】

梧 桐

《尔雅》说："荣，是桐木。"注解说："就是梧桐。"又说："榇（chèn），是梧。"注解说："就是现在的梧桐。"

由此可见荣、桐、榇、梧，都是梧桐。叶子像梧桐，只开花不结实的，叫作白桐。结实而树皮青色的，叫作梧桐。按：现在人因为它的树皮青色，管它叫"青桐"。

青桐，九月收子。二三月中，作一步圆畦种之。方、大则难裹，所以须圆、小。治畦下水，一如葵法。五寸下一子，少与熟粪和土覆之。生后数浇令润泽。此木宜湿故也。当岁即高一丈。至冬,竖草于树间令满,外复以草围之,以葛十道束置。不然则冻死也。

明年三月中,移植于厅斋之前,华净妍雅,极为可爱。后年冬,不复须裹。成树之后,树别下子一石。子于叶上生〔1〕,多者五六,少者二三也。炒食甚美。味似菱、芡,多啖亦无妨也。

白桐无子,冬结似子者,乃是明年之花房。亦绕大树掘坑,取栽移之。成树之后,任为乐器。青桐则不中用。于山石之间生者,乐器则鸣〔2〕。

青、白二材,并堪车、板、盘、合、木屧等用。〔3〕

【注释】

〔1〕"叶上生",各本及元刻《辑要》引、《四时纂要·二月》采《要术》并同;殿本《辑要》作"包上生"。启愉按:梧桐花后结成蓇葖果,有四至五片果瓣,在没有成熟时即开裂,果瓣成叶片状,种子球形,大如黄豆,着生于果瓣的边缘,每一果瓣二至四五个。由于果瓣像叶片,古人就误认为"子于叶上生",实际生在叶片状的果瓣上。殿本《辑要》以果瓣为"包片",当是《四库全书》编者改的,似不必以"今"纠古。

〔2〕乐器则鸣:指作乐器音响特别好。按:木材由许多管状细胞和纤维组成,每一个管状细胞就是一个"共鸣笛",它们具有传音、扩音和共鸣的作用。大概这种生长在山石之间的白桐,它的无数个管状细胞和年轮的密致性与均匀性,使乐器的"基音"与"泛音"得到了最好的共鸣条件,所以音响特别好。但说青桐不好作乐器,则有未详(青桐适宜于作琴瑟、琵琶等)。

〔3〕木屧(xiè):木鞋。

【译文】

青桐,九月间收子。明年二三月中,作成一步大小的圆形畦种下。畦作得又方又大,(冬天在幼苗内外用草)裹护时不方便,所以须要作得又圆又小。作畦、浇水等方法,都和畦种葵菜一样。五寸下一颗种子,用少量的和有熟粪的土盖在上面。出苗后,经常用水浇灌使保持润泽。因为这种树宜于湿润。

当年就长到一丈高。到冬天,拿草竖着塞在小树中间,把它填满,外面再用草围护起来,然后用葛绳缠扎十道裹好。不然的话,就会冻死。

明年三月间,移栽到厅堂或书斋前面,华茂洁净,风姿清雅,极为可爱。后年冬天,不再需要用草包裹。树长成之后,每株能落下一石种子。种子生在叶片上,多的一片有五六个,少的也有二三个。炒了吃,味道很美。味道像菱角、芡子,多吃也没有妨害。

白桐不结果实,冬天结着像果实的,那是明年的花蕾。也是绕着大树外围掘坑,〔促使发生根蘖苗,〕取来移栽。树长成之后,可以作乐器。青桐却不好作乐器材料。长在山石之间的白桐,作乐器音响特别好。

青桐、白桐两种木材,都可以作车架、木板、盘子、盒子和木鞋等用途。

柞〔1〕

《尔雅》曰:"栩,杼也。"注云:"柞树。"〔2〕

按:俗人呼杼为橡子,以橡壳为"杼斗",以剜剜似斗故也〔3〕。橡子俭岁可食,以为饭;丰年放猪食之,可以致肥也。

【注释】

〔1〕柞(zuò):这里指山毛榉科的Quercus acutissima,古书上也叫栩、柔(杼)、栎,习俗也叫麻栎、橡树。

〔2〕引文见《尔雅·释木》,无"也"字。注是郭璞注。

〔3〕"剜剜",各本及元刻《辑要》引并同,形容橡壳凹陷如斗形;《丛书集成》排印的殿本《辑要》作"成剜",当系以意率改。按:刘熙《释名·释丘》:"中央下曰'宛丘',有丘宛宛如偃器也。""宛丘"出《诗经·陈风·宛丘》,毛《传》:"四方高中央下曰宛丘。""丘"的原义本来就是中央低四周高,"偃器"就是偃月形(半球形)的容器。《要术》的解释者对"剜剜"二字都有如《丛书集成》本《辑要》的率改和割读,但,刘熙可以拿"宛宛"来形容半球形,为什么贾氏不能用"剜剜"来形容橡斗?

【译文】

柞

《尔雅》说:"栩,就是杼。"注解说:"就是柞树。"

〔思勰〕按：习俗上将杼叫作橡子，把橡壳叫作"杼斗"，因为橡壳圆洞凹陷的样子像斗。橡子荒年可以吃，可以作饭；丰年放猪到树下去吃，可以长肥。

宜于山阜之曲，三遍熟耕，漫散橡子，即再劳之。生则薅治，常令净洁。一定不移。十年，中橡，可杂用。一根直十文。二十岁，中屋樽[1]，一根直百钱。柴在外。斫去寻生，料理还复。

凡为家具者，前件木，皆所宜种。十岁之后，无求不给。

【注释】

〔1〕"樽"，字书解释，于此不协。吾点校记："疑本'欂'字，音辟，《说文》：'壁柱也。'"《四时纂要・二月》采《要术》作"栋"。应是"欂"字之误。

【译文】

宜于在土山旁边的低地，细熟地耕三遍，把橡子撒播下去，随即耢盖两遍。出苗后，薅去杂草，常常保持洁净。种一次就固定着，不移栽。十年，可以作椽木，也可以供给杂用。一根值十文钱。二十年，可以作〔壁柱〕，一根值一百文钱。柴在外。砍去，根茬上不久又长出新条，料理好可以循环利用。

凡是准备制作家具的，以上各种木材，都应该种植。十年之后，没有什么要求不可以满足。

种竹第五十一

中国所生，不过淡、苦二种；其名目奇异者，列之于后条也。

宜高平之地。近山阜，尤是所宜[1]。下田得水即死。黄白软土为良。

正月、二月中，斸取西南引根并茎[2]，芟去叶，于园内东北角种之，令坑深二尺许，覆土厚五寸。竹性爱向西南引[3]，故于园东北角种之。数岁之后，自当满园[4]。谚云："东家种竹，西家治地。"为滋蔓而来生也。其居东北角者，老竹，种不生，生亦不能滋茂，故须取其西南引少根也[5]。稻、麦糠粪之。二糠各自堪粪，不令和杂。不用水浇。浇则淹死。勿令六畜入园。

二月[6]，食淡竹笋；四月、五月，食苦竹笋。蒸、煮、炰、酢[7]，任人所好。

其欲作器者，经年乃堪杀。未经年者，软未成也。

【注释】

〔1〕《要术》种的是单轴型散生竹。栽在靠近土山的地上，有背风向阳的好处。《要术》地区是散生竹类分布的北区，在背风向阳的地方栽培最为有利，因其地日照强，冬季气温较高，有利于散生竹类的防寒越冬。

〔2〕根并茎：竹鞭连同长着的竹竿。"根"指地下茎，即竹鞭的俗称；

实际竹竿的竿基上长的和竹鞭节上长的须根，才是真正的根。"茎"指竹子，即竹竿；实际竹子的地下茎是"竹树"的主茎，其竹竿是主茎的分枝。"根并茎"，即挖出带着一定长度的竹鞭的母竹，作为移植母株。其移植季节，在散生竹类的北区，阴历正月、二月是最合宜的时期。长江以南至南岭以北地区，除酷热、严寒月份外，长年可移植。

〔3〕散生竹的竹鞭有自北向南、自西向东延伸的特性，但也有向没有硬物阻遏的肥沃松软土壤延伸的特性，所以"东家种竹，西家治地"并不是绝对的，因此不能排斥向东南延伸的一、二年生新竹也可以移植。

〔4〕自当满园：自然会长满一园。按：散生竹的竹鞭具有在地下横走的特性，竹鞭的节上生芽，有的芽发育成笋，长成竹竿，有的芽抽成新鞭，继续前走，这样，在地下不断地延广和长出新竹，由一个或少数个体可以逐渐发展成为一大片散生竹林，这时就满园了。

〔5〕少根：少壮阶段的竹鞭。按：移植新竹关键在竹鞭的生长能力。一、二年生少年竹所连的竹鞭，处于青壮阶段，鞭芽饱满，鞭根健强，容易栽活，也容易长出新竹、新鞭。三、四年以上的是老龄竹，其所连必为老鞭，不易栽活，即使栽活，由于鞭芽无力，鞭根稀疏老化，出笋、行鞭困难，难得成林，所以不宜选为母株移植。这个记述很合理。

〔6〕"二月"，各本同，《辑要》引作"三月"。按：淡竹出笋比毛竹春笋稍迟，一般在阳历四月下旬至五月上旬，则阴历在三月才有笋，"二"疑应作"三"。

〔7〕炰（fǒu）：油焖。　　"酢"即醋字，指笋煮后加醋浸食，下文引《诗义疏》有之。北酸南辣，这里不排斥煮后调醋吃。这和《诗义疏》"米藏"的菹菜不同，"酢"不是"菹"字之误。

【译文】

中国北方生长的竹，只有淡竹和苦竹两种；其余名目新奇特异的，记录在后面（卷十）中。

竹宜于栽在高平的地上。靠近土山的地方更为合宜。低地遇上渍水，便会死去。黄白色松软的土最好。

正月、二月里，掘取向西南方向延伸的竹鞭连同长着的竹竿，去掉叶子，栽在竹园的东北角上；栽植坑要有二尺左右深，栽下后上面覆盖五寸厚的土。竹子的本性喜爱向西南方向延伸，所以要栽在园子的东北角上。几年之后，自然会长满一园。俗话说："东家种竹，西家整地。"这就是说，竹子会渐渐蔓延到西家地里去。旧竹园东北角上的竹子是老龄竹，栽下去不会成活，就是成活了也不能滋长茂盛，所以必须选取向西南方向延伸的少年竹作为母竹。用稻糠或麦糠作肥料。两种糠可以各别单独施用，不要混合。不要浇水。浇了便会淹死。不要让六畜进入园里。

二月（？），有淡竹笋吃；四月、五月，有苦竹笋吃。蒸的，煮的，油焖的，醋调的，随各人的爱好。

要作器具时，必须经过一年之后，才能砍来用。没有经过一年之后的，竹竿软弱，还没有长成。

笋

《尔雅》曰："笋，竹萌也。"[1]

《说文》曰："筍，竹胎也。"[2]

孙炎曰："初生竹谓之笋。"

《诗义疏》云[3]："笋皆四月生。唯巴竹笋，八月生，尽九月，成都有之。篃[4]，冬夏生。始数寸，可煮，以苦酒浸之，可就酒及食。又可米藏及干[5]，以待冬月也。"

【注释】

〔1〕见《尔雅·释草》，无"也"字。下文"孙炎曰"，系注《尔雅》文，应列在《尔雅》文后，这里是倒错。

〔2〕《说文》是："筍，竹胎也。从竹，旬声。"《要术》原引作"笋"，是后人传抄搞乱，今改复。他处均依今写作"笋"。

〔3〕《诗经·大雅·韩奕》"维笋及蒲"，孔颖达疏引陆机《疏》文与今本《毛诗草木鸟兽虫鱼疏》相同，但与《要术》引《诗义疏》大异。

〔4〕篃（méi）：篃竹。《御览》卷九六三"篃竹"引《竹谱》："篃竹，江汉间谓之箭竿，一尺数节，叶大如扇，可以为篷。"这是禾本科竹亚科箬竹属（Indocalamus）的竹。现在有的书以其中箬竹（I. tessellatus）为篃竹，竿细而矮，几乎实心，节间仅5厘米，1尺有几节，叶片很大，可作防雨等用具，也可包粽子。

〔5〕"米藏"，各本同，惟《渐西》本从吾点校改为"采藏"，今人校注本从之，其实"米"不是错字。按：下文引《食经》有米粥腌笋法，卷九《作菹藏生菜法》多用米饭或粥清腌藏瓜菜，"米藏"正是此类，是利用淀粉糖化产

生乳酸防腐作用并发出酸香气的菹藏法，即今酸泡笋。

【译文】

笋

《尔雅》说："笋，是竹的芽。"

《说文》说："笱，是竹的胚胎。"

孙炎〔注解《尔雅》〕说："刚生的竹叫作笋。"

《诗义疏》说："笋都是四月出生。只有巴竹笋，八月出生，一直到九月底还长出，这笋成都就有。簡竹，冬天夏天都出笋。刚长出几寸长时，可以采来煮过，用醋浸着，可以下酒下饭。也可以加米饭腌作酸泡笋，以及晒作笋干，准备冬天食用。"

《永嘉记》曰："含隋竹笋〔1〕，六月生，迄九月，味与箭竹笋相似〔2〕。凡诸竹笋，十一月掘土取皆得，长七八寸。长泽民家，尽养黄苦竹〔3〕。永宁南汉〔4〕，更年上笋——大者一围五六寸〔5〕：明年应上今年十一月笋，土中已生，但未出，须掘土取；可至明年正月出土讫〔6〕。五月方过，六月便有含隋笋。含隋笋迄七月、八月。九月已有箭竹笋，迄后年四月。竟年常有笋不绝也。"

《竹谱》曰〔7〕："棘竹笋〔8〕，味淡，落人鬓发。篁、節二笋〔9〕，无味，鸡颈竹笋〔10〕，肥美。簡竹笋，冬生者也。"

《食经》曰："淡竹笋法：取笋肉五六寸者，按盐中一宿，出，拭盐令尽。煮糜一斗，分五升与一升盐相和。糜热，须令冷，内竹笋咸糜中一日。拭之，内淡糜中，五日可食也。"

【注释】

〔1〕含隋(duò)竹：也写作"䈕隋"，据吴末晋初的沈莹《临海异物志》和元代李衎《竹谱详录》卷六"䈕隋竹"所记，竹竿大如足趾，坚厚直长，竿

内白膜上面长着茸毛，浙东沿海山中很多。但未详是何种竹。

〔2〕箭竹：竹亚科的Sinarundinaria nitida。竿细劲，可作伞柄、箭竿等。笋供食用。

〔3〕黄苦竹：苦竹属（Pleioblastus）的一种，竿皮黄色。苦竹笋，有的不堪食用；有的煮过减煞苦味，可以吃，就是《要术》四五月吃的。

〔4〕永宁：县名，汉置，晋因之，治所在今浙江温州。长泽县，隋置，在今陕西；南汉县，刘宋置，在今成都北。《永嘉记》作者郑缉之是刘宋时人，如以二地名为县，时代地区均大相乖违，殊谬。又据《晋书·地理志下》，永嘉郡统辖永宁（郡治所在）、安固、松阳、横阳，仅四县，根本没有长泽县、南汉县。所以这里的长泽、南汉都是永宁县属下的乡里名，不得率尔以县当之。

〔5〕一围五六寸：周围有一尺五六寸粗。按：这是《永嘉记》的习用语，卷四《插梨》引此书就有“子大一围五寸”。“一围”约合一尺，参见《插梨》注释。所记是毛竹（Phyllostachys pubescens），其笋粗大达一尺五六寸是习见的。

〔6〕全年出笋，“正月”明显是“五月”形似之误。如果“讫”连下句读作“讫五月”，则“五月”二字应重复，不然，下文读成“方过六月，便有含隋笋”，则与含隋笋“六月生”违戾，而且作“到”解释的“讫”，下文二见均作“迄”。

〔7〕《竹谱》：《旧唐书·经籍志下》农家类著录“《竹谱》一卷，戴凯之撰”。今传本《竹谱》一卷，题“晋戴凯之撰”。按：戴凯之，字庆豫，武昌（今属湖北）人，曾任南康（治所在今江西赣州）相，余无所知。惟书中引有徐广《杂记》，徐广死于南朝宋文帝元嘉二年（425），则戴应是刘宋时人，并非晋人。此处所引《竹谱》，与今本戴凯之《竹谱》内容相合，当出戴《谱》，是节引。

〔8〕棘竹：竹亚科簕（cè）竹属（Bambusa）的竹，参看卷一〇“竹（五一）”注释。

〔9〕“篁、節”，疑误。按：戴凯之《竹谱》有䉹、簩二竹，称：“䉹、簩二种，至似苦竹……䉹笋亦无味，江汉间谓之苦䉹。见沈《志》。䉹音聊，簩音礼。”沈《志》是吴末晋初沈莹的《临海异物志》，书已佚。“篁”，字书无此字，“篁、節”很可能是“簩（lǐ）、䉹（liáo）”残烂后搞错的。

〔10〕“鸡颈”，戴凯之《竹谱》作“鸡胫”，说其竹“纤细，大者不过如指”，但大如指而“肥美”，疑应作“颈”。鸡颈竹笋，泛指笋味鲜美的小竹笋。

【译文】

《永嘉记》说：“含隋竹笋，六月出生，一直到九月还有，味道跟箭竹笋相似。各种竹笋，十一月掘土下去都会找到，笋有八九寸长。长泽的老百姓家，养的尽是黄苦竹。永宁的南汉地方，全年都出笋——大的周围有一尺五六寸粗。全年出笋是：明年该出今年十一月土中的笋，已经在土中长着了，不过还没有出土，须要掘开土取得；这笋可以到明年〔五月〕才出土完。五月刚过，六月便有含箨笋相接。含箨笋一直出到七月、八月。一到九月，已经有箭竹笋接着，箭竹笋一直接到次年四月。所以一年到头都有笋吃，中间没有间断。”

《竹谱》说:“棘竹笋，味淡薄，吃了使人鬓发脱落。〔簟、篰〕两种笋，没有味。鸡颈竹笋，肉厚鲜美。篃竹笋，冬天出生。”

《食经》说:“淡竹笋的腌泡方法：取五六寸长的笋肉，按在盐里面过一夜，拿出来，把盐揩干净。煮一斗稀粥，分出五升来，加入一升盐。等到热粥冷了，把笋放进咸粥里面泡一天。再拿出来，揩干净，然后放进淡粥里面，泡上五天，便可以吃了。”

种红蓝花、栀子第五十二[1]

燕支、香泽、面脂、手药、紫粉、白粉附

花地欲得良熟。二月末三月初种也。

种法：欲雨后速下；或漫散种，或耧下，一如种麻法。亦有锄掊而掩种者，子科大而易料理[2]。

花出，欲日日乘凉摘取。不摘则干。摘必须尽[3]。留余即合。

五月子熟，拔，曝令干，打取之。子亦不用郁浥。

五月种晚花。春初即留子，入五月便种，若待新花熟后取子，则太晚也。七月中摘，深色鲜明[4]，耐久不黦[5]，胜春种者。

负郭良田种一顷者，岁收绢三百匹。一顷收子二百斛，与麻子同价，既任车脂，亦堪为烛[6]，即是直头成米。二百石米，已当谷田；三百匹绢，超然在外。

一顷花，日须百人摘，以一家手力，十不充一。但驾车地头，每旦当有小儿僮女十百为群，自来分摘；正须平量，中半分取。是以单夫只妇，亦得多种。

【注释】

〔1〕卷首总目作“及栀子”，这里无“及”字，均仍其旧。问题是篇中

根本没有提到“栀子”，和《漆》的没有提到种漆同样有矛盾。可能有脱漏，或者想写而没有写上。《农政全书》卷三八引《要术》有种栀子法，其实引自《辑要》“新添”的内容，《农政》误题。红蓝花：即菊科的红花（Carthamus tinctorius），其花红色，叶片像蓼蓝，所以又名“红蓝花”。古时常利用花中所含红色素作化妆品，如胭脂等类。现在主要作药用，是比较贵重的药材。《要术》时代还没有作药用。北方春播红花，阴历二月末三月初是播种适期。阴历五月成熟。五月可种夏播秋收的晚季花。栀子，茜草科的Gardenia jasminoides，果实可作黄色染料，所以与红花同列，可惜篇中无一字提及栀子。

〔2〕“子科大”，各本相同，《辑要》引也一样。但“子”上应脱“省”字，是说点播的省子而科丛大。《四时纂要·五月》引《要术》正作“省子而科，又易断治”。按：红花种子比较细小，春播必须趁雨播种，防止春旱不易出苗。头状花序顶生，采摘时用三个指头抽出其筒状花冠，这是人们需要的部分。抽摘时必须细心，由于花冠的下部被抽断了，必须注意不可伤及基部的子房，因为还要留着结子。刨穴点播的植株较稀，科丛较大，抽摘时比较便利，比撒播的、条播的都强些。

〔3〕红花花瓣由黄变红时必须及时采摘，一般在24—36小时内采的，花色最为鲜美，过后就变暗红色而凋萎。要是在今天早晨看到花蕾内露出一些黄色小花瓣时，明天早晨就该采摘。采摘时间必须在清晨露水未干以前，因为红花叶子的叶缘和花序总苞上都长着很多的尖刺，早晨刺软不扎手，等到太阳一高露水干了以后，刺变硬，不但刺手，操作不便，毛手毛脚还会抽伤子房，并且晚了花冠变得萎软，手抓上容易结块，严重影响花的质量。再迟，就凋谢没法采，采来也没有用了。所以当天必须全部采光，不能留着白白损失。

〔4〕红花花冠橘红色，“深”谓红色较鲜明，孟方平同志说“深”是“染”字之误，不必作此解。

〔5〕黦（yuè）：黄黑色。

〔6〕红花子含油量达20%—30%，这里就是利用其子作成火炬式的“烛”。

【译文】

种红花的地要求肥沃，整治得细熟。二月末三月初下种。

种法：要在雨停后赶快播种；或者〔等到土表发白时〕撒播，或者用耧条播，像种大麻一样。也有用锄头刨穴点播，然后覆土的，这样，种子〔省〕而科丛大，又容易料理。

花开后，要每天趁天凉时采摘。不摘就干萎了。采摘必须要全部摘完。留下的不要多久便会凋萎。

五月种子成熟，拔下，晒干，打下种子〔，贮藏好〕。种子也不能郁坏。

五月种晚红花。春天种时就预先留下一部分种子，到五月便种，如果等到春播的种子生长成熟后再拿新种子来种，就太迟了。七月中摘这批花，红色鲜明，耐久不会变晦暗色，比春天种的要强。

在城市近郊的好地上，种上一顷红花，一年可以卖去，收到三百匹绢。一顷地可以收得二百斛种子，种子和大麻子价格相同，既可以〔榨油〕用来作车毂的润滑油，也可以作烛。种子的价格用米价抵值，就抵得上二百石米。二百石米，已经抵得上一顷谷田的收入；还有三百匹绢是超出在外的。

一顷地的花，每天须要百把个人采摘，单靠自己一家人的人手，十分工作量完成不了一分。怎么办，这只要驾着车子到地头上，每天早晨，便会有男女小孩，十几个一群，几十百把个一群，前来帮助摘花。酬劳只要公平地把花量出来，两家对半平分就行了。所以，就是单身的男子妇女，也可以多种。

杀花法〔1〕：摘取，即碓捣使熟，以水淘，布袋绞去黄汁；更捣，以粟饭浆清而醋者淘之，又以布袋绞去汁，即收取染红，勿弃也。绞讫，着瓮器中，以布盖上；鸡鸣更捣令均，于席上摊而曝干，胜作饼。作饼者，不得干，令花浥郁也。

作燕脂法：预烧落藜、藜藋及蒿作灰〔2〕，无者，即草灰亦得。以汤淋取清汁，初汁纯厚太酽，即杀花〔3〕，不中用，唯可洗衣；取第三度淋者，以用揉花，和，使好色也。揉花。十许遍，势尽乃止。布袋绞取淳汁，着瓷碗中。取醋石榴两三个，擘取子，捣破，少着粟饭浆水极酸者和之，布绞取瀋〔4〕，以和花汁。若无石榴者，以好醋和饭浆亦得用。若复无醋者，清饭浆极酸者，亦得空用之。下白米粉，大如酸枣，粉多则白。以净竹箸不腻者，良久痛搅。盖冒至夜，泻去上清汁，至淳处止，倾着帛练角袋子中悬之。明日干浥浥时，捻作小瓣，如半麻子，阴干之，则成矣。

合香泽法：好清酒以浸香：夏用冷酒，春秋温酒令暖，冬则小热。鸡舌香，俗人以其似丁子，故为“丁子香”也〔5〕。藿香，苜蓿，泽兰香〔6〕，凡四种，以新绵裹而浸之〔7〕。夏一宿，春秋再宿，冬三宿。用胡麻油两分，猪脂一分，内铜铛中，即以浸香酒和之，煎数沸后，便缓火微煎，然后下所浸香煎。缓火至暮，水尽沸定，乃熟。以火头内泽中作声者，水未尽；有烟出，无声者，水尽也。泽欲熟时，下少许青蒿以发色。以绵幕铛觜、瓶口，泻着瓶中。

合面脂法：用牛髓。牛髓少者，用牛脂和之。若无髓，空用脂亦得也。温酒浸丁香、藿香二种。浸法如煎泽方。煎法一同合泽，亦着青蒿以发色。绵滤着瓷、漆盏中令凝。若作唇脂者，以熟朱和之，青油裹之〔8〕。

其冒霜雪远行者，常啮蒜令破，以揩唇，既不劈裂，又令辟恶。小儿面患皴者〔9〕，夜烧梨令熟，以糠汤洗面讫，以暖梨汁涂之，令不皴。赤蓬染布〔10〕，嚼以涂面，亦不皴也。

合手药法：取猪胆一具〔11〕，摘去其脂。合蒿叶于好酒中痛挼，使汁甚滑。白桃人二七枚，去黄皮，研碎，酒解，取其汁。以绵裹丁香、藿香、甘松香、橘核十颗〔12〕，打碎。着胆汁中，仍浸置勿出——瓷瓶贮之。夜煮细糠汤净洗面，拭干，以药涂之，令手软滑，冬不皴。

【注释】

〔1〕红花除含有红花红色素外，并含有红花黄色素，黄色素大大多于红色素。明末宋应星《天工开物》卷三："红花……黄汁净尽，而真红乃现。"所以必须褪去黄色素，然后才能作为红色染料。《要术》的褪黄法是第一道用清水淘洗，绞去一部分黄色素，第二道进一步用酸浆水淘洗，利用有机酸使黄色素分解出而绞去之。但这样使人产生疑窦，是不是红色素也会被褪去；但是不会的，参看注释〔3〕。杀，读作shài。

〔2〕落藜：藜科地肤（Kochia scoparia）的别名，也叫"落帚"、"扫帚菜"，其茎枝可作扫帚。　藜藋（diào）：即藜科的藜（Chenopodium album），藜有所谓"灰藋"、"蔏藋"、"蒴藋"等的别名。

〔3〕杀花：褪下花的红色。"杀"是褪掉、除去之意；红花黄色素褪去不要，这里是褪下红色素，却是要的。"花"指已经褪去黄色素的干后散收着的花，再拿来褪取红色作胭脂用，非指新摘的红花再来"杀"去黄色。启愉按：鲜红花用水和酸浆淘洗褪去黄色素，是不是红色素也会同时被褪去？这个疑问，恐怕读者们都会有的。通过本条胭脂法的记载，可以明确告诉大家，请放心，不会的。物质由于其内部理化结构、性质等的不同，对某种溶液的反应也不同。黄色素溶解于酸溶液，可以被它溶解而除去；红色素不溶解于酸溶液，所以不会被溶解去，而溶解于碱溶液，所以能通过碱性溶液分解取得。我们知道，草木灰中含有较高的钾，呈碱性，贾氏正是从经验上利用这一特性溶取红色素的。这是我个人的推理解释，没有经过化学实验，但我认为这样理解是重要的。

〔4〕瀋（shěn）：汁液。

〔5〕鸡舌香：桃金娘科的丁香（Syzygium aromaticum）。作香料或入药，其近成熟的果实名为"鸡舌香"，又名"母丁香"；其花蕾别名"丁香"。原注"故为'丁子香'也"中的"为"字，各本同，通"谓"，但在《要术》中无第二例，仍疑原作"谓"，后人同音写错作"为"。

〔6〕藿香：唇形科的藿香（Agastache rugosus），多年生芳香草本。　苜蓿：即所谓"苜蓿香"，古时多用以配制香料，如唐王焘《外台秘要》卷三二及《千金翼方》等都有记载，非指豆科的苜蓿，但未详是何种植物。　泽兰：菊科的泽兰（Eupatorium japonicum），多年生草本，茎、叶含芳香油。

〔7〕植物性芳香油溶解于乙醇，不溶解于水。此法用乙醇稀溶液（清酒）浸出植物性芳香油溶液，然后过渡到非干性油脂中，再蒸发去水分，制成润发香油（"香泽"）。其中用淬火的方法测试水分是否干尽，很是细致合理。同样的方法用于固态的动物性油脂，则成润面香脂（"面脂"）。

〔8〕"青油"，各本同。今俗名柏子油为"青油"，在《要术》不可能有，

而且是干性油，不能用于唇脂。金抄"青"字空白一格，则究竟是否"青油"，尚未可必，但无从推测是什么油。

〔9〕皴（cūn）：皮肤因风吹或受冻而干裂。

〔10〕"赤蓬"，两宋本等如文，湖湘本等作"赤连"，都不可解。所谓"染布"，指将这种植物的润滑性液汁浸染在布上，准备随时嚼汁涂面防皴。《四时纂要·五月》"燕脂法"是将红花先染在布上，要用时再用灰汁褪出布上的红汁来作胭脂。这和"赤蓬染布，嚼以涂面"的方法相类似，但"赤蓬"未详是何种植物，也许有错字。

〔11〕猪胰（yí）：《本草纲目》卷五〇"豕"："胰……一名肾脂，生两肾中间，似脂非脂，似肉非肉。"并载有用猪胰浸酒防皴方。此字新旧《辞源》、《辞海》均未收，但均收有"胰子"条目，说是旧时妇女用猪胰浸酒涂手面可以防皴，因相承称肥皂为"胰子"。这是承宋代字书《类篇》"胰，亦作胰"之误。启愉按：猪胰位于胃下，贴在腹后壁上，呈带状，红紫色，俗名"尺"；胰位于两肾中间，呈椭圆状，黄白色，多润滑液汁：二者绝非一物。猪胰浸酒防皴，农村妇女类能道之，有的地方讹称"猪衣"；用猪胰防皴，则有未详。

〔12〕甘松香：败酱科的甘松（Nardostachys chinensis），多年生矮小草本，根茎有浓烈香气，可制香料，并供药用。

【译文】

褪去红花黄汁的方法：花摘回来随即用碓捣得烂熟，加水淘洗，用布袋盛着，绞去黄色的汁；再捣，用发酸澄清的粟饭浆水淘洗，又用布袋绞去黄汁，这时可以把绞干的红花收起来准备染红色，不要丢掉。绞干后，把花放入瓮器中，用布盖在瓮口上。到当夜鸡叫时，拿出来再捣匀，摊在席子上，晒干。〔就这样把散花收起来，〕比捏成饼要好。捏成饼的，里面干不透，花便窝坏了。

作胭脂的方法：预先把落藜、藜藋和蒿草烧成灰，如果没有，就用普通的草灰也可以。用热水冲淋，取得比较清淡的灰汁，第一道淋出的汁，太纯酽，拿来褪下花〔的红色〕，不合用，只能用它洗衣服；要再淋一道，拿第三道淋出的汁，用来揉花，碱性平和，可以使颜色鲜明。拿来揉花。要揉十来遍，使红色完全褪出为止。再用布袋绞取揉出的纯红汁，盛在瓷碗中。又取两三个酸石榴，擘破取出子来，捣破，加少量很酸的粟饭浆水调和，用布包裹着绞出酸汁，和到红花汁里。如果没有石榴，用好醋和进酸饭浆里，也可以用。要是连醋也没有，拿极酸的澄清的饭浆水，也可以单独使用。再拿酸枣大的白米粉一颗，放进红花汁里，白粉多了，颜色就不够红。用没有油腻的干净竹筷子，长时间地用力搅拌。然后用东西盖在碗口上，到夜里，倒掉上面的清汁，到纯厚的地方停止，把它倒进一个用熟绢缝制的尖角形的袋子里，离空挂着。明天，半干半湿时，拿出来捻成小瓣儿，像半颗大麻子的大小，让它阴干，就成功了。

配制润发油的方法：先用纯净的清酒浸渍香料：夏天用冷酒，春天秋天用温酒，冬天要更热些。用鸡舌香、习俗上因为它的形状像小钉子，所以称为“丁子香”。藿香、苜蓿、泽兰香，共四种，用新丝绵包着，浸在酒里。夏天浸一夜，春天秋天两夜，冬天三夜。拿芝麻油两份，猪脂一份，放入小铜锅里，和入浸香的酒，一起煎沸几次之后，便用文火缓缓地煎，然后加入浸过的香再煎。文火一直煎到傍晚，水分煎干了，不再沸了，便煎成熟了。拿个火头淬到香油里，如果发出响声，表示水还没有干尽；如果有烟冒出，听不到声音，便是水干尽了。香油将要成熟的时候，加入少量的青蒿，使它增添色泽。最后，用丝绵同时蒙住小铜锅的嘴和准备装的瓶口，〔作两重过滤，〕倒进瓶子中保存。

配制润面香脂的方法：用牛骨髓。牛骨髓不够，可以和些牛脂进去。如果连牛髓也没有，单用牛脂也可以。用温温的酒浸泡丁香和藿香两种香。浸法同浸润发油的方法一样。煎法也一如煎润发油的方法，也加入青蒿使增加色泽。拿丝绵过滤到瓷杯或者漆杯中，让它冻凝。假如要作涂嘴唇用的唇脂，可以和进一些熟朱砂，外面用青油涂裹。

冒着霜雪远行的人，常常把大蒜咬破，揩在嘴唇上，既可以防止嘴唇裂开，又可以辟除邪恶。小儿脸上皮肤皴裂的，夜间把梨子煮熟，先用米糠烧的热水洗过脸，再用暖梨汁涂在脸上，可以不皴裂。或者用赤蓬染的布，嚼出汁来，涂在脸上，也不会皴裂。

配制“手药”的方法：取猪胆一个，摘去附着的脂肪。连同青蒿叶放入好酒里面尽情地揉挼，使胆汁极其滑腻。用十四颗白桃仁，剥去黄色的种皮，研碎，用酒浸过，取它的液汁用。拿丝绵包裹丁香、藿香、甘松香和十颗橘核，要打碎。一起放入胆汁中，就这样浸着搁着，不要拿出来——用瓷瓶贮藏着。夜间，用煮细糠的热水，把脸洗干净，揩干，将这胆药涂在脸上手上，能使手面柔软滑润，冬天不会皴裂。

作紫粉法：用白米英粉三分，胡粉一分，不着胡粉，不着人面。和合均调。取落葵子熟蒸[1]，生布绞汁，和粉，日曝令干。若色浅者，更蒸取汁，重染如前法。

作米粉法：粱米第一，粟米第二。必用一色纯米，勿使有杂。師使甚细[2]，简去碎者。各自纯作，莫杂余种。其杂米——糯米、小麦、黍米、穄米作者，不得好也。于木槽中下水，脚踏十遍，净淘，水清乃止。大瓮中多着冷水以浸米，春秋则一月，夏则二十日，冬则六十日，唯多日佳。不须易水，臭烂乃佳。日若浅者，粉不滑美。日满，更汲新水，就瓮中沃之，以酒杷搅，淘去醋气——多与遍数，气尽乃止。

稍稍出着一砂盆中熟研，以水沃，搅之。接取白汁，绢袋滤着别瓮中。粗沉者更研，水沃，接取如初。研尽，以杷子就瓮中良久痛抨，然后澄之。接去清水，贮出淳汁，着大盆中，以杖一向搅——勿左右回转——三百余匝，停置，盖瓮，勿令尘污。良久，清澄，以杓徐徐接去清，以三重布帖粉上，以粟糠着布上，糠上安灰；灰湿，更以干者易之，灰不复湿乃止。

然后削去四畔粗白无光润者，别收之，以供粗用。粗粉，米皮所成，故无光润。其中心圆如钵形，酷似鸭子白光润者，名曰“粉英”。英粉，米心所成，是以光润也。无风尘好日时，舒布于床上，刀削粉英如梳，曝之，乃至粉干。足将住反手痛挼勿住[3]。痛挼则滑美，不挼则涩恶。拟人客作饼，及作香粉以供妆摩身体。

作香粉法：唯多着丁香于粉合中，自然芬馥。亦有捣香末绢筛和粉者，亦有水浸香以香汁溲粉者，皆损色，又费香，不如全着合中也。

【注释】

〔1〕落葵：落葵科的落葵(Basella rubra)，又名胭脂菜。其子实为浆果，含有紫色素，可作敷面粉和唇脂。

〔2〕𥘶(fèi)：舂。

〔3〕足：这里作“满足”“足够”解。

【译文】

作紫粉的方法：用极精白的“英粉”三份，铅粉一份，不加铅粉，不容易敷着在脸上。混合调匀。把落葵的子实蒸熟，用生布绞出紫色液汁，和进粉里，在太阳底下晒干〔，就作成了〕。如果颜色嫌淡，再蒸些子实，取得液汁，重新照样调浓些。

作精白米粉的方法：粱米第一好，粟米第二。必须用纯净的一种米，不要让它有混杂。舂到很白。把碎米拣掉。每一种米，各自纯净地作，不要混进别种的米。混进别种的米——糯米、小麦、黍米、穄米，都作不好。把米搁在木槽里，加水，用脚踏十来遍，淘净；〔换水再淘，〕到水清为止。在大瓮中多放冷水，把米浸着，春天秋天浸一个月，夏天浸二十天，冬天浸六十天，天数多些为好。不需要换水，米烂发臭了才好。如果日子不长，粉就不会细滑。日子浸满之后，〔倒掉臭水，〕再汲新水灌进瓮里，用酒耙搅捣荡洗，淘去酸气——换水多淘几遍，到没有气味才停手。

少量地倒点出来在砂盆里，尽量地研细，再加进水，搅动调匀。舀出白米汁灌入绢袋子中，过滤到另外的瓮里。〔再倒点出来再研，再过滤。〕沉在原来的瓮底〔和绢袋底〕的粗粒，再研细，再加水，再搅匀，再照样舀出来过滤过。统统研尽过滤之后，用耙子就瓮中的粉汁长时间尽情地抨击，然后让它澄清。澄清后，舀去上面的清水，将纯浓汁倒在一个大盆里，拿一根木杖在汁中向一个方向旋转——不要左右换方向——三百多圈，然后搁着〔让它沉淀〕，盖好瓮口，别让灰尘给染污了。过了很久，澄清了，用杓子小心缓缓地舀掉上面的清水。随即拿三重布贴在湿粉上，布上盖一层粟糠，糠上再盖灰；灰吸收水分湿了，再换上干灰，到灰不再湿为止。

最后，将大盆中这块粉的四边上虽白而粗没有光泽的粉，割下来，另外作为粗粉用。粗粉是米皮所成，所以没有光泽。粉块中心，圆圆的一块像钵形的，很像熟鸭蛋白的光泽的，叫作“英粉”。英粉是米心所成，所以有光泽。在没有风没有尘土，又有好太阳的日子，拿下来放在床箔上，用刀子将英粉削成梳掌形的片子，在太阳底下晒，直到晒干。干后，由多人多双手不停地尽量揉挼。尽情揉挼，粉就细腻滑美，不这样，就粗糙不好吃。这英粉可以准备作饼款待客人，也可以作香粉妆饰身体。

作香粉的方法：最好的办法是多搁些整颗的丁香在粉盒子里，自然芬芳馥郁。有人把丁香捣成末，用绢筛筛过和到粉里，也有人用水浸丁香，拿香汁调和粉的，都会使粉失去白色，而且又费香，不如整颗放在盒子里好。

种蓝第五十三

《尔雅》曰:“葴,马蓝。”注曰:“今大叶冬蓝也。”〔1〕

《广志》曰:“有木蓝〔2〕。”

今世有茇赭蓝也〔3〕。

【注释】

〔1〕见《尔雅·释木》,文同。注文与郭璞注同。马蓝,爵床科的马蓝(Strobilanthes cusia),多年生灌木状草本,产于我国西南部、东南部。叶可制蓝靛。其根供药用,现在中药上用为“板蓝根”的一种。郭璞注《尔雅》所称“大叶冬蓝”,即指此种。

〔2〕木蓝:豆科的木蓝(Indigofera tinctoria),常绿灌木,叶似槐叶,亦称“槐蓝”。产于广东、福建等省。叶可制蓝靛。但崔寔地区不能种木蓝,木蓝是“大蓝”之误。

〔3〕“茇赭蓝”可能是蓝的一个品种。按《要术》种的蓝是蓼科的蓼蓝(Polygonum tinctorium),也单称“蓝”。一年生草本,我国原产,南北各地均有栽培。

【译文】

《尔雅》说:“葴(zhēn),是马蓝。”注解说:“就是现在的大叶冬蓝。”

《广志》说:“有木蓝。”

现在有茇赭蓝。

蓝地欲得良。三遍细耕。三月中浸子,令芽生,乃畦种之。治畦下水,一同葵法。蓝三叶浇之。晨夜再浇之。薅治令净。

五月中新雨后，即接湿耧耩，拔栽之。《夏小正》曰："五月启灌蓝蓼[1]。"三茎作一科，相去八寸。栽时宜并功急手，无令地燥也。白背即急锄。栽时既湿，白背不急锄则坚确也[2]。五遍为良。

七月中作坑，令受百许束，作麦稈泥泥之，令深五寸，以苫蔽四壁。刈蓝，倒竖于坑中，下水，以木石镇压令没。热时一宿，冷时再宿，漉去荄[3]，内汁于瓮中。率十石瓮，着石灰一斗五升，急手抨普彭反之，一食顷止。澄清，泻去水；别作小坑，贮蓝淀着坑中。候如强粥，还出瓮中盛之，蓝淀成矣。

种蓝十亩，敌谷田一顷。能自染青者，其利又倍矣。

崔寔曰："榆荚落时，可种蓝。五月，可别蓝[4]。六月，可种冬蓝。""冬蓝，木蓝也[5]，八月用染也。"

【注释】

〔1〕"启灌"，两宋本作"浴灌"，他本作"洛灌"或"洛藋"，均误。自北宋本到现在的中日整理本，均承误未改。启愉按：《夏小正》原文是："五月……启灌蓝蓼。"《夏小正》是西汉戴德所传，他的解释是："启者，别也，陶而疏之也。灌者，丛生者也。"清顾凤藻《夏小正经传集解》卷二："陶，除也。……熊安生曰：'开辟此丛生之蓝蓼，分移使之稀散。'"说明"灌"是"灌丛"的意思，指稠密丛生的苗；"启"是"别"，就是分开，也就是移栽，下文引崔寔有"五月可别蓝"可证。《要术》正是说五月移栽蓝苗，故引《夏小正》文为证。"浴灌"，只能解释为淹灌，既与正文毫不相干，尤非蓝苗所宜。

〔2〕"确"同"塙"，指土坚硬结块。《要术》虽有"坚垎"字，但这未必是"垎"字之误。

〔3〕荄（gāi）：草根。

〔4〕"别蓝"，各本均作"刈蓝"，但"榆荚落时"才种蓝，五月怎可收割，这也是从北宋本以来到今人整理本一直错着的字。启愉按：《玉烛宝典·五

月》引《四民月令》是:“是月也,可别稻及蓝。”《要术·水稻》引崔寔也明确记载:“五月,可别稻及蓝。”“刈”明显是“别”字之误,据改。

〔5〕“木蓝”,各本相同,这也是从北宋本以来一直到今天的整理本长期错着的字。启愉按:木蓝(Indigofera tinctoria),豆科,常绿灌木,叶似槐叶,又名槐蓝。产于广东、福建等省,《唐本草》、《本草图经》都说出岭南,《四民月令》地区不可能种木蓝。爵床科的马蓝(Strobilanthes cusia),郭璞注《尔雅》称“大叶冬蓝”,《本草衍义》、《救荒本草》称为“大叶蓝”或“大蓝”,这正是这里崔寔说的“冬蓝”,别名“大蓝”,则“木蓝”是“大蓝”之误。元刻《辑要》引《要术》转引崔寔正作:“冬蓝,大蓝也。”是唯一正确的字(殿本《辑要》仍误作“木蓝”)。

【译文】

种蓝的地要肥好。精细地耕三遍。三月中浸种子催芽,作畦种下。治畦浇水,一切同种葵菜的方法一样。蓝苗长出三片叶子,就浇水。要早晨、夜晚浇两次。把杂草薅除干净。

五月里下过雨后,就趁湿用耧耩出栽植沟,畦里拔出蓝苗来移栽。《夏小正》说:“五月〔移栽〕丛生的蓝和蓼。”三株栽一窝,每窝相距八寸。栽时应该两工并一工地快栽,不要让地干燥掉。地面发白就赶紧快锄。栽时地是湿的,白背时如果不快锄,地会变干硬。锄五遍才好。

七月中,掘一个沤蓝的坑,大小能容纳一百来把蓝把的。将麦秆和泥捣熟,用来涂抹在坑底和四壁,都要五寸厚,再用草苫遮蔽四壁。把蓝割来,叶朝下倒竖在坑中,灌水,用木棍和石头镇压在蓝把上面,让它没水。天热沤一夜,天凉沤两夜,捞掉沤过的茎叶,把蓝汁舀到大瓮里。比例是十石的大瓮,加入一斗五升的石灰,急速用耙子剧烈抨击,大约一顿饭的时间,停手。让它澄清,倒去上面的清水;另外掘一个小坑,把蓝汁的沉淀倒在坑中。等到这沉淀干到像厚粥那样时,再舀回到瓮中,蓝靛便作成了。

种十亩的蓝,抵得上种一百亩的谷田。能够自己染青的,利益还要加倍。

崔寔说:“榆荚落下时,可以种蓝。五月,可以〔移栽〕蓝。六月,可以种冬蓝。”“冬蓝,就是〔大〕蓝,八月里用来染色。”

种紫草第五十四

《尔雅》曰[1]:“藐,茈草也[2]。”“一名紫莀草[3]。”

《广志》曰:“陇西紫草[4],染紫之上者。”

《本草经》曰:“一名紫丹。”[5]

《博物志》曰:“平氏山之阳,紫草特好也。”[6]

【注释】

〔1〕见《尔雅·释草》,无“也”字。“一名紫莀草”是注文。今本郭璞注是:“可以染紫。一名茈莀,《广雅》云。”《广雅·释草》文作:“茈莀,茈草也。”

〔2〕茈(zǐ)草:茈,同“紫”。茈草即紫草(Lithospermum erythrorrhizon),紫草科,多年生草本。根颇粗壮,长约7—15厘米,粗可达1.5厘米,含有紫草红色素,可作紫色染料,也供药用,质脆,易折断。果实为粒状小坚果。

〔3〕紫莀(lì)草:就是紫草,见《广雅·释草》。但唐玄应《一切经音义》卷一九释为“蒨草”。按:蒨草即茜草科的茜草(Rubia cordifolia),根含茜素,可染绛色,即大红色,而紫草是染紫色的,二者有不同。

〔4〕陇西:郡名,有今甘肃陇西等地。

〔5〕《神农本草经》“紫草”条载:“一名紫丹,一名紫芺(ǎo)。”

〔6〕今本《博物志》不载此条。《神农本草经》“紫草”下陶弘景注引《博物志》及《御览》卷九九六“紫草”引《博物志》均作:“平氏阳山,紫草特好。”平氏,县名,在今河南桐柏。

【译文】

《尔雅》说:“藐(miǎo),是茈草。”〔注解说:〕“又名紫莀草。”

《广志》说:"陇西的紫草,染紫色是最好的。"

《本草经》说:"紫草,一名紫丹。"

《博物志》说:"平氏山的南面,紫草特别好。"

宜黄白软良之地,青沙地亦善;开荒黍穄下大佳。性不耐水,必须高田。

秋耕地,至春又转耕之。三月种之:耧耩地,逐垅手下子,良田一亩用子二升半,薄田用子三升。下讫劳之。锄如谷法,唯净为佳;其垅底草则拔之。垅底用锄,则伤紫草。

九月中子熟,刈之。候稃芳蒲反燥载聚,打取子。湿载,子则郁浥。

即深细耕。不细不深,则失草矣。寻垅以杷耙取,整理:收草宜并手力,速竟为良,遭雨则损草也。一扼随以茅结之,擘葛弥善。四扼为一头,当日则斩齐,颠倒十重许为长行,置坚平之地,以板石镇之令扁。湿镇直而长,燥镇则碎折,不镇卖难售也。

两三宿,竖头着日中曝之,令浥浥然。不晒则郁黑,太燥则碎折。五十头作一洪[1],洪,十字,大头向外,以葛缠络。着敞屋下阴凉处棚栈上。其棚下勿使驴马粪及人溺,又忌烟——皆令草失色。其利胜蓝。

若欲久停者,入五月,内着屋中,闭户塞向,密泥,勿使风入漏气。过立秋,然后开出,草色不异。若经夏在棚栈上,草便变黑,不复任用。

【注释】

〔1〕洪:作为一大捆的特用俗语。四把作一头,五十头捆成一洪。捆法是大头向外,小头向内,一头一头十字交叉地排叠起来,再用葛缠扎牢固。

【译文】

紫草宜于种在黄白色松和的好地上，种在青色砂壤土上也好；而新开荒种过一熟黍穄的地，接种紫草最好。性质不耐水，必须种在高地上。

秋天把地耕翻，到春天再耕一遍。三月播种：用耧耩出播种沟，随着沟撒下种子，好地一亩用二升半种子，薄地一亩用三升。种好后，耢平。锄草如同锄谷的方法，越干净越好；沟底的杂草，用手拔掉。沟底如果用锄，会伤紫草根。

九月里种子成熟时，割下来摊着。等稃壳干燥了，再聚拢来，打下种子收好。湿时积聚，种子会窝坏。

〔植株割下后，〕随即又深又细地把地耕翻。不耕深耕细，紫草〔根不能全都翻出来〕，收获就受到损失了。一行一行地用手用铁齿耙把根耙拢来，加以整理：收根要多人齐力尽快收完为好，遇上下雨，根就受损失了。收得一把，随即用茅草扎好，擘葛来扎更好。四把扎成一头，当天就要整理完毕。一头一头头尾颠倒着叠上十来层，不断地向外延长，叠成一长条；要叠在坚实平正的地面上，然后拿石板压在上面，让它压扁。湿时镇压，草根又直又长；燥了再压，根就会折断破碎；没有压过的，卖时不受欢迎。

过了两三夜，拿下来头朝上在太阳底下晒，让它晒到半干半湿。不晒过，郁闭着会变黑；晒得太燥了，又会断碎。五十头捆成一洪，洪是十字交叉地拿大头一端朝外排列，再用葛捆扎起来。搬进没有墙壁的敞屋里，搁在阴凉地方的棚架上。棚架下面不要让驴马和人大小便，又忌烟熏——这些都会使紫草失去原有的颜色。种紫草的利益，胜过种蓝。

如果要存放长久些的，到五月，搬进屋里来，关上门和窗，用泥严密涂封缝隙，不要让风进去或漏气。过了立秋，然后开门取出来，草根的颜色不起变化。假如仍然留在棚架上过夏，草根便变成黑色，不能再用了。

伐木第五十五种地黄法附出

凡伐木，四月、七月则不虫而坚韧。榆荚下，桑椹落，亦其时也。然则凡木有子实者，候其子实将熟，皆其时也。非时者，虫而且脆也。

凡非时之木，水沤一月，或火煏取干[1]，虫皆不生。水浸之木，更益柔韧。

《周官》曰[2]："仲冬斩阳木，仲夏斩阴木。"郑司农云："阳木，春夏生者；阴木，秋冬生者，松柏之属。"郑玄曰："阳木生山南者，阴木生山北者。冬则斩阳，夏则斩阴，调坚软也。"按：柏之性，不生虫蠹，四时皆得，无所选焉。山中杂木，自非七月、四月两时杀者，率多生虫，无山南山北之异。郑君之说，又无取。则《周官》伐木，盖以顺天道，调阴阳，未必为坚韧之与虫蠹也。

《礼记·月令》："孟春之月……禁止伐木。"郑玄注云："为盛德所在也。""孟夏之月……无伐大树。""逆时气也。"[3]"季夏之月……树木方盛，乃命虞人，入山行木，无为斩伐。""为其未坚韧也。""季秋之月……草木黄落，乃伐薪为炭。""仲冬之月……日短至，则伐木，取竹箭。""此其坚成之极时也。"

《孟子》曰："斧斤以时入山林，材木不可胜用。"[4]赵岐注曰:“时谓草木零落之时;使材木得茂畅,故有余。”

《淮南子》曰:“草木未落,斤斧不入山林。”高诱曰:“九月草木解也。”〔5〕

崔寔曰:“自正月以终季夏,不可伐木;必生蠹虫。或曰:‘其月无壬子日,以上旬伐之,虽春夏不蠹。’犹有剖析间解之害,又犯时令,非急无伐。十一月,伐竹木。”

【注释】

〔1〕煏(bì):烘干。

〔2〕见《周礼·地官·山虞》,文同。“郑司农云”是郑玄先引郑众之说,而后申说己意,故自称“玄谓”。贾氏改为二人分注形式。

〔3〕引《月令》注文,均郑玄注,除虚字互异外,余同。

〔4〕见《孟子·梁惠王上》,末句有“也”字,这也是颜之推说的“河北经传,悉略此字”。

〔5〕见《淮南子·主术训》。今本高诱注作:“九月草木节解,未解不得伐山林也。”有下句才有针对性,意义明豁。今本题高诱注者,杂有许慎注文,而题许慎注者(如《四部丛刊》本),实际多与高注本相同。两本实已混淆,无从分别,而《要术》引高注意有未尽。隋杜台卿《玉烛宝典》及唐玄应《一切经音义》多引许注,则许注本唐时尚在。

【译文】

凡砍伐树木,四月、七月砍伐的不生蛀虫,而且木质坚韧。榆荚落下,桑椹掉落,也是砍伐榆树和桑树的合适时令。这样看来,凡是结果实的树木,等它的果实将要成熟的时候砍伐,也都合时宜。不合时宜砍伐的,容易生虫,而且木质也脆。

所有不在合适时令砍伐的树木,把它浸在水里沤一个月,或者逼近火旁烘干,也都可以防蛀。水浸过的木材,更增加柔润坚韧。

《周礼》说:“十一月砍伐阳木,五月砍伐阴木。”郑众解释说:“阳木是春夏才是绿色的;阴木是秋冬常绿的,像松柏之类。”郑玄解释说:“阳木是生在山的南面的,阴木是生在山的北面的。冬天砍伐阳木,夏天砍伐阴木,可以分别调剂坚韧和松软。”〔思勰〕按:柏树的本性,不生蛀虫,一年四季都可以采伐,没有选定什么时间的必要。至于山中其他的杂树，如果不是七月、四月两个时期砍伐的，都会生虫，没有山南面山北面的分别。郑玄的说法，也不足取。《周礼》关于伐木的规定，也许只是顺应天道，调和阴阳，未必是为了坚韧和虫蛀的问题。

《礼记·月令》说："正月……禁止砍伐树木。"郑玄注解说："因为正是树木回苏再生的时期。""四月……不得砍伐大树。"注解说："因为违抗了树木生气勃勃的时机。""六月……树木正旺盛生长着，命令'虞人'到山里巡行，查勘树木，不得有斩伐的事情。"注解说："因为还没有长坚韧。""九月……草木都萎黄凋落，可以砍柴薪烧炭。""十一月……冬至了，可以砍伐树木，斩箭竹作箭。"注解说："这是竹木长成最坚硬的时令。"

《孟子》说："按时令带着斧头上山林，那么，建造的木材便用不完。"赵岐注解说："时令是指草木凋零的时候；〔能在凋零以前不去砍伐〕，使材木顺畅地生长壮茂，所以有用不完的余材。"

《淮南子》说："草木没有凋落以前，斧头不得入山林。"高诱注解说："九月是草木凋落的时候。"

崔寔说："从正月一直到六月，不可以伐树木；就是伐来也一定生蛀虫。有人说：'只要某个月内没有壬子日，就在这个月的上旬砍伐，即使是春夏二季砍伐的，也不会生蛀虫。'虽然这样，但是还是有裂缝开坼的弊病，又犯了时令，如果不是急需，不要砍伐。十一月，可以砍伐竹木。"

种地黄法〔1〕：须黑良田，五遍细耕，三月上旬为上时，中旬为中时，下旬为下时。一亩下种五石。其种还用三月中掘取者〔2〕。逐犁后如禾麦法下之〔3〕。至四月末五月初，生苗。讫至八月尽九月初，根成，中染。

若须留为种者，即在地中勿掘之。待来年三月，取之为种。计一亩可收根三十石。

有草，锄，不限遍数〔4〕。锄时别作小刃锄，勿使细土覆心。〔5〕

今秋取讫，至来年更不须种，自旅生也。唯须锄之。

如此，得四年不要种之，皆余根自出矣。〔6〕

【注释】

〔1〕地黄：玄参科的地黄（Rehmannia glutinosa），多年生草本。其肉质根茎可染黄色，亦供药用。

〔2〕还：读为“旋”，即不久、立即。

〔3〕“如禾麦法下之”，各本相同，但很难理解。启愉按：《要术》栽培地黄的方法跟现在相同，都是用种根（即根茎）繁殖。根茎是一段一段地间隔着用手放下去的，而且根茎上有芽眼，芽眼必须上者向上，上下不能颠倒，怎么可以像种禾麦那样抓一把溜子？果真如此，种法是十分粗放的。《辑要》编者看来懂得地黄的种法，因此引《要术》时删去“如禾麦法”四字，是合理的。又，地黄种法应附在种染料作物某篇之后，现在附于《伐木》，可能是全卷写成后再补上的。

〔4〕不限遍数：遍数没有限制。启愉按：地黄不是中耕遍数越多越好。地黄根系分布较浅，只宜行浅中耕，锄破土壳即可，不宜深，不宜频，否则伤根，影响根茎的形成和生长。有草自须除净，但将要出现根茎时，即应停止中耕，杂草只宜用手拔除。

〔5〕地黄叶丛生于茎的基部，或基生于根部，贴近地面，茎端抽生花梗，故中耕时泥土极易沾盖于叶上和茎心，影响生长。为避免此弊，现在也用小手锄或花锄细心锄治。

〔6〕宿根植物连年留种，都会滋生病害虫害。地黄宿根连种四年，太长，必生病虫害。

【译文】

种地黄的方法：须要黑色壤土的肥地，细熟地耕五遍。种植时间，三月上旬是上好的时令，中旬是中等时令，下旬是最晚的时令。一亩地下五石种根。种根就用三月里掘出的，立即种植，跟在犁道后面像种禾、麦那样的种下去（？）。到四月底五月初，出苗了。到八月底九月初，根已经长成，可以作染料。

假如要留着根茎作种的，就留在地里不要掘出来。等到明年三月，再掘出来作种。一亩地可以收得三十石根茎。

有草，就锄，遍数没有限制。锄的时候，应该另外作成一种小手锄，不要让泥土沾盖着苗心。

今年秋天收根之后，到明年不需要再种，自然有宿根在地，会再发苗长根茎，只要锄草整治就行。这样，可以连续四年不需要再种，都会宿根自生的。